国家科学技术学术著作出版基金资助出版

纳滤水处理技术

侯立安　张　林　张雅琴 等　著

科学出版社

北　京

内 容 简 介

纳滤作为一种先进的膜法水处理技术，具有高效、节能和适用性广等技术特点，可实现水溶液中无机盐和小分子有机物的去除，以及依据离子价态的差异实现混盐的选择性分离，在饮用水深度处理、苦咸水软化和工业废水回用等水处理领域发挥了重要作用。本书简要回顾了纳滤分离技术的发展历程，系统介绍了著者团队在纳滤膜材料研发、膜系统过程设计和水处理应用等方面的研究成果，详细论述了各种纳滤分离机理及其研究进展，并展望了纳滤水处理技术的动态和发展趋势。

本书具有较强的理论性、系统性和新颖性，可作为化工分离技术、膜材料科学和水处理工程等领域科研人员及学生的学习参考用书，也可供高等院校相关专业教师教学参考；对于从事相关领域的工作人员也是一部具有学术和应用价值的参考工具书，亦可供其他领域科研人员和政府管理决策者参考阅读。

图书在版编目（CIP）数据

纳滤水处理技术 / 侯立安等著. —北京：科学出版社，2022.2

ISBN 978-7-03-071389-6

Ⅰ. ①纳… Ⅱ. ①侯… Ⅲ. ①生物膜（污水处理）–技术 Ⅳ. ①X703.1

中国版本图书馆 CIP 数据核字（2022）第 020819 号

责任编辑：杨 震 杨新改 / 责任校对：杜子昂

责任印制：赵 博 / 封面设计：东方人华

科学出版社 出版

北京东黄城根北街 16 号

邮政编码：100717

http://www.sciencep.com

涿州市般润文化传播有限公司印刷

科学出版社发行 各地新华书店经销

*

2022 年 2 月第 一 版 开本：720 × 1000 1/16

2025 年 2 月第二次印刷 印张：18 1/4

字数：360 000

定价：150.00 元

（如有印装质量问题，我社负责调换）

序

膜技术是材料与过程工程等学科交叉结合、相互渗透而产生的领域，已发展成一类高效的分离技术，尤其适于解决当下水资源短缺和水环境污染等重大问题，是实现水资源可持续发展战略的重要支撑技术。纳滤的概念起源于 20 世纪 80 年代，是介于超滤和反渗透之间的膜分离技术，表现出特有的截留高分子量有机物和透盐性能，以及对不同价态盐的选择性分离能力，在饮用水深度处理、工业废水资源化处理、市政污水回用、海水淡化为代表的非常规水源开发等水处理领域表现出良好的应用前景，被认为是 21 世纪最有发展前景的水处理技术之一。

我国的纳滤技术从 20 世纪 90 年代开始发展，1993 年我在全国膜会议上交流了纳滤这个概念，引起了大家的热烈讨论和关注。过去 30 年间，国内纳滤技术进入蓬勃发展的阶段，聚焦在纳滤膜材料研发、生产和组件制造等方面，形成了一系列具有自主知识、性能先进的纳滤技术体系，在纳滤技术的基础研究和技术创新方面的科研产出数量居世界前列。然而，随着纳滤概念边界的不断延伸，纳滤膜材料的研究和纳滤技术的应用领域不断拓展，快速成长的纳滤水处理技术也面临许多需要深入研究和解决的理论和应用问题：面向日益复杂的水环境和多元化的水处理需求，如何制备高通量、高选择性、耐污染的纳滤膜材料？从工程化应用的角度，如何实现系统的优化设计从而充分发挥纳滤自身的技术优势？这些成为从事纳滤技术开发和应用的科研和工程人员共同关心和思考的问题。

侯立安院士及其团队在纳滤水处理技术方面进行了十余年的研究和探索，积累了扎实的专业知识和丰富的科研与工程实践经验，发表了一系列具有影响力的论文和专利，得到学术界与产业界的认可。系列研究工作涉及高性能膜材料开发、系统过程设计、膜污染控制和工程应用等多个方向，这些工作对纳滤技术的发展具有至关重要的作用。相信本书出版后会受到膜科学技术及相关工作读者的欢迎，为国内对纳滤技术感兴趣的工程师、管理人员、研究人员提供重要参考。

高从堦

中国工程院院士

2021 年 12 月

序

前　言

面对严峻的水资源短缺和水环境污染问题，发展用于非常规水源开发的水处理技术，是保障水资源可持续发展的重要措施。膜分离作为先进的水处理技术，是解决水资源问题的重要手段，且以反渗透为主导的膜法水处理市场日趋扩增。但随着水处理环境的复杂化和处理目标的多样化，高能耗、全截留的反渗透技术已难以完全满足水处理工程的新需求。

纳滤是近年来发展迅速的先进膜技术，因其独特的分离特性，可实现小分子有机物的去除和单/多价离子的选择性分离；同时，相比于反渗透，可在低压下获得较高的产水量。纳滤技术符合水处理技术节能、高效的发展理念，在水处理领域表现出巨大的应用潜力，有望成为饮用水安全保障和废水资源化利用等领域的关键和共性技术。

经过数十年发展，纳滤技术在分离机理、膜材料开发、系统过程设计等诸多方面取得了重要成果，并在水处理领域的工程应用中获得了初步成功，目前纳滤技术进入了蓬勃发展的阶段。近年来纳滤技术吸引了众多高校、科研机构、工程公司以及政府部门的关注。纳滤技术涉及膜材料开发、系统过程设计、膜污染清洗、工程应用等多个方面，这些研究工作对纳滤技术的发展都具有至关重要的作用。但是，目前关于纳滤技术系统性的专业书籍还较为缺乏。以此为契机，本书系统地介绍了著者团队多年来在纳滤膜材料开发、系统过程设计和水处理工程应用等方面的研究进展，以期为从事化工分离技术、膜材料科学、水处理工程等领域的相关科研、工作和学习人员提供参考。

本书首先介绍了纳滤技术的基本概念与发展历史，随后论述了纳滤技术的分离特性及分离机理、分离性能参数及其测定方法，着重探讨了纳滤膜材料的制备、系统过程设计、膜污染等方面的内容。水处理过程部分涵盖了饮用水给水处理、工业水处理与资源化利用和特种废水处理等应用，并结合工程实例与示范试验阐述了纳滤技术的优势与现存的局限性。最后展望了纳滤技术在水处理领域未来的发展方向和研究热点。本书内容主要参考了著者团队已经毕业和现有研究生的学位论文及未发表的研究成果，数据与图表多来自过去近 10 年的科研实践。

各章的主要撰写人包括：第 1 章侯立安、张林；第 2 章张林、侯立安、姚之侃；第 3 章张林、安全福、张雅琴、谭喆、黄海；第 4 章张雅琴、毕飞、陈欢林；第 5 章姚之侃、汤初阳、林赛赛；第 6 章吴礼光、赵长伟、张雅琴、林赛赛；

第 7 章张林、曾艳军、张雅琴；第 8 章侯立安、张雅琴、张林；第 9 章侯立安、张林。本书所提供的工程案例主要来自和著者团队长期合作的杭州天创环境科技股份有限公司、北京碧水源科技股份有限公司、北京中环膜材料科技有限公司、湖南沁森高科新材料有限公司和杭州超纳净水设备有限公司等企业的工程应用以及著者团队的项目中试结果；在本书的撰写过程中，得到了祝振鑫、马润宇、王晓琳、许振良、戴晓虎、万印华、王保国、俞三传、邵路和刘立芬等教授的帮助和指导；著者团队的研究生窦炜玉、鲁丹、窦竞、杨碧野、赵影、陈光耀等在成稿过程中做了大量文字编辑工作，在此一并表示感谢。

本书主要面向学生、科研人员、工程师、政府部门等相关工作人员，将为读者了解纳滤过程提供广泛的背景介绍及深入的应用原理知识，增进读者对目前该技术研究与应用现状的了解，有助于读者对该技术的未来发展前景进行深入的解读。本书出版得到了国家科学技术学术著作出版基金的资助，涉及的若干研究工作得到了科技部“973”计划项目（2015CB655303、2009CB623402）、国家自然科学基金项目（51578485、21776241、L1924069）的支持，在此表示感谢。

近年来，纳滤膜材料与技术的发展迅速，成果日新月异，限于水平和能力，本书难免存在疏漏或不足之处，欢迎读者给予批评与指正，帮助著者在修订过程中对本书进行补充和完善。

著　者

2021 年春

目　　录

第 1 章　概　　述

1.1　背　　景

对于人类的生存而言，水是必不可少的自然资源；对于人类的发展而言，水又是重要的社会资源。地球总储水量约为 1.386×10^{18} m^3，但含盐量不超过 1 g/L 的淡水仅占 2.53%，其中可直接使用的淡水比例则小于总储水量的 0.36%。在过去的几十年内，人类生活方式悄然转变、社会经济快速发展、自然气候显著变化，导致水环境污染和水资源短缺，由此引发的水资源危机成为继化石能源危机后的第二大全球关注的资源性危机。

为了应对日益严峻的水资源危机问题，世界各国对水资源问题的关注与日俱增。2013 年，美国水环境联合会（WEF）、美国国家清洁水组织协会（NACWA）和美国水环境与再利用基金会（WERF）联合发布《未来水资源综合设施的行动蓝图》，提出针对污水处理急需改变传统思维方式，能量回收、水回用相关的创新方案和技术将会受到更多青睐；2018 年 12 月 5 日，美国国家工程院又发布了《21 世纪环境工程：应对重大挑战》研究报告，将如何为持续增长的人口提供可持续的食物、水和能源作为重要议题。2017 年 10 月 27 日，欧盟发布了《“地平线 2020”：气候行动、环境、资源效率和原材料 2018—2020 年工作计划》，提出需要围绕“建立低碳、具有气候恢复力的未来”和“绿色循环经济”两大需求开展研究和创新行动，其中认为水资源需要重点应对以下几个方面的挑战：以新兴污染物为重点的饮用水净化；废水处理、资源/能源回收、循环利用、雨水收集、生物修复技术。2015 年 9 月 27 日，联合国通过了《改变我们的世界：2030 年可持续发展议程》的决议，该决议中第 6 个可持续发展目标为“为所有人提供水和环境卫生并对其进行可持续管理”，其中包括：改善水质，所有行业大幅提高用水效率，确保可持续取用和供应淡水等。

从联合国和欧美等国家和地区所发布的水资源相关文件或行动计划可以看出，研发和应用先进的水处理技术来确保水资源安全已成为全球的发展共识。

我国的水资源问题较欧美等发达国家和地区更为严峻，根据《2018 年中国统计年鉴》，我国水资源总量约为 2.8×10^{12} m^3，人均水资源量 2074.5 m^3，仅为世界人均水平的 28%；年用水量为 6.04×10^{11} m^3，废水排放量达到 7.0×10^{10} m^3；单位水资源产出水平较低，万元国内生产总值用水量达 730 m^3。发展需求与水资源条件之间的矛盾突出，因此，开发与应用先进的水处理和水资源循环利用技术对推进生态文明建设具有重要的战略意义。

1.2　膜技术在应对水资源危机中的作用与挑战

膜分离技术是多学科交叉的产物，具有分离效率高、能耗低、占地面积小、过程简单、操作便捷、无二次污染、易与其他技术集成等优点，特别适用于满足现代化工业对节约能耗、提高生产效率、原料再利用、消除环境污染等方面的需求，因此，国家的多个战略规划都将膜与膜材料列为发展重点:《中国制造 2025》路线图明确了“高性能分离膜材料”是关键战略材料的战略重点;《国家中长期科学和技术发展规划纲要（2006—2020 年）》在优先主题中明确提出研究海水“膜法低成本淡化技术及关键材料”;《国务院关于加快培育和发展战略性新兴产业的决定》将“高性能膜材料”列入战略新兴产业。在国家产业政策的支持和推动下，随着膜材料和膜技术的不断进步，我国膜产业迅速发展，在过去的 25 年产值规模增加了 1000 多倍，企业数量增加了 100 倍（图 1-1）。从世界范围来看，膜产业也

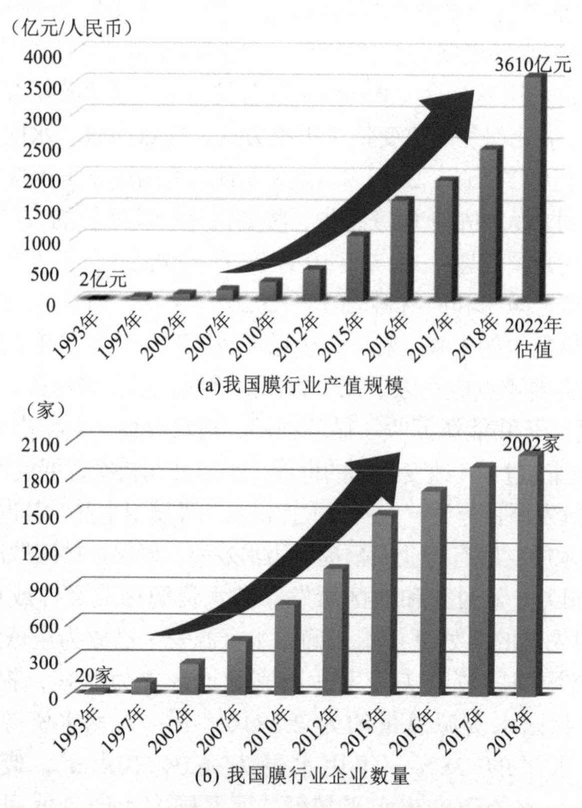

图 1-1　我国膜产业发展变化情况与趋势

数据来源：中国膜工业协会，2017～2018 年中国膜产业发展报告

有着快速的发展，膜技术在全球水处理市场的占比从 21 世纪初的不足 5%上升到了 2018 年的 43%。

膜技术是目前最先进和最可靠的一类水处理技术，在众多的水处理膜技术中，又以压力驱动的微滤（microfiltration，MF）、超滤（ultrafiltration，UF）和反渗透（reverse osmosis，RO），以及电场驱动的电渗析（electrodialysis，ED）等膜技术应用最为广泛。而同属压力驱动的纳滤（nano-filtration，NF）则是近年来颇受关注的新兴水处理膜技术，其应用市场也正在不断拓展。

根据上述几种水处理膜技术特性，图 1-2 给出了理想的全膜法水处理集成工艺流程概念。理论上，常规污水或废水通过不同膜技术的集成即可达到理想的处理目标，虽然在实际应用过程中，由于不同来源的污、废水组成差异较大，膜法水处理工艺会根据来水情况有较为明显的差异，但仍可看出，纳滤是超滤和反渗透过程的补充，在膜法水处理工艺中具有非常独特的地位，表现出特有的截留高分子量有机物和透盐性能，以及对不同价态盐的截留差异性能，因此，在饮用水深度处理、工业废水排放与回用、市政污水处理、海水淡化为代表的非常规水源开发等领域表现出良好的应用前景。

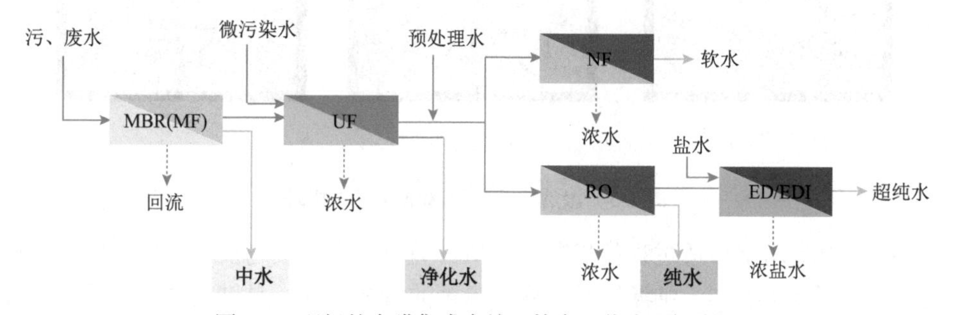

图 1-2 理想的全膜集成水处理技术工艺流程概念图

本书将围绕纳滤分离机理、纳滤膜制备和纳滤技术在给水、工业水处理及特种污染水处理等中的应用和工程案例及著者的最新研究成果开展介绍，以期为相关科研人员提供参考和思路。

1.3 纳滤基本概念与原理

纳滤分离技术是继微滤、超滤和反渗透技术之后的第四代压力驱动膜技术，其分离性能介于反渗透和超滤技术之间，主要应用于液相体系中多价离子、部分一价离子和小分子有机物（分子量约为 200～1000）的脱除，并因其膜孔径在 1 nm 左右而得名[1, 2]。

纳滤分离原理与反渗透分离相似，均始于渗透现象。如图 1-3（a）所示，当把半透膜置于浓溶液和稀溶液之间时，由于右侧稀溶液处的溶剂分子浓度高于左侧浓溶液中的溶剂分子浓度，溶剂分子将自发地向左侧浓溶液中扩散透过，这种浓度差导致的扩散迁移过程就是渗透过程。溶剂分子将会不断地进入浓溶液侧，直至渗透过程停止，亦即达到渗透平衡，此时浓溶液和稀溶液间的高度差即为左右两侧间的渗透压。在达到平衡后，半透膜两侧仍存在溶剂分子的扩散现象，只不过溶剂分子从任意侧透过半透膜向另一侧扩散的数量相等，即处于动态平衡状态。但若在浓溶液上方施加一个超过渗透压的机械外压，如图 1-3（b）所示，此时左侧浓溶液中的溶剂就会反向通过半透膜，进入右侧稀溶液中，这种通过施加机械外压、克服由浓度差产生的渗透压差，实现溶剂反向通过半透膜的过程，被称之为反渗透。

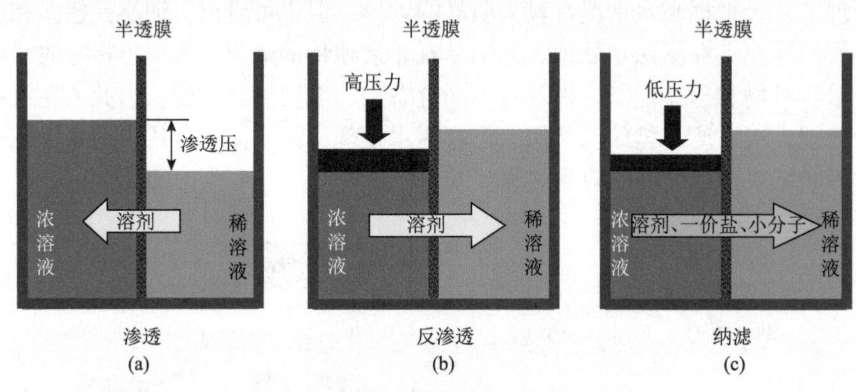

图 1-3　渗透、反渗透和纳滤过程机理

纳滤过程与反渗透过程虽然非常相似，但由于纳滤膜与反渗透膜之间分离性能的差异而有所不同。纳滤膜具有两个显著的特征：其一是纳滤膜具有纳米级孔径，通过尺寸筛分效应对分子量在 200～1000 之间小分子物质具有截留作用；其二是膜表面多具有荷电结构，通过道南（Donnan）效应（或称为静电排斥效应，指离子与膜表面所带电荷间的静电相互作用）的影响，对具有不同价态、不同荷电性质的离子具有不同的截留作用[3]。正是由于上述两大显著特征的存在，纳滤膜通过尺寸筛分效应实现对中性物质的筛分，通过尺寸筛分和道南效应共同作用实现对带电物质的截留分离。在渗透模型中，如图 1-3（c）所示，当在浓溶液侧施加超过渗透压的机械外压时，左侧浓溶液中的溶剂分子和不能被纳滤膜所截留的溶质（一般为一价盐和部分小分子物质）将会反向通过纳滤半透膜，进入右侧稀溶液中。有关纳滤分离机理的详细内容，将于第 2 章中进行介绍。

与传统的反渗透、超滤分离过程相比，纳滤分离具有以下特点。其一，不同于反渗透分离对几乎所有溶质都具有较高的截留和超滤分离仅对分子量为 10 000 以上的物质具有高截留性能，纳滤分离具有特殊的选择性。一般而言，纳滤膜对二价或多价离子盐（如SO_4^{2-}、PO_4^{3-}、Mg^{2+}、Ca^{2+}等）、分子量在 200～1000 的小分子物质具有较高的截留能力，其截留率通常高于 90%，而对以 NaCl 等为代表的一价盐的截留能力较低，其截留率一般不高于 70%，具体的分离对象如图 1-4 所示。其二，与反渗透技术相比，纳滤技术所需要的操作压力较低，一般不超过 2.0 MPa，在相同操作压力下，纳滤技术所产生的通量远高于反渗透。正因为纳滤技术具有上述特性，使得其在饮用水深度处理、地下水处理、苦咸水处理、工业废水处理、有机物脱盐净化、微污染水和特种污染水处理等环境水处理过程中发挥着重要的作用。本书也将在后续的章节对上述应用进行详细的介绍。

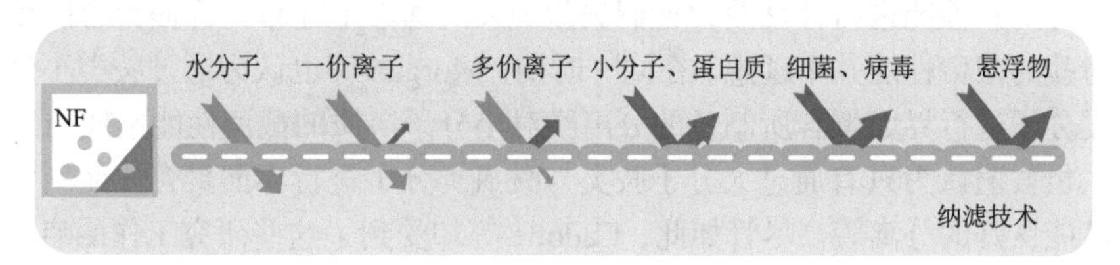

图 1-4 纳滤技术特点

1.4 纳滤发展历史与现状[4-13]

由于纳滤分离与反渗透分离的原理基本相同，纳滤膜与反渗透膜结构又非常相似，仅有纳滤膜分离层分子链结构更为疏松这一差异，在研发的早期，纳滤膜被认为是一种结构较疏松的反渗透膜。正因如此，纳滤分离技术是伴随着反渗透分离技术的发展而发展起来的一种膜分离技术。

纳滤膜的发展历史如图 1-5 所示，早在 1953 年，美国佛罗里达大学 Reid 等报道了醋酸纤维素膜可优先透水的现象，并向美国政府建议开展膜法脱盐技术的研究；随后美国加州大学洛杉矶分校的 Loeb 和 Sourirajan 成功制备了第一张高通

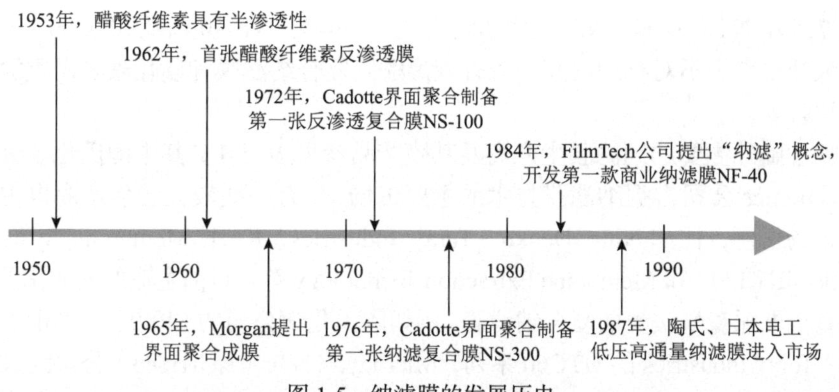

图 1-5 纳滤膜的发展历史

量、高截留率的醋酸纤维素反渗透膜，成为反渗透膜材料发展历程中的一个里程碑式突破。1965 年，Morgan 在其专著中首次提出了界面聚合制备分离膜的可行性。在此基础上，Cadotte 等在 20 世纪 70 年代初以聚乙烯亚胺为水相单体与二异氰酸苯为有机相单体通过界面聚合制备了第一张对盐离子具有高截留性能的非纤维素类反渗透复合膜（NS-100），成为反渗透膜材料发展历程中的又一里程碑式突破。

在研发 NS-100 复合膜的过程中，研究人员尝试使用不同多元胺类小分子与多元酰氯类分子进行界面聚合制备复合膜，这其中包括了脂肪族胺类小分子哌嗪、己二胺、丙二胺和芳香族胺类小分子对苯二胺、间苯二胺等。但当研究人员对所得复合分离膜性能进行评估后，他们失望地发现通过上述单体界面聚合所得的分离膜对盐的截留性能并不理想。在同一时期，Morgan 等也认为通过胺类小分子与酰氯类分子进行界面聚合所制备的分离膜对小分子溶质的截留性能不佳。在当时，研究人员普遍认为只有通过大分子胺类与酰氯类分子进行界面聚合才能制备得到分离性能良好的分离膜。尽管如此，Cadotte 等却受到了这些研究工作的启发，通过对哌嗪与间苯二甲酰氯界面聚合条件的优化，成功地制备得到了对盐离子具有高截留性能的分离膜。随后 Cadotte 等进一步地以三元酰氯单体均苯三甲酰氯与哌嗪进行界面聚合制备得到了兼具高通量和对二价盐离子高截留性能的分离膜。这一由哌嗪与均苯三甲酰氯通过界面聚合制备得到的聚哌嗪酰胺复合膜随后被命名为 NS-300。

NS-300 复合膜虽然对二价盐离子截留率高达 98%以上，但相比于反渗透膜，其对一价盐离子截留率相对较低，因此早期 NS-300 聚哌嗪酰胺复合膜被认为是一种低性能的反渗透膜。直至 1984 年，FilmTech 公司才将这种较疏松的反渗透膜命名为纳滤膜，比较清晰地定义了纳滤膜这一概念，用于描述性能介于超滤膜与反渗透膜之间的一类分离膜材料，并里程碑式地开发了第一款商业纳滤膜 NF-40。1987 年，FilmTech 公司的低压高通量复合纳滤膜正式进入市场。20 世纪 90 年代，各公司对纳滤膜的开发如火如荼，相继开发出 NTR 系列纳滤膜，如 NTR-729HF、NTR-7250、NTR-7400，NF 系列纳滤膜，如 NF-45、NF-90 以及 SU-600、FT-30、三醋酸纤维素类不对称纳滤膜、芳香族聚酰胺复合纳滤膜和磺化聚醚砜类涂层复合纳滤膜等。

现今国外主要的纳滤膜生产商及其膜产品参见表 1-1。其中陶氏化学公司和 GE Osmonics 公司占据纳滤膜技术的主要市场，另有一些较大的生产商也占有一定的市场份额，比如 Nitto Denko、Toray Industries、Koch Membrane Systems、Evonik-MET Ltd. 和 Membrane Extraction Technology 等。目前主流的商业化纳滤膜仍为基于聚哌嗪酰胺类的复合纳滤膜，例如陶氏化学公司的 SR90、NF270、NF200 系列，Toray Industries 的 UTC60 系列，Microdyn-Nadir（原 TriSep）公司的 XN45、TS40 系列以及 GE Osmonics 公司的 Desal-5 系列复合纳滤膜。

表 1-1　国外主要纳滤膜生产商及其膜产品

介质	生产商	膜产品型号（MWCO）[a]
水体系	陶氏化学公司	NF40（180） NF90（200） NF200（300） NF270（200～300）
	GE Osmonics	Desal 5 DK（150～300） Desal 5 DL（150～300）
	Nitto Denko	NTR-729 HF（700） NTR 7450（600～800）
	Toray Industries	UTC20（180） UTC60（150）
	Pentair X-Flow	HFW1000（1000）
	Hoechst CA	CA30（1000）
	Koch Membrane Systems	SR3D（200） MPF34（200） MPF36（1000）
有机体系	SolSep BV	NF010206（300～500） NF030705（500） NF030306（500～1000）
	Koch Membrane Systems	MPF44（250） MPF50（700）
	Evonik-MET Ltd.	DuraMem®（150～900） PuraMem®（280～600）
	AMS Technologies Membranes	SX-3014（～330） SX-3016（～350）
	Membrane Extraction Technology	STARMEM™120（200） STARMEM™122（220） STARMEM™240（400）

a. MWCO（截留分子量）值与有溶剂和溶质的类型有关；具体产品参数，请参考各公司产品手册

我国对纳滤膜的研究始于20世纪80年代末，国家海洋局杭州水处理技术开发中心、中国科学院大连化学物理研究所、中国科学院上海原子核研究所等单位相继开发出了醋酸纤维素、三醋酸纤维素（CA、CTA）纳滤膜、磺化聚醚砜涂层纳滤膜和芳香族聚酰胺复合纳滤膜等。在膜组件的研发与应用方面，上述单位也开发出了卷式纳滤膜组件和中空纤维式纳滤膜组件，并对其在硬水软化、染料和药物中除盐及特种分子分离等方面的应用进行了研究，取得了大量成果，大大缩小了我国在纳滤膜研究方面与发达国家的差距。目前国内主要纳滤膜生产商及其膜产品见表1-2。

表1-2　国内主要纳滤膜生产商及其膜产品

生产商	型号	有效膜面积（m^2）	操作压力（MPa）	关键性能[a~d]
杭州水处理技术研究开发中心有限公司	BDX8040N-40	35	0.50	产水量42 m^3/d；NaCl（脱盐率35%～45%），$MgSO_4$（脱盐率>95%）[c]
	BDX8040N-70	35	0.75	产水量38 m^3/d；NaCl（脱盐率65%～75%），$MgSO_4$（脱盐率>98%）[c]
	BDX8040N-90	35	1.0	产水量32 m^3/d；NaCl（脱盐率85%～95%），$MgSO_4$（脱盐率>98%）[c]
	NF-Ⅰ-8040	37	0.50	产水量45 m^3/d；$CaCl_2$（脱盐率20%～30%），$MgSO_4$（脱盐率>95%）[d]
	NF-Ⅱ-8040	37	0.50	产水量40 m^3/d；$CaCl_2$（脱盐率40%～50%），$MgSO_4$（脱盐率>98%）[d]
	NF-Ⅲ-8040	37	0.75	产水量38 m^3/d；$CaCl_2$（脱盐率60%～70%），$MgSO_4$（脱盐率>99%）[d]
北京碧水源科技股份有限公司	DF30	37.2	0.48	$CaCl_2$（通量14 000 GPD，脱盐率40%～60%） $MgSO_4$（通量12 500 GPD，脱盐率>97%）[a]
	DF90	37.2	0.48	NaCl（通量8 500 GPD，脱盐率85%～95%）[b]
贵阳时代沃顿科技有限公司	VNF1-8040	37.2	1.03	NaCl（产水量45.5 m^3/d，脱盐率30%～50%）[b] $MgSO_4$（产水量37.9 m^3/d，脱盐率≥96%）[c]
	VNF2-8040	37.2	0.69	NaCl（产水量37.9 m^3/d，脱盐率90%～98%）[b] $MgSO_4$（产水量39.7 m^3/d，脱盐率≥97%）[c]

续表

生产商	型号	有效膜面积（m^2）	操作压力（MPa）	关键性能 [a]
杭州易膜环保科技股份有限公司	EM-NF-8040-R40-HR	37.0	0.48	NaCl（通量：46.0 m^3/d，脱盐率：30%～40%） $CaCl_2$（通量：35.0 m^3/d，脱盐率：85%～95%） $MgSO_4$（通量：35.0 m^3/d，脱盐率：98%）
	EM-NF-8040-R40-HF	37.0	0.48	NaCl（通量：60.0 m^3/d，脱盐率：40%～50%） $CaCl_2$（通量：45.0 m^3/d，脱盐率：80%～90%） $MgSO_4$（通量：45.0 m^3/d，脱盐率：97%）
	EM-NF-8040-R40	37.0	0.48	NaCl（通量：40.4 m^3/d，脱盐率：30%～40%） $CaCl_2$（通量：40.4 m^3/d，脱盐率：10%～20%） $MgSO_4$（通量：30.3 m^3/d，脱盐率：95%）
	EM-NF-8040-R85	37.0	0.48	NaCl（通量：28.9 m^3/d，脱盐率：85%～95%） $MgSO_4$（通量：28.4 m^3/d，脱盐率：98%）
湖南沁森环保高科技有限公司	NF1-8040	37.2	0.48	产水量 35 m^3/d；NaCl（脱盐率 60%～80%），$MgSO_4$（脱盐率$>$96%）[c]
	NF2-8040	37.2	0.48	产水量 42 m^3/d；NaCl（脱盐率 30%～50%），$MgSO_4$（脱盐率 94%～98%）[c]

测试条件（进料温度为 25℃）：a. 500 mg/L $CaCl_2$，15%回收率；2000 mg/L $MgSO_4$，15%回收率；b. 2000 mg/L NaCl，15%回收率；c. 500 mg/L NaCl，15%回收率；2000 mg/L $MgSO_4$，15%回收率；d. 500 mg/L $CaCl_2$，15%回收率；2000 mg/L $MgSO_4$，15%回收率。具体产品参数，请参考各公司产品手册

注：GPD 表示 gal/d，1 gal(US)/d = $4.381\,26 \times 10^{-8}$ m^3/s

伴随着纳滤膜的出现，纳滤技术也随之被应用于水体脱盐、饮用水净化、工业水处理等领域。早在 1988 年纳滤膜就被用于不同的水体脱盐处理领域，至 1996 年，美国国立卫生研究院公布了美国 179 家脱盐水厂的调查数据，显示各种脱盐方法在总装置产水能力中所占比重分别为：苦咸水反渗透 47%、纳滤膜软化 31%、热法海水淡化 8%，其中纳滤膜技术是增长最快的应用之一。饮用水净化方面，纳滤技术于 20 世纪末开始在美国被应用于饮用水处理领域。目前美国在运行的纳滤饮用水处理规模已超过 100×10^4 m^3/d。如 1996 年建成的 Hollywood 水厂产水量达 6.8×10^4 m^3/d，是佛罗里达州最大纳滤水厂，该州也是美国使用纳滤膜技术作为供水系统最集中地区。我国台湾高雄市在 2007 年投运一套产水量 2.7×10^5 m^3/d 的纳

滤水厂，是目前全球最大的纳滤净水系统，可为近 54 万居民提供饮用水。近年来，随着纳滤技术的不断成熟，纳滤在工业水处理方面也得到了广泛的应用。纳滤技术在食品工业中可以突破传统热处理方法的限制，克服反渗透技术高成本的不足，成为高效节能的浓缩技术。针对电镀和金属加工等重度污染废水，采用纳滤处理可以实现 90%以上的重金属离子回收。此外纳滤技术对染料废水也有很好的适用性，可有效去除色度、化学需氧量（COD）以及各种染料分子。

在纳滤膜与技术的研究方面，可以通过对已发表的纳滤研究文献类别和数量等进行分析，数据化地了解纳滤膜与技术的发展历程。在 Web of Science 数据库中通过对主题词“nanofiltration”进行检索，截至 2018 年底，共检索到已发表的相关文献 18 648 篇。如图 1-6 所示，该图描述了全球在纳滤研究领域所发表的 SCI 文献数量随时间的变化。纳滤这一概念于 20 世纪 80 年代才被明确提出，随即便迎来了蓬勃发展。随着纳滤技术的不断发展，相关文献的发表数量也不断上升。尤其是近些年来，文献的发表数量更是快速增加，其中 2010～2018 年，可检索到的相关文献数量占到了总发文量的 61%之多，特别是 2017 年和 2018 年，发表论文超过了 2200 篇/年，可见纳滤膜及其应用技术在全世界范围内的热门研究领域中占有一席之地。从检索到的相关文献的归属国家和地区来看（图 1-7），纳滤相关文献发表数量排在前五名的分别是：中国、美国、法国、韩国和德国。从这一数据可以看出，中国在纳滤研究领域的进步显著，在该领域的研究已跻身世界前列。此外，近年来出版发行纳滤相关文献数量排在前五的国际期刊分别是：*Journal of Membrane Science*（16.6%），*Desalination*（14.6%），*Desalination and Water Treatment*（5.6%），*Separation and Purification Technology*（5.0%）和 *Water Research*（2.8%）。

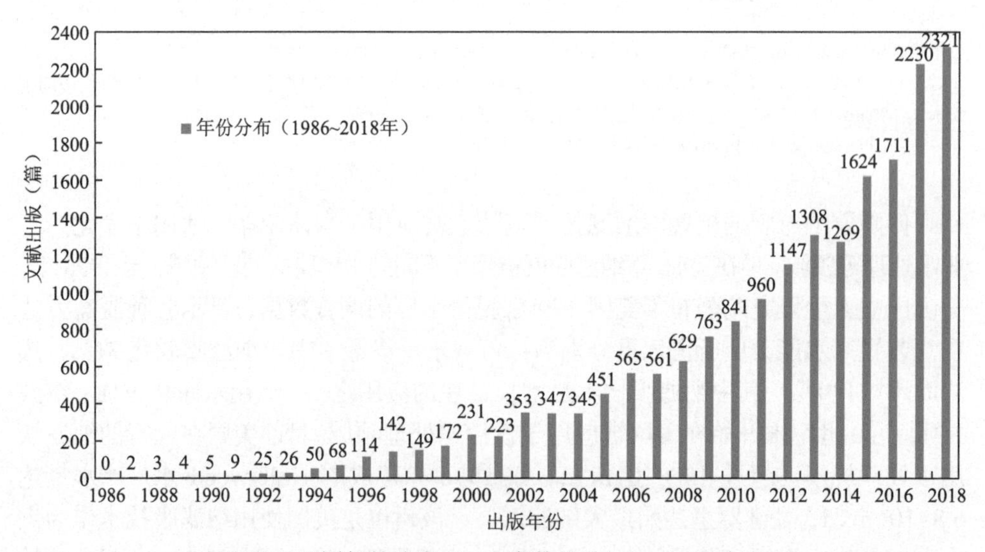

图 1-6　不同年份纳滤 SCI 文章数量（1986～2018 年）

如图 1-8 所示，纳滤膜相关的研究文献主要集中在纳滤膜材料的制备、纳滤膜污染及其控制、纳滤膜在环境领域的应用、模型的建立与优化、纳滤膜在非水体系中的应用、纳滤膜在食品行业中的应用以及纳滤分离系统基于经济性的优化等。而上述所提及的问题也正是纳滤研究领域的重中之重。

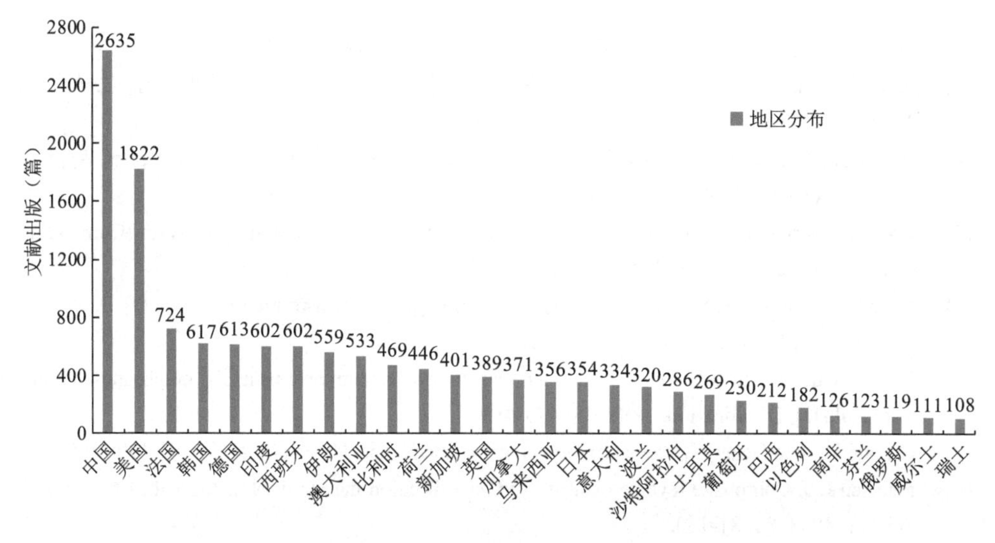

图 1-7　论文发表数量前十的国家和地区（1987～2016 年）

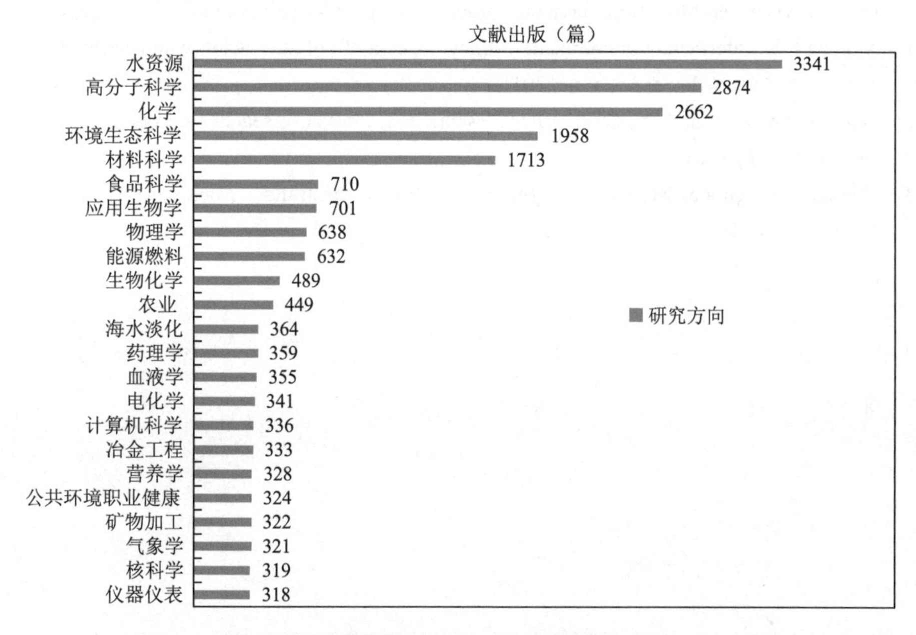

图 1-8　按不同领域分类的纳滤 SCI 文章数量（1987～2018 年）

参 考 文 献

[1] Schäfer A I, Fane A G, Waite T D. Nanofiltration: Principles and Applications[M]. Oxford: Elsevier, 2005.

[2] 徐又一, 徐志康. 高分子膜材料[M]. 北京: 化学工业出版社, 2005.

[3] 方彦彦, 李倩, 王晓琳. 解读纳滤: 一种具有纳米尺度效应的分子分离操作[J]. 化学进展, 2012, 24(5): 863-870.

[4] Reid C E, Breton E J. Water and ion flow across cellulosic membrane[J]. Journal of Applied Polymer Science, 1959, 1(2): 133-143.

[5] Loeb S, Sourirajan S. High flow semipermeable membrane for separation of water from saline solution: US Patent, 3122132[P]. 1964-05-12.

[6] Loeb S, Sourirajan S. Sea water demineralization by means of osmotic membrane[J]. Advances in Chemistry, 1963, 38: 117-132.

[7] Larson R E, Cadotte J E, Petersen R J. The FT-30 seawater reverse osmosis membrane-element test results[J]. Desalination, 1981, 38: 473-483.

[8] Cadotte J E. Interfacially synthesized reverse osmosis membrane: US Patent, 277344[P]. 1979-02-22.

[9] Petersen R J. Composite reverse osmosis and nanofiltration membranes[J]. Journal of Membrane Science, 1993, 83: 81-150.

[10] Paulson D. Nanofiltration: The Up-And-Coming Membrane Process[EB/OL]. [2015-05-18]. https://www.wateronline.com/doc/nanofiltration-the-up-and-coming-membrane-process-0001.

[11] Morgan P W. Interfacial polymerization//Encyclopedia of Polymer Science and Technology[M]. New York: John Wiley & Sons Inc, 2011.

[12] Hanft S. Seawater and Brackish Water Desalination, Market Research Reports: MST052B[R]. BCC Research, 2010.

[13] Gagliardi M. Global Markets and Technology for Nanofiltration, Market Research Reports: NAN045B[R]. BCC Research，2014.

第 2 章　纳滤过程与分离机理

虽然纳滤是在反渗透基础上发展起来的，膜结构形式和操作模式也非常类似，但膜材料的化学组成和表面性质、适用的分离对象等仍有较大差异，因此，本章将详细介绍纳滤过程的特点，分析纳滤分离的机理。此外，近年来纳滤技术的应用和纳滤膜材料的研究领域不断扩大，概念边界不断延伸，特别是对纳米尺度孔内的限域传质机理开展了大量研究，但鉴于目前将纳滤膜视作均相膜或有孔膜等方面的问题尚未有一致的结论，本章仍将以介绍宏观传递过程模型为主。

2.1　纳 滤 过 程

2.1.1　纳滤过程特点

从纳滤膜及其分离过程的适用对象来看，纳滤膜及过程的特点主要包括以下几点：

（1）纳滤膜表面通常具有荷电性。目前最常用的纳滤膜是以聚哌嗪酰胺为材料的复合膜，由于膜表面存在大量的羧基和亚氨基，因此，在中性和碱性条件下膜表面通常呈负电性，在强酸性条件下则呈正电性。图 2-1 是著者实验室制备的

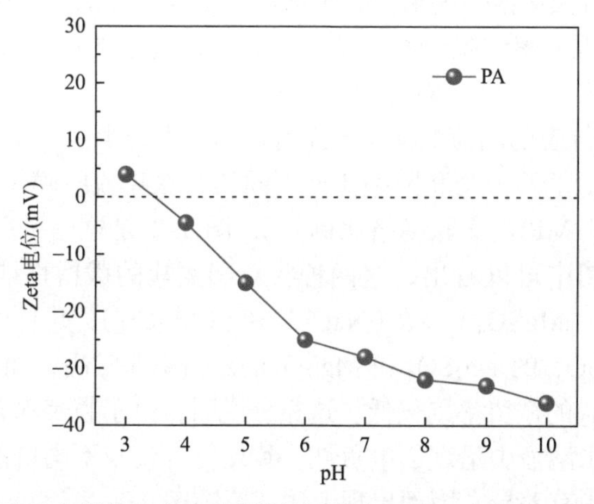

图 2-1　实验室制备的聚哌嗪酰胺纳滤膜表面 Zeta 电位随 pH 变化情况

聚哌嗪酰胺（PA）纳滤原膜表面 Zeta 电位随 pH 变化的情况，从图中可以看出，随着 pH 增加，表面膜的荷负电性显著增加[1]。

（2）纳滤膜对部分溶质具有选择性分离功能。由于纳滤膜通常存在电荷效应和筛分效应的共同作用，因此，纳滤膜对很多不同分子量的有机物，或者不同价态的离子均可以表现出一定的选择性，可以实现单价离子盐与多价离子盐之间、分子量相对较高的有机分子与分子量相对较低的有机分子之间以及无机离子盐与分子量相对较高的有机物之间的分离[2, 3]。

（3）与反渗透相比，纳滤过程操作压力更低，渗透通量更高。由于纳滤膜对单价离子的截留率较低，易于透过纳滤膜，膜两侧由离子浓度差造成的渗透压低于反渗透膜，因此，过程的驱动压较反渗透过程低很多，其操作压力通常为 0.5～2.0 MPa，部分超低压纳滤膜的操作压力只有 0.5 MPa，甚至有向更低驱动压发展的趋势。

（4）与其他压力驱动膜过程相同，纳滤过程通常在常温下操作，过程中不发生化学反应和相态变化，因此，在生物活性物质、热敏性物质的分离、浓缩和纯化领域表现出非常良好的发展势头。

上述纳滤膜和纳滤分离过程的特点也决定了其分离机理，即主要包括尺寸筛分效应和道南效应（Donnan effect）。通常纳滤膜对中性物质的分离主要由筛分效应决定，而对荷电物质的截留则由筛分效应和道南效应共同作用。关于纳滤分离机理的相关内容，将于 2.2 节详细介绍。

对于非电解溶液中溶质的截留，纳滤膜对分子质量在 200 Da 以上的小分子表现出良好的截留能力，这些小分子物质包括乳糖、麦芽糖、棉籽糖、多肽、抗生素、合成药物等。

对于电解质溶液中溶质的截留，纳滤膜对不同离子的截留能力则取决于纳滤膜的种类，就常规的聚哌嗪酰胺纳滤而言，对阳离子的截留性能按 $H^+ < Na^+ < K^+ < Ca^{2+} < Mg^{2+}$顺序递增；对阴离子的截留率则为 $NO_3^- < Cl^- < OH^- < SO_4^{2-} < CO_3^{2-}$；对于相同价态的同荷电性离子而言，离子水合半径越小，其截留率越低。

著者团队制备了两种交联网络比例不同的聚哌嗪酰胺膜（TMC/PIP 交联网络比例低、TMC/TMPIP 交联网络比例高），图 2-2 是这两种膜对四类无机盐的截留情况[4]，从图中可以看出，这两种膜对四类盐的截留性能顺序相同，均为 $R(Na_2SO_4) > R(MgSO_4) > R(NaCl) > R(MgCl_2)$。并且可以发现，这两种膜对含有负二价 SO_4^{2-} 的 Na_2SO_4 和 $MgSO_4$ 的截留率非常高，而对含有负一价 Cl^- 的 NaCl 和 $MgCl_2$ 的截留率则很低。这充分说明，由于膜表面含有较多的羧基，使得这两种膜在水溶液中呈现出电负性，致使复合膜与不同价态的盐离子之间存在的静电排斥作用有差异，因而出现上述截留顺序。

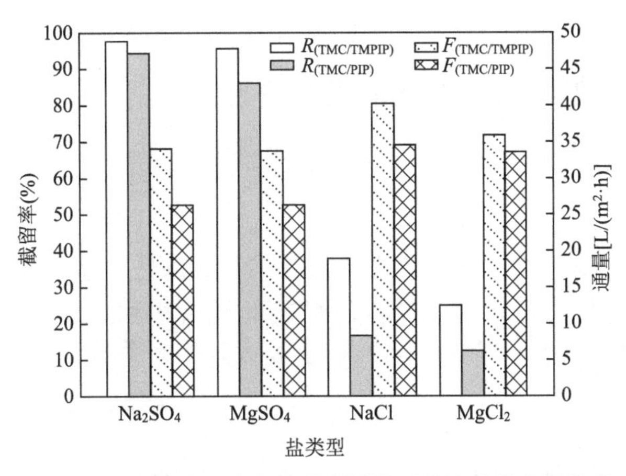

图 2-2　聚哌嗪酰胺纳滤膜对不同类型盐溶液的截留性能

盐浓度：2000 ppm；操作压力：0.6 MPa

表 2-1 根据文献或产品手册提供的一般性膜性能数据，给出了常规反渗透膜、低压反渗透膜、纳滤膜和超滤膜对典型无机盐和有机分子的截留率。如上所述，纳滤膜对无机盐或极性溶质的截留性能是由无机盐离子或极性溶质与膜间的静电相互作用（道南效应）和膜对盐离子或极性溶质的筛分效应共同作用所决定的，纳滤膜对非荷电性物质或非极性溶质的截留则是由膜的筛分效应所决定的。对含不同价态离子的多元体系，根据道南效应，纳滤膜对各类离子间的选择性存在差异，故各类离子透过纳滤膜的比例不相同。

表 2-1　反渗透膜、低压反渗透膜、纳滤膜和超滤膜对典型无机盐和有机分子的截留性能

溶质	截留率			
	反渗透膜	低压反渗透膜	纳滤膜	超滤膜
氯化钠	99%	70%～95%	0～70%	0
硫酸钠	99%	80%～95%	99%	0
氯化钙	99%	80%～95%	0～90%	0
硫酸镁	>99%	95%～98%	>99%	0
果糖	>99%	>99%	20%～99%	0
蔗糖	>99%	>99%	>99%	0
腐殖酸	>99%	>99%	>99%	30%
病毒	99.99%	99.99%	99.99%	99%
蛋白质	99.99%	99.99%	99.99%	99%
细菌	99.99%	99.99%	99.99%	99%

2.1.2　纳滤膜与分离过程的表征参数

溶质截留率以及产水通量是表征纳滤膜性能的主要参数。通过对纳滤膜的水通量和溶质截留率的测定，借助非平衡热力学模型计算可以进一步得到纳滤膜的纯水渗透系数、溶质渗透系数等参数，以进一步评价膜性能的优劣。对于纳滤分离过程而言，除了反映膜性能的截留率和水通量外，过程的水回收率和体积浓缩比则是反映其效率和效能的最重要参数。各参数的计算方法如下所述。

1）溶质的截留率 R

纳滤膜对溶质的截留率 R 可以通过方程（2-1）计算得到：

$$R = 1 - \frac{c_{\mathrm{p}}}{c_{\mathrm{f}}} \times 100\% \tag{2-1}$$

式中，R 为溶质截留率，c_{p}、c_{f} 分别为透过液和进料液中溶质的浓度（g/L）。

2）水通量 J

纳滤膜分离过程中水通量 J [L/(m^2·h)]可通过方程式（2-2）计算得到：

$$J = \frac{V}{St} \tag{2-2}$$

式中，V 为透过水的体积（L）；S 为膜的有效过滤面积（m^2）；t 为透过体积 V 的水所用的时间（h）。

3）系统回收率 ζ

纳滤膜分离过程中系统的回收率 ζ 可通过方程式（2-3）计算得到：

$$\zeta = \frac{Q_{\mathrm{p}}}{Q_{\mathrm{f}}} \tag{2-3}$$

式中，Q_{p}、Q_{f} 分别为渗透液和原料液的流量（m^3/h）。

4）体积浓缩比 VCR

当纳滤膜分离过程应用于溶质浓缩时，常用体积浓缩比（VCR）表示其浓缩程度，具体计算方法如方程式（2-4）所示：

$$\mathrm{VCR} = \frac{V_0}{V_R} \tag{2-4}$$

式中，V_0 表示原料液初始体积（L）；V_R 表示浓缩液浓缩程度为 R 时的体积（L）。

2.1.3 纳滤膜与分离过程参数的测定

为了对纳滤膜的性能以及纳滤过程的效率和效果做出评价，可以通过对如 2.1.2 节所述的参数进行测定和分析获得合理的结论。为了解决过去因测试条件不同造成的纳滤膜性能和纳滤过程效率评价结果难以比较的问题，我国于 2017 年 9 月 7 日发布了《纳滤膜测试方法》(GB/T 34242—2017)标准[5]，并于 2018 年 4 月 1 日起开始实施，该标准对纳滤膜厚度均匀性、水通量、离子截留率、低分子量有机物脱除率及耐酸碱性能等参数的测定方法进行了标准化。

1）膜厚度均匀性测试

纳滤膜厚度均匀性的测试方法和国标 GB/T 32373—2015 中对反渗透膜厚度均匀性测试方法相同[6]。其测试步骤如下：

（1）用圆盘取样器在同一样品（面积不小于 500 cm^3）上等距离切取 3 个无折皱、破损等明显缺陷的圆片状试样；

（2）将试样在温度为 25℃±2℃，相对湿度为 50%±5%的条件下放置 12 h 后进行测试；

（3）使用测试精度为 1 μm，测定压力小于 2.5 N/cm^2 的薄膜厚度测量仪对试样进行测定；

（4）每个试样的测试点为 8 个，且均匀分布，测试点 1 与试样边缘之间的距离在 10～20 mm，其分布如图 2-3 所示；

（5）计算膜样品的平均厚度、厚度最大偏差和厚度相对偏差，得到膜厚度均匀性的判断依据。

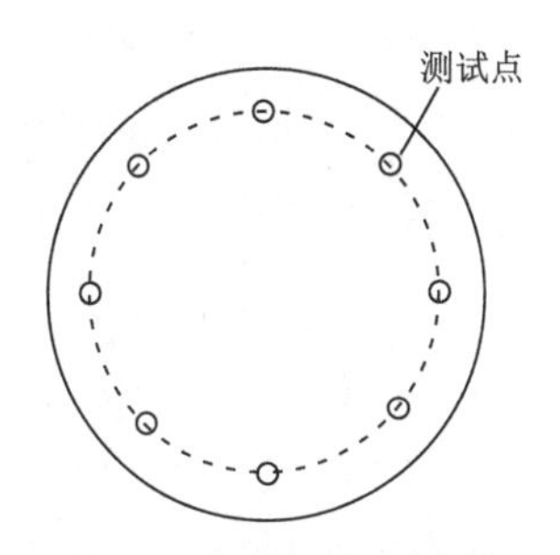

图 2-3　纳滤膜厚度测试点分布示意图

2）纳滤膜水通量及离子截留率的测定

纳滤膜水通量及其离子截留率的测试装置如图 2-4 所示，具体测试方法如下：

（1）在同一纳滤膜样品中截取不少于 4 个无折皱、破损等缺陷的试样，试样尺寸应完全覆盖纳滤膜评价池密封圈，纳滤膜评价池如图 2-5 所示，单个评价池内膜试样的有效面积应不低于 25 cm^2；

（2）用电导率小于 5 μS/cm 的去离子水清洗待测纳滤膜并浸泡 30 min；

（3）依据待测纳滤膜的种类，使用电导率小于 5 μS/cm 的去离子水及分析纯级的氯化钠、氯化钙或硫酸镁，依表 2-2 中所示配制测试溶液，其中测试溶液的体积应不小于 10 L，并使用分析纯级的盐酸或氢氧化钠调节测试液 pH；

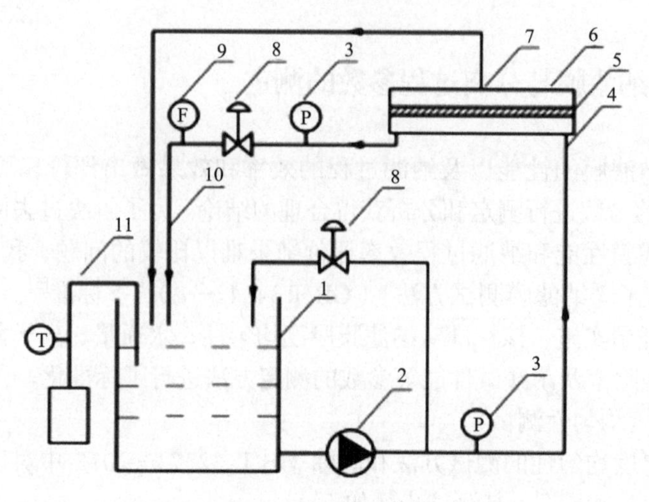

图 2-4　纳滤膜测试装置流程示意图

1. 测试液水箱；2. 增压泵；3. 压力表；4. 测试液进口；5. 纳滤膜；6. 纳滤膜评价池；7. 透过液出口；8. 截止阀；9. 流量计；10. 浓缩液出；11. 温度控制系统

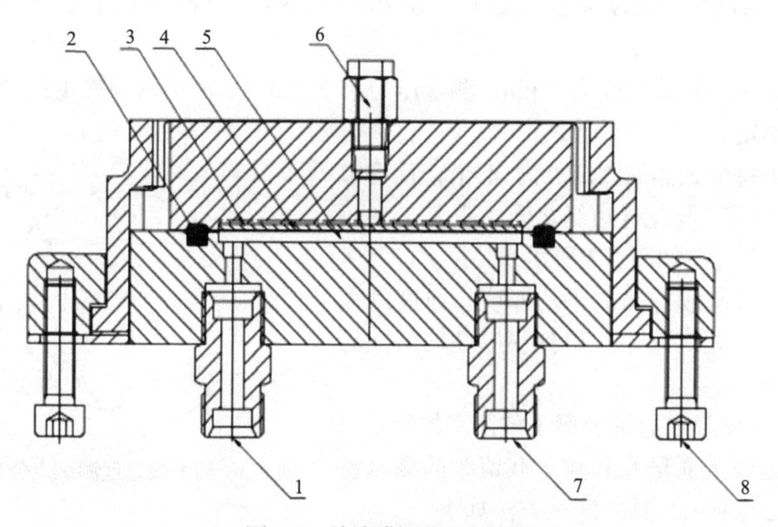

图 2-5　纳滤膜评价池示意图

1. 评价池进液口；2. 密封圈；3. 多孔支撑板；4. 纳滤膜；5. 进液凹槽；6. 透过液收集口；7. 评价池浓缩液出口；8. 固定螺栓

（4）在评价池内将分离层朝向评价池进水侧装入待测纳滤膜；

（5）开启增压泵，缓慢调节截止阀，使得测试运行压力和膜面流速满足表 2-2 中所述要求；

（6）在恒温、恒压条件下稳定运行 30 min，随后使用秒表（精度 0.01 s）和量筒（量程 0～25 mL，最小刻度 0.5 mL）测定一定时间内透过液的体积（单个试样不少于 20 mL）；

（7）分别测定测试液和透过液中的离子浓度，并依据方程式（2-1）与方程式（2-2）分别计算得到纳滤膜的离子截留率和水通量。

表 2-2　纳滤膜水通量及离子截留率测试条件

测试液类型	测试液浓度(mg/L)	pH	测试温度(℃)	测试压力(MPa)	膜面流速(m/s)	适用类型
氯化钠 氯化钙 硫酸镁	250±5	7.5±0.5	25.0±0.2	0.41±0.02	≥0.45	家用纳滤膜
氯化钠 氯化钙 硫酸镁	2000±20	7.5±0.5	25.0±0.2	0.69±0.02	≥0.45	工业用纳滤膜

3）纳滤膜对低分子量有机物截留率的测定

纳滤膜对低分子量有机物截留率的测定装置与水通量及其离子截留率的测试装置相同（参见图 2-4），具体测试方法如下：

（1）在同一纳滤膜样品中截取不少于 4 个无折皱、破损等缺陷的试样，试样尺寸应完全满足覆盖纳滤膜评价池密封圈的要求，纳滤膜评价池如图 2-5 所示，单个评价池内膜试样的有效面积应不低于 25 cm^2；

（2）用电导率小于 5 μS/cm 的去离子水清洗待测纳滤膜并浸泡 30 min；

（3）用电导率小于 5 μS/cm 的去离子水和单一规格的聚乙二醇（分析纯，重均分子量分别为 200、400、600、800 和 1000）配制浓度为 100 mg/L±5 mg/L 的聚乙二醇测试溶液，并如表 2-2 所示调节 pH；

（4）在评价池内将分离层朝向评价池进水侧装入待测纳滤膜；

（5）开启增压泵，缓慢调节截止阀，使得测试运行压力和膜面流速满足表 2-2 中所述要求；

（6）在恒温、恒压条件下稳定运行 30 min，随后使用秒表（精度 0.01 s）和量筒（量程 0～25 mL，最小刻度 0.5 mL）测定一定时间内透过液的体积（单个试样不少于 20 mL）；

（7）分别测定测试液和透过液中聚乙二醇的浓度，并依据方程式（2-1）计算得到纳滤膜对低分子量有机物的截留率。

4）纳滤膜耐酸碱性的测试

纳滤膜的耐酸碱性能以其在一定的 pH 条件下处理后，水通量和截留率的变化率来表示，具体的测试方法如下：

（1）在同一纳滤膜样品中截取不少于 60 个无折皱、破损等缺陷的试样，试样尺寸应完全满足覆盖纳滤膜评价池密封圈的要求，纳滤膜评价池如图 2-5 所示，单个评价池内膜试样的有效面积应不低于 25 cm^2；

（2）用电导率小于 5 μS/cm 的去离子水清洗待测纳滤膜并浸泡 30 min；

（3）如表 2-2 所示，配制氯化镁溶液为测试液，取 4 个试样，按照纳滤膜水通量和离子截留率的测试方法，测试纳滤膜样品的初始平均水通量和初始平均离子截留率；

（4）取 28 个试样，将其浸泡在 pH 为 2.0～2.2 的盐酸溶液中，于 40.0℃±0.5℃下恒温浸泡，并每隔 t 小时取出 1 组试样（4 个）；

（5）取 28 个试样，将其浸泡在 pH 为 12.0～12.2 的氢氧化钠溶液中，于 35.0℃±0.5℃下恒温浸泡，并每隔 t 小时取出 1 组试样（4 个）；

（6）取出的每组试样以上述硫酸镁溶液为测试液，按照纳滤膜水通量和离子截留率的测试方法，测试纳滤膜样品经盐酸或氢氧化钠浸泡处理 t 小时后的平均水通量和离子截留率。

2.1.4 影响纳滤膜性能的因素

产水量和截留率是纳滤膜及其过程的最主要指标参数。对于某一特定纳滤膜元件而言，产水量和截留率会受到给水水质条件和系统运行参数的影响。给水水质条件包括盐浓度、温度和 pH 等，系统运行参数包括运行压力、给水流量和回收率等。本节将介绍影响产水量和截留率的各因素，并以著者所研制的高交联比 TMC/TMPIP 纳滤膜为例展开阐述。

1）给水浓度

在一定操作压力下，当供给的原水中溶质的浓度增高时，由于渗透压增加导致的压力差（推动力）降低，产水量减少。截留率同样也受给水浓度的影响：对于给定的纳滤膜而言，由于溶质渗透系数恒定不变，随着给水浓度增加，产水量降低，因此，溶质截留率降低。图 2-6 是前述 TMC/TMPIP 纳滤膜分离性能随料液浓度变化的情况，从图中可以看出，随 $MgSO_4$ 浓度的增加，通量显著减小，而由于高交联网络比，使得膜对 $MgSO_4$ 截留性能较好，截留率略有下降。

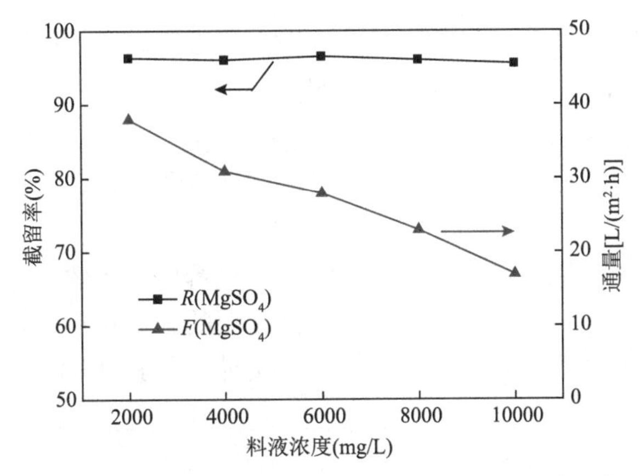

图 2-6　料液浓度对高交联网络比的 TMC/TMPIP 纳滤膜性能的影响

$P = 0.6$ MPa；pH = 7.0；$T = 30$℃

2）给水温度

水温是纳滤水处理时需要考虑的一个重要工艺参数，它对纳滤膜产水量和截留率有着重要的影响。随着温度的升高，水的渗透系数增大，进料液黏度降低，水通量增加。水通量与水黏度（η）之间关系有如方程（2-5）所示的经验式：

$$J = 22.48 \times \frac{\Delta P - \Delta \pi}{\eta} - 61.40 \quad (2\text{-}5)$$

对于不同类型的纳滤膜而言，温度变化对于截留率影响的差别较大。通常，温度升高，溶质渗透系数也会增加，导致截留率下降。对于无机盐离子，水温升高，其水合离子半径减小，溶质的扩散速率升高，使得盐离子透过纳滤膜的能力增加，进而导致截留率的下降。特别是单价离子，扩散速度随温度升高而快速增加，截留率下降明显。与单价离子相比，二价离子（如硬度离子）在温度升高时扩散速率变化不大因而仍能保持高截留率。但值得注意的是，温度过高可能导致纳滤膜化学结构或物理结构发生变化，带来膜性能的不可逆改变。

3）给水 pH 值

由于给水的 pH 值会影响溶质的解离程度、膜表面的荷电性，因此，对纳滤膜分离性能具有较大的影响，且随纳滤膜材料的变化，影响程度不尽相同。以目前最常用的聚酰胺膜为例，膜表面带有氨基（$—NH_2$）和羧基（—COOH）两种不同带电性质的官能团。在低 pH 值条件下，纳滤膜表面电位高于等电点（膜电位 = 0），氨基吸收质子（$—NH_2 + H^+ \longrightarrow —NH_3^+$），纳滤膜表面呈荷正电性；在高 pH 值条件下，膜面电位低于等电点，羧基失去质子（$—COOH \longrightarrow —COO^- + H^+$），纳滤膜表面呈荷负电性。通常聚酰胺系列纳滤膜的等电点在酸性范围内，因此在中性（pH = 7）条件下，聚酰胺纳滤膜表面通常呈荷负电性。给水的浓度较低时，膜对于高价态的阴离子截留率相对较高，对高价态阳离子的截留率相对较低。在高浓度时，两种离子的截留率则相差不明显。

图 2-7 给出了 pH 对 TMC/TMPIP 膜脱盐性能的影响。从图中可以看出随着料液 pH 增加，TMC/TMPIP 膜对 Na_2SO_4 的截留率逐渐上升，当 pH = 4.7 时，截留率为 91.3%；当 pH = 9.4 时，截留率可达 97%以上。充分说明，随着料液 pH 值上升，膜表面荷负电性增强，使膜与 SO_4^{2-} 之间的静电排斥效应增强，故截留率上升。另外，从图中还可以看出 pH 变化对截留率的影响并不显著，这主要是由于该聚哌嗪酰胺纳滤膜的交联网络比例较高，膜对盐离子的截留主要是筛分作用。

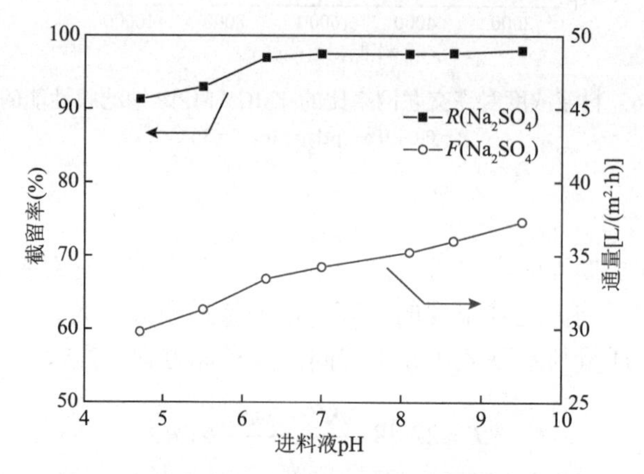

图 2-7　料液 pH 对 TMC/TMPIP 纳滤膜性能的影响

Na_2SO_4 = 2000 ppm；P = 0.6 MPa；T = 30℃

对于天然水源纳滤处理系统，pH 降低则会使产水电导率升高。这是由于天然水中一般都含有碳酸氢根（HCO_3^-），而碳酸氢根与氢离子、二氧化碳和碳酸根的平衡关系受到 pH 值的影响。在 pH 降低时二氧化碳含量增加，纳滤膜对二氧化碳不具有截留效果（进、产水中二氧化碳浓度相等），透过膜的二氧化碳将会重新建立平衡，导致产水的电导率增加。

4）操作压力

操作压力的变化会影响传质推动力，从而改变水通量，并使产水浓度发生改变，导致截留率发生变化。一般而言，纳滤膜的产水量与操作压力成正比：随着操作压力增加，膜两侧净驱动力增加，纳滤膜的产水量增大，同时会导致产水中的盐浓度降低，使盐截留率提高。但操作压力过高，会增加过程能耗，同时会使纳滤膜致密化，降低水通量，缩短膜使用寿命。图 2-8 给出了前述的 TMC/TMPIP 纳滤膜在处理 $MgSO_4$ 水溶液时，通量和截留率随操作压力变化的情况：随着操作压力增加，水通量随操作压力几乎呈线性增加关系，而对 $MgSO_4$ 的截留率基本保持不变。

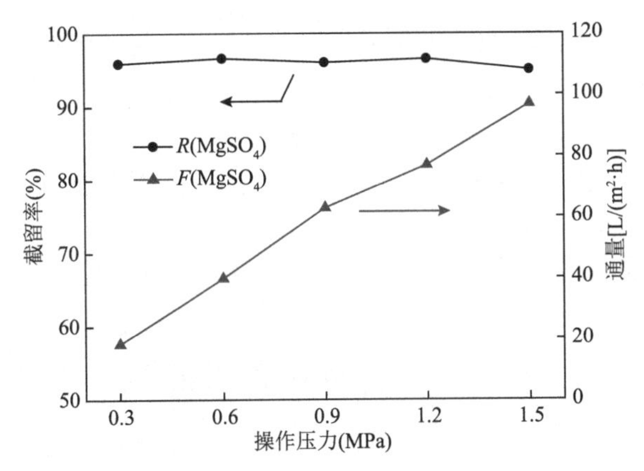

图 2-8　操作压力对 TMC/TMPIP 纳滤膜性能的影响

Na_2SO_4 = 2000 ppm；pH = 7；T = 30℃

由于压力对纳滤通量的影响，因此，在纳滤用于盐洗脱时通常操作方式为：恒定压力操作和恒定通量操作。前者保持操作压力不变，纳滤膜的通量会随着过程发生的膜污染现象而减少，实际处理效率会随操作时间的延长而降低；后者为了保持纳滤膜通量不变，伴随纳滤膜表面膜污染的产生需要不断升高操作压力，从而会导致膜的致密化。因此，操作压力达到一定值时，需要对膜进行清洗。

5）进水流量

在压力恒定不变的情况下，进水流量降低，膜对溶质的截留率和产水量都会下降。造成该现象的原因主要包括：①压力不变，进水流量降低，系统的浓缩率增加，膜上游给水浓度提高，造成上游给水渗透压提高，进而降低了实际驱动压力，使得产水量下降，同时由于产水量下降，产水的盐浓度也会增加，盐截留率上升；②降低进水流量，即降低了膜表面给水的流速，使膜表面边界层厚度和边界层浓度增加，实际的给水浓度增加，使得跨膜渗透压增加，产水量和盐截留率降低。虽然，较高的给水流速可以减小膜分离过程中的浓差极化或沉积层的形成，有利于提高渗透通量，但考虑到产水率、能耗以及实际溶质（如生物产品）对剪切力的敏感性等因素，在纳滤过程中应选择合适的给水流速。

6）产水率

产水率是产水量与进水量之间的比率。理论上，产水率越高越好，高的产水率可以节约给水的使用，减少浓水处理量，降低制水成本。但实际运行过程中，提高产水率会使膜系统末端的盐浓度快速增加。例如当产水率为 50%时，末端浓水出口的盐浓度是进水盐浓度的 2 倍；当产水率为 75%时，浓水出口的盐浓度将增加到 3 倍；当产水率增加到 90%后，料液在浓水出口处的盐浓度将为进水的 10 倍，此时膜表面的浓差极化现象将非常明显，溶解度较低的溶质将可能会在膜表面沉淀析出，增加膜结垢污染的风险，不仅会造成水通量和截留率的下降，影响出水水质，而且会使膜的使用寿命缩短。

此外，系统产水率的提高，一般是通过提高操作压力或增加纳滤级数来实现的，这将造成能耗的增加。因此，实际应用过程中系统的产水率不宜过高，而且纳滤膜制造商一般也会对膜元件的最大产水率做出相关规定。

2.2 纳滤分离机理

建立描述纳滤过程的机理模型不仅可以预测和优化纳滤分离过程，还可指导设计制备高性能的纳滤膜，但因纳滤膜结构和应用体系复杂，使得纳滤分离过程机理和模型的构建非常困难。从膜结构上看，原子力显微镜等表征技术已证明纳滤膜具有 1 nm 左右的特殊孔道，而动电性质的表征则证实了纳滤存在复杂的荷电效应；从应用体系看，纳滤既可用于脱除水溶液中的电解质和中性有机分子，也可用于水中不同价态电解质的分离。因此，其分离机理与同属压力驱动的超滤和反渗透有明显的差异：超滤膜孔径较大，透过组分的跨膜传质主要以孔流的形式进行；而反渗透膜通常则认为属于致密膜，其跨膜传质过程常采用溶解-扩散机理进行描述。

鉴于纳滤膜结构和性能的复杂性以及分离对象和目标的多样性，很难建立可以准确反映不同纳滤水处理过程的机理模型，常用的模型包括两类：①基于驱动力与通量线性关系的非平衡热力学模型（唯象方程）；②基于膜结构和物化性质的结构模型，该机理模型又包括简单的筛分效应模型和基于膜荷电性质的模型，以及综合二者影响的模型。本节将分别介绍这两类模型理论基础，分析其适用体系和局限性。

2.2.1 非平衡热力学模型

非平衡热力学模型（non-equilibrium thermodynamic model），也可称作不可逆热力学模型（irreversible thermodynamic model）或唯象传递模型（phenomenological transport model）。该模型将膜当成一个传递机理和膜结构均未知的“黑箱”，根据非平衡热力学理论，当膜两侧溶液存在或者施加浓度差和压力差时，会产生溶质和溶剂组分通过膜的驱动力的势能差，而这一驱动力与通量在接近平衡时可视为线性关系，原理如图 2-9 所示。

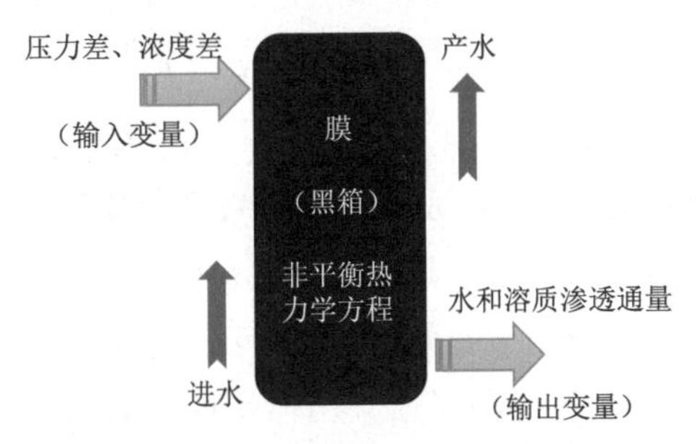

图 2-9　非平衡热力学（“黑箱”）模型

Kedem 和 Katchalsky[7]使用该线性唯象关系推导出线性唯象传递方程，得到了描述溶质和溶剂渗透通量与膜两侧浓度差和压力差之间关系的 K-K 方程，如式（2-6）和式（2-7）所示。

$$J_{\mathrm{v}}=L_{\mathrm{p}}(\Delta P-\sigma\Delta\pi) \tag{2-6}$$

$$J_{\mathrm{s}}=\omega\Delta\pi+(1-\sigma)J_{\mathrm{v}}(\overline{c}_{\mathrm{s}}) \tag{2-7}$$

式中，J_v 和 J_s 分别是水通量和溶质通量；ΔP 和 $\Delta\pi$ 是膜两侧压力差和渗透压差；L_p 和 ω 分别是水力渗透系数和溶质渗透系数；σ 和 $\overline{c}_s$ 分别表示溶质反射系数和溶质在膜内的对数平均浓度。

如前所述，式（2-6）和式（2-7）是根据驱动力和通量接近平衡时视作线性关系所得到，而纳滤过程则是远离平衡状态，且跨膜溶质浓度差大，因此 K-K 方程只是在理想状态下较为适用于纳滤过程。

Spiegler 和 Kedem 避开线性问题，以微分方程形式建立了水通量和溶质透过通量与浓度差和压力差的关系式，如式（2-8）和式（2-9），并进行膜厚方向的积分以获得膜截留率与通量的方程，即著名的 S-K 方程[8]。S-K 方程是非平衡热力学模型在描述膜分离性能上的最为重要也最具广泛应用性的方程。根据 S-K 方程可得到 R 与 J_v 的关系，如式（2-10）和式（2-11）。

$$J_{\mathrm{v}}=p_{\mathrm{w}}\left(\frac{\mathrm{d}P}{\mathrm{d}x}-\sigma\frac{\mathrm{d}\pi}{\mathrm{d}x}\right) \tag{2-8}$$

$$J_{\mathrm{s}}=p_{\mathrm{s}}\frac{\mathrm{d}\overline{c}_{\mathrm{s}}}{\mathrm{d}x}+(1-\sigma)\overline{c}_{\mathrm{s}}J_{\mathrm{v}} \tag{2-9}$$

$$R=1-\frac{c_{\mathrm{p}}}{c_{\mathrm{m}}}=\frac{\sigma(1-F)}{1-\sigma F} \tag{2-10}$$

$$J_{\mathrm{v}}=\frac{p_{\mathrm{w}}}{\Delta x}(\Delta P-\sigma\Delta\pi) \tag{2-11}$$

$$F = \exp\left[-J_v(1-\sigma)\Delta x / p_s\right] \tag{2-12}$$

式中，J_v是水通量；p_w是膜的局部水渗透系数；Δx 是膜厚；c_m和 c_p分别为膜表面原料液和透过液溶质浓度；σ 和 p_s 是反射系数和溶质局部渗透系数。

非平衡热力学模型既可用于计算非荷电性有机分子水溶液的纳滤分离过程，也可用于计算电解质水溶液的纳滤分离过程，获得膜对水和溶质的渗透能力以及反射系数等参数，并且还有很多根据应用体系情况修正 K-K 和 S-K 方程的工作[9-12]，都对实际操作过程有很好的指导意义，但仍无法反映膜结构与性能关系的任何信息，不能对水、非荷电分子或离子在膜内的传递行为进行物化分析，难以从机理上指导研发高性能的纳滤分离膜。

2.2.2 基于纳滤膜结构和性质的模型

近年来，随着表征技术的不断进步，已经有大量文献证实纳滤膜表面具有0.3～1 nm 左右的微孔，同时膜在不同的 pH 条件下往往表现出一定的固液相相对运动的动电现象，显现出荷电性质，鉴于这样特殊的物理结构和物化性质，使得纳滤膜在从水溶液中截留中性溶质时往往仅受到膜表面孔径大小或者和膜材料间相溶性的影响，而在截留或者分离水溶液中电解质时，则存在纳米孔道和荷电性质的协同作用，使得离子分离和传递问题异常复杂。针对这一特殊结构导致的复杂传递行为，构建了多个从纳滤膜结构和性质出发的分离机理模型[13-15]。包括依赖膜微孔特性以反映位阻效应的细孔模型、依赖荷电性质的静电位阻模型、依赖物料和材料物化性质的介电排斥模型，以及考虑上述综合效应的模型。

2.2.2.1 细孔模型

细孔（steric-hindrance pore，SHP）模型[16-18]是一种基于溶质在膜相中传递的空间阻碍效应的理论模型，是在非平衡热力学和 Stokes-Maxwell 摩擦模型的基础上发展起来的。该模型假定膜是由孔径均一、孔径远小于膜厚的细孔组成，细孔的半径为 r_p，膜的开孔率与膜厚之比为 $A_k/\Delta x$，溶质为具有一定大小的刚性球体，且圆柱孔壁对穿过其圆柱体的溶质影响很小。溶液在膜内呈稳态流动，流动符合 Poiseuille 方程。流动过程中，溶质分子、溶剂分子与孔壁三者之间的相互作用可用不同方法进行计算[19, 20]。膜孔半径（r_s）可以通过 Stokes-Einstein 方程进行估算：

$$r_s = \frac{kT}{6\pi\mu D_s} \tag{2-13}$$

式中，μ 为溶液黏度；D_s 为溶质扩散系数。膜的反射系数和膜的溶质透过系数可以根据以下方程得到

$$\begin{cases} \sigma = 1 - H_F S_F \\ P = H_D S_D D_s \left(A_k / \Delta x \right) \end{cases} \tag{2-14}$$

式中，k（1.38×10^{-23} J/K）为玻尔兹曼常数；S_D、S_F 分别是扩散、透过条件下溶质在膜的细孔中的分配系数，可表示为溶质半径（r_s）与膜的孔半径（r_p）之比的函数。

通过细孔模型，可将膜的传递参数（反射系数和溶质透过系数）与膜的结构参数（膜孔半径、孔有效长度、孔隙率和膜厚）关联起来。该模型可通过膜的微孔结构和溶质大小，计算出膜的传递参数，从而计算得到膜的截留率与膜透过体积流速的关系。另一方面，借助非平衡热力学模型，可以得到膜的反射系数和溶质透过系数，再利用细孔模型描述的传递参数和膜结构参数的关系，也可以确定膜的结构参数。由于细孔模型中孔壁效应被忽略，仅对空间位阻进行了校正，因此利用该方法确定膜的结构参数时常采用中性溶质的水溶液[21, 22]。通过 SHP 模型拟合，可以获得四种常见商业膜对不同分子质量的中性溶剂截留情况，如图 2-10 所示。

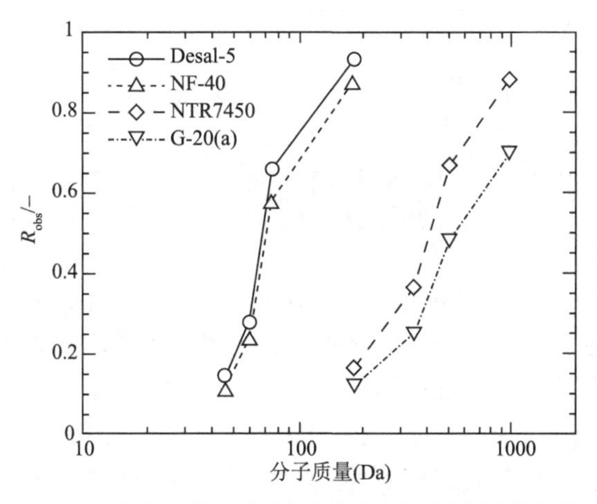

图 2-10　在 0.5 MPa 压力下，四种商业膜对不同分子质量的中性溶剂的截留率（通过 SHP 模型拟合）

2.2.2.2　溶解-扩散模型

在纳滤概念提出之初，很多研究者认为这是一种疏松的反渗透膜，因此，在纳滤水处理的早期也有很多研究者采用基于组分与膜材料间相溶性的溶解-扩散模型来描述纳滤过程的分离性能和行为，这对于描述一些分子量相对较大的有机溶质的纳滤分离过程有一定的参考作用。

1）溶解-扩散模型（solution-diffusion model）

该模型假定溶质和溶剂溶解在膜表面层内，然后各自在化学位的作用下透过膜，溶质和溶剂在膜基质相中的扩散性能存在显著差异，这些差异对膜通量的影响很大。由于最初的溶解-扩散模型是针对无孔均质类型的膜，而纳滤膜表面有孔存在，所以溶解-扩散模型和实验结果往往存在一定偏差。对此，Strathmann 提出[23]，水在膜内的状态（分子分散状态或集团状态）是影响膜性能的重要因素，而该模型是以纯扩散为基础建立的，因而，适用于水含量低的膜。但是该模型本身也存在着局限性：如模型假设通量是随推动力线性增加的，那么当推动力趋向于无限大时，则通量也无限大，这与以浓度梯度为推动力的溶解-扩散模型不符；对于截留率，根据该模型计算得到的均为正值，但在实验中出现混合离子时，有时对某个离子会有负值出现；该模型还假设溶质和溶剂在对流传递过程中互不影响，并根据理想热力学情况，忽略了浓度对扩散系数的影响，但在很多纳滤膜分离过程中，伴生效应等影响都无法避免。

根据溶解-扩散模型，由费克（Fick）定律得到溶剂的通量 n_1 和溶质的通量 n_2 以及截留率 R 分别为

$$\left.\begin{aligned} n_1 &= \frac{D_{1\mathrm{m}} C_1^{\mathrm{m}} \bar{V}_1 (\Delta P - \Delta\pi)}{lRT} \\ n_2 &= -D_{2\mathrm{m}} \frac{\mathrm{d}C_2^{\mathrm{m}}}{\mathrm{d}z} \approx D_{2\mathrm{m}} \frac{\Delta C_2^{\mathrm{m}}}{l} = D_{2\mathrm{m}} K_2 \left(\frac{C_{20}^{\mathrm{s}} - C_{21}^{\mathrm{s}}}{l} \right) \\ R &= \left[1 + \frac{D_{2\mathrm{m}} K_2 RT C_{11}^{\mathrm{s}}}{D_{1\mathrm{m}} C_1^{\mathrm{m}} \bar{V}_1 (\Delta P - \Delta\pi)} \right]^{-1} \end{aligned}\right\} \tag{2-15}$$

式中，P、C 分别表示压力和浓度；$\bar{V}$ 是溶剂的偏摩尔体积；K 是溶质在膜相与溶液相之间的分配系数；下标 1 和 2 分别表示溶剂和溶质，20 和 21 分别表示膜孔上界面的溶质浓度和膜孔下界面的溶质浓度；m 表示膜内。

Paul[24]基于溶解-扩散模型，利用 Maxwell-Stefan 方法来代替 Fick 定律，建立了修正的新模型。与经典的溶解-扩散模型相比，该修正模型在分析膜两侧压力差对推动溶剂和溶质传递的影响时，采用非线性微分方程来代替原来的线性方程，经过修正的溶解-扩散模型可适用于非理想溶液。该修正模型不但能够得到使用 Fick 定律所算出的扩散量，同时还能得到溶质、溶剂的对流传递量。

2）不完全的溶解-扩散模型

该模型是基于纳滤膜存在微孔的事实，对溶解-扩散模型的扩展，进一步解释了溶剂和溶质在微孔中的流动情况。该模型承认在膜表面存在允许溶剂和溶质流过的孔和缺陷，溶剂通量 J_{w} 和溶质的通量 J_{s} 可以描述如下：

$$\left.\begin{aligned} J_{\mathrm{w}} &= \frac{P_{\mathrm{w}}}{L}(\Delta p - \Delta\pi) + \frac{P_3}{L}\Delta p = A(\Delta p - \Delta\pi) + K_3 \Delta p \\ J_{\mathrm{s}} &= \frac{P_{\mathrm{s}}}{L}(C_{\mathrm{s1}} - C_{\mathrm{s2}}) + \frac{P_3}{L}\Delta p C_{\mathrm{s1}} = B(C_{\mathrm{s1}} - C_{\mathrm{s2}}) + \frac{P_3}{L}\Delta p C_{\mathrm{s1}} \end{aligned}\right\} \tag{2-16}$$

式中，C_{s1} 和 C_{s2} 是原料液和透过液的浓度；K_3 称为伴生系数，K_3 项被看作微孔流动的伴生传递。此模型比溶解-扩散模型只考虑分子扩散更符合纳滤膜的实际状况。Mehdizadeh 等[25]将该模型简化为二维的数学模型，用于预测醋酸纤维膜对苯和甲苯体系中溶质的截留性能，实验结果与模型计算较为吻合。

Bason 等[26]将非平衡热力学模型与不完全溶解-扩散模型相结合，分析部分氧化还原带电离子如 $Fe(CN)_4^{3-}$ 和 $Fe(CN)_4^{4-}$ 在 NF200 和 ESPA 型膜内的分离特点，利用实验结果来计算数学模型中一些重要参数，帮助更好地理解在压力推动下溶质和溶剂在膜内扩散和对流传递的状况。

2.2.2.3　道南（Donnan）平衡模型[27]

通过对纳滤膜的动电性质的研究，证实大部分的纳滤膜具有荷电效应，将带有荷电基团的纳滤膜置于盐溶液时，溶液中的反离子在膜内的浓度大于其在主体溶液中的浓度，而同名离子在膜内的浓度低于其在主体溶液中的浓度。由此形成了道南位差，阻止了同名离子从主体溶液向膜内扩散，为了保持电中性，反离子同时被膜截留。

对于电解质水溶液纳滤处理而言，离子在膜物料和膜基质界面处的分配将决定膜的分离选择性。该模型主要依据荷电膜内离子浓度与膜外溶液离子浓度分配遵守道南平衡方程，即

$$K=\left(\frac{c_i^{\mathrm{m}}}{c_i^{\mathrm{b}}}\right)^{1/z_i} \tag{2-17}$$

式中，c_i^{m} 和 c_i^{b} 分别为膜内外离子的浓度；z_i 为所带电荷数；K 为与溶液中离子无关的道南平衡常数，它可以从膜内的电中性方程得到。定义离子的分离因子为 $K_i=\dfrac{c_i^{\mathrm{m}}}{c_i^{\mathrm{b}}}=K^{z_i}$，由此通过 K 就能直接得到膜的分离因子。

可以看出，该模型把截留率看作是膜的电荷容量、进料液中溶质浓度以及离子的荷电数的函数，但未考虑扩散和对流的影响，而这些作用在纳滤膜中的影响并不容忽视，因此道南平衡模型也存在一定的局限性。

2.2.2.4　固定电荷模型[28-30]

早在 1935 年，Teorell、Meyer 和 Sievers 提出了一个用于描述离子在膜相中传递过程的固定电荷模型（fixed-charge model；又称 Teorell-Meyer-Sievers model，TMS 模型），如图 2-11 所示。该固定电荷模型不考虑膜内的微孔，将膜假设为一个凝胶层，电荷在膜相中均匀分布，仅在膜面垂直的方向因道南效应和离子迁移存在一定的电势分布和离子浓度分布。

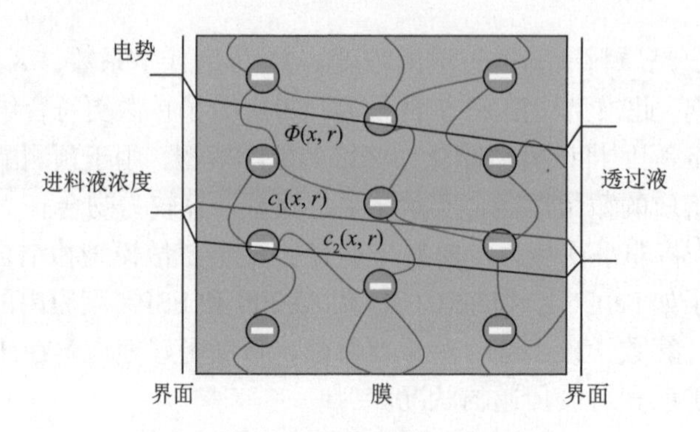

图 2-11　固定电荷模型示意图

该模型首先被应用于离子交换膜，随后用来表征荷电型反渗透膜和纳滤膜的膜电位、膜内溶剂及电解质渗透速率和截留性能的计算与预测。该模型的特点是数学分析简单，未考虑结构参数，假定固定电荷在膜中分布是均匀的，有一定的理想性[31-33]。当膜的孔径较大时，固定电荷、离子浓度以及电位均匀的假设均不成立，因此固定电荷模型的应用受到一定限制。对于 1-1 型的电解质的单一组分体系，荷负电膜的膜反射系数和溶质透过系数可以由固定电荷模型和 Nernst-Planck 方程联合求解。

2.2.2.5　空间电荷模型（space charge model）[34-36]

1965～1971 年，Osterler 等提出了空间电荷模型，用于描述电解质在由孔径均一、孔壁电荷分布均匀的由柱状孔组成的膜中的传递行为，如图 2-12 所示，因此，该模型较为符合纳滤膜的结构和性质特征。空间电荷模型有 3 个表述膜的结构特性的模型参数，即膜的微孔半径、膜活性分离层的开孔率与其厚度之比以及膜微孔表面电荷密度或微孔表面电势。微孔内的离子浓度和电场电势分布、离子传递和溶液体积流率分别由 Poisson-Boltzmann 方程、Nernst-Planck 方程和

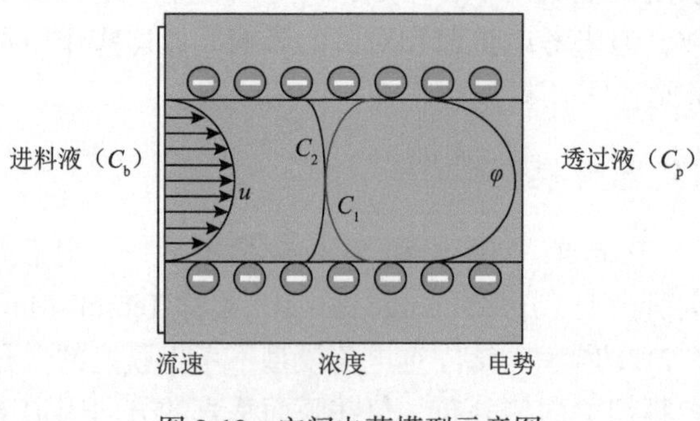

图 2-12　空间电荷模型示意图

Navier-Stokes 方程等来描述。该模型将溶质视为点电荷，不考虑溶质的大小，只考虑电荷的影响。由于空间电荷模型考虑了流体以及电荷的径向分布，模型结构固定电荷模型更为精确。

运用空间电荷模型，可以预测膜的分离性能，描述膜的浓差电位、流动电位、表面 Zeta 电位和膜内离子电导率、电气黏度等动电现象[37-44]，还可以表示荷电膜内电解质离子的传递情形[45]。将空间电荷模型与非平衡热力学模型相结合，可以推导出一定浓度的电解质溶液的膜反射系数、溶质透过系数与上述 3 个模型参数的数学关联方程。但是由于计算复杂，其应用多局限于理论计算中，难以与实际相结合。因此，对于孔径较小的纳滤膜，固定电荷模型更为广泛地应用于实验数据的拟合上。

2.2.2.6　静电位阻模型

随着对纳滤膜结构认识的不断深化，发现纳滤膜孔径大小与水合离子直径相当，若只考虑电荷效应，缺失膜孔道效应对离子的影响作用，则导致对其分离性能的预测值偏低，在评价纳滤膜性质时将位阻效应的贡献算作膜的荷电能力。1995 年，Wang 等[22, 46]将细孔模型与 TMS 模型相结合，建立了静电位阻模型（electrostatic and steric-hindrance model，ES 模型），如图 2-13 所示。该模型假定膜分离层是由孔径均一、表面电荷分布均匀的微孔构成，既考虑了细孔模型所描述的膜微孔对中性溶质大小的位阻效应，又考虑了固体电荷所描述的膜的带电特性对离子的静电排斥作用，因而该模型能够根据膜的带电细孔结构和溶质的带电性及尺寸来推测膜对带电溶质的截留性能。

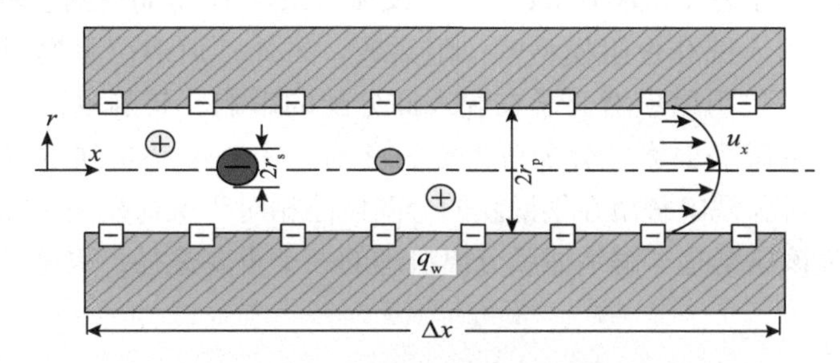

图 2-13　静电位阻模型示意图

在该模型中，有机大离子的立体阻碍效应通过细孔模型来描述，而膜内离子浓度分布遵循 Poisson-Boltzmann 方程或 Donnan 平衡，而离子通量与溶剂流速分别由拓展的 Nernst-Planck 方程与 Hagen-Poiseuille 方程确定。其结构参数包括孔径 r_p、开孔率 A_k、孔道长度即膜分离层厚度 Δx，电荷特性则表示为膜的体积电荷密度 X（或膜的孔壁表面电荷密度为 q）。模型假设膜内均为点电荷，且分布同样遵守 Poisson-Boltzmann 方程，根据 Wang 等的大量计算结果，可以通过在孔壁处的无因次电荷分布梯度小于 1 的条件下的 Donnan 平衡方程来求解。

由此模型得到的反射系数（σ_s）和溶质渗透系数（P_s）的方程为

$$\sigma_s = 1 - H_{F,2}K_{F,2} - t_2\left(H_{F,1}K_{F,1} - H_{F,2}K_{F,2}\right) \tag{2-18}$$

$$P_s = \frac{\left(v_1 + v_2\right)D_2 H_{D,2} K_{D,2} t_1}{v_2} \cdot \frac{A_k}{\Delta x} \tag{2-19}$$

式中，t_1 和 t_2 分别是阳离子和阴离子的传递数；v_1 和 v_2 分别表示阳离子和阴离子的跨膜传送速率。

当静电位阻模型考虑位阻效应（$\bar{k}_{D,i} = \bar{k}_{F,i} = 1$）时，与 SHP 模型的表述基本是一致的；当静电位阻模型考虑静电效应（$H_{D,i} = H_{F,i} = S_{D,i} = S_{F,i} = 1$）时，与 TMS 模型非常符合。可以说，静电位阻模型是 SHP 模型和 TMS 模型的综合。

2.2.2.7　道南位阻模型

在静电位阻模型提出的同时，Bowen 和 Mukhtar 等提出了一个称之为杂化（hybrid）的模型——道南位阻模型[2, 47]（Donnan steric pore model，DSPM）。该模型建立在 Nernst-Planck 扩展方程上，用于表征两组分及三组分的电解质溶液的传递现象。认为膜是均相、同质而且无孔的，但是离子在极细微的膜孔隙中的扩散和对流传递过程中会受到立体阻碍作用的影响。该模型的各电荷参数和静电位阻模型相同，但位阻参数和物料溶液-膜界面的分配方程则不同。该模型使用有限元计算流体力学的方法计算水力系数 K^{-1} 以及滞后系数 G 从而得到位阻系数，而静电位阻模型则引入细孔位阻模型的位阻系数。另外，道南位阻模型既考虑了电荷效应也考虑了位阻效应对离子在膜表面分配的影响，较静电位阻模型不考虑位阻效应产生的膜表面离子分配行为更为准确。DSPM 在描述电解质水溶液纳滤时，特别是对称型电解质在纳滤膜的分离性能相对于电荷模型更加符合实际，因而可以认为该模型是了解纳滤膜分离机理的一个重要途径，也是目前应用最为广泛的模型。

2.2.2.8　位阻静电介电排斥模型

静电位阻模型或道南位阻模型都假定道南平衡是唯一的静电现象，包括离子在膜相和水相界面的分配，但将其应用于描述膜孔较小的纳滤膜，或用于描述非对称型电解质（如 $CaCl_2$）水溶液时，预测截留率值往往偏低，或计算得到的膜电荷密度偏高，甚至出现电荷符合相反的问题。为了解释这一反常现象，研究者们从纳滤膜的纳米级小孔尺寸出发，由于纳滤膜的孔径多在 1 nm 左右，而水分子的大小约为 0.276 nm，也即水分子进入纳滤膜后，是在一受限空间中，水分子的结构变得更加有序，水的介电常数下降[48-51]。根据玻恩（Born）理论，当离子从高介电常数介质进入低介电常数介质中时，自由能变为正值，也即离子将倾向于被排斥，且其排斥行为与离子的符号无关，与离子价态有关[52]。除了膜的纳米级孔引起的水介电常数的变化所导致的排斥外，孔内水溶液的介电常数与膜材料的介电常数之间的差异也会对离子带来一定的排斥力：由于水溶液的介电常数比膜材料的介电常数高很多，极化的电荷和水溶液中离子有相同的电荷符号，因此，当离子进入膜孔时会受到一个镜像力的作用，导致一个附加的截留效果。

由此，Szymczyk 等提出了位阻静电介电排斥模型（steric，electric and dielectric exclusion model，SEDE 模型）[53, 54]，将静电排斥、位阻排斥和介电排斥机制相结合，介电排斥机制作为一个额外的静电分配效应，可以更有效地描述反离子在纳滤膜中的高截留率。由于精确测量膜孔内水的介电常数以及膜的带电性质的手段缺乏，相关参数需要通过实验拟合获得[55-59]，因此，介电排斥效应的控制因素是 Born 能作用力还是镜像电荷作用力尚未形成一致意见[48, 53, 60, 61]。

在过去 40 多年里，纳滤传递现象一直是研究者关注的热点，随着对膜结构和性质的不断理解，其传递模型也逐渐丰满，更趋向于反映膜的本征特性，更关注溶液和膜界面处的行为，特别是将介电排斥引入用于描述离子在溶液与膜界面的分配行为，很好地解释了一些特殊现象。随着纳滤水处理过程应用体系的拓展，未来建立更有普适性和满足多元体系分离的模型可能更有吸引力。建立这样的模型需要更准确地表征和解析膜表界面的荷电形成和变化、水分子与水合离子的限域传递行为等微观机理，相信随着表征技术和相关学科的不断进步，实现纳滤过程的精准数学描述一定会成为现实。

参 考 文 献

[1] 马涛. 基于 PEI 的表面荷正电聚酰胺纳滤膜用于 Mg^{2+}/Li^{+}分离[D]. 杭州：浙江大学, 2019.

[2] Bowen W R, Mohammad A W, Hilal N. Characterisation of nanofiltration membranes for predictive purposes: Use of salts, uncharged solutes and atomic force microscopy[J]. Journal of Membrane Science, 1997, 126(1): 91-105.

[3] Otero J A, Lena G, Colina J M, et al. Characterisation of nanofiltration membranes: Structural analysis by the DSP model and microscopical techniques[J]. Journal of Membrane Science, 2006, 279(1-2): 410-417.

[4] 邹凯伦. 基于均苯三甲酰哌嗪的纳滤复合膜制备与性能研究[D]. 杭州: 浙江大学, 2012.

[5] 中华人民共和国国家质量监督检验检疫总局, 中国国家标准化管理委员会. 纳滤膜测试方法: GB/T 34242—2017[S]. http://openstd.samr.gov.cn/bzgk/gb/newGbInfo?hcno=6EAC3B46B52445426CC25641C8ED6E9D, 2017.

[6] 中华人民共和国国家质量监督检验检疫总局, 中国国家标准化管理委员会. 反渗透膜测试方法: GB/T 32373—2015[S]. http://openstd.samr.gov.cn/bzgk/gb/newGbInfo?hcno=F9F008F2D9F3E9052449A978282DE14C, 2017.

[7] Kedem O, Katchalsky A. Thermodynamic analysis of the permeability of biological membranes to nonelectrolytes[J]. Biochimica Et Biophysica Acta, 1958, 27:229-246.

[8] Spiegler K S, Kedem O. Thermodynamics of hyperfiltration (reverse osmosis): Criteria for efficient membranes[J]. Desalination, 1966, 1(4): 311-326.

[9] Schirg P, Widmer F. Characterisation of nanofiltration membranes for the separation of aqueous dye-salt solutions[J]. Desalination, 1992, 89(1): 89-107.

[10] Perry M, Linder C. Intermediate reverse osmosis ultrafiltration (RO UF) membranes for concentration and desalting of low molecular weight organic solutes[J]. Desalination, 1989, 71(3): 233-245.

[11] Koyuncu I. Influence of dyes, salts and auxiliary chemicals on the nanofiltration of reactive dye baths: Experimental observations and model verification[J]. Desalination, 2003, 154(1): 79-88.

[12] Vakili-Nezhaad G, Akbari Z. Modification of the extended Spiegler-Kedem model for simulation of multiple solute systems in nanofiltration process[J]. Desalination and Water Treatment, 2011, 27(1-3): 189-196.

[13] Enrico D, Lidietta G. Membrane Operations in Molecular Separation[M]. Singapore: Elsevier, 2010.

[14] 方彦彦, 李倩, 王晓琳. 解读纳滤：一种具有纳米尺度效应的分子分离操作[J]. 化学进展，2012, 24：863-870.

[15] 邱实, 吴礼光, 张林, 等. 纳滤分离机理[J]. 水处理技术, 2009, 35: 15-19.

[16] Renkin E M. Filtration, diffusion and molecular sieving through porous cellulosic membranes[J]. The Journal of General Physiology, 1954, 38(2): 225-243.

[17] Pappenheimer J R. Passage of molecules through capillary walls[J]. Physiological Reviews, 1953, 33(3): 387-423.

[18] Pappenheimer J R, Renkin E M, Borrero L M. Filtration, diffusion and molecular sieving through peripheral capillary membrane: A contribution to the pore theory of capillary permeability[J]. American Journal of Physiology, 1951, 167(1): 13-46.

[19] Nakao S I, Kimura S. Models of membrane transport phenomena and their applications for ultrafiltration data[J]. Journal of Chemical Engineering of Japan, 1982, 15(3): 200-205.

[20] Deen W M. Hindered transport of large molecules in liquid-filled pores[J]. AIChE Journal, 1987, 33(9): 1409-1425.

[21] Wang X L, Tsuru T, Togoh M, et al. Evaluation of pore structure and electrical properties of nanofiltration membranes[J]. Journal of Chemical Engineering of Japan, 1995, 28(2): 186-192.

[22] Wang X L, Tsuru T, Togoh M, et al. Transport of organic electrolytes with electrostatic and steric-hindrance effects through nanofiltration membranes[J]. Journal of Chemical Engineering of Japan, 1995, 28(4): 372-380.

[23] Strathmann H, 赵宝泉，韩式荆. 相转化工艺制备微孔膜[J]. 水处理技术，1984, 10(6): 39-50.

[24] Paul D R. Reformulation of the solution-diffusion theory of reverse osmosis[J]. Journal of Membrane Science, 2004, 241(2): 371-386.

[25] Mehdizadeh H, Molaiee-Nejad K, Chong Y C. Modeling of mass transport of aqueous solutions of multi-solute organics through reverse osmosis membranes in case of solute-membrane affinity: Part 1. Model development and simulation[J]. Journal of Membrane Science, 2005, 267(1-2): 27-40.

[26] Bason S, Ben-David A, Oren Y, et al. Characterization of ion transport in the active layer of RO and NF polyamide membranes[J]. Desalination, 2006, 199(1-3): 31-33.

[27] Donnan F G. Theory of membrane equilibria and membrane-potentials in the presence of non-dialyzing electrolytes: A contribution to physical-chemical physiology (reprinted from Zeitshrift Fur Elektrochemie Und Angewandte Physikalische Chemie, Vol 17, Pg 572, 1911)[J]. Journal of Membrane Science, 1995, 100(1): 45-55.

[28] Morrison F A Jr, Osterle J F. Electrokinetic energy conversion in ultrafine capillaries[J]. Journal of Chemical Physics, 1965, 43(6): 2111-2115.

[29] Gross R J, Osterle J F. Membrane transport characteristics of ultrafine capillaries[J]. Journal of Chemical Physics, 1968, 49(1): 228-234.

[30] Fair J C, Osterle J F. Reverse electrodialysis in charged capillary membranes[J]. Journal of Chemical Physics, 1971, 54(8): 3307-3316.

[31] Wang X L, Shang W J, Wang D X, et al. Characterization and applications of nanofiltration membranes: State of the art[J]. Desalination, 2009, 236(1-3): 316-326.

[32] Wang X L, Tsuru T, Nakao S I, et al. Electrolyte transport through nanofiltration membranes by the space-charge model and the comparison with Teorell-Meyer-Sievers model[J]. Journal of Membrane Science, 1995, 103(1): 117-133.

[33] Shang W J, Wang X L, Yu Y X. Theoretical calculation on the membrane potential of charged porous membranes in 1-1, 1-2, 2-1 and 2-2 electrolyte solutions[J]. Journal of Membrane Science, 2006, 285(1-2): 362-375.

[34] Teorell T. Studies on the “diffusion effect” upon ionic distribution: Some theoretical considerations[J]. Proceedings of the National Academy of Sciences, 1935, 21(3): 152-161.

[35] Meyer K H, Sievers J F. The permeability of membranes I: The theory of ionic permeability I[J]. Helvetica Chimica Acta, 1936, 19(1): 649-664.

[36] Teorell T. Studies on the diffusion effect upon ionic distribution: II. Experiments on ionic accumulation[J]. The Journal of General Physiology, 1937, 21(1): 107-122.

[37] Fievet P, Szymczyk A, Aoubiza B, et al. Evaluation of three methods for the characterisation of the membrane-solution interface: Streaming potential, membrane potential and electrolyte conductivity inside pores[J]. Journal of Membrane Science, 2000, 168(1-2): 87-100.

[38] Oldham I B, Young F J, Osterle J F. Streaming potential in small capillaries[J]. Journal of Colloid Science, 1963, 18(4): 328-336.

[39] Christoforou C C, Westermann-Clark G B, Anderson J L. The streaming potential and inadequacies of the Helmholtz equation[J]. Journal of Colloid and Interface Science, 1985, 106(1): 1-11.

[40] Fievet P, Aoubiza B, Szymczyk A, et al. Membrane potential in charged porous membranes[J].

Journal of Membrane Science, 1999, 160(2): 267-275.

[41] Labbez C, Fievet P, Szymczyk A, et al. Theoretical study of the electrokinetic and electrochemical behaviors of two-layer composite membranes[J]. Journal of Membrane Science, 2001, 184(1): 79-95.

[42] Szymczyk A, Aoubiza B, Fievet P, et al. Electrokinetic phenomena in homogeneous cylindrical pores[J]. Journal of Colloid and Interface Science, 1999, 216(2): 285-296.

[43] Szymczyk A, Fievet P, Aoubiza B, et al. An application of the space charge model to the electrolyte conductivity inside a charged microporous membrane[J]. Journal of Membrane Science, 1999, 161(1-2): 275-285.

[44] Szymczyk A, Labbez C, Fievet P, et al. Streaming potential through multilayer membranes[J]. AIChE Journal, 2001, 47(10): 2349-2358.

[45] Hijnen H J M, Daalen J V, Smit J A M. The application of the space-charge model to the permeability properties of charged microporous membranes[J]. Journal of Colloid and Interface Science, 1985, 107(2): 525-539.

[46] Wang X L, Tsuru T, Nakao S I, et al. The electrostatic and steric-hindrance model for the transport of charged solutes through nanofiltration membranes[J]. Journal of Membrane Science, 1997, 135(1): 19-32.

[47] Bowen W R, Mukhtar H J. Characterization and prediction of separation performance of nanofiltration membranes[J]. Journal of Membrane Science, 1996, 112(2): 263-274.

[48] Bowen W R, Welfoot J S. Modelling the performance of membrane nanofiltration: Critical assessment and model development[J]. Chemical Engineering Science, 2002, 57(7): 1121-1137.

[49] Szymczyk A, Fievet P. Investigating transport properties of nanofiltration membranes by means of a steric, electric and dielectric exclusion model[J]. Journal of Membrane Science, 2005, 252(1-2): 77-88.

[50] Senapati S, Chandra A. Dielectric constant of water confined in a nanocavity[J]. The Journal of Physical Chemistry B, 2001, 105(22): 5106-5109.

[51] Martí J, Nagy G, Guàrdia E, et al. Molecular dynamics simulation of liquid water confined inside graphite channels: Dielectric and dynamical properties[J]. The Journal of Physical Chemistry B, 2006, 110(47): 23987-23994.

[52] Born M. Volumes and hydration warmth of ions [J]. Zeitschrift Für Physik, 1920, 1(1): 45-48.

[53] Lanteri Y, Szymczyk A, Fievet P. Influence of steric, electric, and dielectric effects on membrane potential[J]. Langmuir, 2008, 24(15): 7955-7962.

[54] Szymczyk A, Fievet P. Ion transport through nanofiltration membranes: the steric, electric and dielectric exclusion model[J]. Desalination, 2006, 200(1-3): 122-124.

[55] Szymczyk A, Fievet P, Ramseyer C. Dielectric constant of electrolyte solutions confined in a charged nanofiltration membrane[J]. Desalination, 2006, 200(1-3): 125-126.

[56] Szymczyk A, Fatin-Rouge N, Fievet P, et al. Identification of dielectric effects in nanofiltration of metallic salts[J]. Journal of Membrane Science, 2007, 287(1): 102-110.

[57] Déon S, Dutournié P, Bourseau P. Modeling nanofiltration with Nernst-Planck approach and polarization layer[J]. AIChE Journal, 2007, 53(8): 1952-1969.

[58] Escoda A, Lanteri Y, Fievet P, et al. Determining the dielectric constant inside pores of nanofiltration membranes from membrane potential measurements[J]. Langmuir, 2010, 26(18): 14628-14635.

[59] Montalvillo M, Verónica S, Palacio L, et al. Dielectric properties of electrolyte solutions in polymeric nanofiltration membranes[J]. Desalination & Water Treatment, 2011, 27(1-3): 25-30.

[60] Bandini S, Vezzani D. Nanofiltration modeling: The role of dielectric exclusion in membrane characterization[J]. Chemical Engineering Science, 2003, 58(15): 3303-3326.

[61] Déon S, Dutournié P, Limousy L, et al. Transport of salt mixtures through nanofiltration membranes: Numerical identification of electric and dielectric contributions[J]. Separation & Purification Technology, 2009, 69(3): 225-233.

第 3 章 纳滤膜与膜元件

膜是膜分离技术的核心，膜的物理结构和化学组成与其分离性能密切相关，对分离性能起决定性的影响。通常而言，根据膜的结构特点，可以将纳滤膜分为均质非对称结构纳滤膜（以下简称“非对称结构纳滤膜”）和复合结构纳滤膜，其结构主要由膜制备方法决定。非对称结构纳滤膜通常是通过浸没相转化法制备得到；复合纳滤膜则一般采用界面聚合、表面涂覆、层层自组装等方法在支撑底膜上制备而得。相同的膜材料，可以通过不同方法制备得到不同结构和性能的纳滤膜，选择合适的纳滤膜制备方法是制备高性能纳滤膜的关键。

膜是膜分离的基本要素，但在膜分离过程中，结构合理、性能稳定的膜分离装置同样必不可少。对于膜分离装置而言，其核心部件是膜组件。在纳滤过程中，最常用的膜组件是螺旋卷式膜组件，其次是中空纤维式膜组件和管式膜组件。本章将在对纳滤膜种类、制备方法和膜组件进行系统归纳和总结的基础上，重点介绍著者团队在高性能纳滤膜制备方面的研究成果。

3.1 非对称结构纳滤膜

3.1.1 非对称结构纳滤膜的制备原理

非对称结构纳滤膜一般指由致密皮层和多孔支撑层构成，且致密皮层与多孔支撑层为相同材料的一类纳滤膜，主要通过浸没沉淀相转化法制备而成。常用材料包括：纤维素类、磺化聚（醚）砜、磺化聚醚酮、聚酰亚胺等高分子材料。

20 世纪 60 年代，Loeb 和 Sourirajan 率先提出并使用浸没沉淀相转化法（又称 L-S 相转化法）成功制备了具有非对称结构的纤维素类反渗透膜。由于具有类似的结构和分离操作方式，纳滤膜的制备同样也可采用浸没沉淀相转化法制得。制备流程如图 3-1 所示：首先，将铸膜材料溶解于良溶剂中，得到具有一定黏度的铸膜液，并将铸膜液涂覆于支撑体上形成一层超薄的液膜；随后将支撑体及液膜浸入以非溶剂为主要成分的凝固浴中，实现良溶剂与非溶剂之间的交换，固化成膜。该过程中包括了聚合物溶液中溶剂向凝固浴中扩散和凝固浴中的非溶剂向聚合物溶液扩散的双扩散过程。随着这个过程的不断进行，体系发生热力学分相，聚合物沉析固化形成具有一定结构的膜。

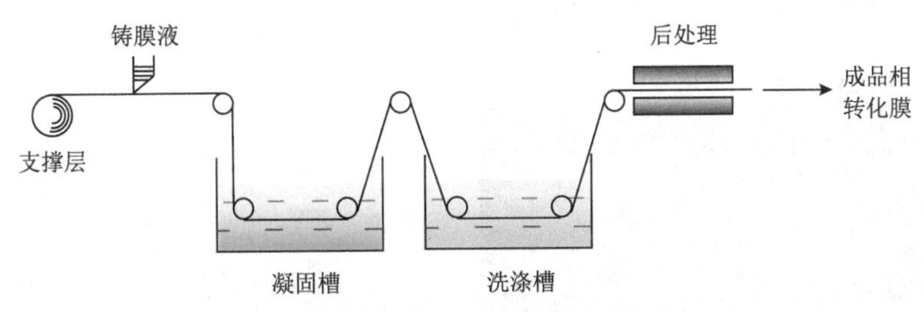

图 3-1　非对称结构纳滤膜的制备流程示意图

在相转化法制备纳滤膜工艺中，膜材料的选取、铸膜液的组成、制膜工艺及后处理条件等均会对纳滤膜的结构与性能产生影响。铸膜液是由聚合物、溶剂、非溶剂添加剂组成，由于不同溶剂和非溶剂会使膜具有不同的热力学性质，改变组分的浓度也会改变铸膜液的热力学性质。例如，聚合物浓度的增加，将使膜表层增厚、孔隙率和孔间连接度下降、孔径减小，消除膜内大孔结构的形成，膜结构倾向于形成海绵状孔。因此，调整铸膜液配方也会改变相转化时的动力学和热力学过程，从而改变膜的形态结构。其中，制膜材料的可溶解性是相转化法制备纳滤膜的前提条件，因此溶剂体系的开发是相转化法制备纳滤膜的关键。此外，成膜过程工艺的改变也会影响铸膜液在分相时的热力学和动力学过程，从而影响膜的结构和性能。例如，铸膜液在浸入凝固浴前暴露在空气中的时间（即预蒸发时间）的长短变化会对膜结构和性能产生影响，特别是膜皮层结构。通常，预蒸发时间越长，铸膜液表面聚合物浓度越高，更有利于形成致密的分离皮层，对膜截留率有明显提升。

3.1.2　非对称结构纳滤膜的制备

3.1.2.1　膜材料种类选择

1. 纤维素膜

膜材料的选择是制备高性能非对称结构纳滤膜的关键，可用于相转化法制备非对称结构纳滤膜的常用材料包括：纤维素类、磺化聚(醚)砜、磺化聚醚酮、聚酰亚胺等。其中，纤维素（cellulose，CEL）凭借分布广、存量大且价格低廉的优势，成为最早通过浸没沉淀相转化法制备分离膜的材料之一。受纤维素材料被成功用于相转化法制备反渗透膜的启发，纤维素也被尝试用于相转化法制备纳滤膜。如图 3-2 所示，著者课题组以纤维素为制膜材料，以 1-乙基-3-甲基咪唑醋酸盐离子液体和二甲基亚砜（DMSO）作为溶剂，通过相转化法制备了非对称结构纤维素纳滤膜[1]。如图 3-3 所示，制备得到的纤维素纳滤膜表现出优异的染料和无机盐分离能力。这是由于对比反渗透膜对溶质的高截留，本体结构相对疏松的纳滤膜具备了对小分子选择性分离的特点。

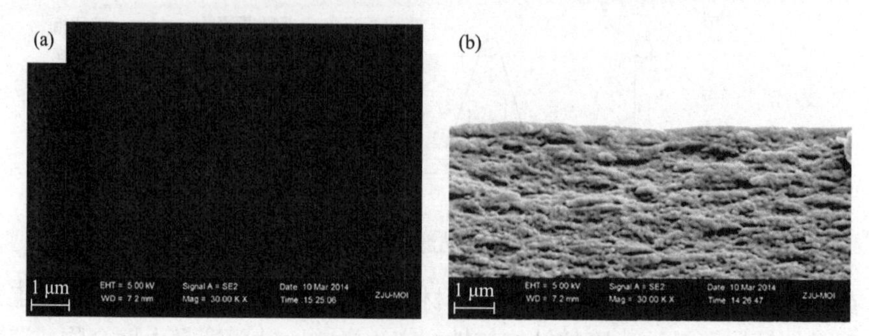

图 3-2　非对称结构纤维素纳滤膜表面（a）及断面（b）SEM 图

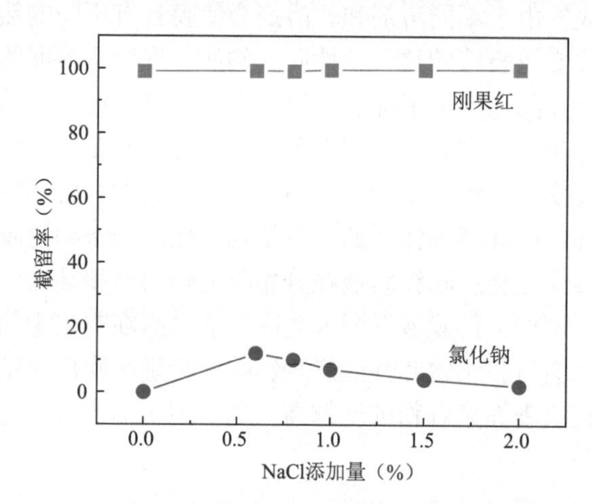

图 3-3　非对称结构纤维素纳滤膜对刚果红和氯化钠截留分离性能

2. 纤维素/壳聚糖共混膜

虽然以纤维素制备得到的非对称纳滤膜对有机物和盐的截留率都较高，但在盐/有机物混合体系的分离精度上还有待提高。因此，若要进一步拓展纤维素纳滤膜在盐/有机物分离领域中的应用，还需要通过调控膜材料组成和膜荷电性来实现对有机物和无机盐选择性分离的目标。

如图 3-4 所示，基于前期以离子液体和 DMSO 为混合溶剂体系制膜的基础，著者课题组进一步将具有正电性的壳聚糖（chitosan，CS）与纤维素共混形成铸膜液，通过相转化法制备了可用于染料和盐高效分离的荷正电纳滤膜。著者课题组从纤维素/壳聚糖的聚合物总浓度、纤维素/壳聚糖的混合比例等方面，对膜结构和性能的影响进行了系统的研究[2]，具体研究成果如下所述。

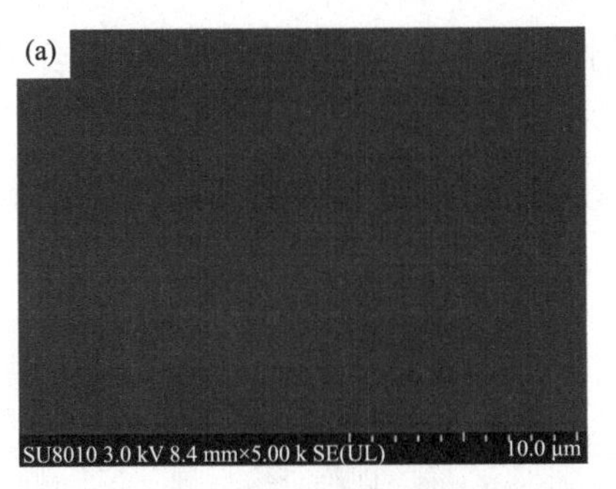

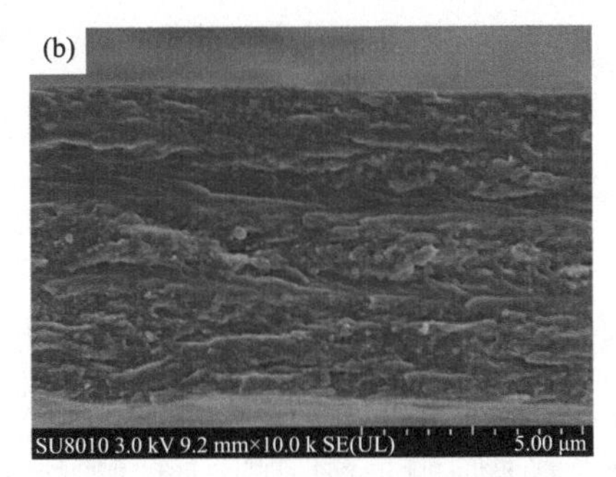

图 3-4　非对称结构纤维素/壳聚糖共混纳滤膜表面（a）及断面（b）SEM 图

1）聚合物总浓度对膜性能的影响

如图 3-5 所示，随着聚合物总浓度的增加，共混膜对刚果红（CR）、活性黑 5（RB5）、活性蓝 19（RB19）三种染料的通量均有所降低。膜对染料的截留率随着聚合物总浓度的增加而增加，以刚果红为例，当总浓度由 5%增大至 8%时，截留率由 35%升高到 100%。这是由于随着聚合物含量增加，铸膜液黏度随之增加，使铸膜液中单位体积内的高分子聚合物数量增多，一定程度上抑制了成膜过程中溶剂和非溶剂的扩散，同时也增强了铸膜液中相邻微泡之间的缠绕。以上因素共同抑制了铸膜液的分相，制备得到的相转化膜孔隙率下降，更加致密，其对染料的截留率上升，产水通量下降。

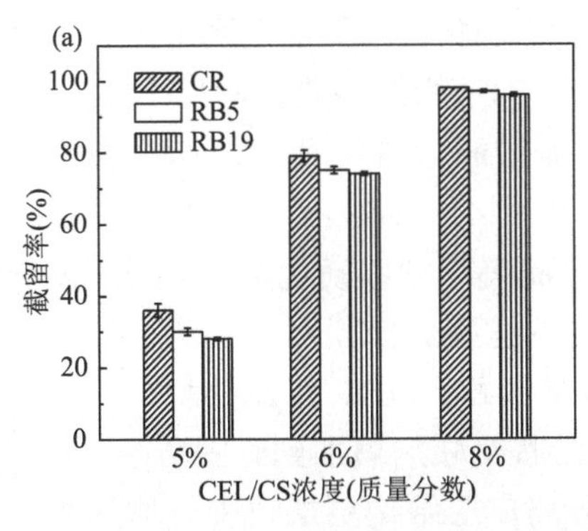

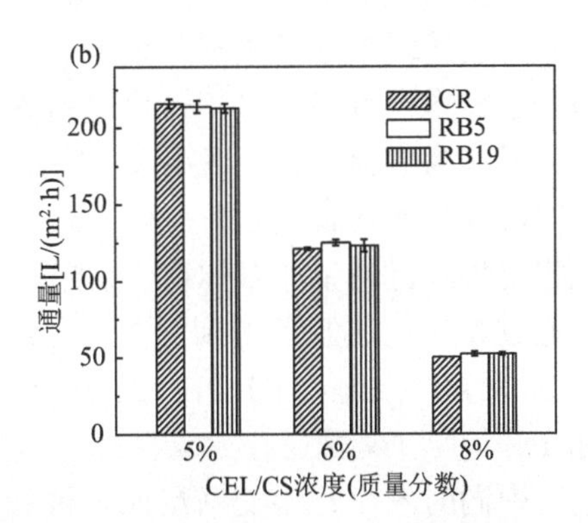

图 3-5　聚合物总浓度对染料截留率（a）和染料通量（b）的影响

测试条件：0.05 g/L 刚果红、活性黑 5、活性蓝 19 水溶液，0.5 MPa，25℃±1℃

2）CEL 和 CS 比例对膜性能的影响

如图 3-6 所示，随着壳聚糖含量的增大，膜的渗透通量也随之增大。例如，当铸膜液中添加 50%（质量分数）壳聚糖，对应膜渗透通量高达 50 L/(m^2·h)。这是因为壳聚糖的加入使纤维素结晶性变差，膜内部结构变得疏松，减小了传质阻力，增大了水通量。由图 3-6（b）可知，铸膜液中添加 50%（质量分数）壳聚糖时，膜对刚果红的截留率为 100%，对活性染料的截留率大于 98%。综合考虑截留率和渗透通量，当壳聚糖与纤维素质量比为 50∶50 时，膜性能最佳。

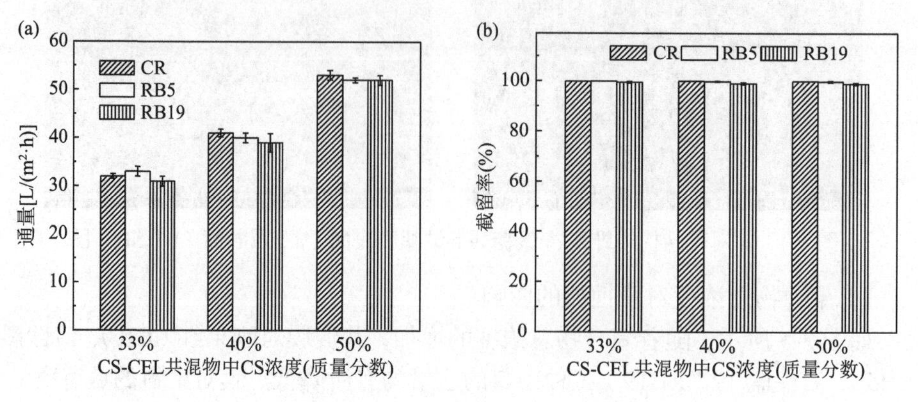

图 3-6　纤维素与壳聚糖比例对染料通量（a）和截留率（b）的影响

测试条件：0.05 g/L 刚果红、活性黑 5、活性蓝 19 水溶液，0.5 MPa，25℃±1℃

由上述研究可知，对比以单一纤维素制备的纳滤膜，纤维素/壳聚糖共混纳滤膜不仅具有致密的表面结构，同时由于壳聚糖分子的加入，纤维素层间距增大，纤维结构变得疏松，膜通量略微增大。以此制备得到的荷正电共混纳滤膜实现了染料分子和无机盐离子的分离，在染料脱盐领域具有较好的应用前景。

除了上述纤维素类膜材料以外，磺化聚（醚）砜、磺化聚醚酮、聚酰亚胺等高分子材料也可以通过相转化法制备非对称结构纳滤膜。例如，Kimura 等[3]以磺化聚砜为成膜材料，以甲基吡咯烷酮为溶剂，硝酸锂为溶胀剂配成铸膜液，并涂覆得到超薄液膜，液膜于 45～65℃下蒸发 45～60 min 后，以冰水为凝固浴，通过相转化法得到了非对称结构纳滤膜。Dai 等[4]则以磺化聚醚酮为主要制膜材料，通过相转化法制备得到了非对称结构纳滤膜。该膜对染料达旦黄的截留率为 80%，对聚乙二醇-2000（PEG-2000）的截留率大于 96%，水通量大于 36 L/(m^2·h)。Vanherck 等[5]以聚酰亚胺为成膜材料，将二胺交联剂填加到凝固浴中，使相转化的过程中同时发生化学交联反应，得到分离皮层结构更加致密、均匀的非对称结构纳滤膜。

3.1.2.2　溶剂种类调控

虽然纤维素是制备非对称结构纳滤膜的常用膜材料之一，但目前能够有效溶解纤维素的溶剂体系十分有限，并且普遍存在有毒、昂贵、有副产物产生、纤维素溶解后聚合度下降等不足，很大程度制约了纤维素材料的应用。另一方面，溶剂体系对相转化成膜的结构和性能也具有较大影响。因此，基于纤维素溶解和再生过程的认识和机理研究，开发纤维素的良好溶剂体系，有利于推动以纤维素为原料制备高性能纳滤膜的发展。

纤维素的结构具有结晶区和无定形区，其中无定形区的存在为获得纤维素的良溶剂体系提供了可能。近年来，有研究发现部分离子液体对纤维素的氢键具有明显的解构作用，因此可以很好地溶解纤维素。二甲基亚砜（DMSO）对纤维素无定形区具有一定溶胀作用，是纤维素的良溶胀剂。著者课题组通过系统研究离子液体对氢键的解构机理和 DMSO 对纤维素的溶胀作用，调控离子液体与 DMSO 的混合比例，开发了可在常温常压下快速溶解纤维素的混合溶剂体系。在此基础上采用相转化法制得了非对称结构的纤维素纳滤膜，并考察了其分离性能[1]。

1. 溶剂组成对膜材料溶解性的影响

如图 3-7 所示，在以纤维素为原料的制膜过程中，首先选用纯 1-乙基-3-甲基咪唑醋酸盐（EMIMAc）离子液体作为溶剂，发现纤维素完全溶解时间大约为 24 h；当采用 EMIMAc/80% DMSO 混合体系作为溶剂时，纤维素完全溶解时间大约为 1.5 h。因此，EMIMAc/DMSO 混合溶剂的使用使得纤维素溶解时间大幅减少，这是由于 DMSO 作用于纤维素的无定形区，使得纤维素的结晶区充分暴露。DMSO 作用于纤维素的非晶和半晶区，进而破坏纤维素的结晶区边缘，使纤维素整体结晶度下降，使膜整体有序结构遭到破坏，因此更有利于离子液体 EMIMAc 作用于纤维素的结晶区。

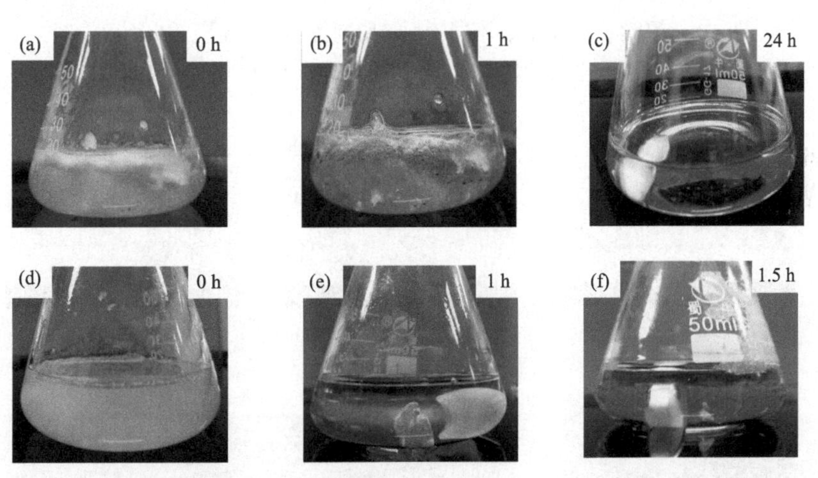

图 3-7　纤维素在纯离子液体 EMIMAc 中溶解情况［(a)～(c)］和在 EMIMAc/80% DMSO 混合溶剂中溶解情况［(d)～(f)］

2. 溶剂组成对膜结构的影响

进一步地，研究了由单一 EMIMAc 作为溶剂和 EMIMAc/DMSO 作为混合溶剂对膜结构的影响。如图 3-8（a）所示，当以离子液体 EMIMAc 为单一溶剂时，所制得膜的表面和断面结构中均未发现大孔结构，且铸膜液中纤维素浓度的增加（从 8%增加至 10%）对膜结构影响也较小。如图 3-9 所示，当溶剂体系中添加 DMSO 后（此时纤维素浓度维持 8%不变），膜表面保持较好致密性的同时，膜结构出现海绵状小孔结构；随着 DMSO 含量的增加，膜中小孔结构的孔径逐渐增大。由此可见，DMSO 的加入既保证了纳滤膜具有致密的分离皮层，还在膜本体结构中引入了大量的海绵状孔结构，这不仅可以保证膜的分离性能不受影响，还可以有效地提高膜的通量。

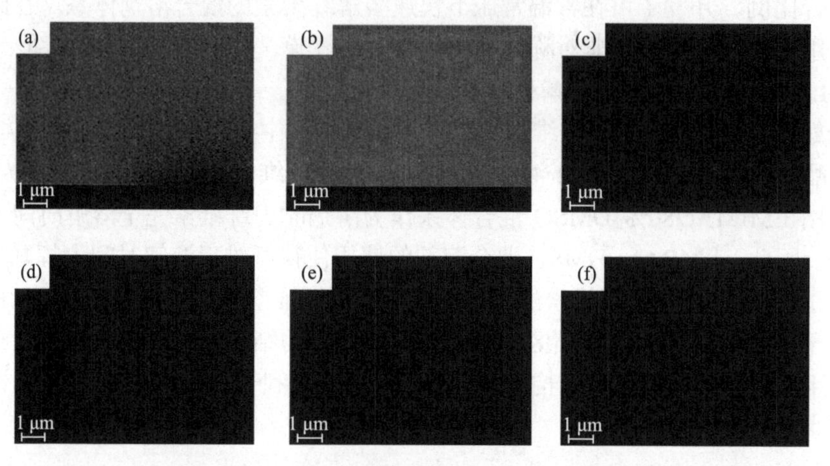

图 3-8　铸膜液中 DMSO 不同添加量所制备的纤维素膜的表面电镜图
（a）0%；（b）10%；（c）30%；（d）50%；（e）70%；（f）80%

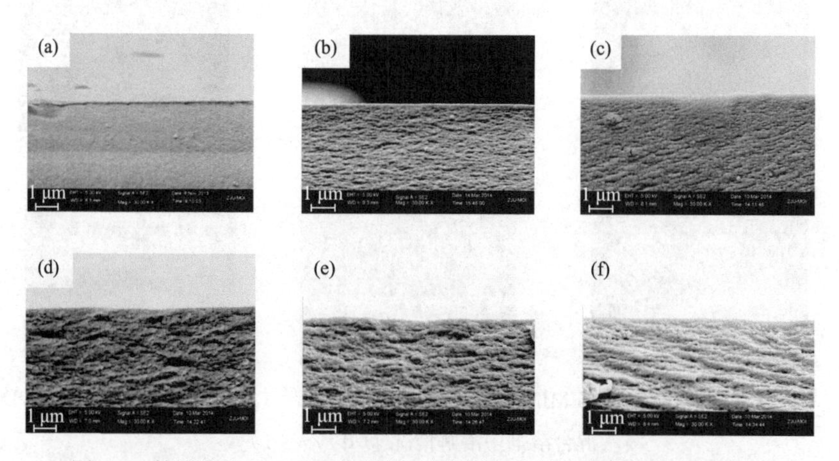

图 3-9　铸膜液中 DMSO 不同添加量所制备的纤维素膜的断面电镜图
（a）0%；（b）10%；（c）30%；（d）50%；（e）70%；（f）80%

对上述研究结果进行分析，发现致密孔结构形成的原因可能有：①采用纯

EMIMAc 溶剂配制的纤维素铸膜液具有较大的黏度，导致凝胶浴扩散速度变慢；②离子液体 EMIMAc 中处于游离状态的 $EMIM^+$和 Ac^-，与纤维素的羟基质子和羟基氧发生相互作用形成络合物，导致离子液体 EMIMAc 向凝胶浴中扩散变慢。以上两个因素均使得铸膜液扩散速度变慢，延长了相转化的时间，使得膜表层厚度增加，消除了膜内大孔结构的形成。

当 EMIMAc 溶剂中添加 DMSO 后，纤维素纳滤膜中出现了海绵状小孔结构，其原因可能是：①溶液体系中加入二甲亚砜极大地降低了体系的黏度，提高了溶剂的扩散速率；②二甲基亚砜具有较强的极性，导致二甲亚砜分子易于扩散至凝胶水浴中，这也使得水分子同样容易进入所形成的初生态膜中，克服了离子液体的 $EMIM^+$和 Ac^-的络合作用。上述因素的综合作用成功地在膜本体中引入了大量的海绵状孔结构。

通过对纤维素溶剂体系的调控，著者课题组成功地利用相转化法实现了具有海绵状孔结构的非对称结构纤维素纳滤膜的制备。由于纤维素本体结构具有荷负电的特点，制得的纳滤膜对 Na_2SO_4 和水中染料等有机分子都具有较高的截留率。

3. 溶剂组成对膜性能的影响

如图 3-10 所示，在以纤维素/壳聚糖（壳聚糖比例为 50%）为共混材料制膜过程中，随着 DMSO 含量（以质量分数计）的增加，膜对纯水的通量也随之增加。添加 40%的 DMSO 时，纯水通量为 34 L/(m^2·h)；当 DMSO 的含量达到 70%时，纯水通量高达 127 L/(m^2·h)。这是因为随 DMSO 含量升高，溶剂体系黏度下降，分子扩散速率加快，且由于 DMSO 分子具有强极性，二甲亚砜分子和水分子交换速率较大。因此 DMSO 含量增加有利于制备得到具有疏松海绵状孔非对称结构纳滤膜。这些海绵状孔结构有效减小了膜的传质阻力，增大了膜的纯水通量。

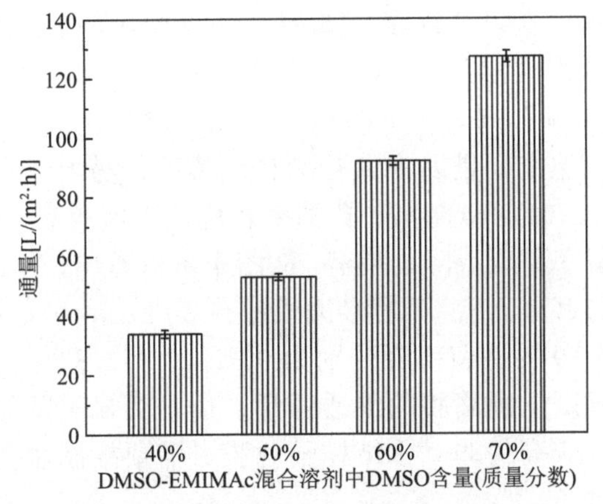

图 3-10 DMSO 和 EMIMAc 比例对纯水通量的影响

测试条件：0.5 MPa，25℃±1℃

3.1.2.3 预蒸发时间调控

如图 3-11 所示，在以纤维素/壳聚糖（壳聚糖比例为 50%）为共混材料，EMIMAc/DMSO 为混合溶剂（DMSO 比例为 80%）的制膜过程中，可通过调控预蒸发时间来调控膜性能。随着预蒸发时间的延长，膜对染料的截留率均约为 100%，通量也变化较小，表明铸膜液预蒸发时间对膜的分离性能影响较小。由于离子液体 EMIMAc 的蒸气压几乎为 0，在预蒸发阶段挥发可以忽略；DMSO 室温条件下基本不挥发，因此预蒸发时间对铸膜液的组成和铸膜液中聚合物状态的变化影响较小。

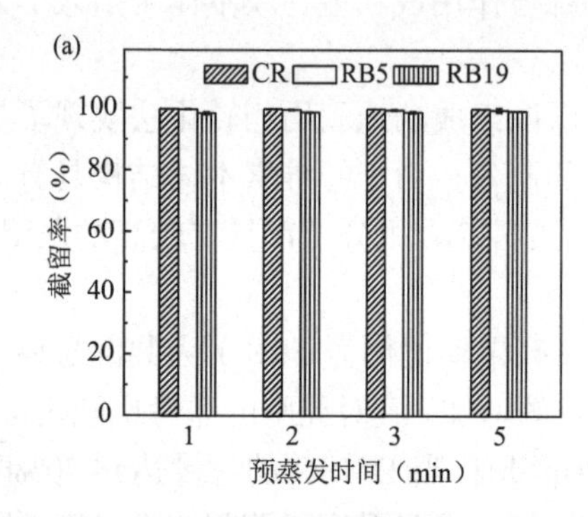

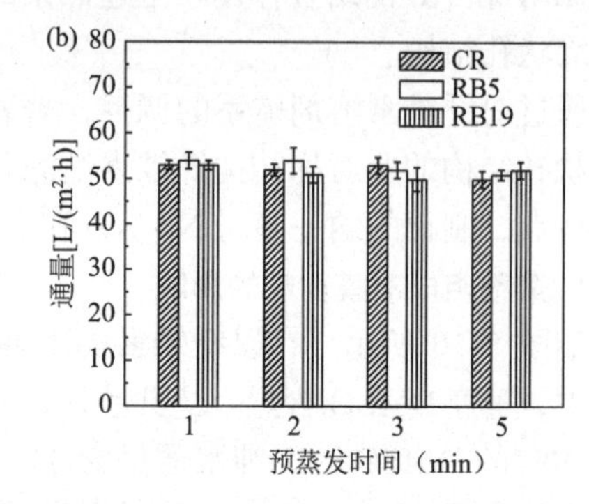

图 3-11 铸膜液预蒸发时间对染料截留率（a）和通量（b）的影响

测试条件：0.05 g/L 刚果红、活性黑 5、活性蓝 19 水溶液，0.5 MPa，25℃±1℃

3.1.2.4 制孔剂添加量调控

如图 3-12 所示，在以纤维素/壳聚糖（壳聚糖比例为 50%）为共混材料，EMIMAc/DMSO 为混合溶剂（DMSO 比例为 80%）的制膜过程中，当在铸膜液中添加 LiCl 作为制孔剂时，随着 LiCl 含量的增加，膜的渗透通量增加，染料的截留率下降。这主要是因为致孔剂在成膜后，易溶于水而被浸出，从而在膜内形成孔隙。LiCl 含量越高，孔隙率相应地也就越高，膜的通量也越大，而膜对染料的截留率呈现下降的趋势。从图中可以看出，当 LiCl 添加量为 2% 时（聚合物含量的百分比），膜的渗透通量在 60 L/(m^2·h)左右，膜对刚果红、活性黑 5、活性蓝 19 的截留率降分别为 97%、89%、82%。无机盐 LiCl 的添加虽然能在一定程度上提高膜的渗透通量，但是会显著降低染料截留率。因此若需制备致密度较高的非对称结构纳滤膜，需要控制制孔剂的添加量在较低含量范围。

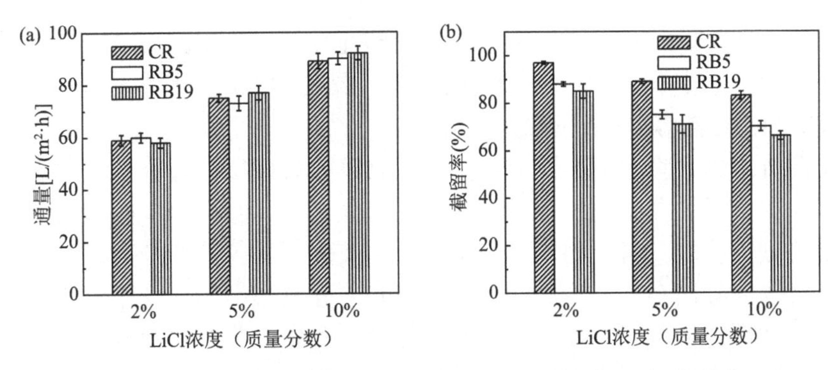

图 3-12　LiCl 的添加量对染料通量（a）和截留率（b）的影响

测试条件：0.05 g/L 刚果红、活性黑 5、活性蓝 19 水溶液，0.5 MPa，25℃±1℃

通过对以上实验结果分析发现，通过优化膜材料种类及组成、溶剂种类及组成、铸膜液预蒸发时间和制孔剂添加量，可以有效改变成膜过程中的溶剂扩散速度，进而调控膜的微孔结构，制备高性能的非对称结构纳滤膜。如上述研究中通过引入荷正电的壳聚糖分子，成功地实现了膜本体荷电特性的改变，将纳滤膜等电点 IEP（isoelectric point）值提高至 8.5。该方法制备得到的纳滤膜在染料脱盐中具有较好的分离选择性，实现了对小分子无机盐的低截留和对染料分子的高截留。基于这些相转化的调控方法，有效拓展了非对称结构纳滤膜在有机物/无机盐分离领域的应用。

由相转化法制备的非对称结构纳滤膜虽然可以实现自支撑使用，但通常制得的分离层膜厚较大，这极大地增大了传质阻力，导致水通量相对较低，极大地限制了相转化法制备的纳滤膜在水处理领域中的应用。随着对膜分离机理认识的加深，出现了分离层和支撑层的耦合膜制备技术，制得的复合结构纳滤膜包括薄的致密分离层和多孔支撑层的复合结构，满足了高分离性能和高水通量的双重要求，有效地解决了相转化法制膜中的传质阻力大的问题。复合结构纳滤膜的出现极大地促使了纳滤膜向高性能化方向发展，也掀起了新一代高性能纳滤膜研究的热潮。

3.2　复合结构纳滤膜

复合结构纳滤膜是一种由超薄分离层和多孔支撑层所组成的具有非对称结构的纳滤膜。超薄分离层的制备方法有：界面聚合法、表面涂覆法、层层自助装法等。与传统的非对称结构纳滤膜不同，复合结构纳滤膜的多孔支撑层和分离层可以分别制备，可以针对不同的要求对支撑层和分离层进行优化。分离层与支撑层由不同的材料构成，因此在制膜材料的选择方面，复合结构纳滤膜的选择余地更大，并且可以通过分别优化，使所制备的复合结构纳滤膜的整体性能（如通量、力学性能和稳定性等）达到最优。

复合结构纳滤膜的分离性能主要由分离层的物理结构与化学组成决定，同时，多孔支撑层的孔结构、孔径尺寸、孔径分布、孔隙率等也会影响复合结构纳滤膜的分离性能。对于多孔支撑层而言，其表面的孔隙率较高时，分离层与支撑层接触部分最小；其表面的孔径较小时，分离层中不起支撑作用的点间距离最小，这都有利于分离过程中物质的传递。此外，分离层制备过程中分离层材料在支撑层中的渗入程度，也影响着复合结构纳滤膜传递特性。现有的复合结构纳滤膜中，由于聚砜具有稳定的化学性质和良好的力学性能，因此被广泛地用作复合膜的多孔支撑层。其他构成支撑层的材料还包括聚丙烯腈、聚醚砜、偏氟乙烯、聚氯乙烯等。近年来也出现了许多由无机多孔膜作为支撑层的复合结构纳滤膜。

3.2.1 界面聚合法制备复合结构纳滤膜

界面聚合法是利用界面缩聚的原理，使反应物在互不相容的两相界面处发生缩聚反应形成薄膜的方法。复合结构纳滤膜通常采用界面聚合法制备得到。界面聚合制备复合结构纳滤膜过程中，通常以含有多元胺的水溶液为水相，含有多元酰氯的有机溶液为有机相，互不相容的两相在多孔支撑层表面形成界面并发生缩聚反应，得到聚酰胺超薄分离层。因此，通过胺类单体与含酰氯单体界面聚合所得到的复合结构纳滤膜，也被称为聚酰胺复合纳滤膜。

1972 年 Cadotte 等[6]首次采用界面聚合法制备得到了聚酰胺复合纳滤膜。如图 3-13 和图 3-14 所示，以哌嗪（PIP）和均苯三甲酰氯（TMC）分别为水相和有机相的功能单体所制备的聚酰胺复合结构纳滤膜 NS-300 为例，具体制备步骤如下：首先将聚砜多孔膜浸入到哌嗪水溶液中，浸渍一定时间后，将被哌嗪水溶液所浸润的聚砜多孔膜取出；在将多孔膜表面多余的水溶液去除后，再将其浸入到均苯三甲酰氯的正己烷溶液中进行反应，此时，水相中的哌嗪单体将向有机相中迁移，在固液界面上与均苯三甲酰氯发生缩聚反应；反应一定时间后，用正己烷清洗膜表面，以去除未反应的残余的油相单体；最后经热固化处理得到聚酰胺复合纳滤膜 NS-300。通过界面聚合法所制备的聚酰胺分离层的厚度一般不超过 300 nm，因此，上述通过界面聚合法所制备的复合结构纳滤膜与 L-S 相转化法所制备的非对称结构纳滤膜相比，其操作压力大幅度降低，水通量和盐截留率都有较大程度的提高。

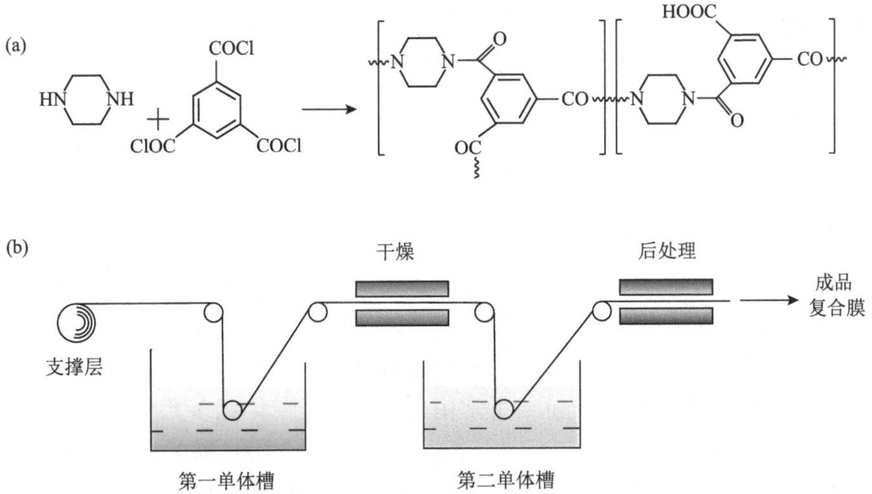

(a)

(b)

干燥　后处理

成品复合膜

支撑层

第一单体槽　第二单体槽

图 3-13　NS-300 聚酰胺复合纳滤膜的制备反应方程式（a）和制备流程图（b）

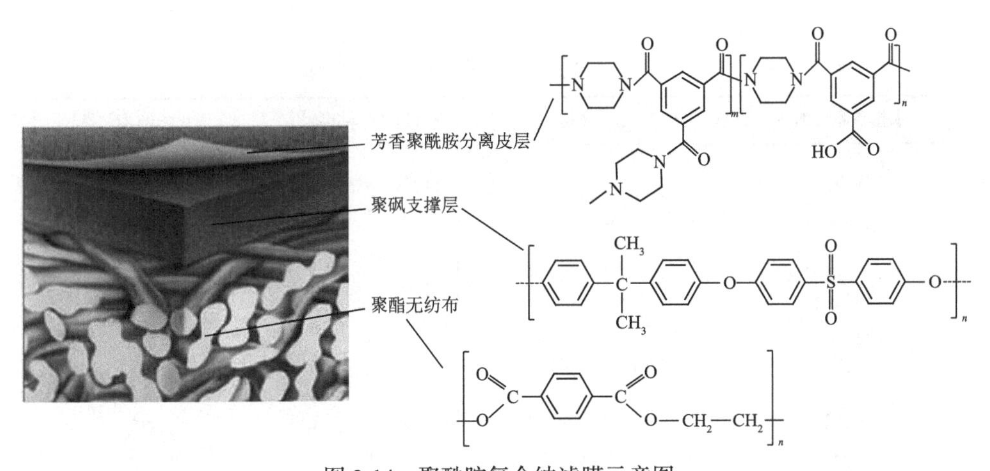

图 3-14　聚酰胺复合纳滤膜示意图

采用界面聚合法制备的聚酰胺复合纳滤膜的性能主要由聚酰胺分离层的物理结构和化学组成决定，影响因素主要包括分离层的致密度（聚酰胺的交联度）、厚度、粗糙度、亲水性、表面荷电性以及化学官能团活性等。通常来说，分离层致密程度或聚酰胺网络结构交联度的增加有利于所形成复合结构纳滤膜截留率的提升；分离层厚度的降低，将有利于复合结构纳滤膜通量的提升；分离层表面粗糙度的提升，对复合结构纳滤膜有效过滤面积的增加有所帮助，但同时也会增加膜污染现象发生的可能；分离层表面亲水性的提升对复合结构纳滤膜水通量的提升有利，同时可以增加复合结构纳滤膜对带有疏水性基团的小分子有机物的截留能力以及改善纳滤膜的抗污染性能；分离膜表面荷电性及化学官能团活性会通过静电排斥效应等影响纳滤膜对荷电物质的分离性能，以及影响纳滤膜的抗污染、抗结垢等性能，通过特殊官能团在纳滤膜分离层中的引入，甚至可以赋予纳滤膜一些其他特殊的性能。

3.2.1.1　界面聚合单体优化制备高截留性能纳滤膜

分离层物理结构的形成和化学组成的确定，主要由界面聚合过程中所使用单体的种类和性质、反应条件的控制等因素决定。为了制备结构理想与性能优异的聚酰胺复合纳滤膜，界面聚合过程中单体的选择是首先需要考虑的。研究者们设计并合成了多种具有不同反应活性和功能特性的界面聚合单体，并应用于聚酰胺复合纳滤膜的制备。表 3-1 总结了常用的多元胺类单体和多元酰氯类单体，其中哌嗪（PIP）、间苯二胺（MPD）与对苯二胺（PPD）等二胺类单体和均苯三甲酰氯（TMC）、间苯二甲酰氯（IPC）等多元酰氯类单体是最常见的，也是研究最为成熟的。

表 3-1　常用的制备聚酰胺纳滤膜单体

水相单体名称	化学结构	有机相单体名称	化学结构
哌嗪（PIP）	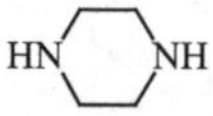 HN NH	均苯三甲酰氯（TMC）	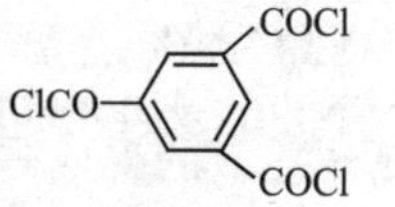 COCl, ClCO, COCl
间苯二胺（MPD）	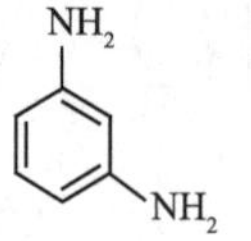 NH_2, NH_2	间苯二甲酰氯（IPC）	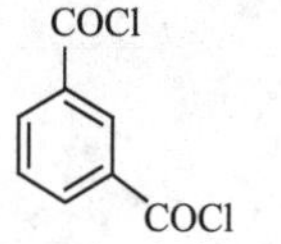 COCl, COCl
对苯二胺（PPD）	 H_2N—, —NH_2	5-异氰酸间苯二甲酰氯（ICIC）	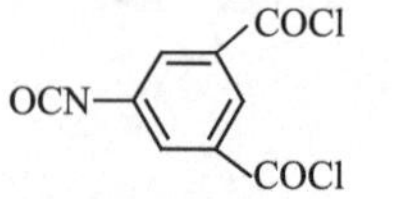 COCl, OCN—, COCl
4-甲基间苯二胺（MMPD）	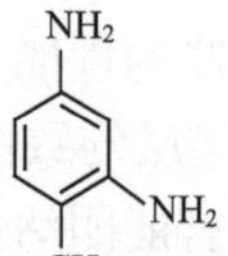 NH_2, NH_2, CH_3	5-氯甲酰氧基间苯甲酰氯（CFIC）	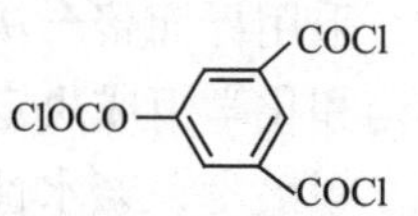 COCl, ClOCO—, COCl
1, 3-环己二甲胺（CHMA）	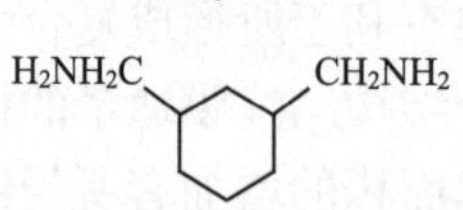 H_2NH_2C, CH_2NH_2	1, 3, 5-三甲酰氯环己烷（HTC）	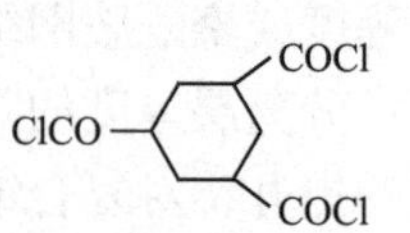 COCl, ClCO, COCl
N, *N*′-二氨基哌嗪（DAP）	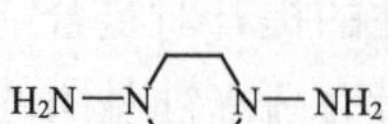 H_2N—N, N—NH_2	3, 3′, 5, 5′-联苯四甲酰氯	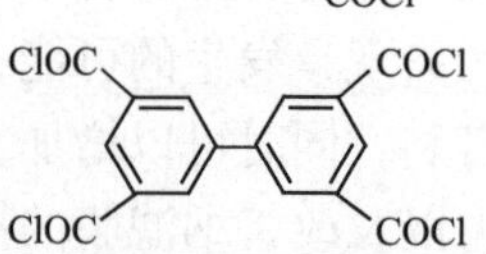 ClOC, COCl, ClOC, COCl

续表

水相单体名称	化学结构	有机相单体名称	化学结构
N, N-氨乙基磺化乙基哌嗪（AEPPS）	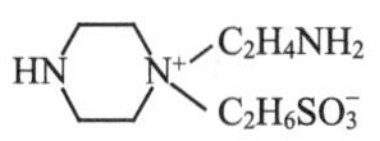 HN N^+ $C_2H_4NH_2$ $C_2H_6SO_3^-$	2, 2′, 4, 4′-联苯四甲酰氯	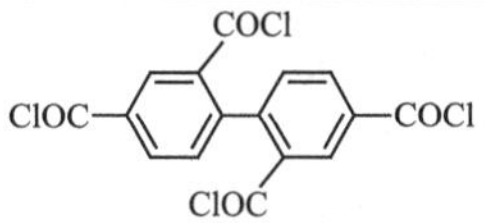 COCl ClOC COCl ClOC
三乙醇氨（TEOA）[a]	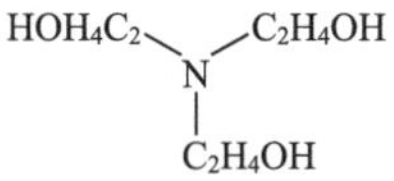 HOH_4C_2 N C_2H_4OH C_2H_4OH	2, 2′, 5, 5′-联苯四甲酰氯	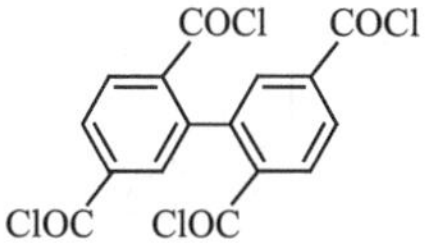 COCl COCl ClOC ClOC
3, 5-二氨基-4′-氨基苯酰替苯胺（DABA）	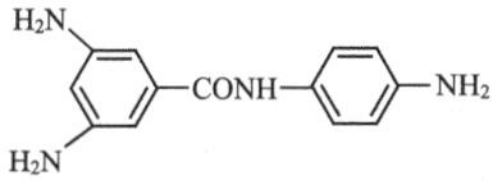 H_2N CONH NH_2 H_2N	联苯四甲酰氯（BTAC）	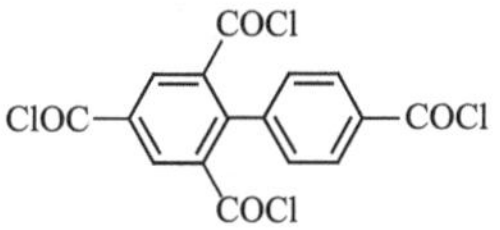 COCl ClOC COCl COCl
二氨基(2, 6-*N, N*-二羟乙基)甲苯（BHDT）	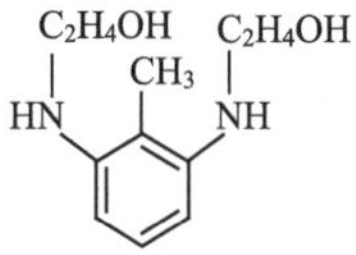 C_2H_4OH C_2H_4OH CH_3 HN NH	联苯五甲酰氯（BPAC）	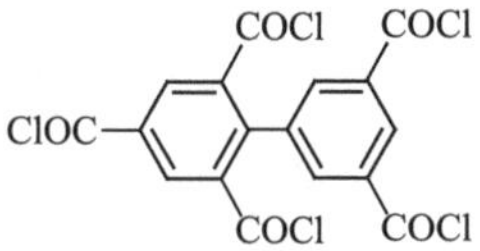 COCl COCl ClOC COCl COCl
六氟代醇修饰亚甲二苯胺（HFA-MPD）	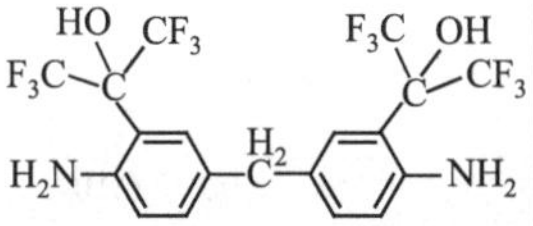 HO CF_3 F_3C OH F_3C C C CF_3 H_2N H_2 C NH_2	联苯六甲酰氯（BHAC）	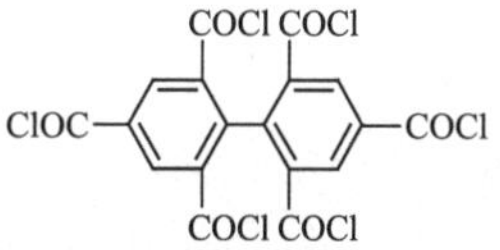 COCl COCl ClOC COCl COCl COCl

a. 通过界面聚合后形成聚酯复合纳滤膜

著者课题组近年来在界面聚合单体的选择、新单体的设计与合成、功能化新单体用于制备复合结构纳滤膜等方面进行了一系列详细的研究，主要涉及水相单体选择、油相单体改进、新型单体设计和功能单体改性等四个部分工作。

1. 水相单体选择

在界面聚合过程中选择了不同结构的水相二元胺单体，探究了胺单体结构对膜的分离性能的影响，制备得到了高截留性能的纳滤膜，并拓宽了该系列复合结构纳滤膜在有机废水脱盐领域的应用前景[7]。该研究首先选用了脂肪链结构的乙二胺、环状结构的哌嗪（PIP）和芳香族胺类单体间苯二胺（MPD）作为水相单体，以此三种不同结构的二胺单体的水溶液为水相，与均苯三甲酰氯（TMC）为单体的有机相进行界面聚合反应，通过调节二胺单体在水相中的浓度，制备了一系列复合结构纳滤膜，并考察了三种不同结构的二胺类单体对所制备的复合结构纳滤膜性能的影响。

如图 3-15（a）所示，随着二胺类单体浓度的增大，所制备的复合结构纳滤膜对对苯二甲酸的截留率都有所增大，其中使用具有脂肪链结构的乙二胺制备的纳滤膜对对苯二甲酸截留率的变化随着水相单体浓度的升高增加幅度最大，其次是具有环状结构的哌嗪，而以芳香族单体间苯二胺为单体制备的复合结构纳滤膜，其截留率随单体浓度的变化改变幅度最小。

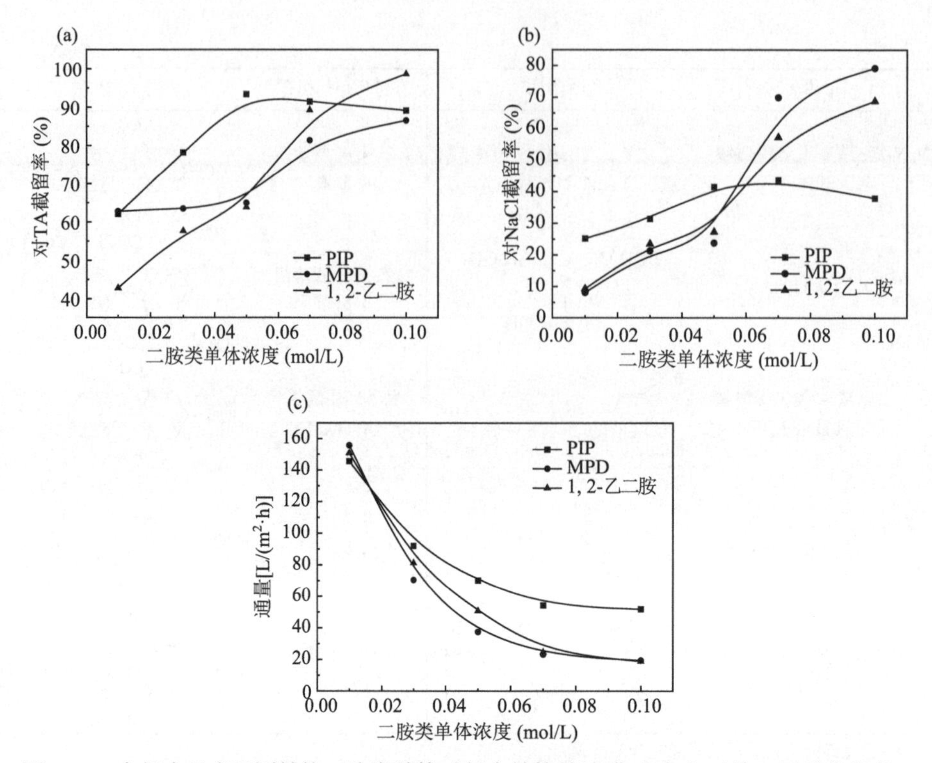

图 3-15　水相中具有不同结构二胺类单体对复合结构纳滤膜对（a）对苯二甲酸截留率；（b）氯化钠截留率；（c）渗透通量的影响

如图 3-15（b）所示，与对苯二甲酸截留研究的结论相似，随着水相中二胺类单体浓度的增大，所制备的复合结构纳滤膜对氯化钠的截留率都有所提升，其中使用具有脂肪链结构的乙二胺和芳香族单体间苯二胺所制备的复合结构纳滤膜，其对氯化钠的截留率随单体浓度的增加显著升高。而以环状结构的哌嗪作为界面聚合水相单体时，水相单体浓度的变化对氯化钠的截留率影响较小。

如图 3-15（c）所示，当水相单体浓度较低时，由于此时形成的纳滤分离层较薄，聚合物交联度较低，复合结构纳滤膜的渗透通量较大。随着水相中二胺类单体浓度的升高，纳滤膜的通量出现了明显的下降。特别是以乙二胺和间苯二胺为单体所制备的复合结构纳滤膜，随着水相单体浓度的增加，其渗透通量大幅下降。而以哌嗪作为二胺类水相单体所制备的复合结构纳滤膜，其渗透通量随水相单体浓度增加而下降的幅度相对较小。

二胺类单体结构对膜分离性能的影响可以解释为：

（1）从界面聚合过程的机理分析，水相中的胺类单体扩散进入有机相，并与有机相中的酰氯单体反应得到聚酰胺超薄分离膜。具有不同结构的二胺类单体，其分子量的不同决定了其在水相、有机相和反应生成的聚酰胺相中的扩散速度，进而决定了由界面聚合形成的膜分离层的厚度；

（2）界面聚合反应单体的刚性在一定程度上对所形成的聚合物链段的刚性具有一定的影响，二胺类单体的刚性越强，其反应得到的聚合物链段的刚性就越强，对物质穿透聚合物膜的阻力也就越大；

（3）二胺类分子的结构也会对其反应活性造成影响。一般而言，由于烷基的推电子效应，仲胺基氮原子上的电子云密度比伯胺基大，这更有利于其与酰氯发生缩聚反应。

因此，通过选择具有刚性骨架以及高反应活性的水相胺类单体，可以制备出高截留性能的纳滤膜，实现对溶质分子的高截留。

2. 油相单体选择

通过油相单体种类选择也可以实现对膜的渗透性能和截留性能的可控调控。在油相单体的选择上，著者课题组也进行了深入的探究。著者团队选用一种具有螺环结构的新型水相单体 5, 5′, 6, 6′-四羟基-3, 3, 3′, 3′-四甲基-1, 1′-螺旋双茚满（TTSBI），并分别与三种具有不同结构的酰氯单体：三元酰氯单体均苯三甲酰氯（TMC）、线性二元酰氯单体戊二酰氯（GC）和线性二元酰氯单体癸二酰氯（SDC）通过界面聚合反应制备得到了一系列复合结构纳滤膜[8]。

如图 3-16 和图 3-17 所示，TTSBI/TMC 复合结构纳滤膜表面形成了致密的分离层，但仍有少量缺陷存在；而 TTSBI/GC 复合结构纳滤膜和 TTSBI/SDC 复

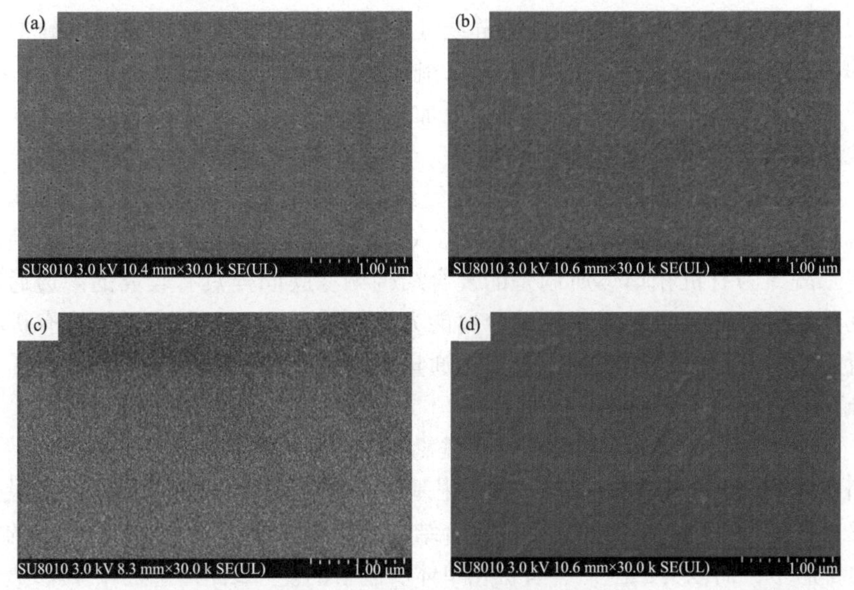

图 3-16　（a）聚砜多孔支撑层；（b）TTSBI/TMC 复合结构纳滤膜；（c）TTSBI/GC 复合结构纳滤膜和（d）TTSBI/SDC 复合结构纳滤膜的表面形貌

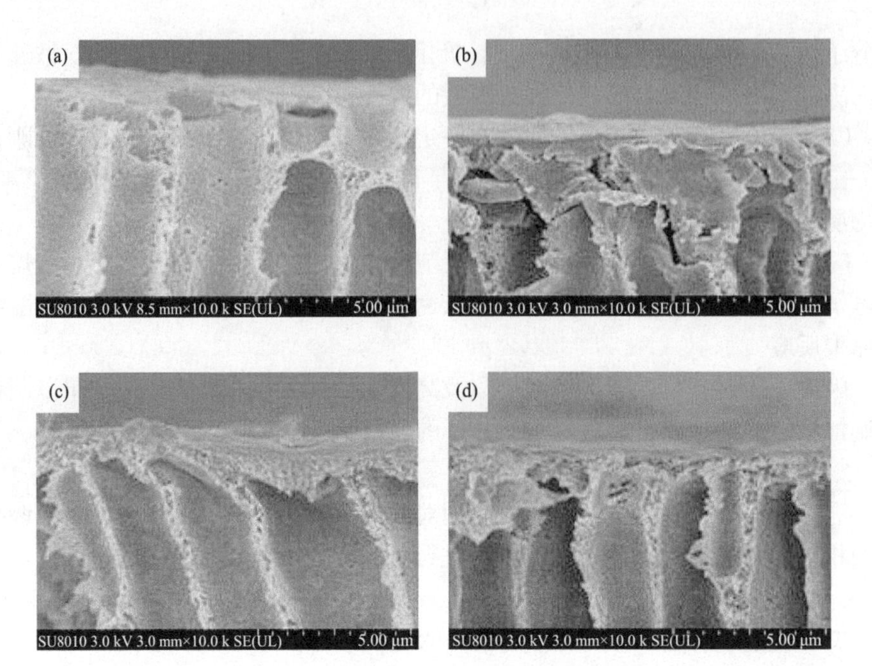

图 3-17　（a）聚砜多孔支撑层；（b）TTSBI/TMC 复合结构纳滤膜；（c）TTSBI/GC 复合结构纳滤膜和（d）TTSBI/SDC 复合结构纳滤膜的断面形貌

合结构纳滤膜表面则具有一层相对致密且无缺陷的分离层。TTSBI/SDC 复合结构纳滤膜相比于 TTSBI/GC 复合结构纳滤膜更为光滑和致密。由于均苯三甲酰氯为芳香族酰氯，戊二酰氯为短链线性分子而癸二酰氯为长链线性分子，三者的分子柔性从大到小依次为：癸二酰氯＞戊二酰氯＞均苯三甲酰氯。随着分子柔性的增加，分子间的堆叠会更加致密，进而导致了分离层表面致密程度的增加。

如图 3-18（a）所示，以均苯三甲酰氯为有机相单体所制备的复合结构纳滤膜具有最高的渗透通量，但其对刚果红（CR）染料和氯化钠的分离能力最弱。以戊二酰氯为有机相单体所制备的复合结构纳滤膜同样具有较高的渗透通量，而且其对染料小分子和氯化钠的分离能力有所提升。而以癸二酰氯为有机相单体所制备的复合结构纳滤膜，其渗透通量虽有大幅的下降，但其表现出了最佳的分离能力。

如图 3-18（b）所示，以均苯三甲酰氯为有机相单体所制备的复合结构纳滤膜对刚果红（CR）、日落黄（SY）以及甲基橙（MO）三种染料的截留效果最差；以戊二酰氯为有机相单体所制备的复合结构纳滤膜，其渗透通量和对染料的截留能力都居中；而以癸二酰氯为有机相单体所制备的复合结构纳滤膜，其渗透通量最小，但具有对染料分子最大的截留能力。

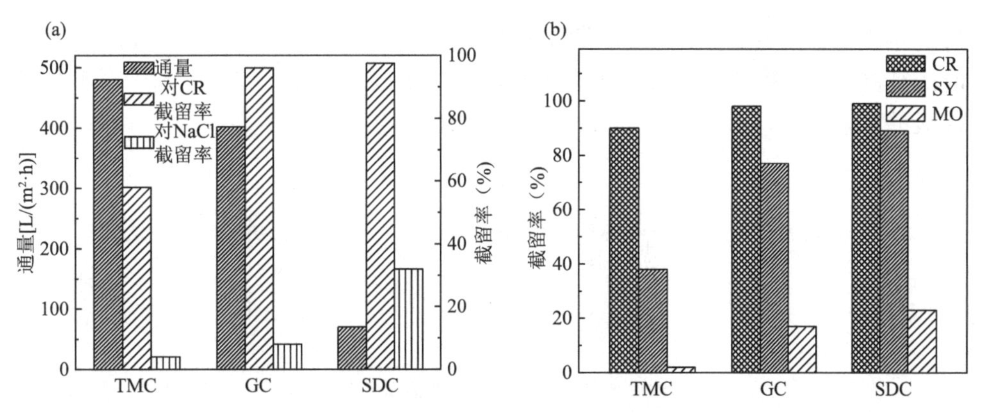

图 3-18　不同结构酰氯单体所制备的复合结构纳滤膜对（a）刚果红-氯化钠混合溶液中溶质分离性能；（b）不同染料溶液的截留性能

通过对比分析上述两组实验结果，以线性结构的酰氯为有机相单体，所制备的复合结构纳滤膜对进料液溶质的截留效果更好，且线性酰氯的碳链越长相应的截留率也越高，不过通量也随之下降。结合对三类复合结构纳滤膜结构的考察，可以发现随着所用有机相单体酰氯的柔性增大，所形成的聚合物链柔性增加，这会导致分子链的堆叠密度增加，亦即所制备的纳滤膜的分离层致密程度增加，从而导致分离层的自由体积/孔径变小，通量下降，截留能力提高。

因此，对于高性能纳滤膜的制备，一方面可以在不影响分离性能的前提下通过增大膜的孔径，实现膜渗透性能的提高，如著者课题组选取了高自由体积的 TTSBI 作为水相单体与三聚氰氯（CC）进行界面聚合制膜。结合三聚氰氯具有耐酸碱、耐有机溶剂和耐高温的特点，制备了高通量的耐酸型纳滤膜[9]。

另一方面这些油相单体的筛选验证了通过改变反应单体的柔性可以对分离层的孔径尺寸或自由体积进行调控，进而增加分离膜的选择能力。因此，通过选择那些具有柔性链的油相单体，利用分子链的高密度堆叠来提高纳滤膜分离层的致密性，有助于实现对溶质分子的高截留。这种油相单体种类调控策略也为高截留性能的纳滤膜设计提供了思路。

3. 新型单体选择

除了通过筛选常规的多元胺类水相单体和多元酰氯类油相单体种类实现对聚酰胺分离层致密性进行调控，以提高膜的分离性能，新型分离层骨架结构设计也可以实现对溶质高截留的目标，而且还有望实现膜在多功能应用领域的拓展。

如图 3-19 所示，著者课题组选用电负性较弱的对苯二酚（hydroquinone，HQ）为水相单体与三聚氰氯（CC）界面聚合成膜，制备了具有高截留性能的耐酸性纳滤膜。选取的弱电负性的对苯二酚水相单体解决了三聚氰氯与胺类单体反应难以形成连续的无缺陷薄膜的问题，制备得到了具有致密分离皮层的高性能的纳滤膜[9]。并进一步考察了有机相溶剂（正己烷、环己烷、甲苯）对膜分离性能的影响。

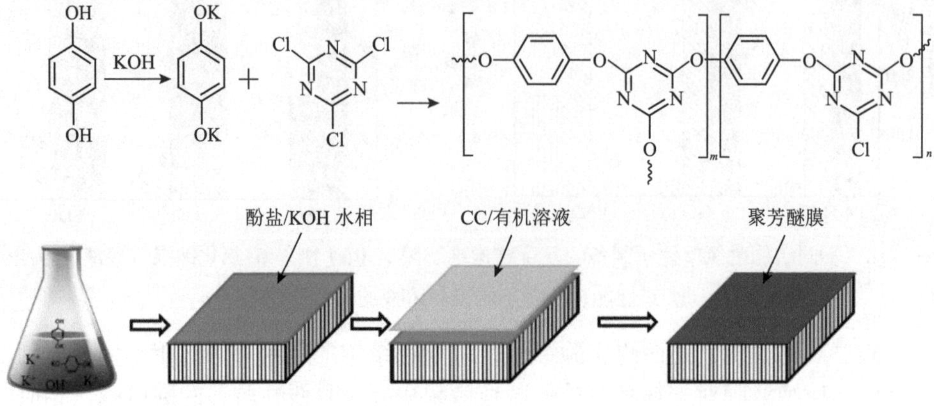

图 3-19　HQ-CC 聚三嗪芳醚纳滤膜制备过程示意图

如图 3-20 所示，对比有机相溶剂分别为甲苯、环己烷和正己烷的复合膜的分离性能，复合膜水通量大小依次递增，对日落黄染料的截留率依次递减。当有机相溶剂为正己烷和环己烷时，制得的复合膜对日落黄染料的截留率较低，不能有效截留染料；但是当有机相溶剂为甲苯时，制备得到的复合膜对日落黄染料溶液的截留率高达 95.9%，水渗透率为 8.88 L/(m^2·h·bar)。

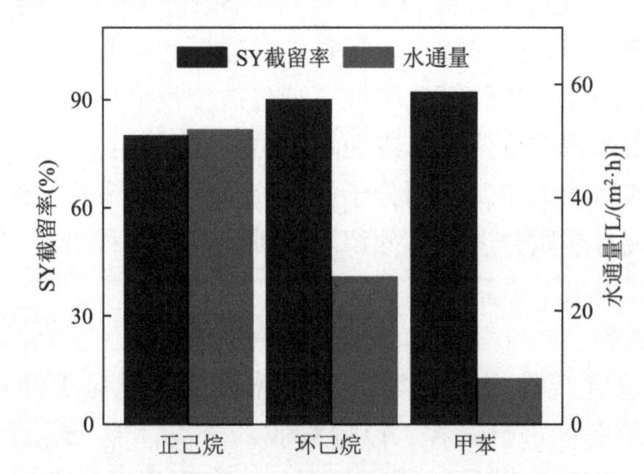

图 3-20　不同有机溶剂制得的复合膜的分离性能

测试条件：50 ppm 的日落黄溶液，跨膜压差 0.5 MPa，温度 25℃±1℃

如图 3-21 所示，当有机相溶剂为正己烷和环己烷时，形成的复合膜分离层不连续且带有缺陷；当有机相溶剂为甲苯时，三聚氰氯与对苯二酚界面聚合得到的复合膜分离层完整性良好且致密。三聚氰氯与对苯二酚界面聚合体系在不同有机溶剂中的成膜情况可以从对苯二酚在不同有机溶剂的扩散系数、溶解度以及质子化状况的差异来解释。

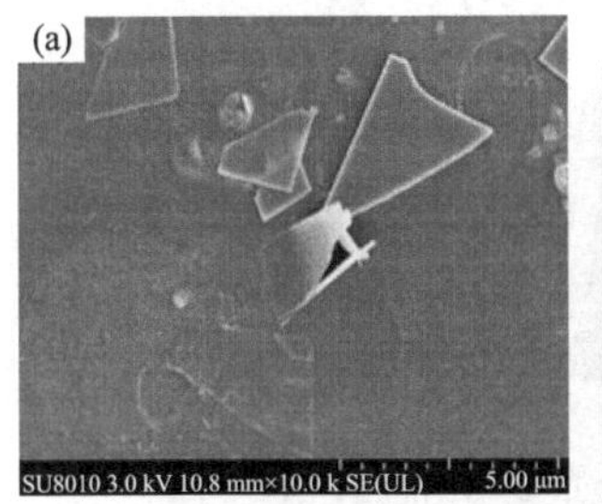

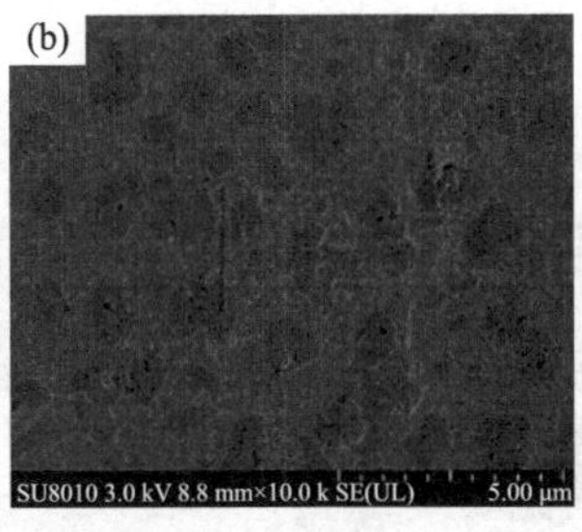

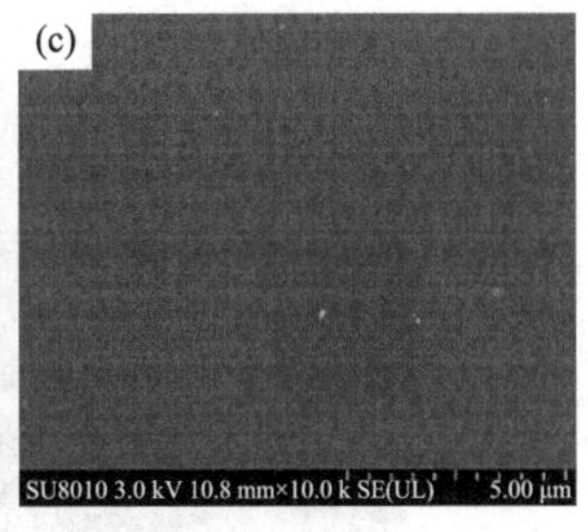

图 3-21　不同有机相溶剂制备得到的 HQ-CC/PAN 复合膜扫描电镜图

（a）正己烷；（b）环己烷；（c）甲苯

如表 3-2 所示，对苯二酚在甲苯溶剂中的溶解度最高，环己烷次之，正己烷最低。因此对苯二酚在正己烷中的扩散速率最快，甲苯次之，环己烷最慢。此外，有机相溶剂的极性也是反应速率的重要决定因素。对苯二酚的羟基在极性溶剂中被极化，因此甲苯的强极性加速了反应的进行，使得对苯二酚更容易与三聚氰氯发生反应。综合三聚氰氯与对苯二酚界面聚合体系，以及界面聚合获得的复合膜分离性能与物理形貌可知，对苯二酚水相溶液与三聚氰氯甲苯有机溶液的反应速率最高，成膜性能最佳。因此甲苯是三聚氰氯的最佳溶剂。

表 3-2　不同有机相溶剂的物化性质与相应复合膜的分离性能

有机相溶剂	溶解度参数（$cal^{0.5}/cm^{1.5}$）	扩散系数	极性
正己烷	7.3	4.11	0.06
环己烷	8.2	1.42	0.1
甲苯	8.9	2.39	2.4

如图 3-22 所示，SEM 表征结果表明对苯二酚（HQ）与三聚氰氯（CC）在聚丙烯腈（PAN）超滤底膜上通过界面聚合成功获得了聚三嗪芳醚聚合物薄膜（HQ-CC/PAN），HQ-CC/PAN 型聚三嗪芳醚薄膜厚度约为 124.8 nm，比典型的聚酰胺复合膜厚度（200～300 nm）较薄。此外，相比于聚酰胺复合膜表面典型的泡点状/峰谷结构，HQ-CC/PAN 型聚三嗪芳醚薄膜的表面更光滑，表面粗糙度较低。三聚氰氯与对苯二酚界面聚合的速率要低于多元酰氯与多元胺类界面聚合的反应速率，理论上聚三嗪芳醚薄膜的厚度应高于聚酰胺膜复合膜分离层的厚度。而聚

三嗪芳醚复合膜分离层厚度较薄可能源于水相单体对苯二酚在甲苯有机溶剂中的扩散系数较低（$D = 2.39$）。

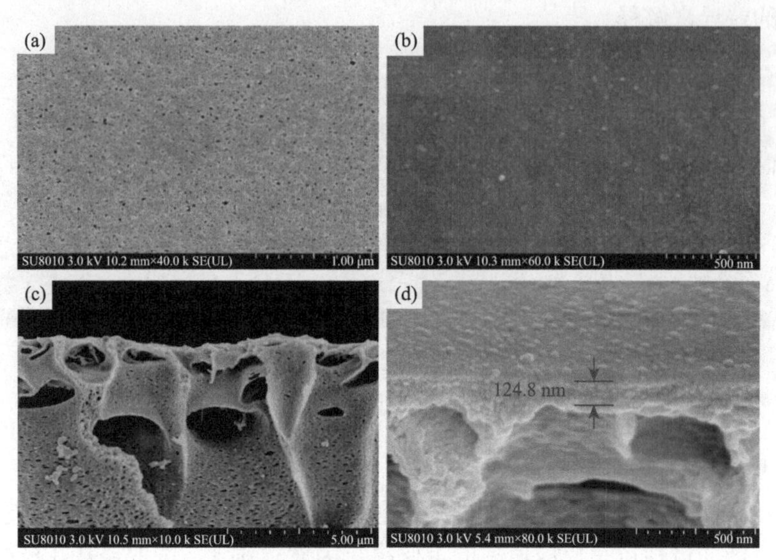

图 3-22 底膜与复合膜的扫描电镜图

（a）、（c）聚丙烯腈超滤膜；（b）、（d）HQ-CC/PAN 型聚三嗪芳醚复合膜

通过新型单体的选择，著者课题组设计了非聚酰胺骨架材料的具有高分离性能的新型纳滤膜，并克服了常规聚酰胺纳滤膜耐酸性差的难题，显著提高了纳滤膜的耐酸稳定性，有效地拓展了纳滤膜在酸性环境中的分离应用。

4. 新型单体开发

通过对界面聚合机理的深入分析发现，水相单体与油相单体形成初生态膜后，水相单体会继续扩散至油相侧与油相单体进一步反应生成致密的分离皮层，但通常难以实现膜分离性能和通量的兼顾。著者课题组从界面聚合机理出发，设计出具有刚性骨架的新型水相单体，制备得到的高活性反应单体保证了界面聚合分离层的致密性，同时由于该单体的空间位阻较大，难以穿透初生态膜进一步与油相单体反应，降低了分离皮层的厚度，进而实现通量的显著提高。著者课题组通过这些新型水相单体的设计，开发出了系列高性能的新型纳滤膜。

如图 3-23 所示，著者课题组将三聚氰氯与 1-(叔丁氧羰基)哌嗪在高温下发生三取代的亲核反应制备了三嗪胺单体 1, 3, 5-三哌嗪-三嗪环（TPT）新型单体[9]；并以所合成的 TPT 为水相单体，均苯三甲酰氯（TMC）为有机相单体在聚砜（PSf）超滤底膜上通过界面聚合制备了 TPT-TMC/PSf 复合纳滤膜。该膜对二价阴离子盐表现出较好的截留率和渗透通量以及较强的耐酸性能。具体内容如下所述。

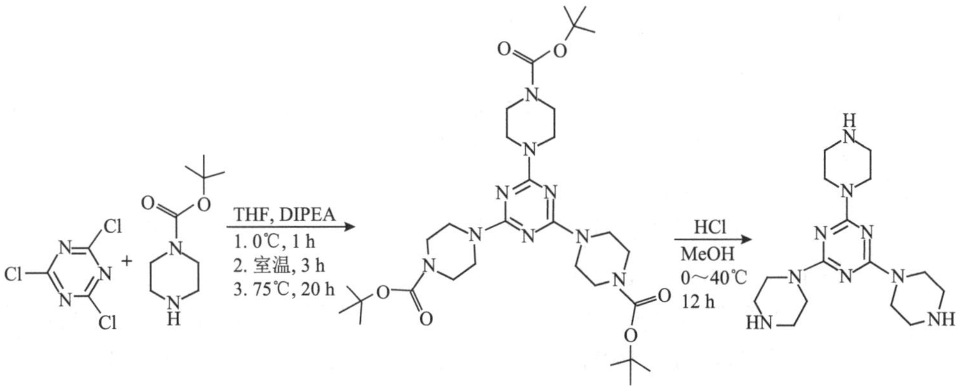

图 3-23　1, 3, 5-三哌嗪-三嗪环（TPT）单体的合成路线示意图

如图 3-24 所示，TPT-TMC/PSf 复合膜皮层厚度（35.1 nm）低于普通的 PIP-TMC/PSf 复合膜皮层（43.6 nm）。皮层厚度的降低可归因于扩散进入有机相的 TPT 单体数量减少。除了膜厚度的差异，在膜表面形貌上，PIP-TMC/PSf 复合膜呈典型的颗粒形貌，TPT-TMC/PSf 复合膜表面更光滑。根据 Morgan 的理论，复合膜表面粗糙度来源于界面聚合形成初生态膜后的进一步反应。TPT 分子具有更大的分子体积以及对应的初生态膜具有更高的交联度，因此 TPT 单体更加难以扩散入有机相；当初生态膜形成后，进一步的反应被限制，致使复合膜表面较为光滑。

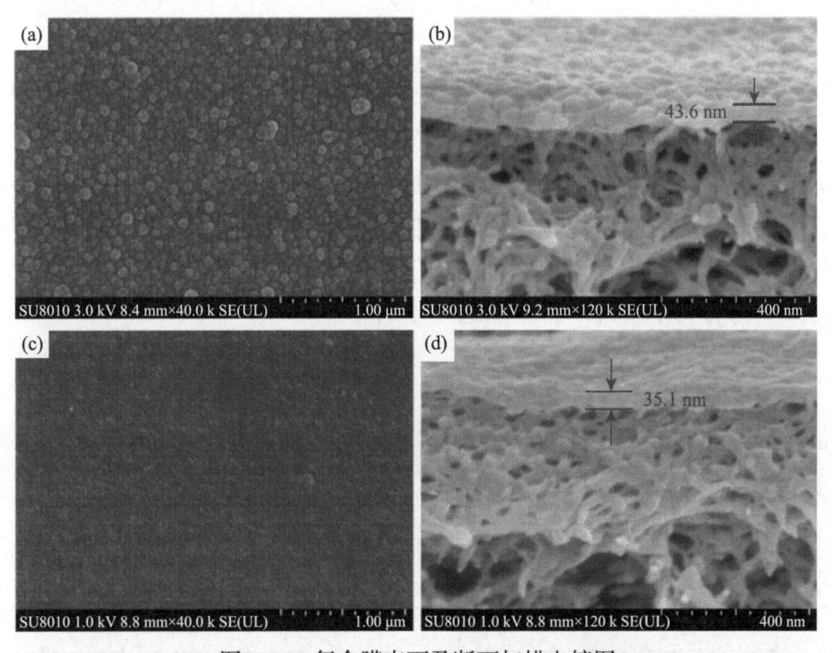

图 3-24　复合膜表面及断面扫描电镜图

（a）、（b）PIP-TMC/PSf 复合膜；（c）、（d）TPT-TMC/PSf 复合膜

以三聚氰氯为核心的聚三嗪系列纳滤复合膜的主链主要由醚键、苯环、三嗪环等化学惰性基团组成，三嗪胺的刚性共轭结构能够减轻亲核质子对膜的亲核进攻，因此能够有效提高复合膜的耐酸性能（膜的耐酸性能评价详见第 7 章的相关介绍）。通过选择具有三嗪胺结构的三聚氰氯单体，著者课题组开发了系列聚三嗪耐酸型复合纳滤膜，为耐酸型纳滤膜的制备提供了参考。

如图 3-25 所示，著者课题组设计并合成了一种具有支化结构的水相单体均苯三甲酰哌嗪（TMPIP），随后通过与均苯三甲酰氯（TMC）进行界面聚合反应，成功制备得到了新型界面聚合纳滤膜（TMPIP/TMC 复合纳滤膜）[10]。并将该新型水相单体制备的复合结构纳滤膜的结构与性能和使用传统水相单体哌嗪所制备的复合结构纳滤膜（PIP/TMC 复合纳滤膜）的结构与性能进行了系统的对比，探索了新型水相单体对界面聚合法制备的复合结构纳滤膜的结构与性能的影响。

TMC　+　甲醛哌嗪　—搅拌24 h→　中间体　—CH_3OH, HCl，搅拌6 h→　TMPIP盐酸盐（· 6HCl）

图 3-25　均苯三甲酰哌嗪（TMPIP）合成路线

如图 3-26 所示，使用新型单体成功地制备得到了具有致密分离层的新型聚酰胺纳滤膜。进一步研究发现，在相同的制备条件下，通过 TMPIP 与 TMC 界面聚合所得到的分离层厚度仅为 PIP 与 TMC 反应得到的分离层厚度的一半，分离层厚度的减少将有利于复合纳滤膜渗透通量的提升。

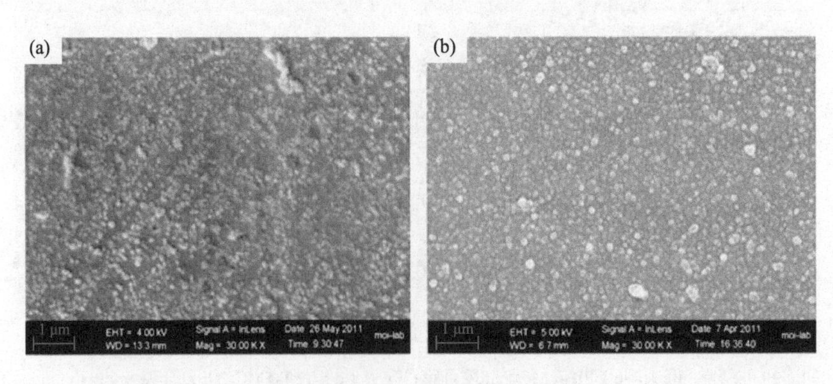

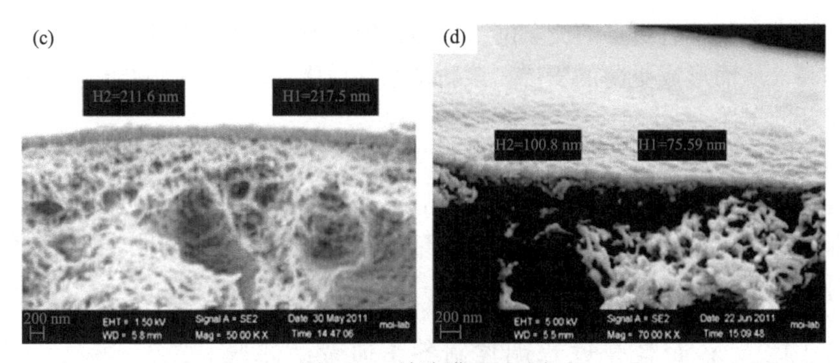

图 3-26　纳滤膜 SEM 图

（a）TMC/PIP 复合纳滤膜的表面形貌；（b）TMC/TMPIP 复合纳滤膜的表面形貌；（c）TMC/PIP 复合纳滤膜的断面形貌；（d）TMC/TMPIP 复合纳滤膜的断面形貌

如图 3-27 所示，当 TMC 在与 PIP 发生界面聚合时，由于酰氯基团的水解，所形成的初生态膜中会形成一定数量的线性结构分子链，导致 PIP 分子更容易穿过初生态膜与 TMC 继续反应；相反，由于 TMPIP 的支化三官能团结构特性，所

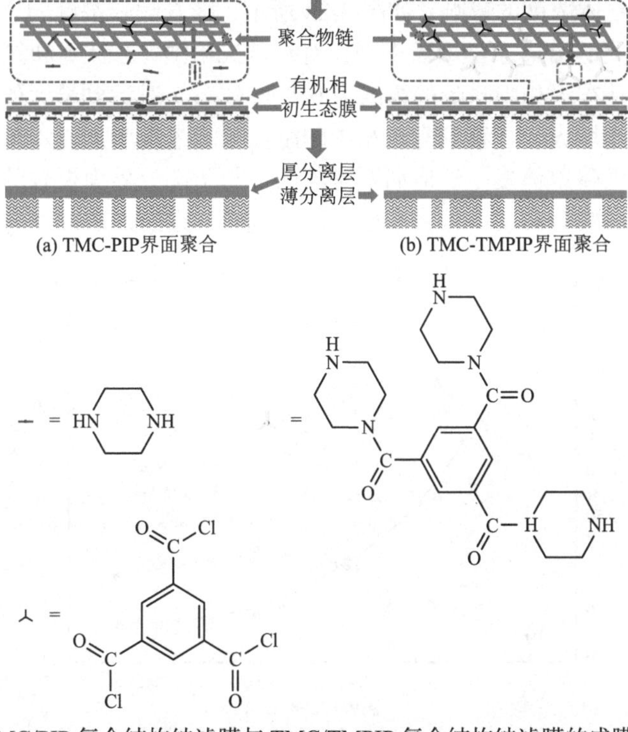

图 3-27　TMC/PIP 复合结构纳滤膜与 TMC/TMPIP 复合结构纳滤膜的成膜过程示意图

形成的初生态膜具有更多的交联网络结构，使得分子尺寸更大的 TMPIP 更难通过初生态膜，从而形成更薄的皮层。该新型水相单体的开发为高性能纳滤膜的制备提供了新的思路。

通过对界面聚合机理的深入分析，著者课题组设计和开发了多种新型水相单体，在保证纳滤膜截留性能的基础上降低了分离皮层厚度，实现了通量的显著提高，制备得到了多种具有高截留、高通量的新型纳滤膜，为高性能纳滤膜的开发和设计提供了参考。

3.2.1.2　界面聚合过程调控制备高通量纳滤膜

界面聚合过程是一个具有超高反应速率的缩聚过程，水相和有机相单体的浓度、界面聚合反应时间、后处理温度以及其他影响反应-扩散的条件都对所形成的分离层的物理结构与化学组成产生巨大的影响。对这些影响因素的探究有助于深入理解界面聚合的反应机理，对制备高性能纳滤膜有着重要的指导意义。著者课题组以制备工艺较成熟的哌嗪（PIP）和均苯三甲酰氯（TMC）体系的界面聚合过程为例[7]，对界面聚合过程中反应条件对所形成复合结构纳滤膜的结构与性能的影响方面进行了系统的研究。

（1）水相单体浓度的影响：如图 3-28 所示，随着哌嗪浓度的增加，所形成的复合结构纳滤膜的渗透通量不断下降，对对苯二甲酸（PTA）和氯化钠的截留率有明显增大，并在水相中哌嗪的浓度为 0.43%（*w*/*v*）时达到最大值。随着水相中哌嗪浓度进一步增大，迁移到有机相中的游离哌嗪浓度增加，均苯三甲酰氯更倾向于与游离的哌嗪单体发生反应而不是与已参与了部分界面聚合的哌嗪，这会导致所形成的聚酰胺分离层的致密程度下降，进而导致所形成的复合结构纳滤膜截

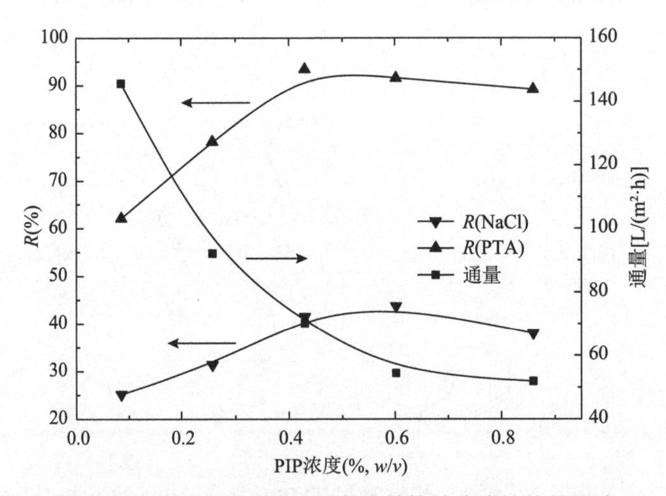

图 3-28　水相中哌嗪浓度对复合结构纳滤膜性能的影响

留率的降低。此外，水相中哌嗪浓度的增加，降低了均苯三甲酰氯中的酰氯基团水解成羧基的可能性，从而影响所形成聚酰胺分离层的荷电性能，进而对其截留性能产生影响。

（2）油相单体浓度的影响：如图 3-29 所示，所制备的复合结构纳滤膜渗透通量逐渐下降，对对苯二甲酸和氯化钠的截留率明显增大，并且在有机相中均苯三甲酰氯浓度为 0.15%（*w/v*）时达到最大。随后，进一步增大均苯三甲酰氯的浓度，所形成的复合结构纳滤膜渗透通量小幅增加，并逐渐趋于稳定，对对苯二甲酸和氯化钠的截留率有所下降，也逐渐达到稳定值。这是由界面聚合反应的高反应速率造成的，此时随着有机相中均苯三甲酰氯浓度的进一步增加，迁移到有机相内的哌嗪单体被快速耗尽，而水相中其他的哌嗪单体由于传质的限制无法与过量的均苯三甲酰氯反应，这使得分离层中未与哌嗪反应的酰氯基团只能发生水解反应，转化成羧基而失去活性，致使水-油界面处形成的分离层结构变得疏松，分离层表面亲水性和荷电性增加。

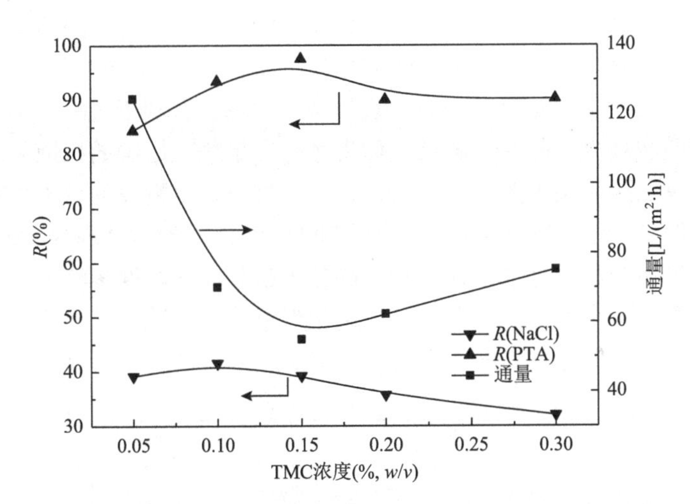

图 3-29　有机相中均苯三甲酰氯浓度对复合结构纳滤膜性能的影响

（3）界面聚合反应时间的影响：如图 3-30 所示，随着界面聚合反应时间的延长，所制备的复合结构纳滤膜的截留率迅速上升，渗透通量迅速下降，并逐渐达到稳定。这是由于均苯三甲酰氯与哌嗪之间的反应活性非常高，在界面处两者迅速反应生成一层超薄致密的聚酰胺层，随着界面聚合反应时间的延长，反应生成的致密分离层不断完善。当反应进行一段时间后，所生成的致密分离层成为水相单体向油相扩散的屏障，使得水相中的哌嗪单体向有机相的扩散受阻，使反应趋向终止。此时延长反应时间，分离层的结构不再发生变化，从而导致所制备的复合结构纳滤膜的截留率和通量基本不再随时间变化而变化。

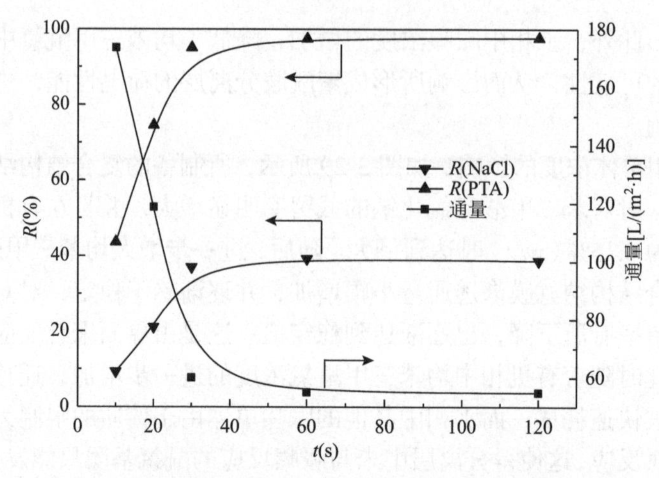

图 3-30 界面聚合反应时间对复合结构纳滤膜性能的影响

（4）热处理温度的影响：如图 3-31 所示，随着界面聚合反应完成后的后处理过程中温度的提升，所制备的复合结构纳滤膜的通量呈现先下降后上升的趋势，对氯化钠的截留率呈现先上升后下降的趋势，而对对苯二甲酸的截留率变化不大，基本维持在 95%上下。这是由于后处理温度的增加，有利于聚酰胺高分子链段的运动，使聚酰胺高分子的黏度降低，使得哌嗪在聚酰胺层中的扩散阻力降低，从而加快了哌嗪在酰胺层中的扩散速度，提高了生成的聚酰胺的分子量和交联度，使得所制备的复合结构膜分离层的致密程度增加。而随着后处理温度的继续升高，已生成的聚酰胺会加快水解，这不利于高分子量和高交联度聚酰胺的生成。并且过高的加热温度也会使形成的聚酰胺分离层严重收缩，造成纳滤膜结构的严重破坏。因此，过高的后处理温度通常会导致纳滤膜的通量上升，分离性能降低。

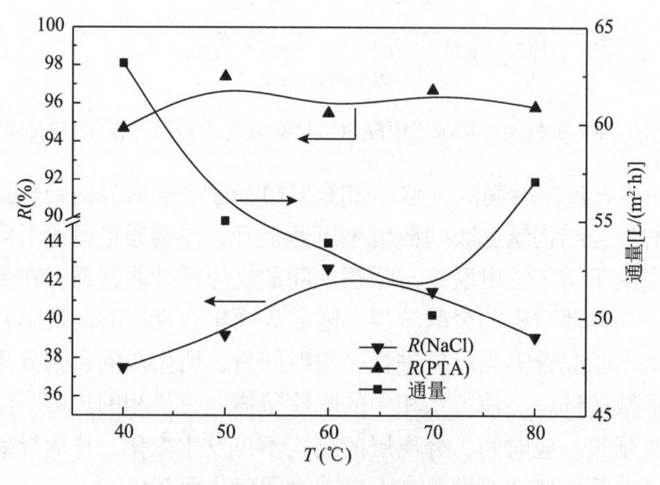

图 3-31 热处理温度对膜性能的影响

界面聚合过程调控策略可以对膜面荷电性质和分离层致密度进行精确调控，实现膜致密性和渗透性的平衡优化。如通过优化水相/油相单体组成，可以提高膜表面的荷电性，制备出相对疏松的高荷电特性的纳滤膜，既满足对溶质的高截留又可实现高通量的目标。该调控过程具有操作简便和可设计性的特点，为面向不同应用领域的高通量纳滤膜制备，如染料废水处理、有机物脱除等领域，提供参考。

此外，著者课题组近些年在界面聚合制备高通量纳滤膜方面还进行了一些有意义的探索。阿兰·图灵于 1952 年预言，周期性时空定态结构可能起源于远离热力学平衡的反应-扩散系统，并将其作为研究生命系统中斑图结构形成的原型。在过去的 30 多年里，多种二维和三维的定态结构在化学系统和生物系统中得以发现。然而，设计图灵结构并开发它的应用一直是研究的难点。著者课题组从这些工作中得到启发，深入研究了界面聚合的反应机理，基于界面聚合反应过程中水相单体扩散行为的调控，制备得到的纳滤膜表面具有中空结构的泡状和管状图灵斑图，赋予了更多的水渗透位点，获得了极高的透水通量。相关成果发表于国际顶级期刊 *Science* 上[11, 12]。

著者课题组在研究中发现界面聚合是一个远离平衡的反应-扩散系统，在此过程中，两个高反应活性多官能团单体在互不相容两相的界面附近发生了不可逆的聚合反应。研究者针对哌嗪（PIP）与均苯三甲酰氯（TMC）界面聚合反应体系，以哌嗪为活化剂，均苯三甲酰氯为抑制剂进行调控。通过调节多孔支撑层对哌嗪的物理阻隔和水相添加剂与哌嗪间的化学键合的协同作用，反应系统的活化剂和抑制剂之间产生了合适的扩散系数差，使体系发生扩散致失稳现象，成功制备得到分离层具有点状（TS-Ⅰ）和条状（TS-Ⅱ）纳米尺度图灵结构的复合结构纳滤膜。

如图 3-32 与图 3-33 所示，从所制备的图灵结构复合纳滤膜的扫描电镜与透射电镜图中可以看出，点状和条状结构均连续无缺陷，在整个表征区域内分布均匀。提高放大倍数进行观察，可以发现图灵结构通常由紧密堆积的粒状阵列或相互连接的迷宫状网络组成。从透射电镜所呈现的结构可以进一步发现，点状和条状结构通常都是中空的，其所形成的聚酰胺分离层的厚度约为 20 nm。

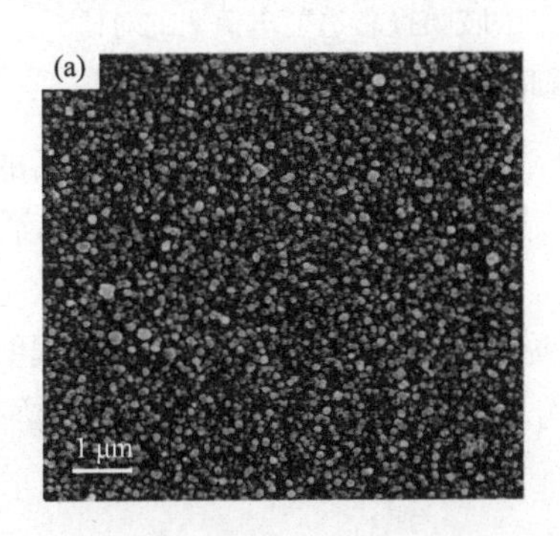

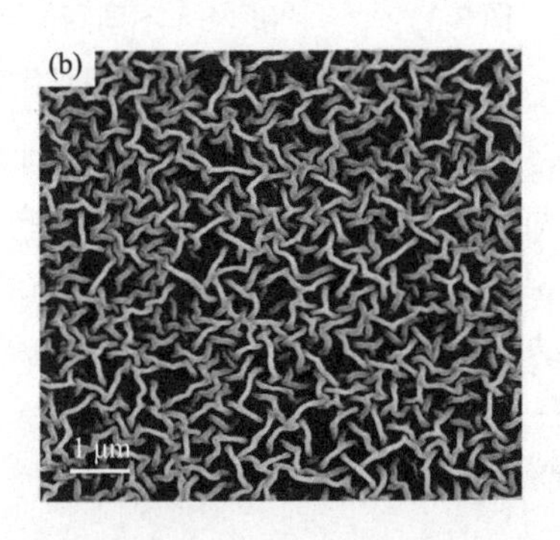

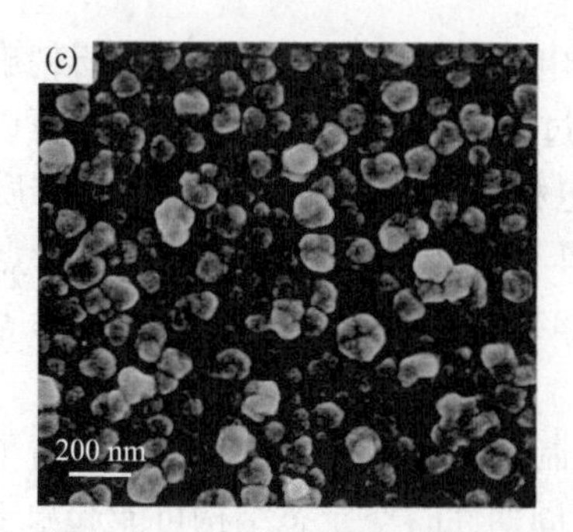

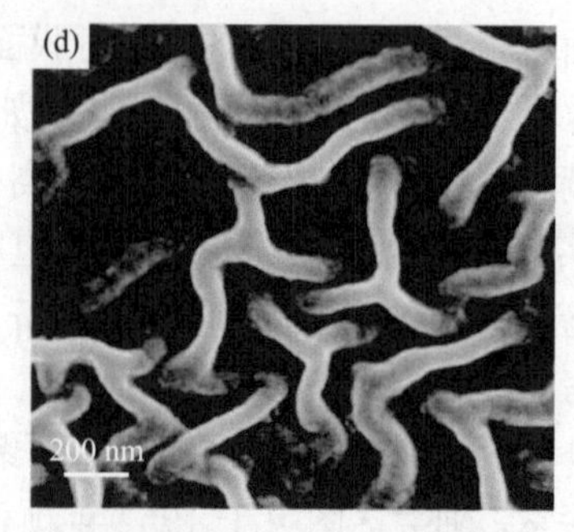

图 3-32 （a）和（b）低放大倍数下不同图灵结构聚酰胺膜表面扫描电镜图的对比；（c）和（d）高放大倍数下不同图灵结构聚酰胺膜表面扫描电镜图的对比

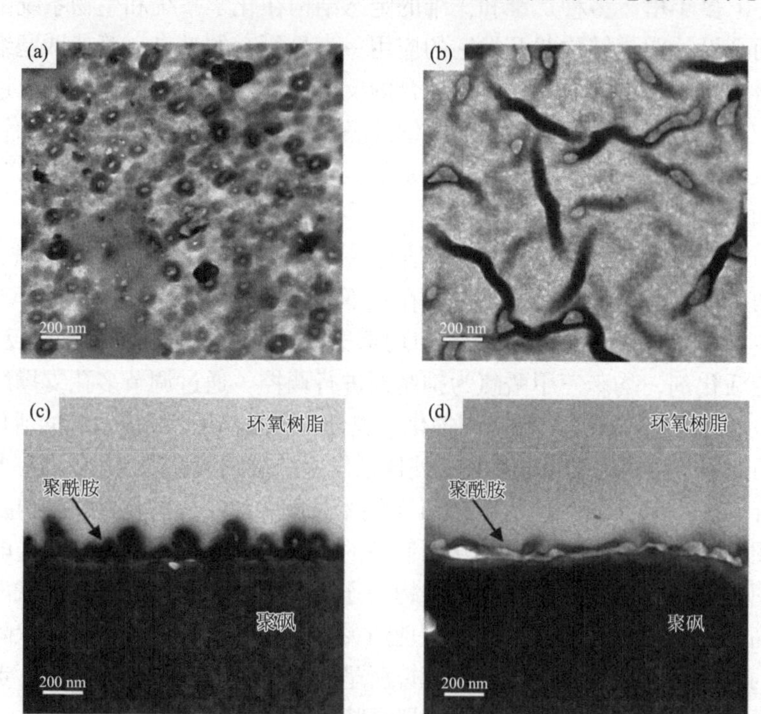

图 3-33 （a）和（b）不同图灵结构聚酰胺膜投影透射电镜图的对比；（c）和（d）不同图灵结构聚酰胺膜断面透射电镜图的对比

如表 3-3 所示，相比泡状结构的 TS-Ⅰ，管状结构的 TS-Ⅱ具有更高的水渗透通量，两者对无机盐的截留率相差无几。具有管状结构的纳滤膜的水通量高达 125 L/(m^2·h)，约为泡状结构纳滤膜的两倍。从截留率可以看出，图灵结构的聚酰胺复合纳滤膜对二价离子的截留率较高，两种膜对 $MgCl_2$ 和 $CaCl_2$ 的截留率均在 90%左右，对 $MgSO_4$ 和 Na_2SO_4 的截留率均高于 98%，对一价离子的截留率较低，均在 50%左右。

表 3-3　图灵型聚酰胺膜的分离性能

溶质	TS-Ⅰ		TS-Ⅱ	
	渗透通量[L/(m²·h)]	截留率（%）	渗透通量[L/(m²·h)]	截留率（%）
NaCl	64 ± 6	51.2 ± 2.3	124 ± 11	49.6 ± 2.0
$MgCl_2$	60 ± 5	88.1 ± 1.6	114 ± 12	91.2 ± 1.2
$CaCl_2$	58 ± 5	88.0 ± 1.5	117 ± 10	92.7 ± 1.5
$MgSO_4$	63 ± 7	98.5 ± 0.5	125 ± 14	99.2 ± 0.1
Na_2SO_4	61 ± 4	99.1 ± 0.2	119 ± 11	99.6 ± 0.1

注：测试的温度为 25℃，操作压力为 4.8 bar，进料侧盐浓度均为 2000 ppm

如图 3-34 所示，所制得的图灵结构聚酰胺复合结滤膜的性能远远超过了当前聚酰胺复合纳滤膜的分离上限，与传统型的聚酰胺复合纳滤膜的水渗透性和水-盐选择性之间存在此消彼长（trade-off）的关系不同，具有图灵结构的聚酰胺复合纳滤膜兼具高水渗透性与高水-盐选择性，该结果表明图灵结构的存在显著地影响了聚酰胺复合纳滤膜的性能。

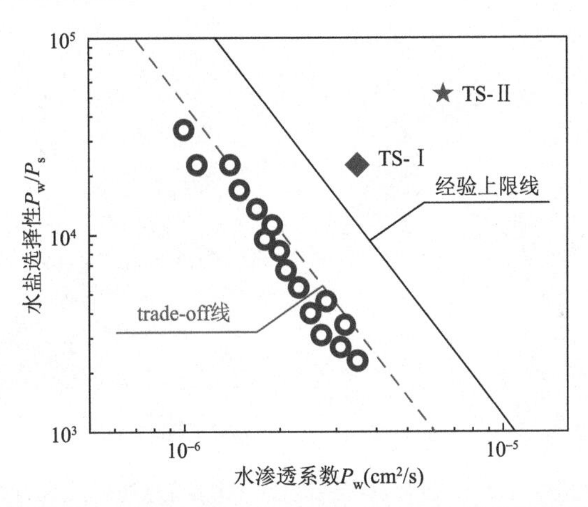

图 3-34　图灵结构的聚酰胺膜[TS-Ⅰ（◆）和 TS-Ⅱ（★）]和其他纳滤膜（◎）的水渗透性和水-盐选择性的关联

盐截留实验的测试条件为：2000 ppm $MgSO_4$，25°C，4.8 bar。红色的虚线是传统型半芳香聚酰胺膜渗透性和选择性之间的“trade-off”关系，黑色实线是由经验推导的渗透性和选择性之间分离上限

图灵结构的出现，对聚酰胺分离层的物理结构影响较大。相比于传统型的聚酰胺分离层，图灵结构的聚酰胺分离层有更大的表面粗糙度、垂直高度和比表面积。其中，管状结构的比表面积大于泡状结构。不同类型的分离层在化学性质上差异不大，图灵结构的聚酰胺分离层的表面元素组成、荷电性质和亲疏水性均与传统型的聚酰胺分离层相似。

如图 3-35 和图 3-36 所示，与传统聚酰胺分离层类似，金纳米颗粒在图灵结构的聚酰胺分离层表面的沉积同样呈现出不均匀的空间分布。对于 TS-Ⅰ和 TS-Ⅱ，纳米颗粒只在特定区域沉积并聚集成簇状，其余区域几乎没有被覆盖或仅有零星的颗粒分布。大多数的纳米颗粒沉降在泡状或管状结构周围，其沉积图案的空间分布与图灵结构一致，说明图灵结构区域的水渗透性高于无该结构存在的区域。这一结果为图灵结构上存在水渗透性较高的位点提供了一个可视化的证据。

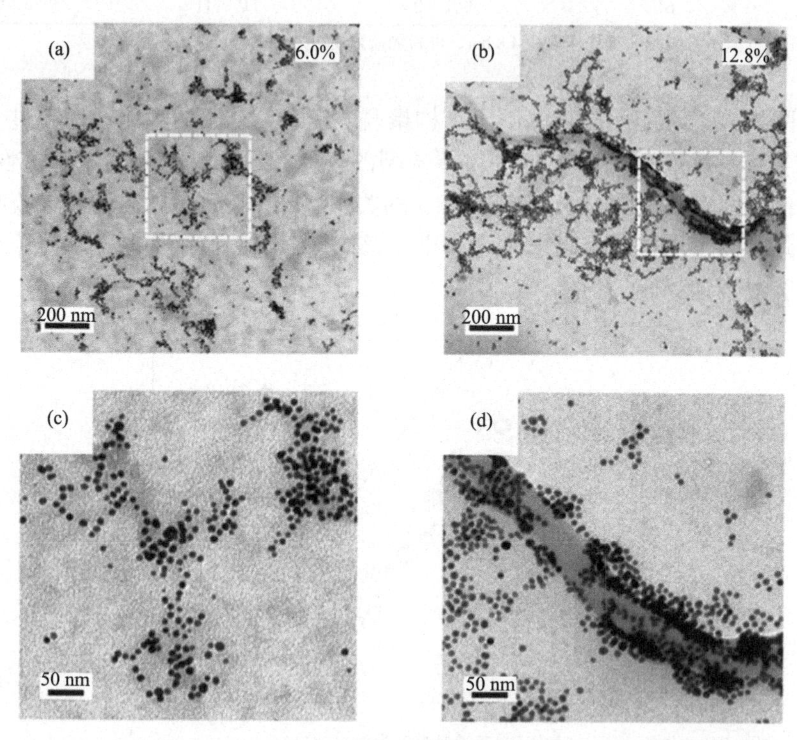

图 3-35　图灵型复合结构纳滤膜在经过金纳米颗粒过滤测试后的透射电镜图像

测试压力 4.8 bar；时间 10 min；图片右上角的数值对应的是纳米颗粒的覆盖率

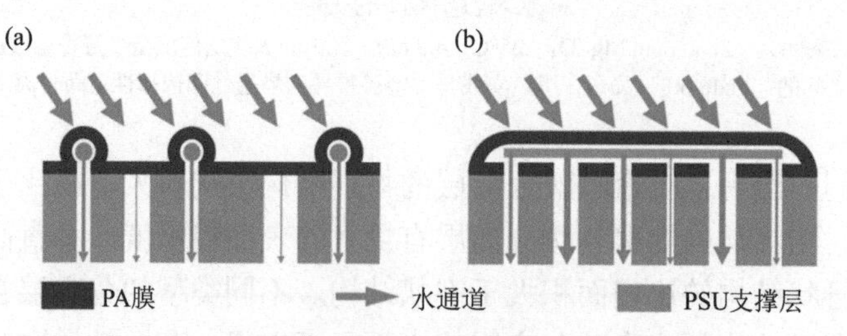

图 3-36　水传递通过图灵型聚酰胺膜的示意图

（a）TS-Ⅰ；（b）TS-Ⅱ

通过调控反应物扩散速率，膜表面构建的图灵结构赋予了聚酰胺复合纳滤膜更优异的分离性能，其水渗透性和水-盐选择性均高于传统的复合结构纳滤膜。著者课题组所制备的图灵结构的聚酰胺复合纳滤膜不仅为高性能纳滤膜的开发提供了参考，而且为图灵结构从理论到应用提供了新的思路。

3.2.1.3　表面改性制备高性能纳滤膜

表面改性是一种通过物理/化学相互作用对原膜表面进行修饰的制膜方法，其操作简单、成本低廉且易于调控。基于界面聚合制备的纳滤膜，由于反应速率极快而难以对膜性能进行精准地调控，因此难以满足膜多功能性要求，极大地限制了其面向多领域的应用。基于界面聚合的表面改性策略则可以通过简单的表面改性赋予纳滤膜更优异的性能，如提高膜的耐氯性、抗污染性等，在提高纳滤膜的综合性能及拓宽纳滤膜的应用范围方面具有重要意义。

著者课题组在利用表面改性策略提高膜性能方面做了大量研究工作。下述分别从提高纳滤膜耐污染、单/二价离子选择性和抗结垢性能、耐氯性能三个部分进行介绍。

1. 表面改性法提高纳滤膜耐污染性能

纳滤膜由于具有低能耗和高分离选择性的特点，被广泛应用于水处理领域。但在运行过程中难免会受到如蛋白质、细菌等污染物的影响，造成膜通量及分离性能的显著下降。因此开发具有耐污染性能的纳滤膜对保证膜分离性能的稳定和提高膜的运行稳定性具有重要意义。著者课题组在利用表面改性技术开发耐污染纳滤膜方面进行了一定的研究。

1）表面接枝两性离子

如图 3-37 所示，著者课题组研究人员利用纳滤膜表面残余羧基，通过 1-乙基-3-(3-二甲氨基丙基)碳二亚胺盐酸盐（EDC）/*N*-羟基琥珀酰亚胺（NHS）活化接枝聚乙烯亚胺（PEI），再进一步利用—NH_2通过迈克尔加成法接枝丙烯酸（AA）以形成两性离子，通过阴阳离子的溶剂化作用增加膜表面的亲水性，同时通过控制阴阳离子接枝量，使膜表面电荷达到平衡，减少污染物在膜表面的吸附，实现纳滤膜耐污染性能的提高[13]。在实验中，对表面改性时间和膜的耐污染性能进行了探究。

如图 3-38（a）所示，研究人员制备了具有不同迈克尔加成时间的膜，分别称为 PEI-AA_t/PA，其中 $t = 100$ min、120 min、140 min、160 min、180 min。当 $t = 0$ 时表示经氨基改性而未进行迈克尔加成反应的膜，记为 PEI/PA。改性膜的膜面 Zeta 电势由 PA 原膜的−25 mV 上升到 PEI/PA 膜的 20 mV。这是因为 PEI 富含氨基基团，在 pH = 7.0 的条件下荷有正电荷，使 PEI/PA 膜表现出较强的正电性。而随着

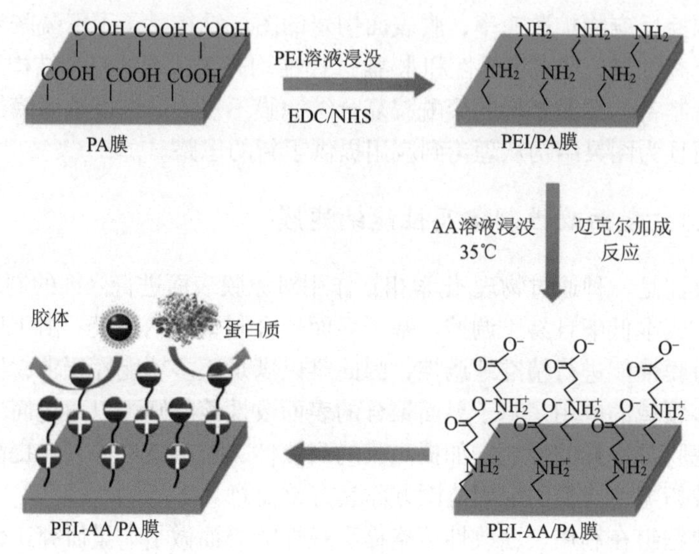

图 3-37　迈克尔加成法 PEI-AA/PA 两性离子表面改性聚酰胺膜的制备

迈克尔加成反应的进行，PEI-AA$_t$/PA 的电荷逐渐降低，因为随着迈克尔加成反应的进行，越来越多的丙烯酸接枝到 PEI 上，即膜表面羧基基团逐步增加，进而降低了表面电势。而在 $t = 160$ min 时，膜表面 Zeta 电势接近于 0 mV，即荷正电氨基与荷负电的羧基之间基本达到电荷平衡，整体显电中性。

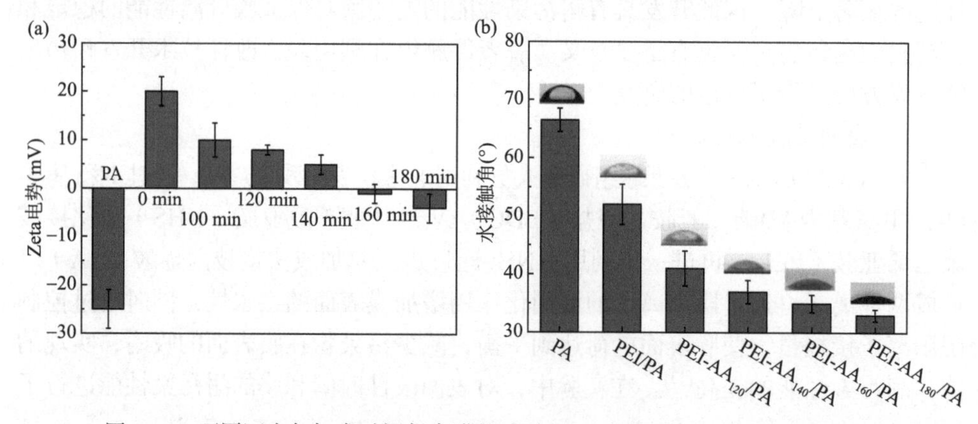

图 3-38　不同迈克尔加成时间复合膜的（a）Zeta 电势（25℃，pH 7.0±0.05，1 mmol/L KCl 水溶液）和（b）膜表面水接触角

如图 3-38（b）所示，改性前 PA 膜的表面水接触角为 67°，表现出一定的亲水性。当进行 PEI 改性后，其水接触角下降到 52°，这是因为聚酰胺膜表面接枝的 PEI 提供了大量的亲水性胺基基团。而随着迈克尔加成反应的进行，膜表面的亲水性也显著增加，其水接触角由 PEI/PA 的 52°降低到 PEI-AA$_{160}$/PA 膜的

约33°。这是因为，随着PEI/PA表面AA接枝量的不断增加，其两性离子结构所产生的离子溶剂化作用也不断加强，对提高膜的亲水性起到重要作用。除能提高膜表面的耐污染性能外，较亲水的膜表面还能在一定程度上增加PA膜的水通量。

如图3-39所示，对具有不同的迈克尔加成时间制备的膜，随着反应时间的增加，其对蛋白质的吸附量先快速降低，后略微上升。且当 $t = 160$ min 时所制备的两性离子改性膜对蛋白质的抗污染能力最强，其表面HRP-羊抗人IgG的吸附量不足未改性PA膜表面吸附量的5%，表现出优异的耐污染性能。而且，根据膜表面Zeta电势的表征结果，膜PEI-AA_{160}/PA的表面电势约为0 mV，表现出电中性，即正电基团与负电基团电荷平衡。这说明正电基团与负电基团之间的电荷平衡是两性离子耐污染性能的关键所在。此外，通过对比膜在pH分别为5、7、9的溶液中的表面蛋白质吸附量可以看出，在此酸碱度范围内，pH值对两性离子的耐污染性能影响较小，膜PEI-AA_{160}/PA在酸性、碱性及中性条件下均表现出优异的耐污染性能。这是因为，两性离子中正电氨基基团与负电羧基基团距离较近，在一定程度上氨基的质子化过程与羧基的去质子化过程起到相互促进的过程，进而减小了环境溶液中酸碱度两性离子溶剂化作用的影响，最终增强了其耐污染性能的适宜pH范围。因此，PEI-AA_{160}/PA表现出优异的耐污染性能。

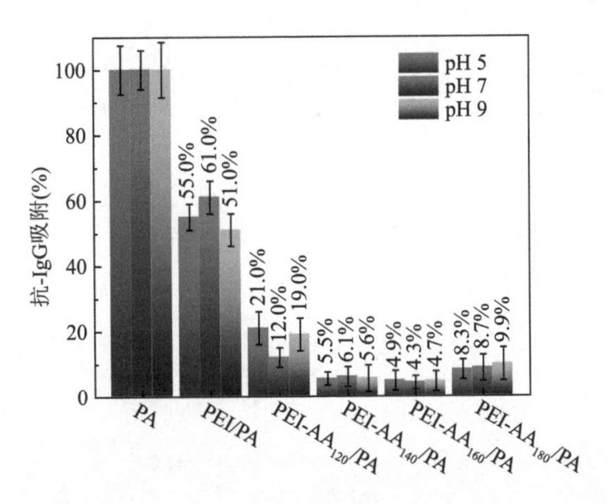

图3-39　不同迈克尔加成反应时间膜表面HRP-羊抗人IgG吸附量

如图3-40所示，研究人员通过使用静态荧光蛋白标记法对比了改性前后膜对蛋白质的耐污染性能。所使用的蛋白质为染料cy3标记的BSA（等电点 = 4.7），其在pH = 7.4的PBS吸附溶液中呈现负电性。实验发现PA膜表面吸附大量的BSA-cy3，膜片上发现很多荧光亮点。与之相反，在PEI-AA_{160}/PA膜表面只有零星微弱的 BSA-cy3 荧光分布。因此，可以看出 PEI-AA$_{160}$/PA 膜对荷负电的 BSA 蛋白表现出优异的耐污染性能。

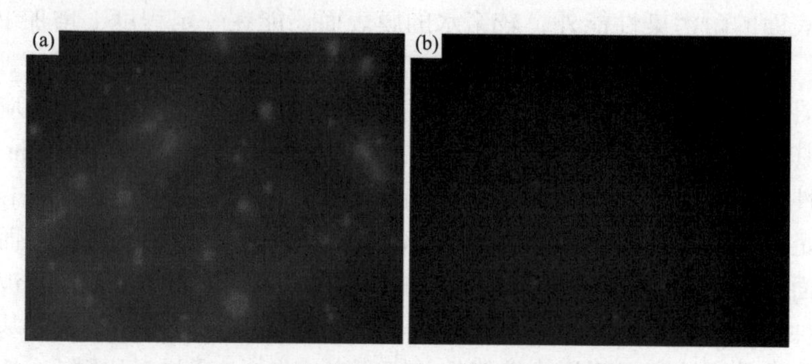

图 3-40　表面吸附 cy3-BSA 膜的荧光显微镜图
（a）PA 膜；（b）两性离子 PEI-AA$_{160}$/PA 膜（放大 100×）

2）表面构建电荷平衡的混合电荷层

对两性离子表面改性策略的系列探究制备得到了具有优异抗污染性能的聚酰胺膜，为抗污染膜的表面设计提供了简单有效的方法支撑。

如图 3-41 所示，基于电荷平衡的抗污染原理，著者课题组进一步通过温和的“酰胺化 + 迈克尔加成”两步改性法，利用酰胺化反应在 PA 膜表面接枝 PEI，形成胺基活性层，然后通过胺基和 2-丙烯酰胺基-2-甲基丙磺酸（AMPS）/甲基丙烯酰氧乙基三甲基氯化铵（DMC）的迈克尔加成反应，在 PA 膜表面同时接枝阴阳离子基团，构建电荷平衡的混合电荷层[14]，成功得到了具有耐污染性的聚酰胺复合膜。

如表 3-4 所示，具有混合电荷层的聚酰胺复合膜在单一污染物条件下（十二烷基三甲基溴化铵、十二烷基硫酸钠、牛血清白蛋白、溶菌酶或腐殖酸）和复合污染物条件下（牛血清蛋白 + 溶菌酶或溶菌酶 + 十二烷基硫酸钠），均表现出优异的耐污染性能。

(a)

1　　2　　3

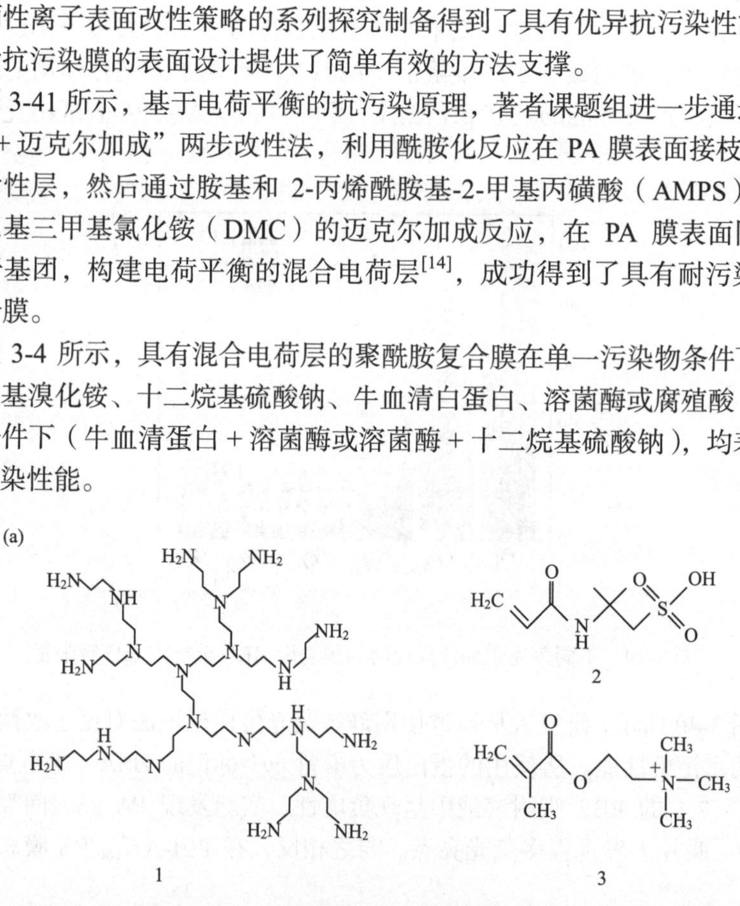

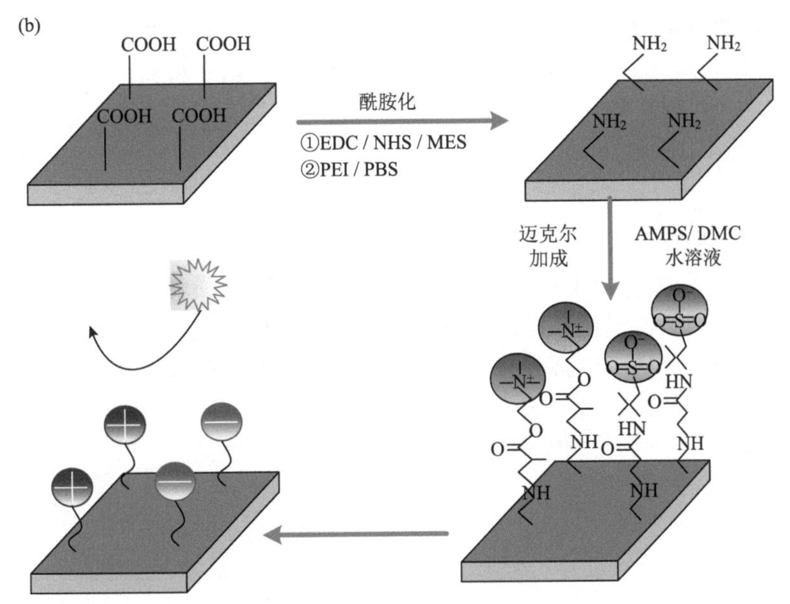

图 3-41　聚酰胺膜表面混合电荷层的构建：(a) 化合物结构 (1. 聚乙烯亚胺；2. AMPS；3. DMC)；(b)“表面胺化 + 迈克尔加成”两步改性法流程

表 3-4　不同污染物对聚酰胺膜和混合电层膜水通量的影响

污染物种类	12 h 后归一化通量	
	聚酰胺膜	混合电层膜
十二烷基三甲基溴化铵 (DTAB)	45%	85%
十二烷基硫酸钠 (SDS)	90%	87%
牛血白清蛋白 (BSA)	80%	93%
溶菌酶 (Lys)	81%	95%
腐殖酸 (HA)	86%	98%

2. 表面改性法提高纳滤膜单/二价离子选择性和抗结垢性能

纳滤膜的单多价离子分离机理主要是尺寸筛分和道南排斥，由于对膜孔径的精确调控以实现离子的高精度尺寸筛分具有极大的挑战，通过表面荷电特性的调控来实现单/多价离子的选择性分离具有更强的可操作性。著者课题组在基于界面聚合的表面改性策略制备荷正电纳滤膜用于锂镁分离方面也进行了一定的研究。研究人员直接采用二次界面接枝法对聚酰胺纳滤膜进行胺基化修饰，对二次界面反应溶剂水和乙醇的选择进行了探究，成功地在聚酰胺膜表面构建了荷正电胺基层，并进一步调控 PEI 分子量来探究接枝反应的空间位阻对膜性能的影响；在此基础上，针对二次界面接枝过程中存在的酰氯水解产生大量羧基的问题，基于前期的 EDC/NHS 催化酰胺化法来提高 PEI 的接枝量，制备了表面荷正电性更强的聚酰胺纳滤膜，改性膜表现出了优异的镁锂选择性，并展现出较好的抗结垢性能[15]。具体内容如下所述。

1）二次界面接枝法制备表面荷正电纳滤膜

如图 3-42 和图 3-43（a）所示，利用聚酰胺（PA）膜表面残留的酰氯基团作为反应位点，用聚乙烯亚胺溶液在聚酰胺膜表面进行二次界面接枝反应，原位构建荷正电胺基层，从而提高膜表面的荷正电性。实验分别探究了不同 PEI 溶液浓

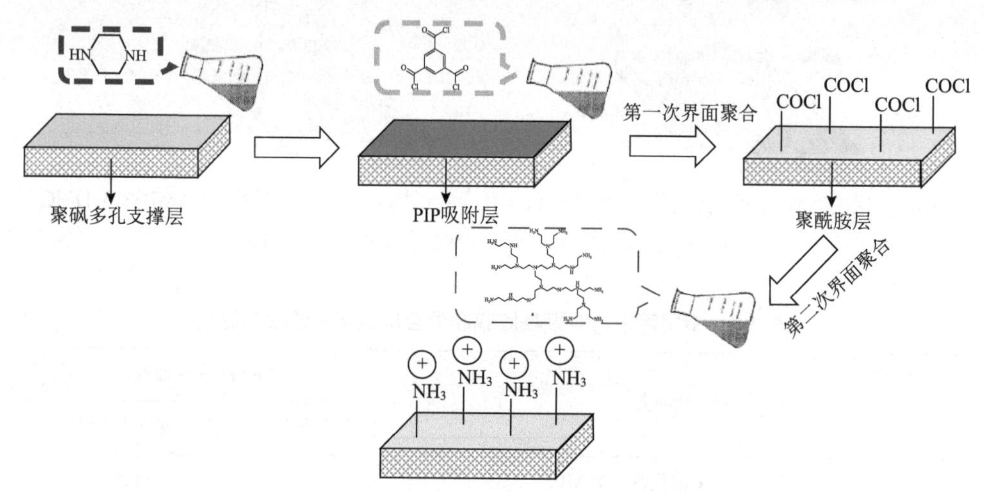

图 3-42　二次界面接枝法构建荷正电胺基层流程

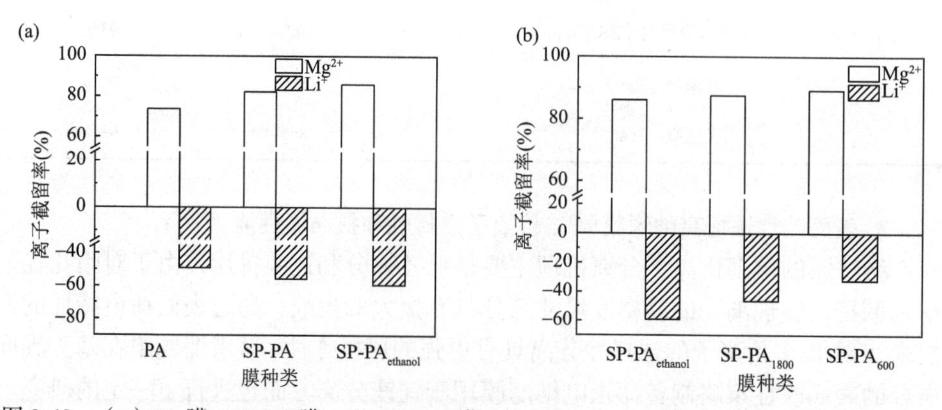

图 3-43　（a）PA 膜、SP-AP 膜、SP-$PA_{ethanol}$ 膜；（b）SP-$PA_{ethanol}$ 膜、SP-PA_{1800} 膜和 SP-PA_{600} 膜对 Mg^{2+}/Li^{+} 二元混合溶液的分离性能（$Mg^{2+}/Li^{+} = 150/1$）

度、不同溶剂体系、不同 PEI 分子量对荷正电纳滤膜性能的影响，以膜表面的水接触角、Zeta 电位和通量作为评价指标，得到二次界面接枝的最佳条件为：PEI（M_n = 10 000）浓度 0.2%（质量分数），二次界面接枝反应时间 2 min。将改性膜（SP-PA 膜）用于总盐度为 2000 ppm 的 $MgCl_2$/LiCl（Mg^{2+}/Li^+ = 150/1）二元混合溶液中盐的分离，其分离因子 S 为 8.79，高于 PA 膜的 4.78。

如图 3-43（b）所示，选用乙醇作为二次界面接枝溶剂，并选用 PEI（M_n = 600）为荷正电化改性试剂解决了二次界面接枝过程中酰氯水解和大分子 PEI 反应位阻较大所导致的胺基接枝密度低的问题。在相同测试条件下，改进后的二次界面接枝膜（SP-PA_{600} 膜）对 Mg^{2+}/Li^+的分离选择性达到了 12.37。

2）EDC/NHS 酰胺化法制备表面荷正电纳滤膜

为了进一步提高膜表面胺基接枝量，著者课题组研究人员直接利用水解的酰氯基团产生的大量羧基经 EDC/NHS 活化后，和 PEI 上的胺基直接进行酰胺化反应，构建荷正电胺基层，在降低酰氯水解（醇解）对 PEI 接枝量影响的同时提升表面氨基化程度。同样以膜表面水接触角、Zeta 电位和通量作为评价指标，通过在不同 EDC/NHS 酰胺化 PEI 接枝时间、EDC/NHS 酰胺化不同 PEI 分子量的实验条件下得到 EDC/NHS 酰胺化的最佳条件为：PEI 浓度 3%（质量分数），酰胺化反应温度 39℃，反应时间 120 min。

如图 3-44 和表 3-5 所示，EDC-PA 膜在总盐度为 2000 ppm 的 $MgCl_2$/LiCl（Mg^{2+}/Li^+ = 150/1）二元混合溶液中的分离因子 S 高达 13.19，明显高于 PA 膜的 4.78。为了进一步提高膜表面 PEI 的接枝量，选用分子量更小的 PEI 作为改性试剂以减小其位阻效应，EDC-PA_{600} 膜对 Mg^{2+}/Li^+的分离选择性达到了 16.30。将制备出的纳滤膜的锂镁分离性能与商业膜进行了对比，结果显示，荷正电化改性的聚酰胺纳滤膜比商业纳滤膜展现出更为优异的锂镁分离性能。

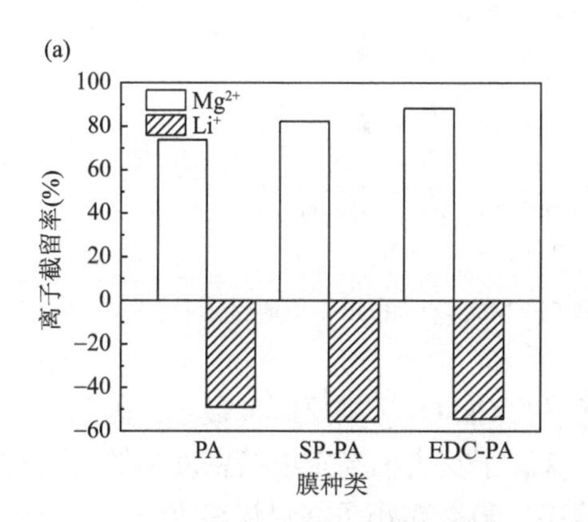

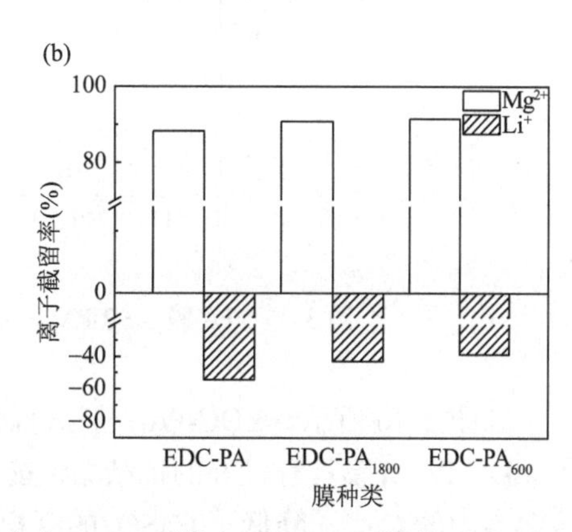

图 3-44　（a）PA 膜、SP-PA 膜和 EDC-PA 膜；（b）EDC-PA 膜、EDC-PA_{1800} 膜和 EDC-PA_{600} 膜对 $MgCl_2$/LiCl 二元混合溶液的分离性能（Mg^{2+}/Li^+ = 150/1）

表 3-5　纳滤膜镁锂分离性能对比

膜的荷电性	研究人员	制备方法	分离因子 S
荷负电	A. Somrani	商业 NF-90	2.10
	徐南平	商业 DK-2540	3.23
	于建国	商业 DL-2540	2.86
荷正电	李建新	1, 4-双（3-氨基丙基）哌嗪和 TMC 界面聚合	2.60
	李巍	TMC 和乙烯亚胺界面聚合后用 EDTA 改性	9.20
	徐志伟	PEI-TMC 界面聚合	20
	著者课题组	TMC-PIP 界面聚合后 PEI 改性	16.30

如图 3-45 所示，由于 EDC-PA_{600} 膜具有最强的荷正电性，对 Ca^{2+} 具有较强的排斥作用，因此 EDC-PA_{600} 膜在 $CaSO_4$ 模拟污染物溶液中具有最大的归一化通量；相反，PA 膜带负电，对 Ca^{2+} 有较强的静电相互作用，有利于 Ca^{2+} 在膜表面吸附并形成垢层，因此归一化通量较小。

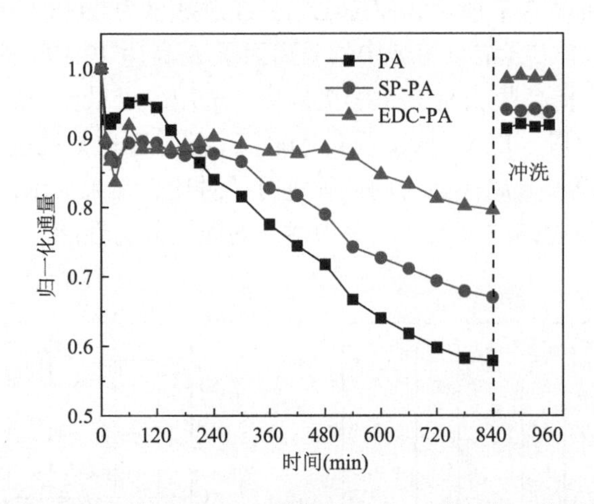

图 3-45　PA 膜、SP-PA_{600} 膜和 EDC-PA_{600} 膜的归一化通量

如图 3-46 所示，EDC-PA_{600} 膜表面沉积的 $CaSO_4$ 污染层厚度最小，因此验证了 EDC-PA_{600} 膜具有良好的抗结垢性能，这源于其表面高正电荷密度能够有效排斥溶液中的 Ca^{2+}，降低了 $CaSO_4$ 的沉积速率，最终减小了滤饼层厚度。

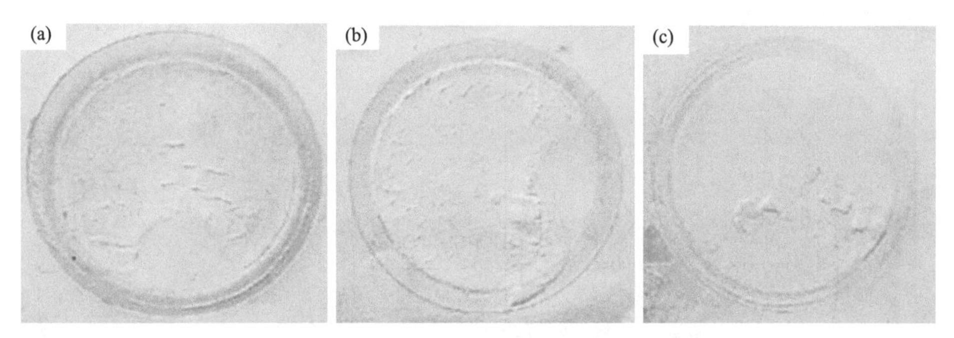

图 3-46　$CaSO_4$结垢实验后三种膜的表面形态

（a）PA 膜；（b）SP-PA_{600}膜；（c）EDC-PA_{600}膜

3. 表面改性法提高聚酰胺膜耐氯性能

1）交联法

目前商业化的纳滤膜使用的膜材料多为聚酰胺类膜材料，此类膜应用于海水淡化和废水处理领域时，通常需要通过添加活性氯物质进行杀菌，但这些残留的余氯对聚酰胺结构（包括聚酰胺反渗透膜和聚酰胺纳滤膜）的膜表面结构及膜性能具有较强的破坏作用。因此，提高聚酰胺膜的耐氯性以延长膜的使用寿命和维持运行稳定性具有重要意义。

如图 3-47 所示，著者课题组在利用简便的表面改性方法对提高聚酰胺膜耐氯性方面做了一定的研究。通过使用甲醛/磷酸还原法对聚酰胺膜中酰胺 N—H 结构进行羟甲基化还原取代，生成酰胺 N—CH_2OH 结构，再利用戊二醛与羟基之间的缩合交联反应，既消去了酰胺键 N 上的 H 原子，又以形成醚键的方式保证聚酰胺分子链之间的相互作用，维持聚酰胺分离层致密的特性，最终实现在不明显损失分离性能的前提下增强聚酰胺膜的耐氯性能的目的[16]。

如图 3-48 所示，原膜 PA 的水通量与截留率受活性氯处理的影响非常明显，在 1500 ppm·h 氯处理强度后截留率下降至氯化处理前膜截留率的 97.2%，通量上升了近一倍，这是由于此时原膜 B-PA 的聚酰胺分离层中出现了大量缺陷，降低了膜的致密性，使膜的渗透性增加、离子选择性下降。而经过表面还原-交联改性的膜（C-PA）的活性氯耐受能力有了明显增强，在 1500 ppm·h 活性氯处理后，该膜的水通量与截留率均没有发生明显变化。虽然随着活性氯处理强度的加深（处理强度＞1500 ppm·h），C-PA 膜分离性能开始呈现出与原膜 B-PA 相似变化趋势，但在 3000 ppm·h 处理后，B-PA 的截留率下降至原来水平的 95%，而通量增强了近 2 倍，改性膜截留率只下降至原来水平的 98%，渗透性只增强了约 50%，C-PA 膜性能恶化速度要远远小于原膜。以上结果说明，还原-交联处理后聚酰胺膜对活性氯的敏感性明显降低，该修饰手段对聚酰胺分离层的耐氯强化作用显著。

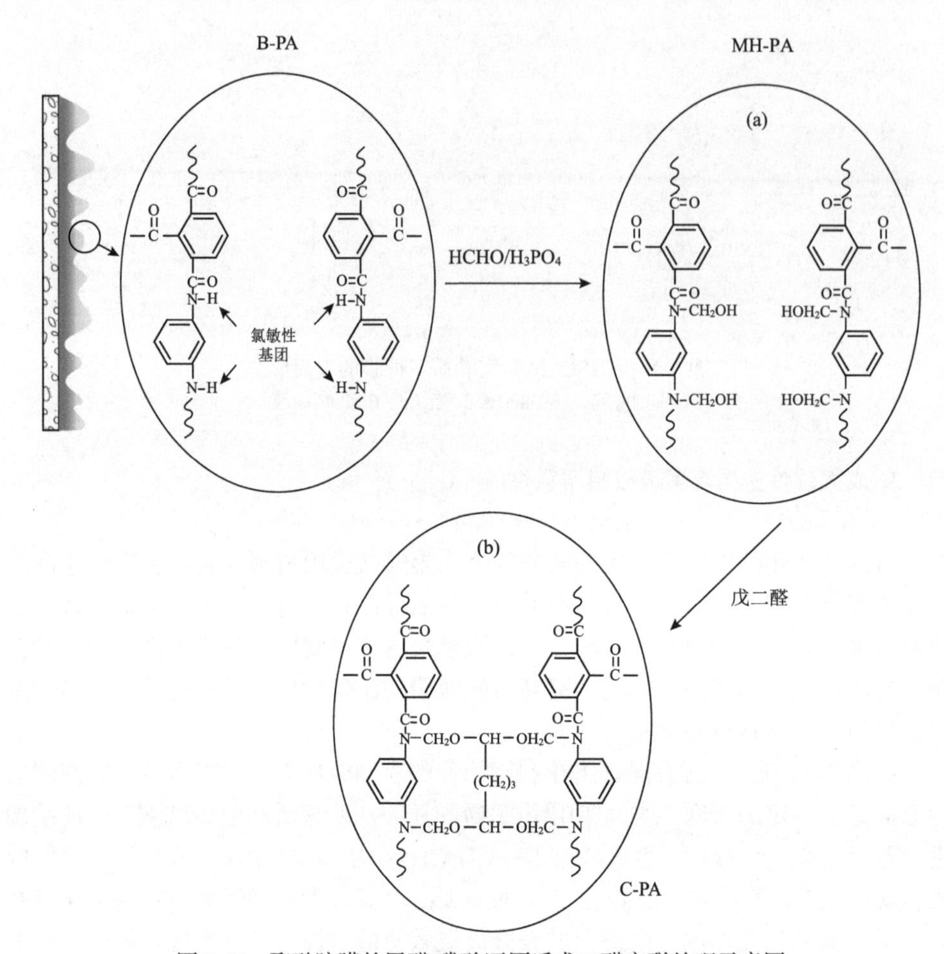

图 3-47　聚酰胺膜的甲醛/磷酸还原后戊二醛交联处理示意图

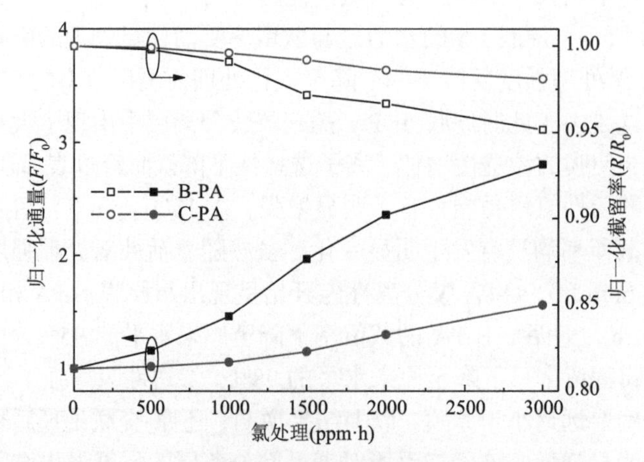

图 3-48　还原-交联改性聚酰胺膜氯处理分离性能测试

2）表面基团牺牲法

如图 3-49 所示，著者课题组进一步利用 EDC/NHS 催化体系，在膜上接枝电离型含酰胺键的小分子双甘氨肽（Gly），在聚酰胺膜表面引入末端为羧基的脂肪族酰胺类小分子，利用其结构中酰胺 N—H 为牺牲官能团优先与活性氯反应，保护本体聚酰胺层。每一分子 Gly 接枝在膜表面后将生成额外两个仲酰胺键，这些仲酰胺键含有可被活性氯取代的 N—H 结构，因此作为牺牲基团可消耗膜表面的活性氯。虽然这种保护作用存在氯取代饱和极限，但利用酰胺 N—H 的氯取代过程属于可逆反应的原理，如果及时地对膜进行清洗还原，促使 Gly 分子片段上酰胺 N—H 的脱氯化，可以实现膜耐氯性的再生。

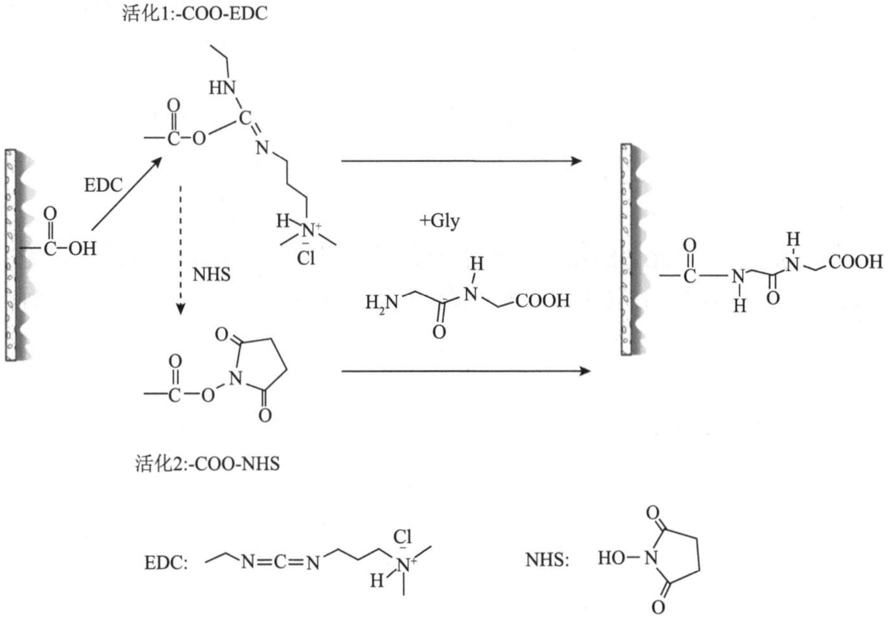

图 3-49　聚酰胺膜表面接枝 Gly 过程示意图

如图 3-50 所示，将修饰后的膜样品进行 500 ppm·h 的氯化处理后对膜进行性能测试，并在弱碱性条件下还原，进行 3 次“氯化-还原”循环活性氯处理后发现原膜 PA 与 Gly 修饰膜 Gly-PA 的截留率均有所下降，而随后的碱性溶液还原处理都使膜的截留率有所恢复。但对原膜 PA 来说，碱性还原诱导下的选择性恢复远不如 Gly-PA 的效果明显，这是由于在没有 Gly 保护的情况下，PA 膜的本体聚酰胺分子链上不仅发生了酰胺 N—H 的可逆氯取代，还发生了进一步的不可逆的苯环氯取代，碱性溶液还原处理时只能催化酰胺 N—Cl 上 Cl 的脱除，实现对分离层可逆氯取代破坏的修复，却无法修复活性氯对苯环的不可逆氯取代破坏，而聚酰胺层表面有 Gly 保护时，由于此时氯处理强度仍未到达 Gly 的氯化饱和极限，绝大部分活性氯与 Gly 上的仲酰胺发生了可逆氯取代，膜的本体分离层中则很少被氯化（不可逆的苯环氯化更少），因此在三次碱性溶液还原修复处理后，Gly 修饰膜的离子选择性都能得到很好的恢复，而原膜 PA 的截留率却随着不可逆氯化程度的加深而呈现明显下降的总趋势。

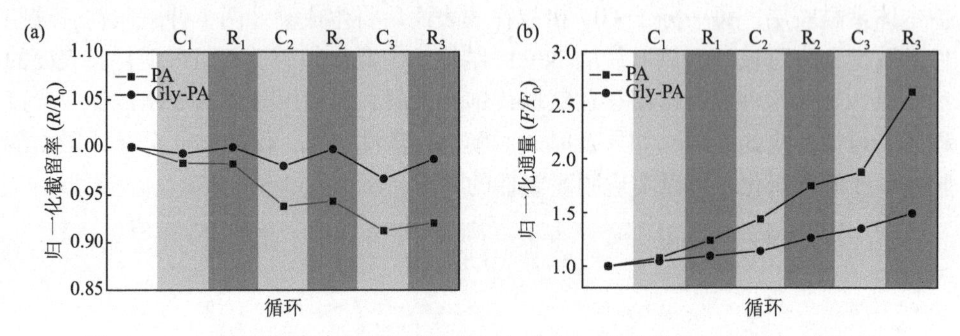

图 3-50　Gly 修饰聚酰胺膜的耐氯性再生（a）归一化截留率；（b）归一化通量

如图 3-51 所示，对于没有 Gly 保护层的 PA 膜，活性氯将导致聚酰胺分离层分子链（S1）上酰胺 N—H 和苯环 C—H 的氯取代（S2），减弱膜分子链间的作用力，增强链的可移动性，因而降低了膜的离子截留率，由于碱性还原处理无法修复苯环 C 上不可逆的氯取代（甚至可能加速酰胺键的断裂），在长期活性氯作用

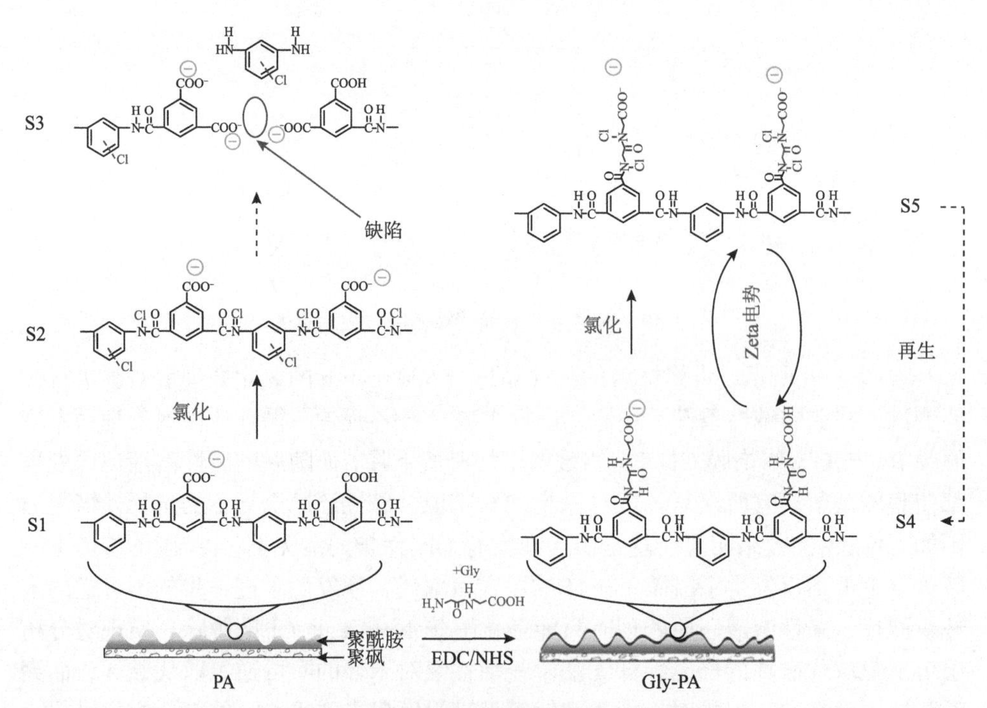

图 3-51　双甘氨肽膜表面修饰强化耐氯性机理

下将出现明显的缺陷（S3）；对于表层有 Gly 嵌段修饰的 PA 膜（S4），氯处理时活性氯优先取代 Gly 嵌段上的酰胺 N—H（S5），从而减少受保护的聚酰胺分离层发生酰胺 N—H 氯取代反应，并基本避免不可逆的苯环 C—H 氯取代反应的发生。借助碱性条件的还原清洗，可以促使酰胺键上的氯原子发生可逆的脱去，进而恢复 Gly 嵌段的酰胺 N—H 结构（S4）。酰胺键上氯原子的存在会导致 Gly 嵌段末端羧基电离程度发生改变，从而影响膜表面的 Zeta 电位参数，借助对该参数的检测就可以实现对 Gly 保护嵌段上氯化程度的控制，确保及时对 Gly 修饰膜进行碱性还原处理，最终赋予 Gly 修饰聚酰胺反渗透膜可再生的耐氯能力。研究人员使用系列表面改性策略提高了聚酰胺膜耐氯性能，并提出了以表面 Zeta 电位为指标用于评估改性膜的耐氯性消耗程度的概念，为耐氯型纳滤膜制备提供了很好的参考。

3.2.2　表面涂覆法制备的复合纳滤膜

如图 3-52 所示，表面涂覆法是一种常用的制备复合结构纳滤膜的方法。首先将用于纳滤膜分离层制备的材料配制成一定浓度的铸膜液，然后将铸膜液涂覆于多孔支撑膜表面，最后通过光引发反应、热引化反应或其他化学交联反应等方式将分离层制备材料固化于支撑层上，从而制备得到复合结构纳滤膜。以表面涂覆法制备复合结构纳滤膜，可以通过对多孔支撑膜的优化、铸膜液浓度的调节、铸膜液溶剂的选择、交联剂的选择、后处理的优化及添加剂的选择等方法对所制备复合结构纳滤膜性能进行调整，进而得到具有高分离性能、操作稳定性、抗菌性能、耐酸碱性能和耐溶剂性能的复合纳结构滤膜。

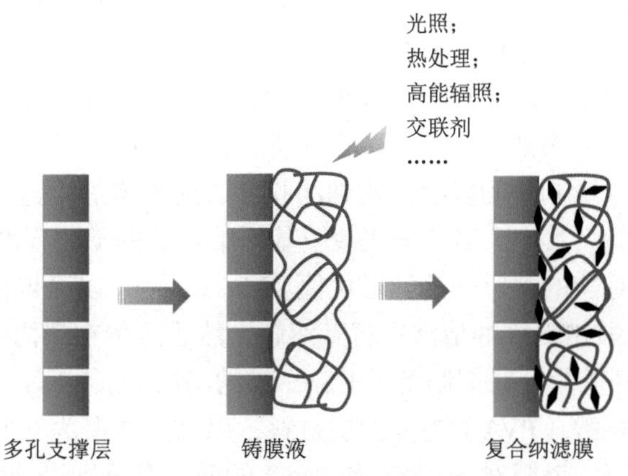

图 3-52　表面涂覆法制备复合结构纳滤膜过程示意图

以表面涂覆法制备复合结构纳滤膜，根据涂覆材料的溶解特性可以分为非水溶性材料和水溶性材料两类。其中，非水溶性材料包括有：磺化聚醚砜类、磺化聚醚（醚）酮、聚酰亚胺等。为了增强纳滤膜制备过程中聚合物本体材料的荷电密度，提高纳滤膜的分离性能，很多研究人员将聚砜[17-20]、聚醚砜[21-23]和聚酰亚胺[24, 25]等与磺化聚醚醚酮（SPEEK）直接共混制备荷负电纳滤膜。由于其聚合物骨架中含有大量阴离子官能团，磺化聚醚醚酮可以通过与带相反电荷的聚电解质交替沉积的方法制备复合结构纳滤膜[26, 27]，也可以通过简单易行的表面涂覆法，制备具有不同分离特性的复合结构纳滤膜。Ba 等[28]通过在荷正电的聚酰亚胺纳滤膜表面涂覆磺化聚醚醚酮的方法，对原荷正电纳滤膜进行改性，开发了一种电中性的具有抗污染性能的复合结构纳滤膜。He 等[29]在聚醚砜中空纤维膜表面涂覆高度磺化的磺化聚醚醚酮制备了复合结构纳滤膜。该方法无须后续的交联固化，具备简便易行的优点，但所制备的复合结构纳滤的截留分子质量大于 5000 Da，表现出了介于传统超滤和纳滤之间的分离特性。俞三传等[30]以聚砜超滤膜为支撑膜，并将含磺化聚醚砜（SPES）的铸膜液涂覆于支撑膜表面，经热处理后得到荷负电的纳滤膜。Dalwani 等[31]也采用溶液涂覆的方法，制备了以磺化聚醚酮（SPEK）为分离层，聚醚砜超滤膜为支撑层的复合结构纳滤膜，研究发现后处理温度和后处理时间对所制备的复合结构纳滤膜的性能影响较为明显。在 90℃下固化 1 h 后，纳滤膜的分离性能最佳，其渗透通量和盐截留率分别为 4.5 L/(m^2·h·bar) 和 90%。最近，蔡卫滨等[32]通过表面涂覆法以聚二甲基硅氧烷（PDMS）为成膜材料，以聚偏氟乙烯超滤膜为支承层，采用不同的交联剂进行化学交联后处理制备了复合结构纳滤膜，并发现以正硅酸乙酯为交联剂所制得的纳滤膜对大豆油/己烷混合油体系具有最佳的分离性能。

以表面涂覆法制备复合结构纳滤膜的水溶性材料包括：纤维素类材料、壳聚糖及其衍生物、聚乙烯醇、聚二甲基硅氧烷等。An 等[33]以通过在聚砜超滤膜表面涂覆硫酸化羧甲基纤维素钠（SCMC），经过交联处理后，得到了荷负电的复合结构纳滤膜。通过调控硫酸化羧甲基纤维素钠材料的硫酸化程度和成膜条件等，可以对所制备的复合结构纳滤膜的分离性能进行优化。随着硫酸化羧甲基纤维素钠硫化程度的增加，所制备的复合结构纳滤膜渗透通量增加，盐截留率呈现先上升后下降的变化趋势。其中，当硫酸化羧甲基纤维素钠的磺化程度为 0.58 时，纳滤膜的渗透通量和对盐的截留率达到最优值。Musale 等[34]以壳聚糖（CS）为分离层材料，在乙酸-乙酸钠的缓冲溶液中将其溶解，然后涂覆在聚丙烯腈（PAN）超滤膜表面，以戊二醛作为交联剂制备了 CS/PAN 纳滤膜。Gohil 等[35]以聚砜超滤膜为支撑层，以聚乙烯醇（PVA）为分离层材料，以马来酸酐为交联剂制备了聚乙烯醇复合结构纳滤膜。该膜对 Na_2SO_4 和 NaCl 的截留率分别为 83.8%和 22.8%，平均截留分子质量为 250～350 Da。Yu 等[36]将温敏性材料氮异丙基丙烯酰胺和丙烯酸的共聚合物 P(NIPAm-*co*-AAc)涂覆于聚酰胺膜的表面，增强了复合结构纳滤膜表面的荷负电性，提高了膜对盐的截留率；同时，由于 P(NIPAm-*co*-AAc)表面涂层具有温敏性，当进料液温度高于其低临界溶解温度（LCST），P(NIPAm-*co*-AAc)分子链发生相分离，此时沉积于纳滤膜表面的污染物更容易被清洗去除。

著者课题组以戊二醛为交联剂，将酸化的羧甲基化纳米纤维素分散液作为铸膜液以加强纳米纤维素与聚砜支撑层之间的结合力，并将该铸膜液涂覆于聚砜超滤膜表面，并进行热处理，制备了荷负电的复合纳滤膜[37]。

如图 3-53 所示，随着纳米纤维素浓度（质量分数）从 0.2%提高到 0.5%，膜的表面形貌与纳米纤维素的浓度无关，纳米纤维均无规则地聚集堆积在一起，形成相对均匀致密的表面形态。在低倍数下观察发现，纳米纤维素膜的表面较为平整；在高倍数下观察发现，纳米纤维素在膜表面形成致密的空间网络结构。而从膜的断面图中可以看出，纳米纤维素在聚砜膜表面形成一层较薄的分离层，且随

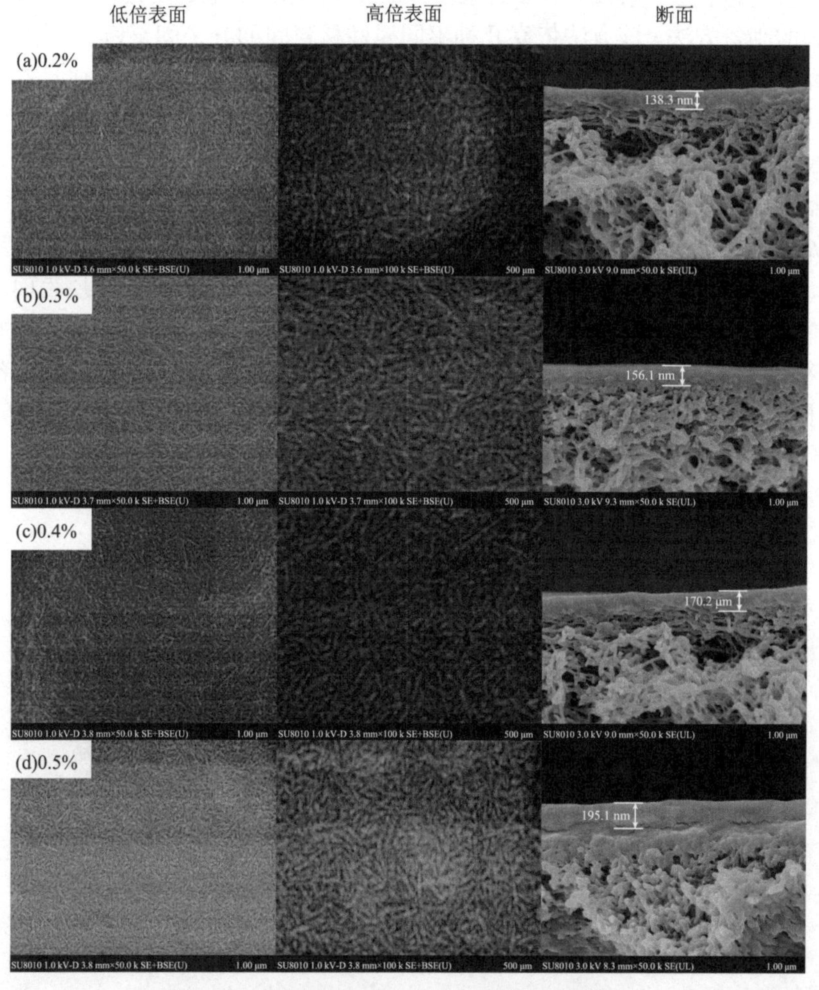

图 3-53　不同浓度 CNF 膜表面及断面电镜照片

着纳米纤维素浓度的增大，分离层的厚度也随之增大。0.2%纳米纤维素制备的膜分离层厚度在 138.3 nm 左右，而 0.5%纳米纤维素制备的膜分离层厚度在 195.1 nm 左右。这一点也印证了随着纳米纤维素浓度的提高，分离层膜厚增加，增大了水分子的传质阻力，使得交联膜对盐的分离性能呈现截留率升高、通量下降的趋势。

0.5%纳米纤维素纳滤膜对 Na_2SO_4 和 NaCl 的截留率分别为 91.5%和 33.2%，对刚果红、橙黄 G 和橙黄Ⅱ三种荷负电染料的截留率分别为 99.4%、96.9%和 83.5%，在分盐及截留小分子污染等方面有着一定的应用潜能。

3.2.3　层层自组装法制备的复合纳滤膜

层层自组装法（layer-by-layer self-assembly，LBL）也是常用的一种复合结构纳滤膜的制备方法。该方法依靠几种不同属性材料间的分子间氢键、疏水作用力、范德瓦耳斯力或静电力等相互作用，使其自发地逐层交替组装，形成具有独特结构和功能的分离层。自 Decher 等[38]于 1991 年通过阴、阳离子聚电解质静电层层自组装技术，成功制备多层的超薄膜以来，层层自组装法被越来越多地用于分离膜的制备，如气体分离膜、渗透汽化膜、反渗透膜和纳滤膜等。

如图 3-54 所示，层层自组装法将荷电的支撑层浸没于与其电荷性质相反的溶液中，此时由于静电相互作用，反离子会自发地沉积在荷正电支撑层表面。经过一段时间的自组装沉积，将支撑层去除，经过洗涤干燥等步骤后，如此往复即可得到多层静电自组装复合结构膜。通过选择合适的支撑膜，调控聚电解质的种类和分子量、外加盐的浓度、组装层数、后处理条件及膜内交联结构的类型等条件，可以利用层层自组装法制备综合性能优异的复合纳滤膜。

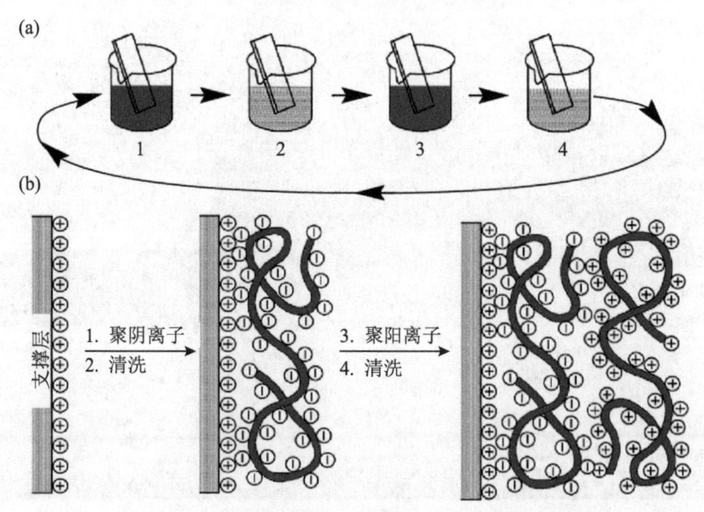

图 3-54　层层自组装制备纳滤复合膜过程示意图

如图 3-55 所示，目前报道过的用层层自组装法制备复合结构纳滤膜的聚电解质材料主要利用材料表面的羧基和季铵基团。Jin 等[39]以聚乙烯基氨（PVA）和聚乙烯基磺酸（PVS）为原料在聚丙烯腈/聚对苯二甲酸乙二醇酯多孔支撑膜上通过层层自组装法制备了复合结构纳滤膜，该膜对 $MgCl_2$ 和 $MgSO_4$ 两种盐截留率高达 100%，对 NaCl 和 Na_2SO_4 的截留率也分别达到了 93.5%和 98.5%。Miller 等[40]制备了聚苯乙烯磺酸和聚二烯丙基二甲基氯化铵（PSS/PDADMAC）、聚苯乙烯磺酸和壳聚糖（PSS/CS）及透明质酸和壳聚糖（HA/CS）三种具有不同结构的复合结构纳滤膜，并考察了三类纳滤膜的分离性能。纳滤膜对丙三醇、葡萄糖、蔗糖和棉籽糖等小分子有机物的截留率依次按 PSS/PDADMAC＞PSS/CS＞HA/CS 顺序递减。其分离性能与所用聚电解质电荷密度的变化趋势相同，即自组装时所用聚电解质电荷密度越高，静电自组装的交联密度越大，形成的复合结构纳滤膜对小分子有机物的截留率越高。Bruening 等[41]以特制的多孔氧化铝为支撑层，在其表面通过层层自组装法构建了具有五个聚苯乙烯磺酸钠/聚烯丙胺盐酸盐（PSS/PAH）双层的分离层，所得复合结构纳滤膜对 $MgCl_2$ 的截留率为 95%，Na^+/Mg^{2+}离子的分离因子为 22，0.48 MPa 压力下渗透通量为 35.4 $m^3/(m^2·h)$，表现出了对一价和二价阳离子有很好的分离性能。方建慧等[42]以聚醚砜超滤膜为多孔支撑层，在其表面通过层层自组装法分别沉积了 11 层聚苯乙烯磺酸钠（PSS）

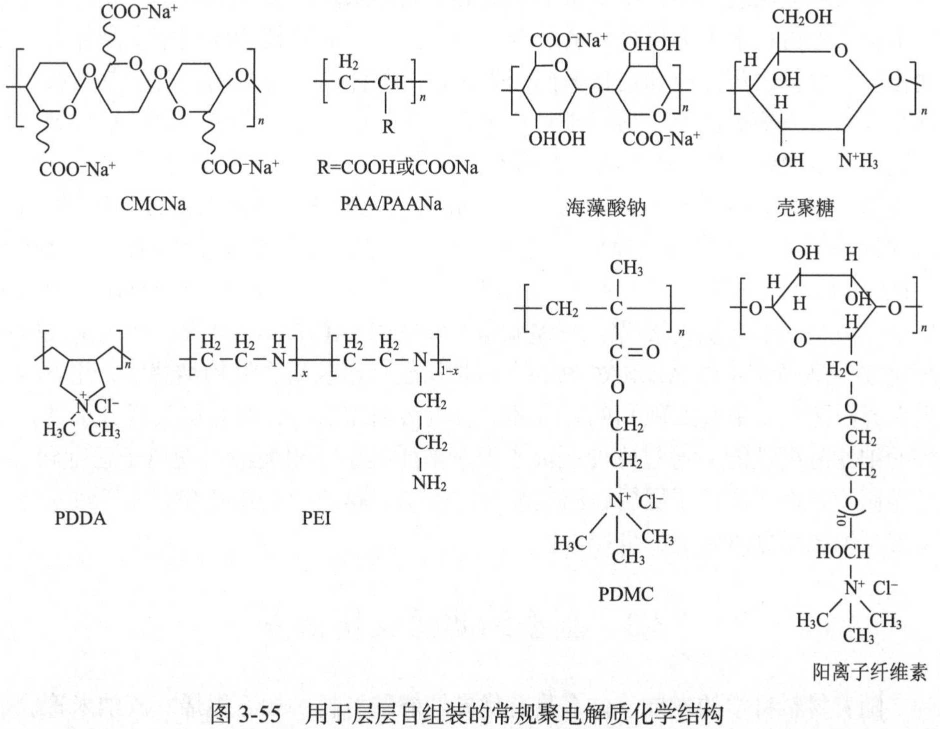

CMCNa　PAA/PAANa　海藻酸钠　壳聚糖

PDDA　PEI　PDMC　阳离子纤维素

图 3-55　用于层层自组装的常规聚电解质化学结构

和 10 层聚二烯丙基二甲基氯化铵（PDADMAC），得到复合结构纳滤膜，该纳滤膜在 0.5 MPa 的操作压力下对含有浓度为 0.005 mol/L $MgSO_4$、0.01 mol/L $MgCl_2$、0.005 mol/L Na_2SO_4 和 0.01 mol/L NaCl 的混合进料液的盐离子总截留率达到了 92%，并具有 0.86 $m^3/(m^2·d)$的渗透通量。

为了提高层层自组装法制备复合结构纳滤膜的效率，Zhang 等[43]报道了压力驱动自组装成膜的方法，其基本过程是：将阴、阳聚电解质溶液在一定压力下交替在基膜表面动态过滤，形成了具有一定分离作用的阴、阳聚电解质离子复合物自组装纳滤膜。Zhu 等[44]以苯乙烯磺酸钠和马来酸的共聚物（PSSMA）、聚丙烯胺盐酸盐（PAH）和聚苯乙烯磺酸钠（PSS）为分离层制备原料，同样采用压力驱动的自组装法制备纳滤膜，制备得到的复合结构纳滤膜在 0.2 MPa 操作压力下对 Na_2SO_4 截留率为 91.4%，渗透通量为 28.6 $L/(m^2·h)$。Liu 等[45]则采用注射式半动态层层自组装的方法，将化学结构不同的聚电解质聚苯乙烯磺酸钠/聚丙烯胺盐酸盐（PSS/PAH）、聚苯乙烯磺酸钠/聚二烯丙基二甲基氯化铵（PSS/PDADMAC）和聚苯乙烯磺酸钠/聚乙烯亚胺（PSS/PEI）组装在了聚醚砜中空纤维膜内侧，制备得到了中空纤维复合结构纳滤膜，并发现 PSS/PAH 复合结构纳滤膜的分离性能最佳，当进料液盐浓度为 5000 ppm、操作压力为 0.48 MPa 时，该纳滤膜对二价阳离子 Ca^{2+}、Mg^{2+}的截留率大于 95%，水渗透通量为 7.4 $L/(m^2·h·bar)$。

在实际应用过程中，由于所需处理的分离体系复杂多样，对纳滤膜的分离要求不仅仅停留在水中无机盐和有机分子的分离，还需要其能应用于食品加工、石油化工、生物医药分离和催化剂回收等有机溶剂体系。现有的高分子基纳滤膜大都存在耐有机溶剂性差、易溶胀和不耐高温等问题。层层自组装复合结构纳滤膜无论在水溶液体系中，还是在有机溶剂体系中，其离子交联结构均可以稳定存在，可应用于耐有机溶剂纳滤（solvent resistant NF，SRNF）。Vandezande 等[46]以水解后的聚丙烯腈多孔膜为支撑层，制备了聚二甲基二烯丙基氯化铵/磺化聚醚醚酮（PDADMAC/SPEEK）、聚二烯丙基二甲基氯化铵/苯乙烯磺酸（PDADMAC/PSS）、聚二烯丙基二甲基氯化铵/聚乙烯基磺酸（PDADMAC/PVS）和聚二烯丙基二甲基氯化铵/聚丙烯酸（PDADMAC/PAA）四种层层自组装复合结构纳滤膜，此类纳滤膜在异丙醇、二甲基亚砜和四氢呋喃等有机溶剂体系中，对有机染料分子具有良好的纳滤分离性能。通过改变阴离子聚电解质类型、组装液的盐离子强度和 pH 值等制膜条件，调控了层层自组装复合结构纳滤膜的荷电强度和分离层致密度，实现了纳滤膜分离性能的可控调控。

3.3　新型纳滤膜及其制备

随着材料科学的发展，许多具有优异性能的材料，如石墨烯、碳纳米管、金属有机骨架（MOFs）材料、共价有机骨架（COFs）材料等陆续被发现，这些材料的出现为解决水资源短缺和水污染现状拓宽了方向。有效地利用新兴材料的特点开发新型纳滤膜，实现在通量、截留率等方面突破已经成为纳滤膜研究的新的热点。新兴的新型纳滤膜主要包括二维结构材料纳滤膜、可降解材料纳滤膜、无机材料纳滤膜和耐有机溶剂纳滤膜等。随着对新型纳滤膜研究的不断深入，其渗透通量、截留性能、机械强度、耐溶剂性能以及材料可回收性能得到了提升与发展，使得纳滤膜在环境保护、水资源净化、废水处理、资源回收利用等方面具有更大的应用前景。由于材料的物理化学性质不同，将其制备成纳滤膜，同样需要采用不同的方法，此类新型的纳滤膜制备方法主要包括：真空沉积法、共沉淀法、静电喷涂辅助界面聚合法、多次界面聚合法等。

3.3.1　纳米材料纳滤膜

近年来，随着材料科学研究的不断深入，具有纳米结构的新型材料在环境、材料、能源等领域的应用不断拓展。将纳米材料应用到纳滤膜的制备中，得到分离性能有所改善的纳滤膜也成为纳滤膜重点发展方向之一。3.2.1 节中就介绍了通过界面聚合过程将纳米材料引入聚酰胺分离层，制备分离性能得到提升的纳米复合薄膜纳滤膜的研究。自 2004 年具有二维结构的纳米材料石墨烯的发现以来[47]，具有二维结构的纳米材料从纳米材料研究领域脱颖而出，发展突飞猛进，成为纳米材料领域的重大热点。二维结构纳米材料主要是指一类横向尺寸大于 100 nm 或几个微米甚至更大，但仅有 1 个或几个原子厚（厚度一般不超过 5 nm）的具有片层结构的纳米材料[48]。目前研究较多二维材料主要包括石墨烯类材料、二硫化钼、二维金属有机骨架材料、二维共价有机骨架材料等。随着对具有二维结构纳米材料的深入研究，此类材料正越来越多地被直接应用到纳滤膜的研究中，并用于二维结构材料纳滤膜的制备。由于二维结构材料片层自身存在无规褶皱和结构缺陷（片层内的孔），以二维结构材料直接制备得到的纳滤膜往往具有较高的通量。实验室制备的二维材料纳滤膜，其最高通量可为传统商业化纳滤膜的几倍甚至几十倍。正因如此，二维材料成为制备下一代高性能纳滤膜的理想材料之一。

石墨烯类二维结构材料是最早被发现和研究的二维纳米材料，国内外许多课题组都对其在高性能纳滤膜制备方面进行了研究。Gao 等[49]采用真空抽滤还原氧化石墨烯（base-refluxing reduced，brGO）水分散液的方法，制备了具有超薄石墨烯分离层的纳滤膜（uGNMs）。当分离层膜厚度为 22 nm 时，由于分离层内存在水传输通道，其纯水渗透通量高达 21.8 L/(m^2·h·bar)，对染料甲基蓝与直接红 81 的截留率大于 99.0%。随后该课题组通过在石墨烯纳滤膜片层之间引入多壁碳纳米管（MWCNTs）增加片层间隙，所制备的具有 MWCNTs 插层石墨烯分离层的纳滤膜（G-CNTM）与石墨烯纳滤膜（GNM）相比，在对染料甲基橙保持较高截留的同时，其纯水的渗透通量增加了 1 倍以上[50]。Li 等[51]以陶瓷中空纤维为基膜，同样采用真空抽滤的方法制备了氧化石墨烯氧化铝（GO/Al_2O_3）复合中空纤维纳滤膜。相比于大多数商业化纳滤膜，该复合纳滤膜表现出了高通量和对分子质量在 300 Da 以上分子高截留的效果。

上述由二维材料直接构建分离层所得到的纳滤膜，其分离性能有了显著的提升，但由于分离层是由纳米材料堆叠而成，颗粒间缺乏化学键合作用，膜在错流作用下会发生纳米颗粒的剥离，导致膜结构的崩塌。

如图 3-56 所示，著者课题组采用化学交联的方法制备了能耐受强烈错流的氧化石墨烯基纳滤膜[52]。研究人员基于乙二胺分子与氧化石墨烯表面的环氧基团之间的化学反应，首先得到了胺化的氧化石墨烯，随后通过真空抽滤的方法，制备得到了乙二胺交联的氧化石墨烯基纳滤膜。该纳滤膜表现出了对染料橙黄 G 较好的分离性能。为了进一步提升交联氧化石墨烯基纳滤膜的分离性能和稳定性，著者课题组通过真空抽滤法，制备了氧化石墨烯与多壁碳纳米管桥联的（MWCNTs-interlinked GO）纳滤膜。该研究首先分别对多壁碳纳米管与氧化石墨烯进行酸化和胺化处理；利用 EDC/NHS 催化体系，将酸化的 MWCNTs 和胺化的 GO 混合，在超滤支撑层表面通过真空抽滤形成初始膜；然后通过改变 pH 的方法引发化学反应，获得交联的 MWCNTs-interlinked GO 膜，该杂化膜可以在错流条件下稳定运行。由于加入酸化的多壁碳纳米管（MWCNTs-COOH），GO 片层间距离增大，将该膜用于处理含 Sr^{2+}的放射性废水，杂化膜的水渗透通量达 210.7 L/(m^2·h)，是传统商业纳滤膜的 4 倍。在分离过程中加入乙二胺四乙酸（EDTA）络合试剂，分离膜对 Sr^{2+}的截留达到 93.4%。同时，该膜可用于非放射性/放射性离子混合物 Na^+/Sr^{2+}的分离，对于含微量放射性废水的处理应用具有一定的意义。

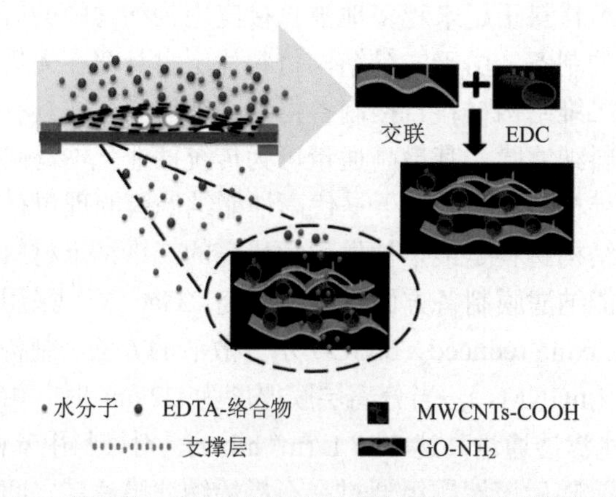

图 3-56　利用真空抽滤法制备氧化石墨烯与碳纳米管桥联纳滤膜

如图 3-57 所示，著者课题组还进一步尝试将二维纳米材料——氧化石墨烯引入到界面聚合层中以提升复合纳滤膜的分离性能和使用稳定性。将一定比例的氧化石墨烯分散于间苯二胺（MPD）水溶液后，采用与均苯三甲酰氯（TMC）界面聚合的方法制备了氧化石墨烯/聚酰胺纳滤膜。氧化石墨烯的引入，提高了所制备复合结构纳滤膜的耐氯性能[52]。

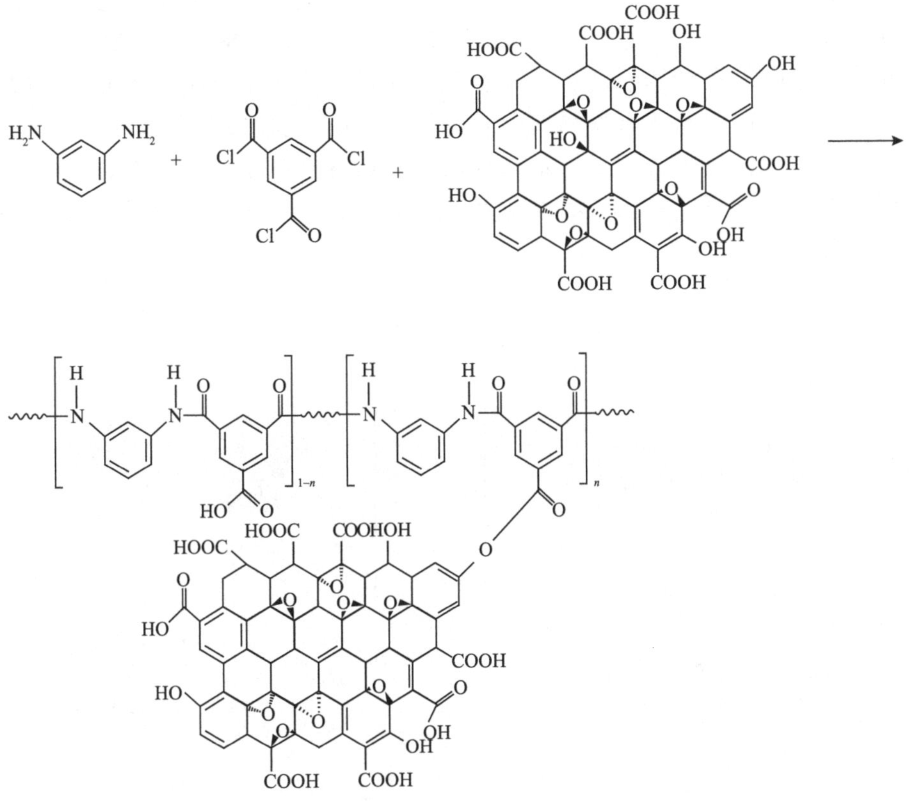

图 3-57　界面聚合过程中间苯二胺、均苯三甲酰氯与氧化石墨烯三者间反应示意图

如图 3-58（a）所示，随着界面聚合过程中氧化石墨烯添加量的增加，所得复合结构纳滤膜的表面水接触角逐渐降低，纳滤膜的亲水性得到改善。进一步增加氧化石墨烯的添加浓度，所得复合结构纳滤膜表面的水接触角趋于稳定。这主要是由于高浓度下部分氧化石墨烯发生团聚，导致其在聚酰胺分离层中分散的均匀性下降，进而导致氧化石墨烯所带的亲水基团的利用率下降。

如图 3-58（b）所示，随着氧化石墨烯的添加，所制备的氧化石墨烯/聚酰胺纳滤膜表面 Zeta 电位显著下降。这是因为氧化石墨烯表面携带有大量以羧基为主的负电基团，氧化石墨烯的引入势必导致分离层表面荷负电基团数量的增加，从而表现为 Zeta 电位的下降。

如图 3-58（c）所示，随着活性氯处理时间的增长，两种复合结构纳滤膜的水渗透通量均呈现先下降后上升的趋势，而其截留率均略有下降。在活性氯处理 750 ppm·h 内，两种复合结构纳滤膜的渗透通量下降比较明显，这是由聚酰胺在氯化取代后其亲水性下降导致的，而两类纳滤膜的截留率无明显变化；在活性氯处理超过 750 ppm·h 后，两类复合结构纳滤膜的渗透通量明显上升，截留率略有下降，这是由于长时间的氯化反应导致聚酰胺分子链之间氢键的破坏，分子链的柔性、分子链间隙的增大造成的。对比氧化石墨烯/聚酰胺纳滤膜和聚酰胺复合结构纳滤膜可以发现，前者渗透通量和截留率的变化幅度均小于后者，说明氧化石墨烯的引入提升了所制备复合结构纳滤膜的耐氯性能。究其原因，是因为碳基纳米材料通常都具有自由基清除的能力，将其引入聚合物基分离膜可以在一定程度上提高复合膜抵抗自由基（活性氯自由基）攻击的能力。

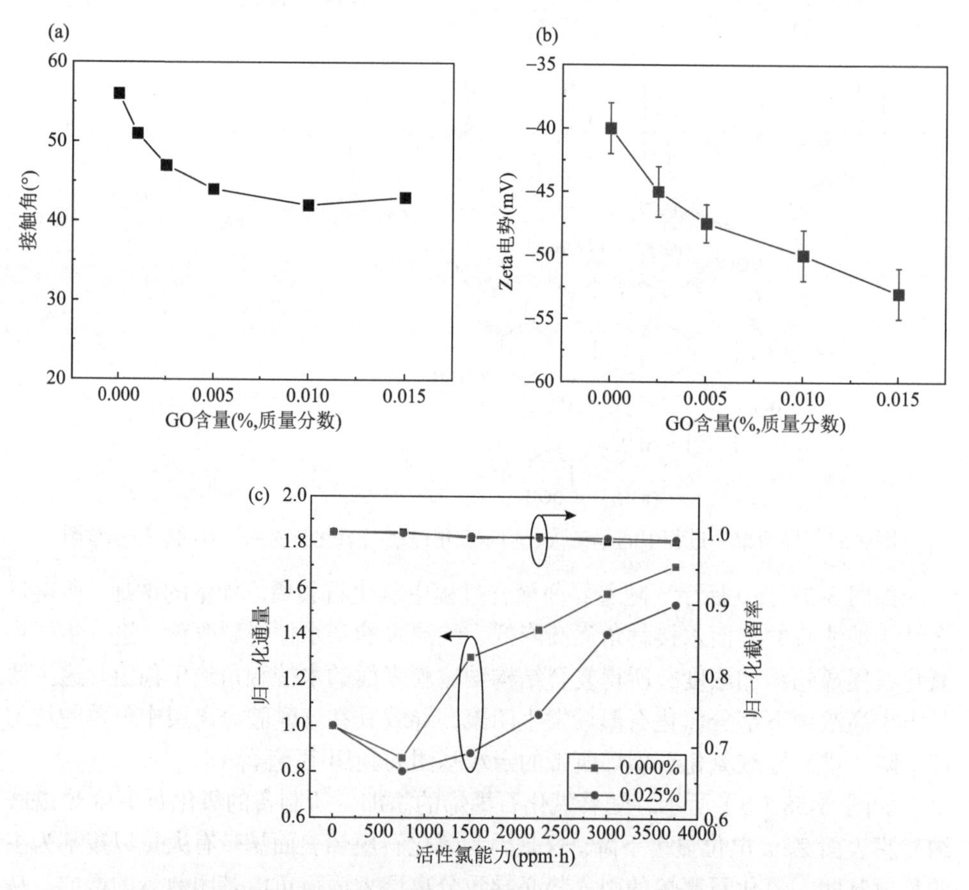

图 3-58　氧化石墨烯/聚酰胺纳滤膜的表面接触角（a）；Zeta 电势（b）；耐氯性能（c）

在提升氧化石墨烯基纳滤膜分离稳定性方面，国外很多课题组也做了相应的研究。Mi 等[53]通过在超滤支撑层表面多次沉积氧化石墨烯（GO）二维纳米片层，通过均苯三甲酰氯与氧化石墨烯之间的交联反应，制备了具有稳定分离层结构的氧化石墨烯纳滤膜。探究了氧化石墨烯沉积层数对纳滤膜分离性能的影响，实验结果表明，当氧化石墨烯沉积层数在 5～50 层范围内时，随着沉积层数的变化，所制备的纳滤膜的水渗透通量在 8～27.6 L/(m^2·h·bar)范围内变化，该水通量是普通商业化纳滤膜的 4～10 倍；该纳滤膜对小分子染料甲基蓝和罗丹明-WT 分别具有 45%～66%和 93%～95%的截留率，但对一价和二价盐离子的截留率较低（6%～46%）。为了提升氧化石墨烯纳滤膜对离子的截留性能，Wu 等[54]通过溶液中钾、钠、钙等离子与氧化石墨烯之间的相互作用，控制氧化石墨烯片层间的距离，大幅降低了离子在氧化石墨烯分离层中的迁移速率，实现了氧化石墨烯分离层对二价盐离子的高截留。

随着二维纳米材料科学的迅猛发展，更多具有二维结构的新材料被广泛地研究，并应用到了高性能纳滤膜的制备之中。Peng 等[55]通过真空抽滤的方法，制备了二硫化钼（MoS_2）纳滤分离层，所制备的纳滤膜具有 245 L/(m^2·h·bar)的水渗透通量和对小分子染料埃文斯蓝 89%的截留能力。随后该课题组[56]又通过真空抽滤的方法，在氧化铝超滤膜表面制备了二硫化钨（WS_2）纳滤分离层，所制备的二维结构材料纳滤膜具有 700 L/(m^2·h·bar)的超高水渗透通量，并对小分子染料埃文斯蓝具有 80%以上的截留能力。

随着二维结构纳米材料开发和研究的不断深入，更多新材料将直接或间接地应用到具有高分离性能纳滤膜的制备中，通过材料的革新，为纳滤膜的制备带来革命性的变化，而这也将成为纳滤膜研究领域的重要发展趋势之一。

3.3.2　可降解材料（天然高分子）纳滤膜

随着工业产品“全生命周期”要求的提出，开发可生物降解的纳滤膜对实现纳滤膜产品全生命周期利用具有非常重要的意义。纤维素类材料是地球上来源最为广泛的天然高分子材料，主要来源于树木、棉花、麻、谷类织物和其他高等植物。此外通过甲壳素脱除乙酰基制备得到的壳聚糖来源也非常广泛。这些材料都具有很好的生物可降解性，利用其可降解性及可再生的特点，纤维素可作为膜材料来制备可降解纳滤膜，实现纳滤膜的回收再利用。但是由于这些材料含有大量的羟基，易形成分子内和分子间氢键，存在难溶、难熔等缺点，限制了这类材料的直接利用。著者课题组利用 DMSO 对纤维素的溶胀作用和离子液体对氢键的解构作用，将 DMSO 添加到纯 1-乙基-3-甲基咪唑醋酸盐离子液体中获得了可在常温常压下快速溶解纤维素的混合溶剂，以该纤维素溶液为铸膜液，采用相转化法制得非对称结构的纤维素纳滤膜[1]。并在此基础上，将具有正电性的壳聚糖（CS）与纤维素共混，通过相转化法制备了可用于染料和盐的高效分离的荷正电纳滤膜，并对制膜工艺中的影响因素[聚合物总浓度、纤维素（CEL）和壳聚糖（CS）配比、DMSO 和 EMIMAc 配比、致孔剂 LiCl 的添加量、铸膜液预蒸发时间]对膜的结构和性能的影响进行了系统的研究，制备得到的可降解纳滤膜具有良好的染料脱盐性能（详细内容见 3.1 节）[2]。

如图 3-59 所示，著者课题组以羧甲基化的纳米纤维素材料为制膜材料进行纳滤膜的制备[37]。将纳米纤维素（cellulose nanofibers，CNF）与多壁碳纳米管（MWCNTs）和氧化石墨烯（GO）两种碳纳米材料进行共混制备纳滤膜。

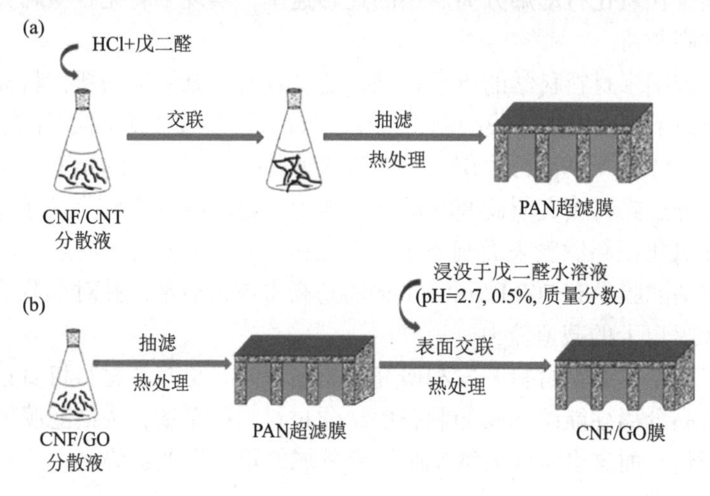

图 3-59　（a）CNF/MWCNTs 膜；（b）CNF/GO 膜制备过程示意图

如图 3-60 所示，将 CNF 与这两种碳纳米材料共混后抽滤，膜的表面及断面形貌均呈现出明显的碳纳米材料的结构特征。CNF/MWCNTs 膜表面非常粗糙，由大量的多壁碳纳米管和纳米纤维素无序地堆积、缠绕构成，在一些区域出现较大的孔隙分布。从 CNF/MWCNTs 膜的断面图可以看出膜内部也存在这种孔隙结构，同时 MWCNTs 的堆叠较为疏松，分布排列较为均一。CNF/GO 膜的表面则由于 GO 的加入，呈现出明显的不平整的褶皱结构，这是由 GO 本身的褶皱引起的。三种膜的分离层厚度大约在 0.4～1 μm，相较于 CNF 膜和 CNF/GO 膜，CNF/MWCNTs 膜的厚度更大。这主要是因为 CNF/MWCNTs 膜是由尺寸较大的碳纳米管堆叠形成，其分离层结构较为疏松，因此在同等的抽滤条件下，CNF/MWCNTs 膜的厚度更大。

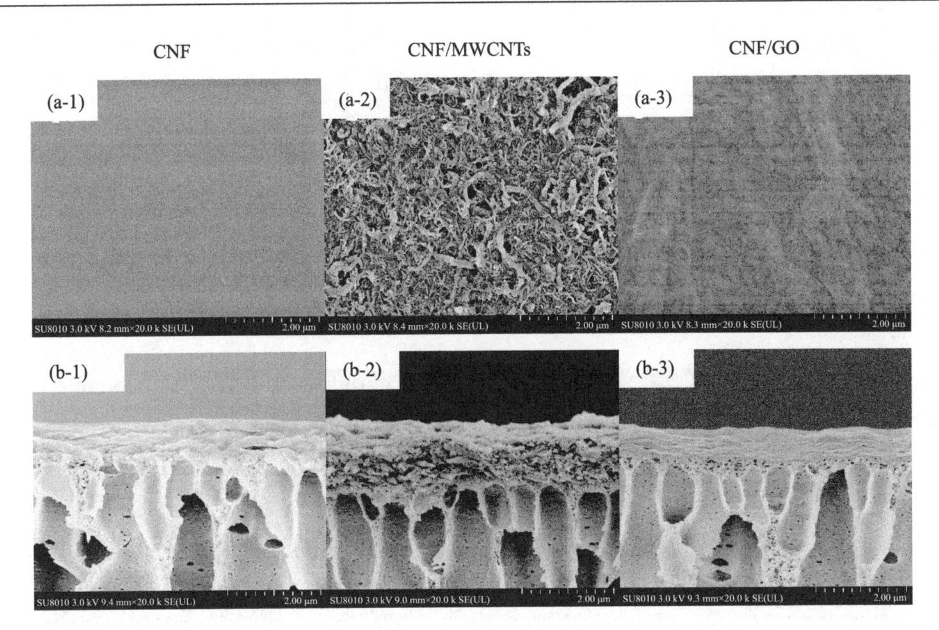

图 3-60 纳米纤维素/碳纳米材料共混膜表面（a）及断面（b）电镜照片

混合基质膜可结合无机分散相与聚合物连续相各自的优良性质，从而使复合膜在渗透性、选择性、耐污染性等多方面的性能得以提升。因此研究人员以纳米纤维素为连续相，分别以多壁碳纳米管（MWCNTs）和氧化石墨烯（GO）为分散相，制备了混合基质膜，考察无机纳米粒子的添加对纳米纤维素聚集形态及复合膜分离性能的影响。

如图 3-61 所示，调整 MWCNTs 掺杂浓度为 0、0.03%和 0.08%，随着掺杂浓度逐渐增加，MWCNTs 逐渐暴露在纳米纤维素膜表面，掩盖了纳米纤维素本身的聚集形态，使膜面变得更加粗糙。而由于实验中所用的多壁碳纳米管尺寸分布范围较广、不均一，其在膜表面的分布同样呈现不均一的形态。从膜的断面图看，MWCNTs 的添加并未对分离层膜厚产生明显的增加作用。

如图 3-62 所示，调整 GO 掺杂浓度为 0、0.03%和 0.1%，掺杂 GO 的纳米纤维素混合基质膜表面形貌并未发生明显变化，随着 GO 掺杂浓度的增加，混合基质膜的分离层表面逐渐表现出不平整的褶皱形态，当 GO 的掺杂浓度较高（0.1%）时，分离层的断面[图 3-62（b-3）]出现了明显的褶皱形态，这与氧化石墨烯的片层形态相一致。另外，随着 GO 浓度的增加，纳米纤维素分离层的厚度因 GO 片层的堆叠而增加。从膜的表面及截面图中分析可得，氧化石墨烯成功地以片层的形式嵌入在纳米纤维素连续相中。

如图 3-63 所示，研究人员还通过对纳米纤维素水分散液进行酸化处理，使其产生凝胶化；进一步地向凝胶化的纳米纤维素水分散液中加入戊二醛，促使纳米

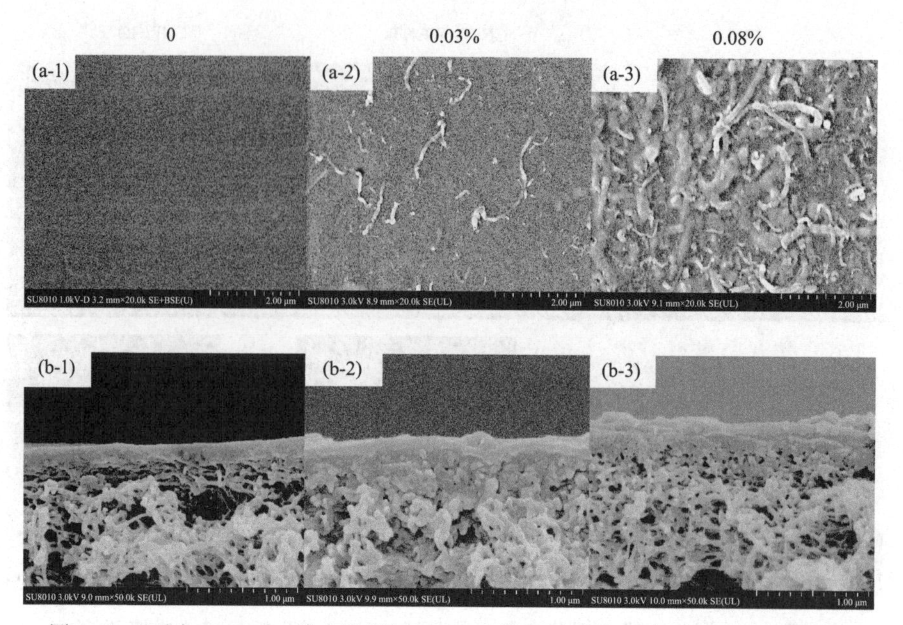

图 3-61　不同 MWCNTs 掺杂浓度的 M-CNF 膜表面（a）及断面（b）电镜照片

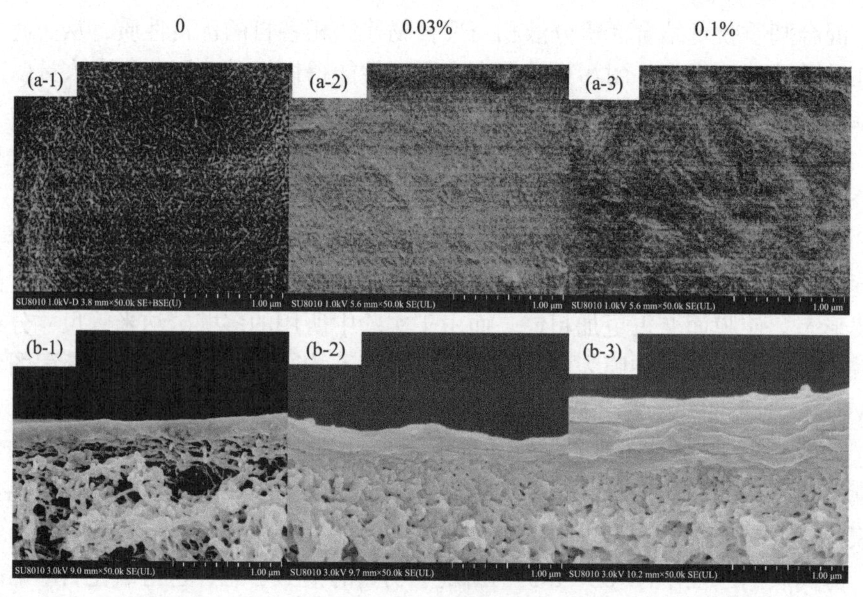

图 3-62　不同 GO 掺杂浓度的 G-CNF 膜表面（a）及断面（b）电镜照片

纤维素交联。在此过程中，戊二醛与纳米纤维素首先通过亲核加成反应生成半缩醛，随后半缩醛进一步发生交联反应生成缩醛，使纳米纤维素形成更为稳定、牢固的空间网络结构。最后，将分散液涂覆在聚砜超滤支撑膜并对其进行热处理，得到纳米纤维素纳滤膜（详细内容见 3.2.2 节）。

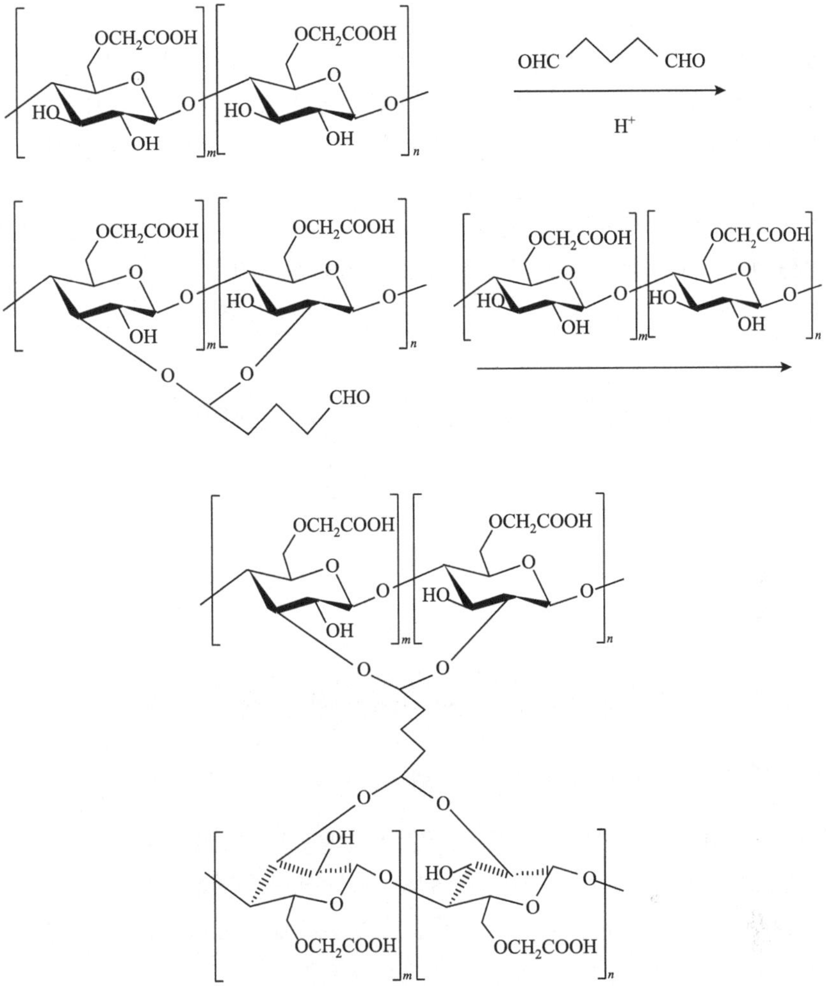

图 3-63　戊二醛与羧甲基化纳米纤维素交联机理示意图

3.3.3　纳滤膜制备新方法

随着对新材料的不断探索和研究，越来越多的新材料被应用于高性能纳滤膜的制备之中，由于传统纳滤膜制备方法无法满足新材料的加工要求，许多纳滤膜制备的新方法便孕育而出。同时，随着研究者们对传统界面聚合过程的深入了解，传统方法一时间难以满足高性能纳滤膜的制备，基于对传统界面聚合法改良而来的新方法也多有出现。本节将介绍几种纳滤膜制备的新方法。

3.3.3.1　真空沉积法

如图 3-64 所示，真空沉积法是通过真空抽滤或加压过滤等方法，将难溶解于溶剂中的悬浮物质以截留物的形式固定在支撑层上，形成一层具有纳滤特征的分离层。该方法通常以超滤膜为支撑层，以难溶物质的分散液为过滤溶液，通过真空抽滤或加压过滤等方法在超滤膜支撑层表面形成一层超薄分离层。该分离层的厚度、分离精度可以通过分散液的浓度、过滤总体积等进行调控。因此，通过该方法所制备的纳滤膜，其性能通常可以通过控制抽滤过程进行调控。该方法主要用于二维纳米材料（详见 3.3.1 节）和其他功能性纳米材料的纳滤分离层的构建，如 3.3.2 节中所提及的羧甲基化的纳米纤维素材料纳滤膜的制备。

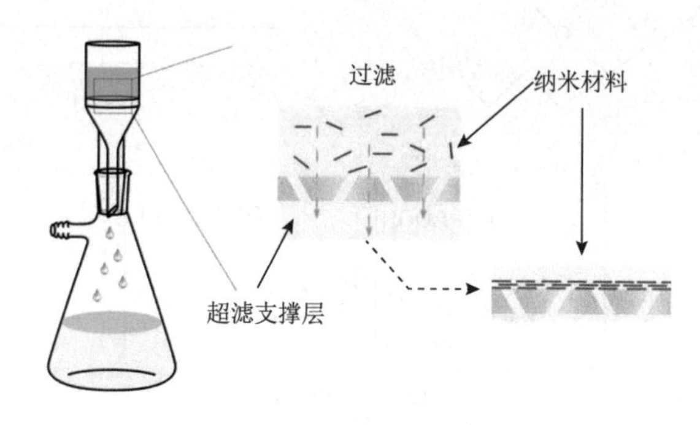

图 3-64　真空抽滤制膜过程示意图

3.3.3.2　共沉淀法制备纳滤复合膜

共沉淀法制备纳滤膜，本质是一种结合了表面物理涂覆和表面化学改性的表面涂覆纳滤膜制备方法。一般地，若溶液中含两种或多种溶质时，存在溶质间化学反应或相互作用，形成沉淀物并沉积在支撑层表面，形成一层均匀的超薄纳滤分离层。

使用聚多巴胺等功能性材料对支撑膜进行表面改性可制备得到具有纳滤分离特性的复合膜。然而单一的聚多巴胺表面改性需要较长的沉积时间，步骤烦琐，因此难以实现实际应用。为了缩短聚多巴胺沉积时间、提高沉积效率，徐志康课题组[57]通过调控 $CuSO_4/H_2O_2$ 含量来提高多巴胺的聚合速率。研究表明，在该体系下多巴胺单体仅仅用 20 min 便可在多种基底表面形成兼具良好均一性、亲水性和抗氧化性的聚多巴胺涂层，且该涂层不仅显著提高了耐碱和有机溶剂的稳定性，还赋予改性膜良好的抗菌能力。

如图 3-65 所示，该课题组[58]随后选取了聚乙烯亚胺（PEI）和多巴胺（PDA）组成反应体系，以聚丙烯腈（PAN）超滤膜为支撑层，通过共沉淀法制备了复合纳滤膜。当 PEI 与多巴胺的质量比为 1 时（沉积 4 h），制备的荷正电 PDA/PEI/PAN 纳滤膜渗透通量约为 1.7 $L/(m^2 \cdot h \cdot bar)$，该纳滤膜对二价阳离子 Ca^{2+}与 Mg^{2+}的截留率大于 90.0%。此外，姜忠义课题组[59]使用 $FeCl_3$ 与单宁酸（TA）的共混水溶液对聚醚砜（PES）超滤膜进行共沉淀表面改性，通过 Fe^{3+}与多元酚羟基之间的配位络合作用，制备得到了 TA-Fe^{3+}/PES 复合纳滤膜，该纳滤膜具有良好的稳定性与耐氧化性能。

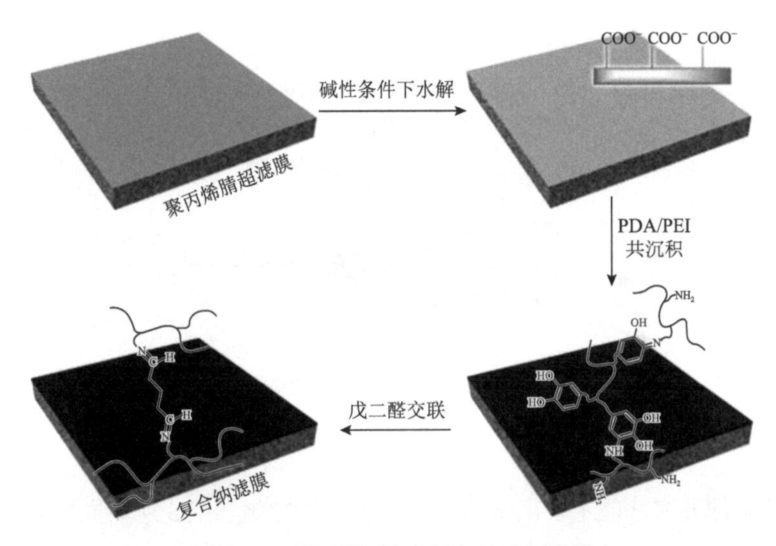

图 3-65　利用共沉淀法制备纳滤复合膜

3.3.3.3　其他新方法

通过对界面聚合机理的深入研究，传统的界面聚合法操作过程已经无法满足高性能纳滤膜制备的要求。静电喷涂辅助界面聚合法可实现纳滤膜可控制备，展现出较好的应用前景。

如图 3-66 所示，Tang 课题组[60, 61]和 McCutcheon 课题组[62]分别通过静电喷涂辅助界面聚合的方式得到了厚度可控的聚酰胺分离层，通过控制静电喷涂辅助界面聚合过程的时间，分离层的厚度和分离性能可以很好地调控，通过控制静电喷涂时间，可以分别实现复合纳滤膜、复合反渗透膜的制备。

研究者通过对界面聚合机理的分析，发现降低界面聚合时单体的浓度可以控制和降低聚酰胺分离层的厚度，从而提升所制备纳滤膜的通量。Lee 课题组[63]以及宋潇潇等[64]分别在低单体浓度下通过反复多次界面聚合步骤，成功地控制并降低了聚酰胺分离层的厚度，提高了分离层的水透过率。但是通过该方法调控分离层的厚度，步骤比较烦琐，且由于支撑层结构等因素，降低界面聚合次数所获得的超薄分离层，其截留率并不理想。Livingston 课题组[65]则通过在支撑层表面制备纳米线中间层的方法，改变支撑层表面物理结构，实现了超低单体浓度下的界面聚合，并成功得到了厚度在 10 nm 左右具有高溶剂透过率的分离层。基于构建中间层改变支撑层表面物理结构这一思路，Tang 课题组[66]、胡云霞课题组[67]和靳健课题组[68]分别在支撑层表面构建了具有不同物理结构和化学组成的中间层，通过界面聚合制备得到了分离性能显著提升的聚酰胺分离层。

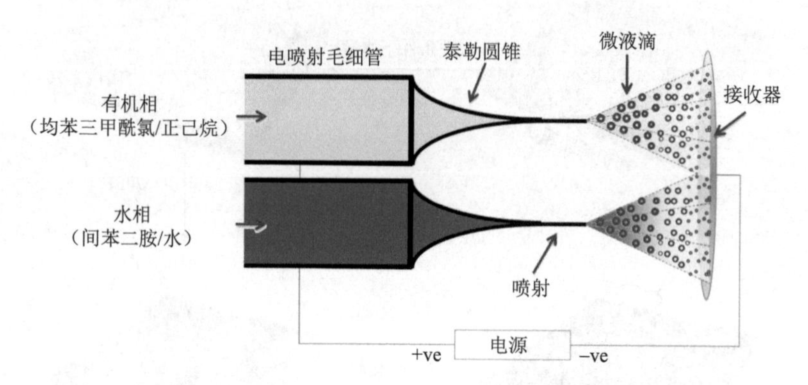

图 3-66　静电喷涂辅助界面聚合制备纳滤膜示意图

纳滤膜的分离性能主要由纳滤膜的物理结构和化学组成所共同决定，而纳滤膜的结构和组成通常由纳滤膜的制备方法和纳滤膜材料的选取所决定。因此，纳滤膜材料和制备方法的选择直接决定了所得到的纳滤膜的分离性能。大规模、低成本、高效率地制备孔径小、孔隙率高、膜层薄和完整性好的纳滤膜是纳滤膜制备方法发展的一个重要方向，而耐高温、耐强酸碱、耐溶剂、耐氧化和抗污染等特种高性能纳滤膜的研制则是今后纳滤膜材料研发的主要方向。纳滤膜制备方法的选择必须与其膜材料的特性和应用体系相结合。通过开展在纳滤膜材料和纳滤膜制备方法间针对性的研究，有望实现纳滤膜制备方法产业化关键技术的突破，实现高性能纳滤膜的国产化和低成本生产，这将极大地推动纳滤技术在我国的规模化应用。

3.4　纳滤膜元件

将膜材料装备成膜元件是膜技术应用的关键，为此对膜元件优化与创新设计可充分发挥膜材料的性能，提高整体的分离性能。一般来说，性能良好的膜组件应具备以下条件：

（1）对膜提供足够的机械支撑、死角较小，流道良好，可使原料透过侧严格分开；

（2）在能耗最小的条件下，使原料在膜面上的流动状态均匀合理，以减少浓差极化，提高分离效率；

（3）具有尽可能高的装填密度（即单位体积的膜组件中具有更高的有效膜面积），并使膜的安装和更换方便；

（4）装置牢固，安全可靠，价格低廉和容易维护。

目前，工业上常用的纳滤膜元件主要包括：平板式膜元件、管式膜元件、中空纤维膜元件和螺旋卷式膜元件。其中，螺旋卷式、板框式膜组件均使用平板膜。中空纤维式、毛细管式和管式膜组件均使用管式膜，可以分为内压式和外压式两种。如表3-6所示，不同膜元件形式的装填密度、抗污染能力、膜清洗的难易程度、相对造价各不相同。

表3-6 四种典型纳滤膜元件比较

项目	板框式	管式	中空纤维式	卷式
装填密度（m^2/m^3）	30～500	30～200	500～900	200～800
抗污染性能	好	很好	差	中等
膜清洗	易	简单	难	可
相对造价	高	高	低	低

对于不同目的的膜分离过程，将采用不同形式的膜元件。其中，螺旋卷式膜元件与中空纤维膜元件由于单元体积内具有较高的装填密度，成为纳滤技术工业领域应用最多、市场占有率最大的两种元件形式。

3.4.1 螺旋卷式膜元件

螺旋卷式膜元件（spiral-wound module，SWM）起初用于早期人工肾的设计，真正的工业化开发始于20世纪60年代末Gulf General Atomic公司（Fluid System公司的前身）所进行的反渗透膜组件研究。该元件形式具有装填密度大、易于大规模生产并实现工业化的特点，是如今膜技术领域中极为广泛流行的元件形式。近年来，卷式膜元件在反渗透、纳滤、超滤等技术中应用越来越普遍，占据纳滤和反渗透膜元件全球市场份额高达91%。

如图3-67所示，螺旋卷式膜元件的卷制工艺是由膜叶缠绕在中心管上卷制而成，每个膜叶由两张矩形膜片中间插入隔网制成，膜片三端密封，一端开口；开口端与收集透过液的中心管相连。卷式膜元件的主要结构包括：膜、进料通道、渗透液通道和用于分离相邻膜片并支撑膜通道的隔网。在进料液侧有浓水流道网，其材质一般为聚丙烯，并可根据需要对隔网进行设计，例如对海水淡化元件，流道网可设计成高湍流、低压降以获得高的膜堆积密度。

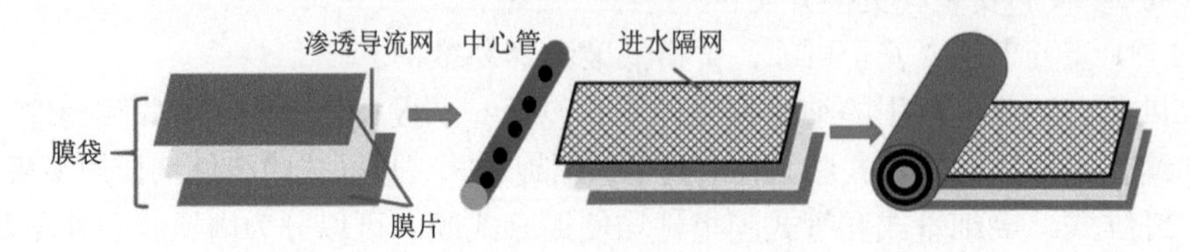

图 3-67　螺旋卷式膜元件卷制过程

如图 3-68 所示，卷式膜元件内的水流是从进水沿膜袋外侧的进水网格的一端进入膜元件，部分作为产水透过膜，其余部分作为浓水从膜元件的另外一侧排出。透过膜的产水进入膜袋，沿产水网格呈螺旋状向内流动，经过中心管上的孔进入中心集水管，通过产水排出口流出。

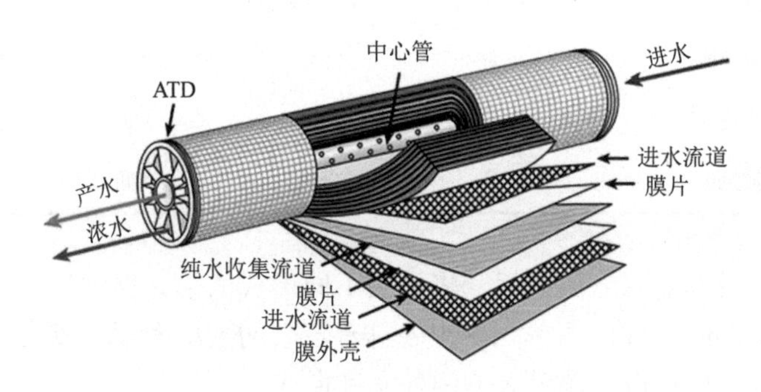

图 3-68　螺旋卷式膜元件结构示意图

从卷式元件的卷制方式可以看出，该元件形式的本质是含有隔网支撑材料的矩形平板膜流道。卷制工艺直接决定了膜元件自身结构，对元件性能具有十分重要的影响，主要影响因素如下：

（1）膜片的几何参数：合理的膜片参数（包括膜片的叶数、长度、宽度等），不仅可以提高元件的产水量，并且可以稳定产水流速。其中，膜片页数的增加会同时减小元件的有效膜面积和压降，是一个需要优化平衡的重要参数。

（2）隔网材料：隔网的材质需要满足一定的硬度，以支撑膜片来保证流道空间的稳定性，并且需要承受来自进水侧的高压力而不致产生过大的形变；但同时不能使用硬度过高的材料，避免对膜片材料产生破坏，影响元件的性能。

（3）隔网结构：隔网的厚度直接决定了流道的高度，为流体流动提供空间；此外，隔网的几何结构以及入水角度等都是影响元件传质与能耗的重要因素。

标准的工业化螺旋卷式元件规格为直径 8 英寸[①]、长 40 英寸，也有做成较经济的直径 12 英寸、长 60 英寸的膜元件，但由于后者较难操作使用而未能普及。通常 8 英寸元件卷制所需膜页数为 15～30 张、膜面积为 20～40 m^2，而 4 英寸元件需膜页数 4～6 张、膜面积为 3～6 m^2，这两种尺寸的卷式膜元件都是目前最常用的。

卷式膜组件是世界上工业化反渗透、纳滤装备使用的最主要膜组器型式，这是由平板膜容易大规模制作及卷式元件易集成的特征所决定的。将一个或数个卷式膜元件串联后用内连接件、端板密封圈等连接并装配在不锈钢或降氧材料的压力外壳中即成为卷式膜组件（压力容器），很适合大规模工业应用。

3.4.2　中空纤维膜元件

中空纤维式膜元件（hollow fiber module，HFM）最早是由陶氏化学公司采用醋酸纤维素为原料研制成功的，并在工业上得到了应用。20 世纪 50 年代末，杜邦公司开展了这方面的研究工作，于 1967 年提出了以尼龙 66 为膜材料的 B-5Permasep 中空纤维反渗透膜元件。1970 年以芳香聚酰胺为膜材料，首先研制成功 B-9Permasep 渗透器，用于苦咸水淡化。在此基础上，杜邦公司又于 1973 年发表了适用于高浓度盐水淡化的中空纤维反渗透膜组件——B-10Permasep 渗透器，完成了海水淡化现场试验，并投入使用。采用直径为 20 cm 的 10Permasep 渗透器对含盐量 28 000 mg/L 的海水除盐，在 5.4 MPa、25℃下，当水回收率为 20%～30%时，盐截留率大于 99%，产水量 38 m^3/d。B-Permisep 系列渗透器的规格已有外直径为 10 cm、20 cm 和 30 cm，在 2.8 MPa 压力下，盐截留率为 90%时，产水量分别达 15.9 m^3/d、53.0 m^3/d 和 200 m^3/d。我国国家海洋局二所也于 1984 年研制出与 B-9Permasep 相类似的组件。目前，国外研制与生产中空纤维式膜组件的公司主要有 DuPont 公司、Monsanto 公司、日本东洋纺（Hollosep）和宇部兴产；国内主要有杭州水处理技术研究开发中心、天津工业大学、中国科学院大连化学物理研究所、膜天集团和江苏常能集团等。

如图 3-69 所示，中空纤维膜在结构上是非对称的。与管式膜不同，中空纤维膜的抗压强度靠膜自身的非对称结构支撑，故可承受 6 MPa 的静压力而不致压实。由于纤维的管径较细，所以中空纤维式膜组件是装填密度最高的一种膜组件形式。按其作用方式，中空纤维膜可分为外压式和内压式两种。采用何种封装方式及进料采用外压式还是内压式（膜的活性层在管外侧还是管内侧，即原料液通过壳程还是管程）取决于组件被用于何种分离过程和料液的件质。当料液通过纤维外膜时，可平行于纤维流动，也可通过位于纤维束中心的多孔分布管作径向流动，特别是当纤维较长时。

---

① 1 英寸 = 2.54 cm。

由于中空纤维式纳滤膜组件的填充密度最高，占地面积小，可适用于大小型造水系统。中空纤维膜的膜组件可以实现自支撑，可使组件的加工简化，费用降低，所以它可制成小型轻便的装置，应用于医学和生物制品方面。但其缺点是由于中空纤维太细，料液中的大分子组分等会堵塞纤维流道及膜孔，料液通过中空纤维的流动亦难以控制。在实际应用过程中，料液必须先经过严格的预处理，根据不同的需要除去被处理溶液中的全部颗粒，甚至大分子物质；清洗困难，只能采用化学清洗；中空纤维膜一旦有丝断裂而无法更换，将导致整个元件失效；中空纤维膜的制作技术复杂，管板制作也较困难；液体在管内流动时阻力很大，导致压力损失很大。

膜污染和浓差极化对中空纤维膜分离性能产生了很大的影响。为了最大限度地减少膜污染和浓差极化，可以改变流动方式，中空纤维式膜组件根据料液流动方式可分为三种：轴流式、径流式、纤维卷筒式。后两种组件中料液相对中空纤维做横向流动，即原料垂直于纤维流动，这强化了边界层的传质过程。此时纤维本身起到湍流促进器的作用。

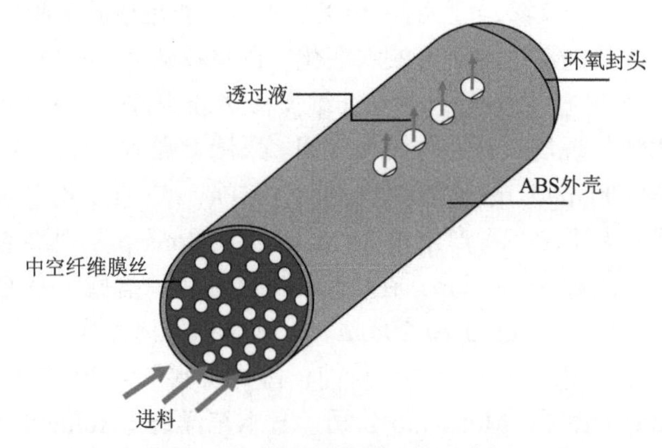

图 3-69　中空纤维膜元件示意图

参 考 文 献

[1] 张兵涛. 离子液体促溶纤维素相转化法制备非对称结构膜的研究[D]. 南京: 南京工业大学, 2015.

[2] 陈慧娟. 纤维素/壳聚糖共混纳滤膜制备及其染料脱盐性能研究[D]. 杭州: 浙江大学, 2015.

[3] Jitsuhara I, Kimura S. Structure and properties of charged ultrafiltration membrane made of sulfonated polysulfone[J]. Journal of Chemical Engineering of Japan, 1983, 5(16): 389-393.

[4] Dai Y, Jian X, Zhang S, et al. Thermostable ultrafiltration and nanofiltration membranes from

sulfonated poly(phthalazinone ether sulfone ketone)[J]. Journal of Membrane Science, 2001, 188(2): 195-203.

[5] Hendrix K, Vanherck K, Vankelecom I F J. Optimization of solvent resistant nanofiltration membranes prepared by the *in-situ* diamine crosslinking method[J]. Journal of Membrane Science, 2012, 421-422: 15-24.

[6] Cadotte J E, King R S, Majerle R J, et al. Interfacial synthesis in the preparation of reverse osmosis membranes[J]. Journal of Macromolecular Science: Part A—Chemistry, 1981, 15(5): 727-755.

[7] 戴兴国. 有机废水脱盐纳滤膜的制备及应用[D]. 杭州: 浙江大学, 2010.

[8] 韩硕. 含非平面扭曲折叠结构分子的反渗透/纳滤膜制备[D]. 杭州: 浙江大学, 2018.

[9] 曾艳军. 三聚氰氯为界面聚合单体制备耐酸型纳滤膜的研究[D]. 杭州: 浙江大学, 2018.

[10] 邹凯伦. 基于均苯三甲酰哌嗪的纳滤复合膜制备与性能研究[D]. 杭州: 浙江大学, 2012.

[11] 谭喆. 界面聚合制备图灵结构聚酰胺膜[D]. 杭州: 浙江大学, 2018.

[12] Tan Z, Chen S F, Peng X S, et al. Polyamide membranes with nanoscale Turing structures for water purification[J]. Science, 2018, 360: 518-521.

[13] 秦佳旭. 反渗透膜表面迈克尔加成法构建两性离子耐污染层的研究[D]. 杭州:浙江大学, 2015.

[14] 李银. 聚酰胺反渗透膜表面迈克尔加成改性构建混合电荷耐污染层的研究[D]. 杭州: 浙江大学, 2017.

[15] 马韬. 基于 PEI 的表面荷正电聚酰胺纳滤膜用于 Mg^{2+}/Li^{+}分离[D]. 杭州: 浙江大学, 2019.

[16] 黄海. 高性能耐氯聚酰胺反渗透复合膜的制备与性能研究[D]. 杭州: 浙江大学, 2015.

[17] Li X, De Feyter S, Vankelecom I F J. Poly(sulfone)/sulfonated poly(ether ether ketone) blend membranes: Morphology study and application in the filtration of alcohol based feeds[J]. Journal of Membrane Science, 2008, 324: 67-75.

[18] Bowen W R, Doneva T A, Yin H-B. Separation of humic acid from a model surface water with PSU/SPEEK blend UF/NF membranes[J]. Journal of Membrane Science, 2002, 206: 417-429.

[19] Bowen W R, Doneva T A, Yin H B. Polysulfone-sulfonated poly(ether ether) ketone blend membranes: Systematic synthesis and characterization[J]. Journal of Membrane Science, 2001, 181: 253-263.

[20] Bowen W R, Doneva T A, Yin H. The effect of sulfonated poly(ether ether ketone) additives on membrane formation and performance[J]. Desalination, 2002, 145: 39-45.

[21] Ismail A F, Lau W J. Theoretical studies on structural and electrical properties of PES/SPEEK blend nanofiltration membrane[J]. AIChE Journal, 2009, 55: 2081-2093.

[22] Lau W-J, Ismail A F. Effect of SPEEK content on the morphological and electrical properties of PES/SPEEK blend nanofiltration membranes[J]. Desalination, 2009, 249: 996-1005.

[23] Lau W-J, Ismail A F. Theoretical studies on the morphological and electrical properties of blended PES/SPEEK nanofiltration membranes using different sulfonation degree of SPEEK[J]. Journal of Membrane Science, 2009, 334: 30-42.

[24] Bowen W R, Cheng S Y, Doneva T A, et al. Manufacture and characterization of polyetherimide/ sulfonated poly (ether ether ketone) blend membranes[J]. Journal of Membrane Science, 2005,

250: 1-10.

[25] Kopec K K, Dutczak S M, Wessling M, et al. Tailoring the surface charge of an ultrafiltration hollow fiber by addition of a polyanion to the coagulation bore liquid[J]. Journal of Membrane Science, 2011, 369: 59-67.

[26] Ahmadiannamini P, Li X, Goyens W, et al. Multilayered PEC nanofiltration membranes based on SPEEK/PDDA for anion separation[J]. Journal of Membrane Science, 2010, 360: 250-258.

[27] Wang J, Yao Y, Yue Z, Economy J. Preparation of polyelectrolyte multilayer films consisting of sulfonated poly(ether ether ketone) alternating with selected anionic layers[J]. Journal of Membrane Science, 2009, 337: 200-207.

[28] Ba C, Economy J. Preparation and characterization of a neutrally charged antifouling nanofiltration membrane by coating a layer of sulfonated poly(ether ether ketone) on a positively charged nanofiltration membrane[J]. Journal of Membrane Science, 2010, 362: 192-201.

[29] He T, Frank M, Mulder M H V, et al. Preparation and characterization of nanofiltration membranes by coating polyethersulfone hollow fibers with sulfonated poly(ether ether ketone) (SPEEK)[J]. Journal of Membrane Science, 2008, 307: 62-72.

[30] 俞三传, 高从堦. 磺化聚醚砜纳滤膜性能研究[J]. 水处理技术, 2000, (2): 63-66.

[31] Dalwani M, Bargeman G, Hosseiny S S, et al. Sulfonated poly(ether ether ketone) based composite membranes for nanofiltration of acidic and alkaline media[J]. Journal of Membrane Science, 2011, 381(1-2): 81-89.

[32] 蔡卫滨, 朴香兰, 李继定, 等. 不同交联剂对 PDMS/PVDF 纳滤膜溶剂回收性能的影响[J]. 化工学报, 2013, 64(2): 581-589.

[33] Shao L L, An Q F, Ji Y L, et al. Preparation and characterization of sulfated carboxymethyl cellulose nanofiltration membranes with improved water permeability[J]. Desalination, 2014, 338: 74-83.

[34] Musale D A, Kumar A. Effects of surface crosslinking on sieving characteristics of chitosan/poly(acrylonitrile) composite nanofiltration membranes[J]. Separation and Purification Technology, 2000, 21(1-2): 27-38.

[35] Gohil J M, Bhattacharya A, Ray P. Studies on the crosslinking of poly(vinyl alcohol)[J]. Journal of Polymer Research, 2005, 13(2): 161-169.

[36] Yu S, Lü Z, Chen Z, et al. Surface modification of thin-film composite polyamide reverse osmosis membranes by coating *N*-isopropylacrylamide-*co*-acrylic acid copolymers for improved membrane properties[J]. Journal of Membrane Science, 2011, 371(1-2): 293-306.

[37] 李鸽. 纳米纤维素复合纳滤膜的制备与性能研究[D]. 杭州:浙江大学, 2017.

[38] Decher G, Hong J-D. Buildup of ultrathin multilayer films by a self-assembly process, 1. Consecutive adsorption of anionic and cationic bipolar amphiphiles on charged surfaces[J]. Makromolekulare Chemie. Macromolecular Symposia, 1991, 46(1): 321-327.

[39] Jin W, Toutianoush A, Tieke B. Use of polyelectrolyte layer-by-layer assemblies as nanofiltration and reverse osmosis membranes[J]. Langmuir, 2003, 19: 2550-2553.

[40] Miller M D, Bruening M L. Controlling the nanofiltration properties of multilayer polyelectrolyte membranes through variation of film composition[J]. Langmuir, 2004, 20: 11545-11551.

[41] Liu X, Bruening M L. Size-selective transport of uncharged solutes through multilayer polyelectrolyte membranes[J]. Chemistry of Materials, 2004, 16: 351-357.

[42] 刘达, 方建慧, 曹志源, 等. PES 基膜表面 PSS/PDADMAC 多层膜的构筑及其离子截留性能[J]. 上海大学学报(自然科学版), 2008, (4): 423-427.

[43] Zhang P, Qian J, Xuan L. Studies on relation between intrinsic viscosity of polyelectrolytes in solutions used for layer-by-layer self-assembly and their corresponding adsorption amounts in the resultant multilayer membranes [J]. Chinese Journal of Polymer Science, 2006, 3(27): 297-306.

[44] Deng H, Xu Y, Zhu B, et al. Polyelectrolyte membranes prepared by dynamic self-assembly of poly(4-styrenesulfonic acid-*co*-maleic acid) sodium salt (PSSMA) for nanofiltration (I)[J]. Journal of Membrane Science, 2008, 323(1): 125-133.

[45] Zhang L, Zheng M, Liu X, et al. Layer-by-layer assembly of salt-containing polyelectrolyte complexes for the fabrication of dewetting-induced porous coatings[J]. Langmuir, 2011, 27(4): 1346-1352.

[46] Li X, De Feyter S, Vandezande P. Solvent-resistant nanofiltration membranes based on multilayered polyelectrolyte complexes[J]. Chemistry of Material, 2008, 12(20): 3876-3883.

[47] Novoselov K S, Geim A K, Morozov S V, et al. Electric field effect in atomically thin carbon films[J]. Science, 2004, 306: 666-669.

[48] Tan C, Cao X, Wu X, et al. Recent advances in ultrathin two-dimensional nanomaterials[J]. Chemical Reviews, 2017, 117: 6225-6331.

[49] Han Y, Xu Z, Gao C. Ultrathin graphene nanofiltration membrane for water purification[J]. Advanced Functional Materials, 2013, 23: 3693-3700.

[50] Han Y, Jiang Y, Gao C. High-flux graphene oxide nanofiltration membrane intercalated by carbon nanotubes[J]. ACS Applied Materials & Interfaces, 2015, 7: 8147-8155.

[51] Aba N F D, Chong J Y, Wang B, et al. Graphene oxide membranes on ceramic hollow fibers: Microstructural stability and nanofiltration performance[J]. Journal of Membrane Science, 2015, 484: 87-94.

[52] 芦瑛. 氧化石墨烯基膜的制备及性能研究[D]. 杭州: 浙江大学, 2016.

[53] Hu M, Mi B. Enabling graphene oxide nanosheets as water separation membranes[J]. Environmental Science & Technology, 2013, 47: 3715-3723.

[54] Chen L, Shi G, Shen J, et al. Ion sieving in graphene oxide membranes via cationic control of interlayer spacing[J]. Nature, 2017, 550: 380-383.

[55] Sun L, Huang H, Peng X. Laminar MoS_2 membranes for molecule separation[J]. Chemical Communications, 2013, 49: 10718-10720.

[56] Sun L, Ying Y, Huang H, et al. Ultrafast molecule separation through layered WS_2 nanosheet membranes[J]. ACS Nano, 2014, 8: 6304-6311.

[57] Zhang C, Ou Y, Lei W-X, et al. $CuSO_4$/H_2O_2-induced rapid deposition of polydopamine coatings with high uniformity and enhanced stability[J]. Angewandte Chemie International Edition, 2016, 55: 3054-3057.

[58] Lv Y, Yang H-C, Liang H-Q, et al. Nanofiltration membranes via co-deposition of polydopamine/

polyethylenimine followed by cross-linking[J]. Journal of Membrane Science, 2015, 476: 50-58.

[59] Fan L, Ma Y, Su Y, et al. Green coating by coordination of tannic acid and iron ions for antioxidant nanofiltration membranes[J]. RSC Advances, 2015, 5: 107777-107784.

[60] Ma X-H, Guo H, Yang Z, et al. Carbon nanotubes enhance permeability of ultrathin polyamide rejection layers[J]. Journal of Membrane Science, 2019, 570-571: 139-145.

[61] Ma X-H, Yang Z, Yao Z-K, et al. Interfacial polymerization with electrosprayed microdroplets: Toward controllable and ultrathin polyamide membranes[J]. Environmental Science & Technology Letters, 2018, 5: 117-122.

[62] Chowdhury M R, Steffes J, Huey B D, et al. 3D printed polyamide membranes for desalination[J]. Science, 2018, 361: 682-686.

[63] Gu J E, Lee S, Stafford C M, et al. Molecular layer-by-layer assembled thin-film composite membranes for water desalination[J]. Advanced Materials, 2013, 25: 4778-4782.

[64] Song X, Qi S, Tang C Y, et al. Ultra-thin, multi-layered polyamide membranes: Synthesis and characterization[J]. Journal of Membrane Science, 2017, 540: 10-18.

[65] Karan S, Jiang Z, Livingston A G. Sub-10 nm polyamide nanofilms with ultrafast solvent transport for molecular separation[J]. Science, 2015, 348: 1347-1351.

[66] Yang Z, Zhou Z W, Guo H, et al. Tannic acid/Fe^{3+} nanoscaffold for interfacial polymerization: Toward enhanced nanofiltration performance[J]. Environmental Science & Technology, 2018, 52: 9341-9349.

[67] Zhou Z, Hu Y, Boo C, et al. High-performance thin-film composite membrane with an ultrathin spray-coated carbon nanotube interlayer[J]. Environmental Science & Technology Letters, 2018, 5: 243-248.

[68] Zhu Y, Xie W, Gao S, et al. Single-walled carbon nanotube film supported nanofiltration membrane with a nearly 10 nm thick polyamide selective layer for high-flux and high-rejection desalination[J]. Small, 2016, 12: 5034-5041.

第 4 章　纳滤系统与工艺设计

完整的纳滤系统与工艺设计涉及预处理、膜系统与后处理三部分。随着纳滤技术应用范围和系统规模的迅速增长，预处理工艺、膜元件以及膜系统优化设计等工艺需求日益增加，成为保障膜系统低运行成本和高运行稳定性的关键。纳滤系统设计领域的能耗与设备成本问题逐步演化为系统设计的核心关键，并集中体现为系统设计的优化问题，因此，系统地研究纳滤的工艺设计模式，提出科学的纳滤系统设计理论，建立切实可行的优化设计方法，愈发显现出其必要性与迫切性。本章将从预处理工艺和纳滤核心膜系统优化设计两方面，重点介绍著者在纳滤过程与工艺设计方面的研究内容。

4.1　预　处　理

在纳滤系统运行过程中，原水中含有大量的悬浮物、可溶性有机高分子或胶体物质，这些物质会在纳滤膜表面富集并造成膜污染，进而导致纳滤系统产水效率下降。此外，原水温度、pH、余氯、压力等参数的变化也会引起纳滤膜结构与性能变化，影响膜元件的使用寿命和膜系统的稳定运行。为此，纳滤工艺前端通常需要设置预处理，以缓解原水中各类物质对膜系统性能的影响。纳滤系统中的预处理工艺应满足以下要求：

（1）保证淤泥密度指数 SDI_{15} 最大不超过 5.0，争取低于 3.0，预防膜表面悬浮物沉积污染；

（2）保证尽可能没有余氯和类似氧化物，例如臭氧，减少膜表面的氧化水解；

（3）保证没有其他导致膜污染或劣化的化学物质；

（4）保证浊度低于 1.0 NTU，控制有机物污染以及生物污染。

4.1.1　预处理对象

纳滤水处理技术所面向的水源种类繁多，包括天然水、市政水和工业废水等。水源不同，水体中的组成也不尽相同，预处理的对象也会有所差异。例如，天然水源主要须去除悬浮物、微生物、胶体等；市政水主要去除大分子有机物、氧化剂等；工业废水的预处理对象包括难溶解盐，如 $CaCO_3$、$CaSO_4$、$BaSO_4$、$SrSO_4$、CaF_2 以及铁、锰、铝、硅化合物等，以及氨氮、氧化剂等物质。高效预处理工艺设计可以防止这些物质在纳滤膜表面污染和结垢，有效缓解纳滤膜的老化，提高净水效果。

4.1.2　预处理方法

常用的预处理方法包括化学法预处理、生物法预处理和物理法预处理三大类。

表 4-1　常见纳滤预处理工艺的分类及目的

名称		目的
化学法	消毒剂	铁锰氧化
	絮凝剂	悬浊物质絮凝
	pH 值调节	确保最佳絮凝 pH 值
	还原剂	防止反渗透和纳滤膜被氧化
	阻垢剂	防止结垢发生
生物法	生物接触氧化	吸附氧化分解有机物，将氨氮氧化成高价态氮
物理法	絮凝、砂滤	
	絮凝沉淀、砂滤	悬浊物质去除
	微滤/超滤	
	保安过滤器	异物去除

4.1.2.1　化学法预处理

化学法预处理主要指通过添加消毒剂、絮凝剂、还原剂和阻垢剂等化学试剂去除水体中杂质的方法，有效去除水中微生物、大分子有机物等污染物。其中最常见的是在水中投加氧化剂来分解污染物，提升后续处理工艺的净水效果。目前，常用的预处理氧化剂主要有氯、臭氧、双氧水、高锰酸钾和高铁酸盐等。液氯是目前应用最多的微生物消毒剂，但对有机物的去除作用有限，易与有机物反应生成消毒副产物，造成二次污染；并且含氯消毒剂残留在水体中还会引起膜材料氧化的风险。臭氧具有强氧化性，能破坏有机物的不饱和键，分解大分子有机物，有效去除水体的色度和嗅味。单臭氧处理会提升有机物的溶解性和生化性，造成水处理工艺有机负荷提高，对出水的微生物安全性造成威胁。高锰酸盐主要用于锰、铁等的去除，具有一定的助凝和杀菌能力，是一种性质稳定、成本低廉的氧化剂；但其氧化性能较弱，氧化效率有限，并且其后期回收去除的工艺较为繁杂。

4.1.2.2　生物法预处理

生物法预处理技术是利用微生物的生物降解作用，降低水中多种有机物以及氨氮含量，以提高后续纳滤工艺的净水效果。目前常用的生物预处理工艺有生物接触氧化、曝气生物滤池和膜生物反应器等。其中，生物接触氧化工艺是利用填料作为微生物载体，通过曝气充氧促进微生物繁殖，在填料表面形成生物膜实现有机物降解。利用生物膜上丰富的生物种类，在吸附氧化分解有机物的同时将氨氮氧化成高价态氮。曝气生物滤池是通过在滤池中装填粒装滤料，用于生物膜的生长，并在碳氧化和硝化生物滤池内部设置曝气系统，利用滤料上形成的高浓度微生物对流动污水进行快速净化，该方法可有效去除悬浮固体、有机碳、氨氮和总氮等。膜生物反应器是一种由膜分离单元和生物处理单元相结合的净化技术，其中膜分离单元通常采用微滤或超滤装置用于固-液分离，以保证反应器中活性污泥、悬浮物以及部分大分子有机物与流出液相分离。膜分离过程能有效避免生物体流失的系统失效，维持反应器内高比率的氨氮化菌和高浓度微生物。该技术与传统活性污泥工艺的沉池相比，具有出水水质稳定、便于控制、占地小等优点。

4.1.2.3　物理法预处理

物理法预处理技术主要包括混凝、吸附、膜分离等。在纳滤水处理过程中，分离膜所截留的悬浮颗粒胶体会在膜表面形成滤饼层，增大水的跨膜阻力，导致膜通量下降。Hwang 等[1]研究了混凝法对缓解膜表面滤饼层形成的影响，认为混凝不仅能提高滤饼层的孔隙率，还可以降低悬浮颗粒在分离膜表面的荷电吸附性能，使滤饼层无法紧密地附着在分离膜表面，从而提高膜通量。通过混凝技术，水体中的颗粒的尺寸分布也将发生改变，与微滤（MF）和超滤（UF）联用则可增强对水体中天然有机物（NOM）、消毒副产物的去除效果。此外，利用活性炭吸附可有效降低水体中的嗅味、总有机碳（TOC）、除草剂、杀虫剂等的含量，弥补 UF 和 MF 只能降低水中浊度、颗粒物质或病原体，而不能去除水中小于膜孔径物质的不足。

4.1.3　预处理工程案例

4.1.3.1　钱塘江饮用水源潮汐应急系统的超滤预处理工艺

钱塘江是杭州市民的重要饮用水源地，80%以上的市政供水取自钱塘江，但江水的电导率受潮汐影响，基本呈一月两个周期性变化。非咸潮期，钱塘江水体的电导率通常在 300 μS/cm 左右；咸潮期，其电导率可达 11 000 μS/cm。近十年来，钱塘江及其杭州湾河口水体不但经常受咸潮上溯的影响，而且有机污染物的影响也逐渐显现，给钱塘江两岸中、下游地区杭州市民带来饮用水安全问题。

著者课题组通过近三年的水源数据采集与分析、纳滤膜筛选及其脱咸与去除有机污染物的试验[2-4]、纳滤集成示范系统的运行，积累了一定的经验。在此基础上，为相关决策部门提供了一套 500 m^3/d 的以纳滤为核心的膜集成系统，用于钱塘江潮汐苦咸水的应急处理。

如图 4-1 所示，本系统主要由预处理系统、纳滤系统、反渗透系统三大部分组成。其中，超滤系统预处理最大设计产水量为 50 m^3/d，纳滤直接饮用水量达 30 m^3/d，反渗透装置用于处理纳滤浓水，产水量可达 6 m^3/d。

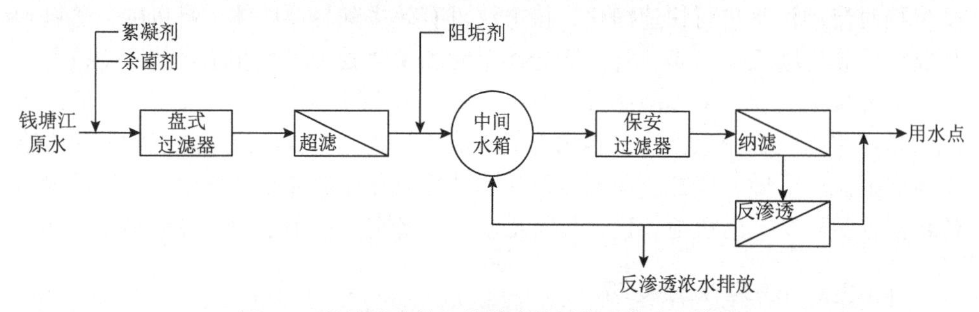

图 4-1　以纳滤为核心的脱咸除污膜系统流程简图

预处理系统由原水抽取过滤与超滤装置两部组成。其中，抽取过滤装置采用原水泵（流量 38 m^3/h，扬程 35 m，功率 5.5 kW）和 JY2-3 型盘式过滤器装置，主要用于去除原水中的胶体杂质与悬浮物，特别是对沉淀技术不能有效去除的微粒脱除作用明显。超滤系统是预处理系统的主体部分，利用超滤膜能有效去除水中的胶体、微生物和大分子有机物等杂质，缓解纳滤膜膜污染，延长纳滤膜稳定运行时间，减少对纳滤膜的清洗次数，并保证出水水质达到预期要求。

超滤装置分别采用外置式中空纤维超滤膜单元和浸没式中空纤维超滤膜单元进行预处理。外置式中空纤维超滤膜单元采用北京坎普尔环保技术有限公司生产的 SVU1060 中空纤维膜元件，共十二支膜元件并联组成，其出水水质通过定期检测膜污染指数来控制（SDI≤3）。外置式中空纤维膜单元配有定期物理反洗和不定期化学加强反洗系统。定期物理反洗不加任何清洗剂，直接将超滤产水用作反洗中空纤维超滤膜单元；不定期化学反洗所使用的药剂依污染程度与污染物性质来选取，分别可采用适量浓度的酸洗或碱洗，也可在清洗液中添加适量次氯酸钠，反洗药剂采用定量自动投加。浸没式中空纤维超滤膜单元采用杭州求是膜技术有限公司生产的增强型 CREFLUX 帘式超滤膜片。浸没式中空纤维膜单元利用泵的抽吸方式将水由膜外渗入中空纤维膜内，从而去除水中的胶体、微生物和大分子有机物，运行过程在较低的负压状态下进行。抽滤出水水质采用定期检测膜污染指数来控制（SDI≤3）；根据出水水质情况，定时排空浓缩液，以防止浓缩液过高导致的膜孔堵塞和出水水质的膜污染指数变差。

图 4-2 显示了超滤预处理膜单元一年年度时间内的运行状况，可以看出，运行期间水源总体电导率不高，上半年的水源电导率低于 150 μS/cm，下半年的电导率有所提高，但最大值未超过 250 μS/cm；超滤产水通量总体保持稳定。

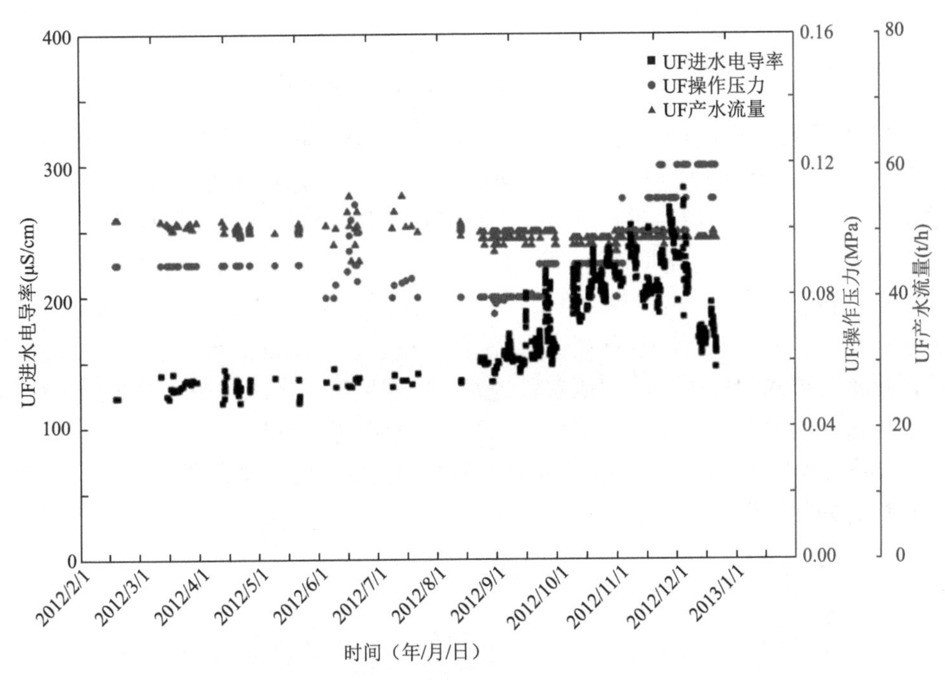

图 4-2　某年度超滤膜单元进水咸度变化对操作压力和产水量的影响

4.1.3.2　水产养殖的纳滤海水淡化 MCR 预处理系统

著者团队在舟山摘箬山岛建立了纳滤海水淡化中试装置，产水用于水产养殖。该工艺流程为絮凝-微滤-纳滤，其中絮凝和微滤部分整合为膜化学反应器（membrane chemical reactor，MCR）作为该装置的预处理系统。

整个 MCR 系统安装在一个集装箱内，具体流程如图 4-3 所示：原水进入 MCR 装置中的混凝反应池，在搅拌桨作用下与絮凝剂（三氯化铁）、消毒剂（次氯酸钠）和碱（氢氧化钠或碳酸钠，用于去除钙镁离子）进行混合。原水与药剂充分混合后进入微滤罐，通过微滤装置滤除颗粒物。其中，微滤装置为立式微滤罐，进水由罐下方进入罐中，从膜外透过膜到达罐上方，并由产水出口流出。

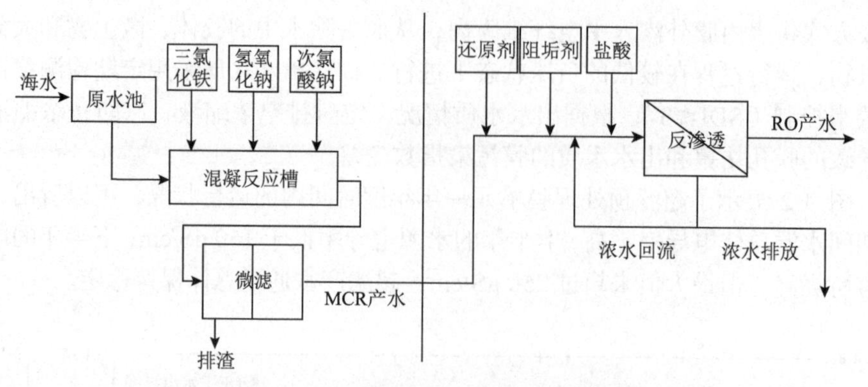

图 4-3　舟山海水淡化中试装置流程图

MCR 系统会自动进行过滤—清洗—排渣的循环，并且在循环一定次数后进行排渣过滤，各步骤的时间和循环次数均可手动调整。当罐内压力达到一定程度时，系统也会自动中断过滤，进行清洗。当微滤膜使用一定时间，污染较为严重时，可以向罐内加酸，进行化学清洗。采用自组装的 SDI 检测装置对 MCR 产水的 SDI 进行定期检测；MCR 装置仪表可以实时监测进水流量、pH、温度、罐体温度、进水泵频率，NF 装置仪表可以实时监测膜堆进水、产水及浓水的电导率；进水、滤器出水及产水的压力；跨膜压差；进水、浓水回流、产水、浓水排放的流量。通过对这些数据进行记录，对整个系统的运行状况进行分析。

如图 4-4 所示，以试验中采取的产水浊度和 SDI_{15} 两个参数考察了 MCR 对悬浮颗粒的去除效果。

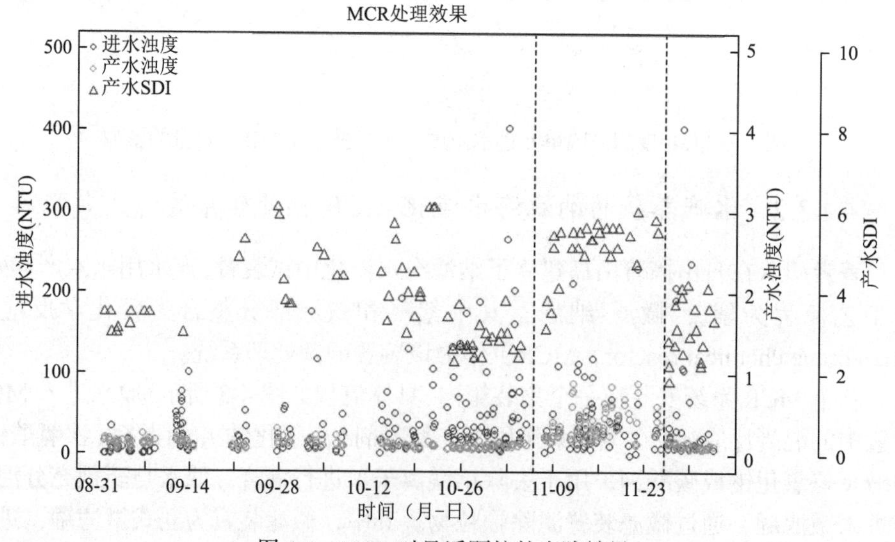

图 4-4　MCR 对悬浮颗粒的去除效果

由于装置直接在沿岸浅层取水，MCR 进水浊度很大程度上受到进水池沉降时间的影响，波动极大。由图可见，整个运行器件的产水浊度维持较为稳定，并未因进水浊度的突然变化而发生明显波动，说明 MCR 预处理效果总体较为稳定。可以看出，在加药期间（10 月 3 日至 10 月 23 日），产水 SDI 出现暂时的波动；待稳定加药，经过充分沉淀后，产水 SDI 维持稳定；进一步对 MCR 膜进行化学清洗，产水 SDI 维持在 3 以下，产水浊度小于 0.2，这可认为是优化加药和化学清洗两方面的效果。随后，进水通过 MCR 装置的微滤部分进行过滤，产水水质可进一步得到稳定保持。

4.2　纳滤膜系统设计概述

4.2.1　膜系统设计基本概念

膜系统设计的目的是在给定系统参数的条件下，产生最经济的设计和操作方案[3]，设计参数主要包括操作条件（压力、温度等）、回收率、产水水质、平均水通量、膜元件选型、膜系统结构（膜数量、排列方式、操作过程）等[5, 6]。

膜系统设计通常以进水水质、产水水质与产水流量三项为设计依据，以系统中的回收率、膜组件数量及膜组件排列为独立设计参数，优化系统回收率、脱盐率、浓差极化等技术参数，得到运行能耗、投资成本、运行成本等经济指标。膜系统的设计模式如图 4-5 所示：根据设计需求，综合考虑各项评价指标与极限参数，确定系统独立设计参数及主要技术参数。膜系统设计工作主要包括以下两个方面：

（1）通过元件设计和系统设计，进行参数系统化研究，探究主要过程参数包括元件性质对系统的影响[7, 8]。

（2）通过设计系统参数，实现设计目标。例如在尽可能高的回收率下，生产所需的水质和水量。主要的膜系统参数有：操作压力、回收率、产质、产水量、膜单元（膜数量、排列方式、操作过程）等[9]。

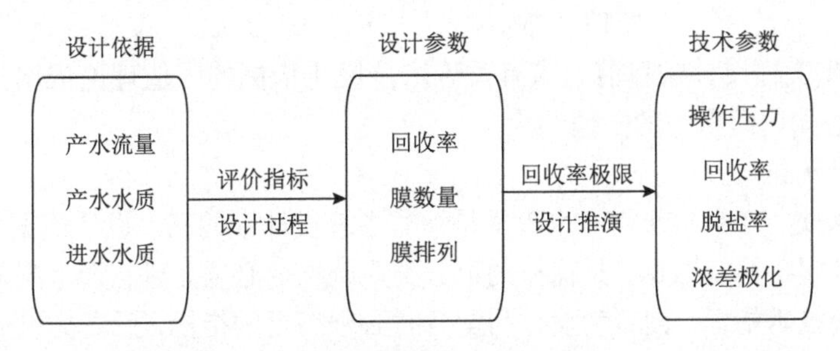

图 4-5　膜系统的设计模式

4.2.2 纳滤膜系统优化设计约束条件

纳滤膜系统设计问题是一个优化设计问题，需要结合纳滤膜分离特性和膜元件的流体力学行为以及系统结构设计，来研究纳滤膜系统优化设计的目标、系统性能变化的规律以及设计的约束条件等，从而构建适合水处理应用领域纳滤膜系统优化设计的模式。纳滤膜系统的优化设计模型具有如下特征[3, 5]。

1. 优化目标

反渗透系统优化设计过程将系统回收率最高作为了优化设计过程的单一目标，而纳滤膜系统由于其截留性能受运行条件影响发生显著变化的特点，不能做这样的简化处理，截留性能的控制也是优化目标之一，因此纳滤系统设计是多目标的优化体系。

纳滤膜的截留性能受到包括流速、回收率等操作条件的影响，在优化设计过程中，认为在满足技术约束指标条件下，能使纳滤膜系统截留性能达到稳定并与测试性能相符合认为是实现了优化目标。可见，纳滤膜系统优化设计是一个多目标的数学模型。

2. 系统约束

纳滤膜系统作为一个完整的化学物理系统，存在其特有的内在规律，主要表现为系统产水量与纯驱动压成正比，系统溶质截留率与选定纳滤膜的分离特性相关，对于给定的纳滤膜其分离特性和受系统设计影响因素即被确定。对于盐截留率较高的纳滤膜，与反渗透系统规律相似，盐透过率与膜两侧盐浓度差成正比等。这些系统参数间内在数学关系的平衡，构成了优化模型中的系统约束。

3. 限值约束

纳滤系统设计中存在诸多参数限值，主要包括浓水流速、浓差极化指标限值与难溶盐饱和度限值。浓差极化现象与系统运行共生，其指标上限取值偏高时，系统回收率可提高；但将加剧膜性能衰减，使膜清洗与膜更换频繁、系统运行费用增高。难溶盐饱和度上限取值是系统设计中另一个类似的敏感问题。目前反渗透工程设计中常做如下处理：浓差极化指标上限取 1.2，难溶盐饱和度上限取 100%。纳滤工程设计中目前尚未有关于浓差极化指标的限值理论依据。这些参数限值形成了优化模型中的限值约束。

4. 设计约束

进水水质、产水水质与产水流量是纳滤系统设计中的三大设计依据。其中，进水水质条件属于给定数据，是保持约束分类系统性的必要条件；产水流量与产水水质也是系统技术指标，前者为设计与运行时必须满足的指标，后者为设计与运行时可调整的指标，这两者与膜的品种、膜的数量以及膜的排列方式之间具有直接关系。

5. 优化变量

纳滤膜系统设计所涉及的膜元件数量、压力容器规格、流程长度和排列方式、水泵的能耗以及系统回收率等均为优化变量。其中膜元件数量和流程长度与产水通量、产水水质相关，同时受到系统浓差极化和压力损失的限制，能耗和系统回收率存在变量关系，是优化设计的另一个重点。

4.2.3 纳滤系统设计现状与挑战

目前，纳滤膜系统的应用设计大多模仿典型的反渗透系统的设计模式，采用三段串联形式（每段流程长度为 6 支纳滤膜串联，共 18 m 流程长度）或者二段串联形式（每段流程长度为 7 支纳滤膜串联，共 14 m 流程长度）[3, 6]。

纳滤膜与反渗透在膜分离特性和运行压力等方面存在较大的差异性，若完全采用典型的反渗透系统设计模式进行纳滤膜系统设计，很难实现最优化设计的目标。采用传统的长流程设计纳滤系统主要存在以下问题：①纳滤系统相比于反渗透系统的操作压力更低，长流程设计模式产生的压降与性能不均衡问题会更为明显；②纳滤膜种类繁多，不同种类的纳滤膜对不同离子的截留性能变化范围较广，离子的跨膜透过率不可忽略。因此，对于纳滤系统而言，除了最大回收率，截留性能的确定也是纳滤膜系统设计的重要因素。浓差极化和膜污染问题则是影响膜过程效率的主要因素，当超过极限值时，膜表面的极化平衡被打破，浓差极化会随着过程操作时间的延长加剧、而不是保持动态平衡时相对稳定的状态，从而造成膜污染的加剧、产水量下降等不利影响。纳滤膜具有部分脱盐的特性，对无机盐截留率范围较宽，因此浓差极化对纳滤系统截留性能的影响远远大于反渗透系统。

相比于设计成熟的高截留反渗透系统，盐离子截留范围更宽的纳滤系统设计则更为复杂，且缺少针对性的设计原则。根据纳滤的应用特点，其系统设计需要综合考虑浓差极化、产水水质、产水水量及压降等多个参数，这些性能参数与小尺度的膜材料特性、中尺度的元件流体力学特性、大尺度的系统流程与元件排布方式均有密不可分的关联。采用计算模拟为手段能够综合考虑不同尺度参数，有望实现纳滤系统的针对性设计。著者团队以卷式纳滤膜系统的脱盐过程为研究对象，综合采用以实验测试、模型估算和计算模拟为手段，对纳滤单元与系统进行研究，以实现多尺度耦合的纳滤系统模拟设计[5]。

4.3 纳滤系统基本单元结构设计

膜元件是膜系统中的基本单元结构。如前所述，螺旋卷式膜元件具有高填充密度、易工业化生产等特点，是目前纳滤技术中应用最广泛的元件形式。目前商品化卷式膜元件的规格属于标准化产品，分为 8040、4040、2540、1812 几种规格。螺旋卷式膜元件结构如图 4-6 所示，主要包括进料流道隔网、膜和渗透液流道隔网组成的膜袋、渗透液收集管三个部分。从图中可以看出，膜片-进料隔网-膜片-渗透隔网以交替重复的组合方式依次缠绕在渗透液收集管上。其中，所采用的膜片具有非对称结构，其有效分离层朝向进料隔网侧，多孔支撑层则朝向渗透侧隔网。此外，从图中还可以看出螺旋卷式膜元件的工作方式为：原料液由端面进入，沿轴向流过元件，透过组分则在膜下游沿螺旋路径进入中心收集管，浓缩液则从另一端面流出。

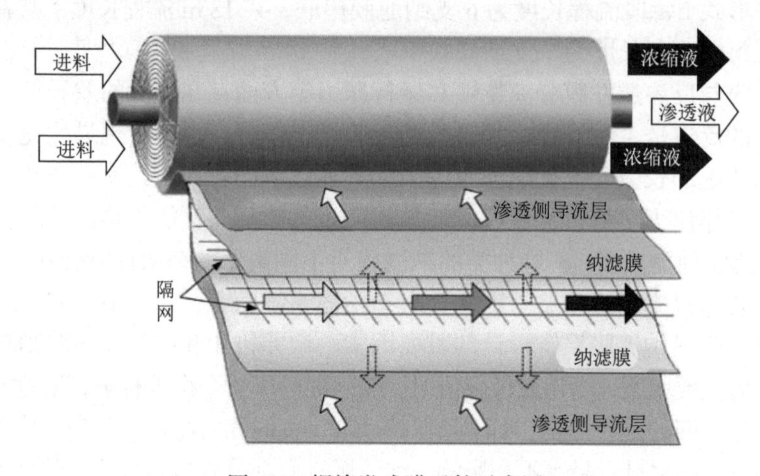

图 4-6　螺旋卷式膜元件示意图

卷式元件结构的复杂性导致其应用过程中依旧会产生许多挑战。在纳滤水处理过程中，膜的截留作用以及卷式元件的狭长流道，使纳滤系统存在不可忽视的浓差极化和膜污染现象；同时起支撑膜片和导流作用的隔网会引起明显的压力损失，以上两个现象均会产生严重的性能衰减。因此，提升纳滤技术的应用性不仅需要提高纳滤膜材料本身的性能，也需要对元件结构进行优化设计，以改善流体力学环境，提高纳滤过程性能。

纳滤过程的分离性能与浓差极化现象之间具有重要关联。与高截留性的反渗透膜不同，纳滤膜分离特性复杂、对溶质的截留能力更具针对性。因此纳滤过程浓差极化的预测较反渗透过程更为复杂。此外，相比于反渗透过程的操作压力，纳滤操作压力更低，由流动阻力产生的压力损失占总操作压力的比例更高，导致其对系统性能产生更明显的影响。著者团队从浓差极化和压力分布两方面对膜元件优化进行了研究。

4.3.1　纳滤膜表面的浓差极化研究

浓差极化是影响压力驱动膜过程效率的主要因素[5]，对膜系统通量、截留率以及回收率等均有重要影响。通常，浓差极化因子（concentration polarization factor，CP，也称为 β 因子）被定义为膜面的物料浓度与主体物料浓度的比值；若进入膜元件的主体物料是无机盐水溶液，则为盐浓度的比值。

浓差极化现象是一个瞬时动态过程，随着过滤的开始而出现，停止而消失。它是流体流动与传质过程共同作用的结果，与溶质性质、膜材料性质以及流体力学情况、膜元件的几何机构等都有很大关系（图 4-7）。

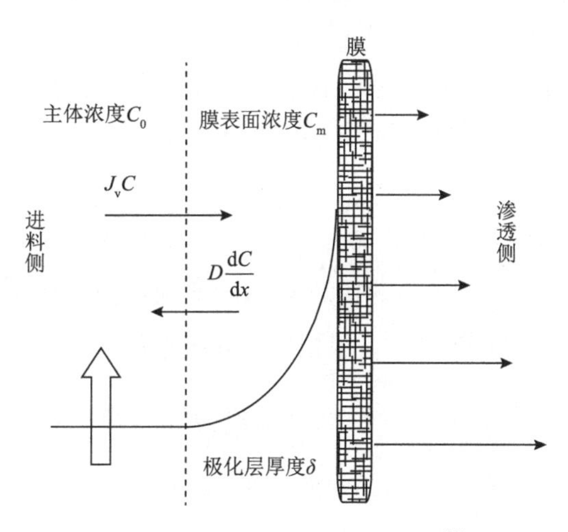

图 4-7　膜表面浓差极化示意图[5]

纳滤分离的性能介于超滤与反渗透之间，不仅同一种纳滤膜对不同溶质的截留率差异大，而且不同纳滤膜间的渗透性和截留性能的差异也很大，因此其所对应的浓差极化现象更为复杂。对于纳滤过程而言，浓差极化依旧是影响纳滤过程经济性的重要因素，因此建立一种可以准确反映和评价纳滤膜表面浓差极化程度及其影响因素的方法是至关重要的。目前，常用的浓差极化研究方法主要包括实验测试、数学模型推演以及数值计算模拟等。

4.3.1.1　理论模型与实验测量的浓差极化预测

对于商品化的卷式纳滤膜元件，运行过程中膜表面的极化程度不易于直接测量，通过理论模型与实验测量相结合的方法，可以近似估算纳滤膜表面的浓差极化程度。下述为著者团队建立的基于理论模型与实验测量的浓差极化预测方法[3]。

根据压力驱动膜的浓差极化模型，$JC + D\frac{\mathrm{d}C}{\mathrm{d}x} = JC_\mathrm{p}$，边界条件为：$x = 0 \Rightarrow C = C_\mathrm{m}$，$x = \delta \Rightarrow C = C_\mathrm{b}$，积分后得到式（4-1）：

$$\frac{C_\mathrm{m} - C_\mathrm{p}}{C_\mathrm{b} - C_\mathrm{p}} = \exp\left(\frac{J\delta}{D}\right) \tag{4-1}$$

式中，C_b 为主体溶液中溶质的浓度，C_m 为膜表面溶质的浓度，C_p 为透过液中溶质的浓度；J 为溶液的透过通量，D 为溶质的扩散系数，δ 为边界层厚度；定义 k 为传质系数，且 $k = D/\delta$，可得式（4-2）如下：

$$\frac{C_\mathrm{m} - C_\mathrm{p}}{C_\mathrm{b} - C_\mathrm{p}} = \exp\left(\frac{J}{k}\right) \tag{4-2}$$

传质系数 k 可与舍伍德（Sherwood）数（Sh）进行关联，且认为流速、扩散系数（受温度影响）和膜器构型对这两个参数的影响最重要[10]，如式（4-3）所示：

$$Sh = \frac{kd_\mathrm{h}}{D} = aRe^b Sc^c \left(\frac{d_\mathrm{h}}{L}\right)^d \tag{4-3}$$

式中，Re 为雷诺（Reynolds）数，Sc 为施密特（Schmidt）数，d_h 为膜器件的水力学半径，a、b、c、d 均为常数。根据 Leveque 方程，浓差极化边界层内为层流流动时：$Sh = 1.62Re^{1/3}Sc^{1/3}\left(\frac{d_\mathrm{h}}{L}\right)^{1/3}$，为湍流流动时：$Sh = 0.023Re^{0.875}Sc^{0.25}$[11, 12]。

因此对于确定的水质和纳滤膜元件，将式（4-3）与式（4-2）结合可以得出式（4-4）：

$$\frac{C_\mathrm{m} - C_\mathrm{p}}{C_\mathrm{b} - C_\mathrm{p}} = \exp\left(\frac{J}{\beta U^\alpha}\right) \tag{4-4}$$

式中，U 为膜表面流速；β 为比例常数，与所用膜组器和给定溶液的性质相关；α 为流速指数，$\alpha = 1/3$（层流）或 0.875（湍流）。根据式（4-4）和截留率关系，可以导出真实截留率（r）与表观截留率（r_o）的关系如下：

$$\ln\frac{(1 - r_\mathrm{o})}{r_\mathrm{o}} = \ln\frac{1 - r}{r} + \frac{J}{\beta U^\alpha} \tag{4-5}$$

根据上式，对于给定膜元件和测试溶液，如果 $\ln\frac{(1 - r_\mathrm{o})}{r_\mathrm{o}}$ 与 $\frac{J}{U^\alpha}$ 为线性关系，则可以通过实验确定斜率 $1/\beta$ 和截距 $\ln\frac{1 - r}{r}$，进而可知纳滤膜真实截留率及膜表面浓度。

式中，溶液透膜通量J和横向流速U以及表观截留率均为通过实验可以获取的参数。

选用时代沃顿科技有限公司的 VNF2 型卷式纳滤膜元件进行测试。因给水侧盐浓度和流量沿膜轴向流程的变化均是线性关系，为了模拟准确，计算时代入测量指标的算术平均值。模拟计算的重点是确定截距进而得到膜表面真实截留率，因此对于给定的膜元件和溶液，J可以直接代入产水流量（m^3/h），而U可以直接代入浓水流量（m^3/h），不同量纲对于确定截距影响不大，但是斜率常数会有较大影响，选择流态系数$\alpha = 0.875$。

以 500 mg/L 硫酸镁溶液为例，保持J不变的情况下，改变U，测得一组表观截留率r_o；用实验数据作图 4-8，可以看出$\ln\frac{(1-r_o)}{r_o}$与$\frac{J}{U^\alpha}$线性相关性较好，可以求出截距计算出真实截留率，进而得出膜表面盐浓度C_m。

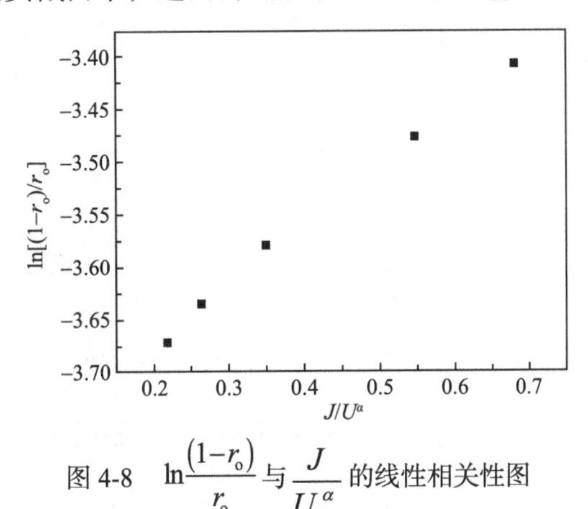

图 4-8　$\ln\frac{(1-r_o)}{r_o}$与$\frac{J}{U^\alpha}$的线性相关性图

图 4-9 为 NF2 型纳滤膜对硫酸镁的表观截留率和真实截留率受浓产水比变化的影响，可见当浓产水比逐渐减小时，表观截留率会有较大的变化，而真实截留

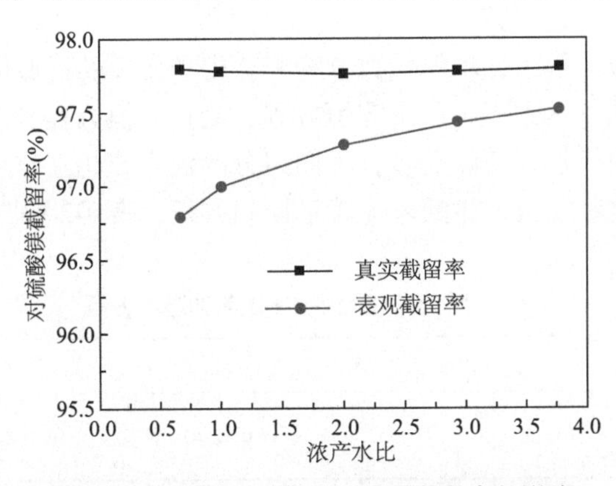

图 4-9　浓产水比对真实和表观截留率的影响

率基本保持不变；随着浓产水比的增加，表观截留率逐渐靠近真实截留率，变化幅度逐渐变缓慢，在实际工程中因为浓水流量不能无限增大，因此表观截留率不可能与真实截留率相等。

根据真实截留率与平均产水盐度计算出平均$\overline{C_m}$，用$\overline{C_m}$除以平均进水盐度$\overline{C_b}$即可获得浓差极化因子。图 4-10 为浓差极化度受到浓产水比变化的影响，对于 500 mg/L 硫酸镁溶液而言，随着浓产水比的增加，浓差极化度减小并趋于变缓。当极化度小于 1.1～1.2 时，增大浓产水比对极化度的缓减作用减小。

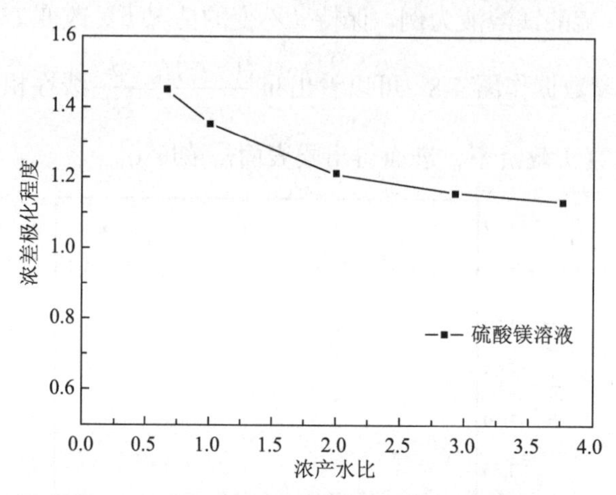

图 4-10 浓产水比对纳滤膜浓差极化度的影响

4.3.1.2 计算流体力学模拟的纳滤浓差极化预测

计算流体力学（computational fluid dynamics，CFD）通过计算机数值计算和图像显示，对包含有流体流动和热传导等物理现象的系统进行分析。CFD 的基本思想可以归结为：把原来在时间域及空间域上连续的物理量场用一系列有限离散点上的变量值的集合来代替，通过一定的原则和方式将关于这些离散点上的场变量之间关系的代数方程组，求解代数方程组获得场变量的近似值[13]。因此，CFD 可以看作是在流动基本方程（质量守恒方程、动量守恒方程、能量守恒方程）控制下对流动的数值模拟，若流动包含不同组分的混合或相互作用，系统还要遵守组分守恒定律。这些守恒定律的表述就是控制方程（表 4-2）[14]。

表 4-2 膜分离过程中 CFD 流动基本方程[13]

流动方程	公式
质量守恒	$\frac{\partial \rho}{\partial t}+\mathrm{div}(\rho \boldsymbol{u})=0$

续表

流动方程	公式
动量守恒	$\frac{\partial u(\rho u)}{\partial t}+\mathrm{div}(\rho u\boldsymbol{u})=\mathrm{div}(\mu\,\mathrm{grad}u)-\frac{\partial P}{\partial x}+S_{\mathrm{u}}$ $\frac{\partial(\rho v)}{\partial t}+\mathrm{div}(\rho u\boldsymbol{u})=\mathrm{div}(\mu\,\mathrm{grad}v)-\frac{\partial P}{\partial y}+S_{\mathrm{v}}$ $\frac{\partial(\rho w)}{\partial t}+\mathrm{div}(\rho u\boldsymbol{u})=\mathrm{div}(\mu\,\mathrm{grad}w)-\frac{\partial P}{\partial z}+S_{\mathrm{w}}$
能量守恒	$\frac{\partial(\rho T)}{\partial t}+\mathrm{div}(\rho uT)=\mathrm{div}\left(\frac{k}{c_{\mathrm{p}}}\mathrm{grad}T\right)+S_{\mathrm{T}}$
组分质量守恒	$\frac{\partial(\rho c)}{\partial t}+\frac{\partial(\rho cu)}{\partial x}+\frac{\partial(\rho cv)}{\partial y}+\frac{\partial(\rho cw)}{\partial z}=\frac{\partial}{\partial x}\left(D_{\mathrm{S}}\frac{\partial(\rho c)}{\partial x}\right)+\frac{\partial}{\partial y}\left(D_{\mathrm{S}}\frac{\partial(\rho c)}{\partial y}\right)+\frac{\partial}{\partial z}\left(D_{\mathrm{S}}\frac{\partial(\rho c)}{\partial z}\right)+S_{\mathrm{S}}$

近年来，计算流体力学技术已经被广泛应用于膜过程传递现象的研究中。CFD 技术用于膜表面浓差极化或者膜污染现象的研究时，本质是对流体流动与传质过程的模拟（速度场与浓度场的耦合求解），关键和难点在于如何准确地将膜的渗透模型与 CFD 模型进行耦合。由于纳滤过程被认为近似于反渗透过程，其对应的 CFD 模拟方法常借鉴反渗透 CFD 模型。在传统反渗透 CFD 模型中，为减少计算复杂性，模型通常会简化（甚至忽略）溶质通量的影响，这是因为反渗透膜对离子具有近 100%的截留能力。然而，纳滤膜对不同溶质的截留范围更宽，溶质渗透现象对整个传质过程的影响不可忽略，此时基于反渗透的 CFD 模型不再适用于纳滤过程。因此，建立纳滤过程的模型时，必须引入特定参数用于体现纳滤膜对不同分离体系的分离差异性。

纳滤膜表面的浓差极化程度与反渗透膜不同，存在多变性。针对纳滤过程建立的 CFD 模型，需要耦合完整的纳滤分离模型，并考虑这些因素与浓差极化程度之间的相互影响。此外，模型参数能够反映膜材料与溶质之间的相互作用，对不同体系膜分离的浓差极化现象具有重要影响。

准确模拟膜分离过程中流体的水力学状况，需要针对每个具体模型的特殊性，建立相符的边界条件和初始条件以及可以准确描述膜上下游界面的传质、传热模型。在模拟纳滤膜分离过程中，边界条件如表 4-3 所示。

表 4-3　膜分离过程中常用的边界条件[14]

位置	边界条件
入口	指定流速和浓度分布； 指定压力入口、流动方向以及浓度分布

续表

位置	边界条件
出口	指定出口压力，浓度梯度为零
开口	指定静压，物质能流入流出
壁面	无壁面滑移，无传质
对称	垂直平面浓度梯度、速度及其梯度为零

根据上述分析，著者团队尝试建立了具有纳滤针对性的 CFD 模拟方法。采用经典的非平衡热力学模型描述纳滤膜渗透性能，通过实验和最优化拟合方法分别确定纳滤膜的纯水渗透系数和特定分离体系的表观反射系数和溶质渗透系数等关键模型参数[5]。著者研究工作中设计了含有不同隔网性状的纳滤模拟流道作为计算区域，以氯化钠（NaCl）和硫酸镁（$MgSO_4$）溶液为料液工质，设定料液模拟温度为 298.15 K，进行 CFD 模拟。在 CFD 模型中，通过添加自定义标量（user defined scalar，UDS）定义对应的溶质，并利用 UDF 的 DEFINE_PRPPERTIES 功能定义溶液的物性参数，在计算过程中实现调用与更新。构建了 SKK 渗透模型的自定义函数，对控制方程进行源相修正，避免借鉴反渗透 CFD 模拟对纳滤膜渗透性能的简化。

模拟表明，隔网的存在促使上部区域流体流速提高，增强了上壁面的剪切力；下部区域存在的涡流效应显著增加了流道内的流体扰动情况，这两种效应在一定程度上都有助于减弱膜表面的浓度极化。然而，由于隔网与膜表面的接触范围较大，会产生一定的流动死区，死区会加剧纳滤膜过程中的局部浓差极化和有机物的沉积，这对纳滤膜过程运行十分不利。图 4-11 为不同隔网形状填充的流道内溶质浓度云图情况，结果表明，隔网形状通过改变流体流动形态，进而改变了上下膜表面的浓差极化程度。如图 4-12 所示，与空流道相比，隔网丝的存在有利于降低膜表面的浓差极化因子。与隔网对流体流型的影响相似，三角形隔网产生的浓度极化因子最低，其次是正方形和圆形，但是不同隔网形状对浓差极化影响差异较小。此外，传质效应在流动死区内受到显著影响，死区内的浓差极化尤为严重。

存在隔网的流道中的流体剪切力和湍流情况十分复杂，这样的流动情况对膜过程的传质现象会产生显著的影响。通过对真实的卷式纳滤膜组件进行 CFD 模拟，得到的膜表面的浓差极化程度是很好的证明（图 4-13）。对于空流道中的浓差极化现象，其在距离入口很短的距离就会达到较大的浓差极化，并在流体流动方向保持缓慢持续增长的变化趋势。通过 CFD 模拟和经验关联式分别获得对应的浓差极化分布情况为：$C_m / C_0 = 1 + 0.87x^{0.35}$ 和 $C_m / C_0 = 1 + 0.78x^{0.33}$，两者差异很小。在含有隔网的流道中，浓差极化存在两个峰值，分别在流体经过隔网前面和后面的

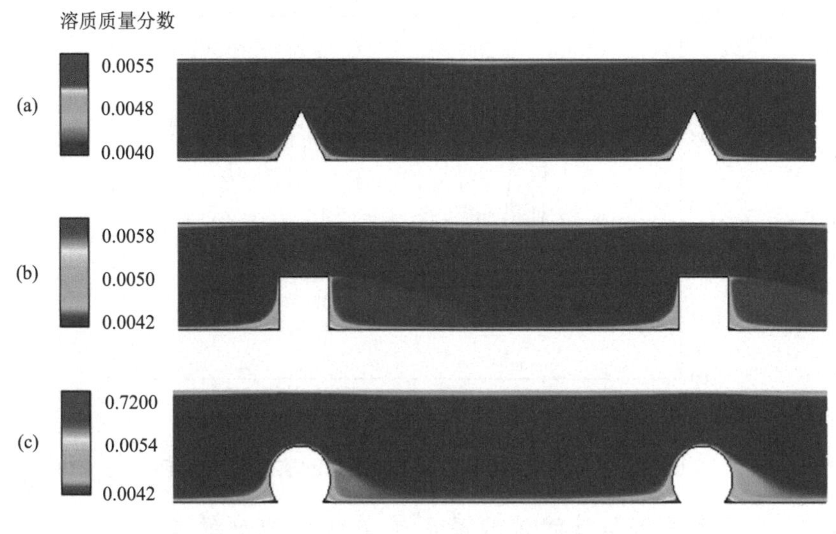

图 4-11　不同隔网形状填充流道的浓度分布

（a）三角形；（b）正方形；（c）圆形

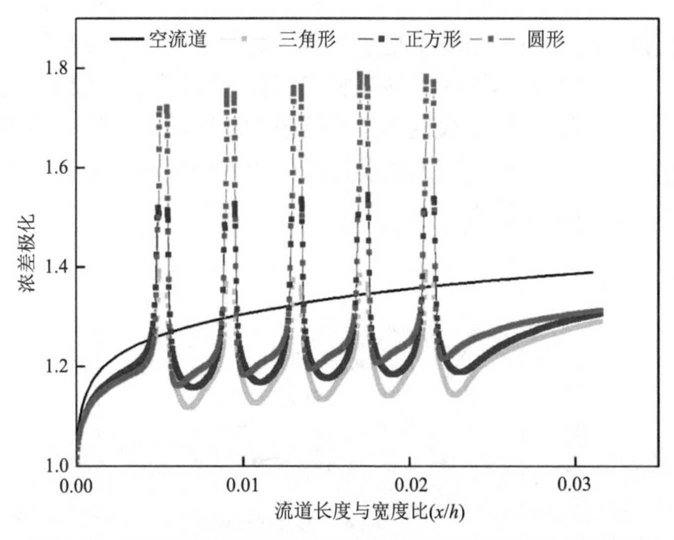

图 4-12　不同隔网形状流道的下膜表面浓差极化与空流道对比

区域。这是由于流体在隔网周围的流动所致，在附近形成明显的流动死区，因此造成较为严重的浓差极化。此外，这些固定的流动死区也更容易产生膜污染和结垢问题。浓差极化的低谷值出现在膜片和隔网的中间区域，这是由于减小的流体通道横截面增加了膜表面的流速。对比空流道持续增加的浓差极化现象，隔网流道中的浓差极化随着流体流动方向，一直在一定范围内波动，并且整体平均值较低。

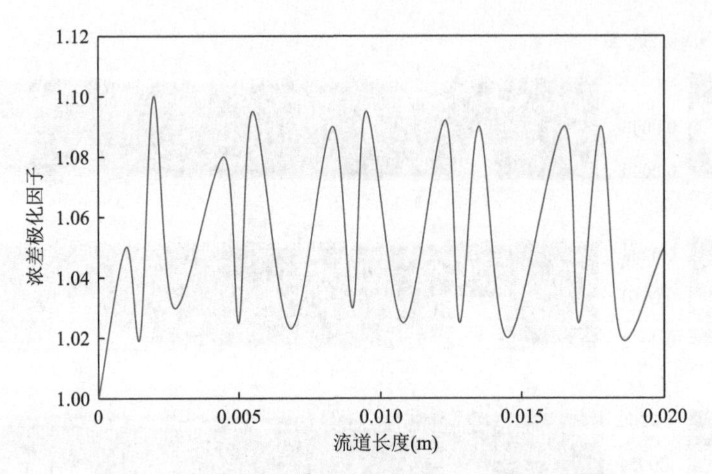

图 4-13　三维 CFD 模拟纳滤流道内的浓差极化因子

4.3.1.3　纳滤膜与反渗透膜表面浓差极化程度的差异

基于实验与模型预测的方法，图 4-14 对比了 NF2 型纳滤膜和 ESPA2 型反渗透膜在相同进水条件下，膜表面极化程度受浓产水比变化的影响差异。可以看出，反渗透膜系统设计时一般控制单支膜浓产水比要大于 5∶1，以维持浓差极化度在 1.2 以下，在浓产水比为 3∶1 时，纳滤膜表面极化程度约为 1.18，反渗透膜表面的极化程度为 1.3，可见截留率较高的反渗透膜在相同浓产水比时膜表面极化程度要大于纳滤膜，因此对于纳滤膜系统设计时的约束条件和反渗透系统是不同的，与膜元件的截留性能关系较大。

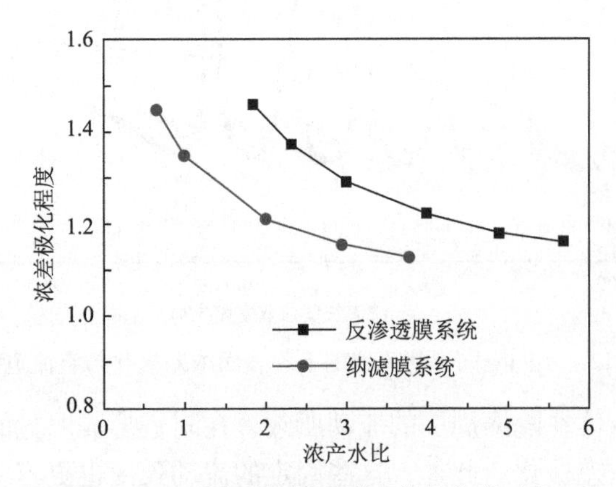

图 4-14　反渗透与纳滤膜浓差极化度对比

基于著者团队建立的纳滤 CFD 模拟方法，对比了不同过程与溶质体系对浓差极化程度的影响。由图 4-15 可知，较易渗透的溶质（NaCl）比难渗透溶质（$MgSO_4$）更具有扩散优势。NF-NaCl、NF-$MgSO_4$、RO-NaCl、RO-$MgSO_4$ 的贡献因子 *Pe*

分别为 0.28、0.42、0.08、0.15。对 $MgSO_4$ 的对流贡献更大，这是由于膜表面浓差极化的增加。此外，研究还发现，与纳滤膜相比，反渗透膜越紧，扩散越明显，因为进入膜孔的盐越少，不能通过对流运输。

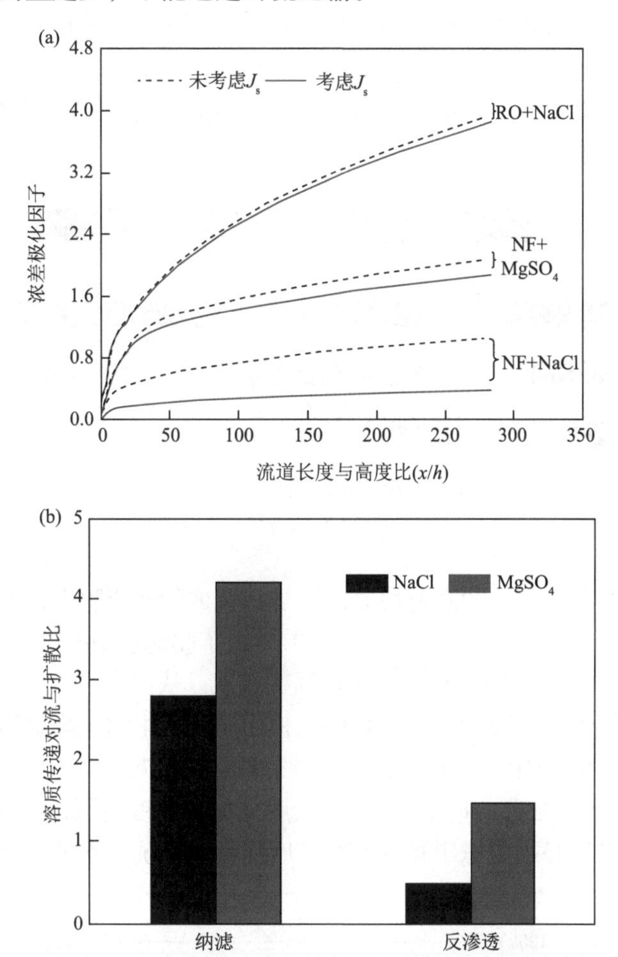

图 4-15 不同压力下（a）和不同溶质浓度下（b）扩散和对流对溶质传递的贡献

相比于致密的反渗透膜，纳滤膜具有更疏松的结构，因此对离子的截留率更低。如前所述，纳滤过程 CFD 模拟中截留率不能简单认同为反渗透的全截留（几乎无溶质渗透），也说明溶质渗透速率对浓差极化模拟预测的重要影响。

4.3.2 纳滤膜元件的流体力学研究

通过纳滤过程的 CFD 模拟，可以很好地实现流道内部压力分布情况。卷式纳滤膜元件中，隔网的存在增加了流体流动的阻力，这必然会造成流体压力的损失。

图 4-16 显示了三种隔网形状填充的膜流道内的压力分布，流体经过每个隔网会产生速度波动和涡流，因此造成显著的压降。在隔网处，总会出现一定的压力上升，随后压力将降至一个极小值，并在下一个隔网处上升至极大值，如此往复，在出口处将降至表压。流道内的压力损失越大则需要更多的额外推动力来保持膜通道内的流体流动，因此压降是膜单元操作的能耗标杆，也用于评价隔网的经济性。根据结果显示，在流道上部产生最高速度的三角形网格产生的压降最大，其次是方形和圆形隔网丝。

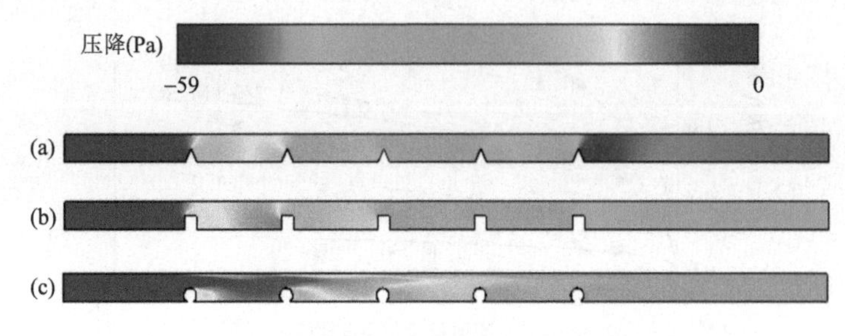

图 4-16　隔网形状对压力分布的影响

（a）三角形；（b）正方形；（c）圆形

无论是隔网存在产生的高剪切力，还是其造成的涡流阻力，都会增加流体的流动阻力，造成显著的压力损失。图 4-17 显示了膜流道中间区域［$y=1/2W$（W 为宽度），$z=1/2H$（H 为高度）］的压力损失情况。从图中可以看出，含有隔网的流道中的压力损失呈波浪形的下降趋势，相比空流道中的压降更为显著。在组件长度为 20 mm 的流道中，空流道的压力损失只有 100 Pa，而含有隔网流道的压降约 1000 Pa。结果可说明，压力损失是卷式膜元件的关键问题，采用卷式膜元件形式的纳滤系统设计必须考虑压降的影响，压降会对系统产水量以及产水水质产生重要影响。

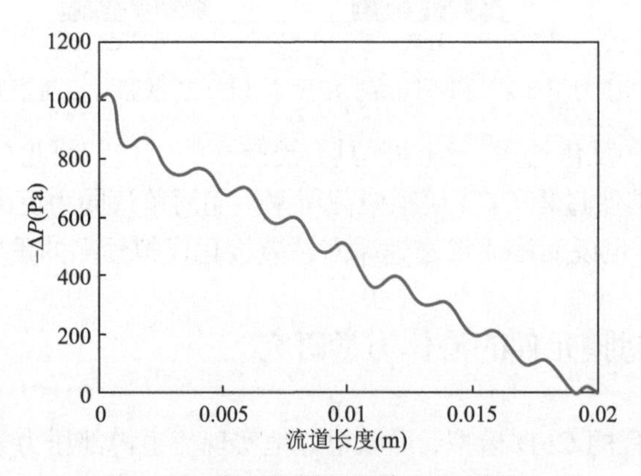

图 4-17　商业化隔网流道的压力损失

为了在纳滤系统设计模型中耦合元件本身的压降，需要获得不同操作流速下的单位压降，并建立相应的关联形式。对于不含隔网的流道内，单位压降通常与进口流速成正比。而在含有隔网的流道中，相同流速下的单位压力损失会更大。著者通过三维的 CFD 模拟，得到了单位长度压降和流速的对应关系。如图 4-18 所示，对比了以上说明的三种情况下的单位压降与流速的关系。可以看出，模拟得到的结果与之前报道的速度平方关系总体比较接近，但是在流速较低的情况下的差异较为明显。因此，通过最优化拟合方法，采用幂指数的拟合形式，获得的关联式为：$dP/dx = 489u^{1.67}$。

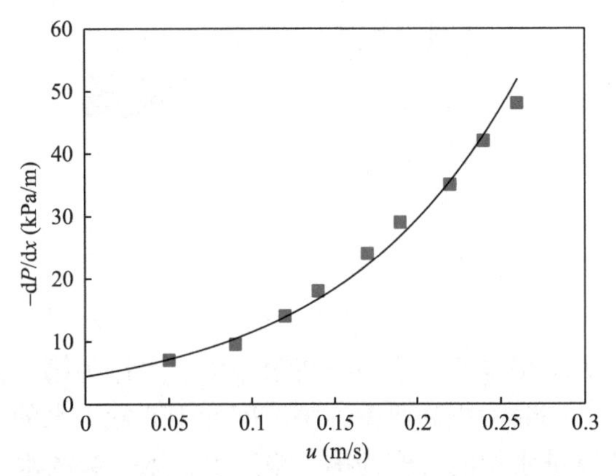

图 4-18　对比三维模拟和其他经验模型的单位压降与流速之间的关系

4.4　纳滤系统流程与排列设计

4.4.1　纳滤系统的结构

由多支膜元件以串联形式装填于压力容器形成的膜组件，其结构如图 4-19 所示。所谓串联主要强调是指浓水要依次经过后面的每一支膜元件，在每支压力容器可串联 1～8 支膜元件。压力容器的串联中，前置元件的流动阻力造成了后置进口压力的损失，从而使后置元件的给水压力相对降低。另一方面，前置元件给水被前置元件浓缩，后置元件的给水渗透压相对较高。

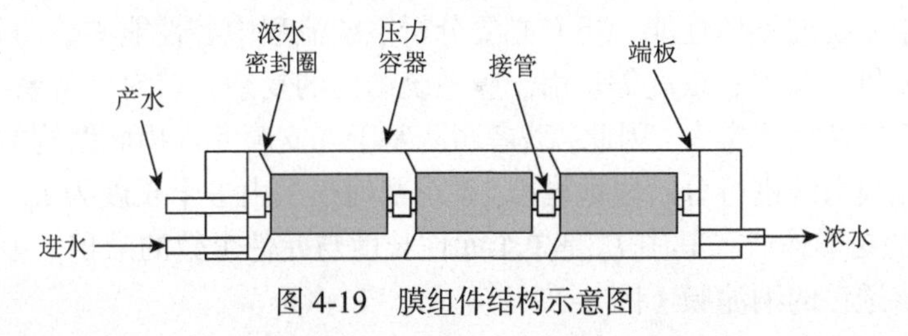

图 4-19　膜组件结构示意图

膜单元是由多个压力容器通过串联或并联的方式构成的。膜单元的结构中通常会有“段”和“级”的概念。如图 4-20 所示为典型的分段式反渗透膜系统，该系统以有浓水流量的汇合并再次进入后续膜壳为标志。前一段的浓水作为下一段的进水，最后一段的浓水排放，而各段产水汇集利用。这一流程适用于处理量大、回收率高的应用场合。对于反渗透膜系统，通常小于 10 000 mg/L 的苦咸水淡化和低盐度水或自来水的净化均采用该流程。分段的标志以浓水流量的汇合处为准，第一次汇合前称为一段，后面依次为二段、三段。

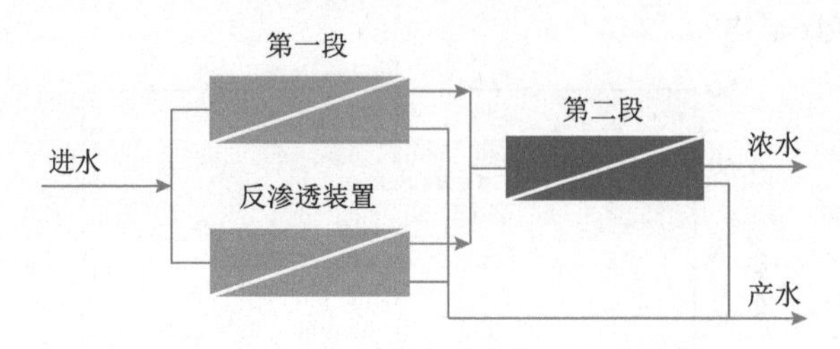

图 4-20　反渗透系统浓水分段式示意图

如图 4-21 为典型的分级式反渗透膜系统，该系统以经过膜过滤的产水再次经过过滤器为标志。为了提高产水水质，将第一级产水作为第二级进水，第二级产水就是装置的产水。同时为提高收率，将浓度低于装置进水的第二级浓水返回至第一级进口处与装置进水相混合作为第一级进水，第一级浓水排放。

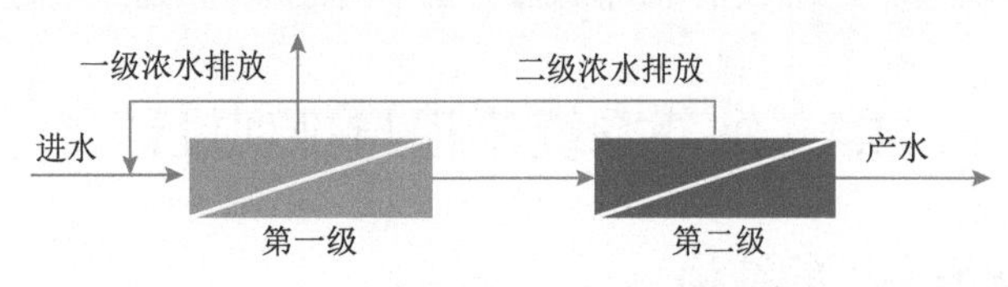

图 4-21　反渗透系统产水分级式示意图

4.4.2　纳滤膜系统沿流程长度的性能分析

4.4.2.1　纳滤系统设计模型

由于膜系统的基本结构是多段或多级的长流程形式，因此分析膜系统性能不能仅局限于系统的整体性能，更有必要分析系统流程中各性能参数的分布状况，包括产水流量、压力、浓度等。由于膜系统结构的复杂，若对完整系统建立设计模型则计算复杂性非常大。因此，著者团队基于 6 支膜元件串联结构的压力容器，再结合具体膜系统进行分阶段地模拟。系统几何模型由一个长度为 L_p、宽度为 W、高度为 H 的矩形构成。其中 L_p 是单个元件长度与元件个数的乘积，矩形具有上、下两个半渗透性的纳滤膜（图 4-22）。

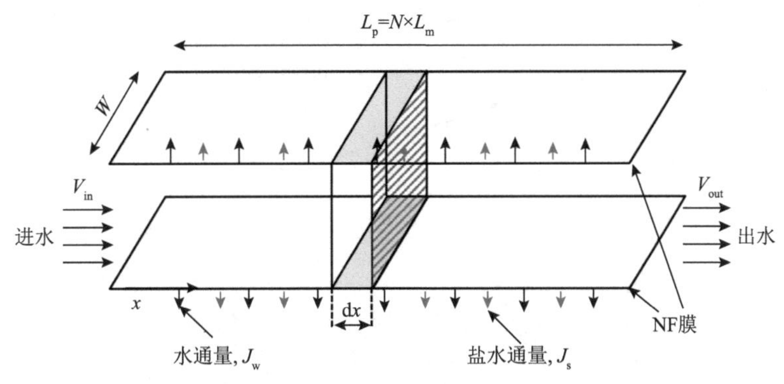

图 4-22　压力容器内的矩形流道示意图

在该系统模型中，将流体经过压力容器的流动过程视为多孔介质内的流动，流动过程中由于膜渗透性的原因，在流程方向存在显著的流量下降；流量损失一方面降低了进水压力，并且卷式纳滤膜元件的隔网也会造成流程方向的压降。此外，整个纳滤系统的进口、浓水出口、产水出口还存在溶质与水量的物质守恒。其中，纳滤膜元件的产水量、产水水质以及由隔网造成的压力损失基于前期的 CFD 模拟计算结果，与纳滤的系统模型进行耦合。这种模型耦合形式对于构建真实意义的纳滤系统模型十分关键，在该纳滤系统模型中，浓差极化以及真实的隔网压降效应都被完整体现出来。

4.4.2.2　纳滤系统沿流程长度的性能分析

元件串联或元件分段结构中沿系统流程的产水水量与产水水质下降的现象，被称为膜系统的性能衰减。与反渗透系统相比，纳滤膜系统有以下特点：系统脱盐率较低，且受到进水盐度变化影响较大；相同系统回收率下，纳滤系统的浓差极化程度较低；其操作压力较低，因此系统透水压力下降明显，造成系统中沿流程各元件性能衰减更为突出。

纳滤膜系统沿流程参数分布的第一大特点是膜通量的不均衡即膜通量下降（图 4-23），一方面是由于卷式膜的进水流道中存在较大的流动阻力，使得沿流程的给水压力将逐渐降低（图 4-24）；另一方面，进水被不断浓缩，使得系统流程的含盐量和渗透压逐渐上升。以上两个原因共同导致沿系统流程的各膜元件产水流量下降。

膜系统沿流程分布的第二大特点是膜元件产水含盐量的不均衡（图 4-25），系统的脱盐率远低于单支元件的脱盐率，但是这种差异性在半截留性能的纳滤系统中更为显著。浓水沿系统流程的含盐量上升，导致沿程通量下降的同时必然导致沿系统流程各元件透盐量的上升。由此反映出系统前段膜元件产水含盐量较低，后端元件产水含盐量较高。例如，6 支膜元件串联的 2000 ppm 进水的处理体系，

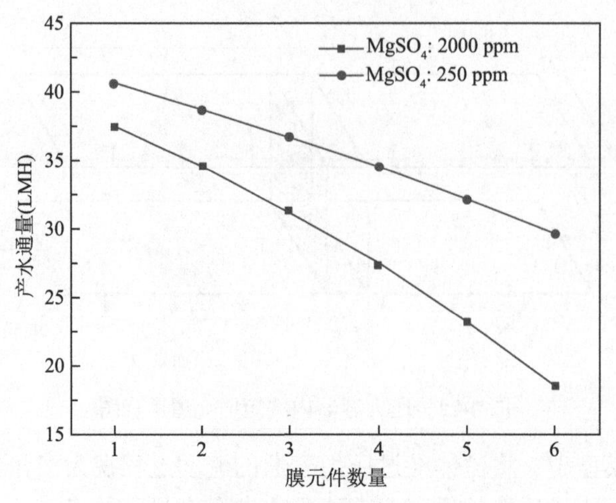

图 4-23　纳滤系统的沿程产水通量分布

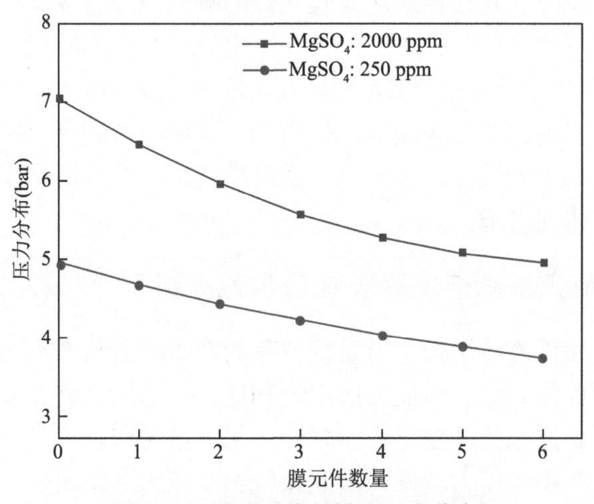

图 4-24　纳滤系统的沿程压力分布

脱盐率从首段的 95%下降到末端的 81%，首末段脱盐率相差 1.17 倍。对于高浓度的含盐进水，其沿程脱盐率的下降比低浓度盐水的更为明显。本质上，系统通量失衡与脱盐率失衡是密切相关的。因此，有利于提高通量均衡的短流程纳滤系统设计，必然也能够保证系统脱盐率水平。

纳滤系统的浓差极化程度与流道长度密切相关。图 4-26 给出了对于 6 支元件串联的膜系统，不同浓度含盐进水的沿程浓差极化程度，这是由于前置膜元件的浓水成为后置膜元件的给水，高盐浓水在后置元件表面更易发生浓差极化现象。因此，只要最后一支元件的浓差极化值未超出极限，则前面各支膜元件的浓差极化程度自然满足条件。此外，从图 4-26 可以看出，给水含盐浓度对系统浓差极化影响大，进水浓度高时其对应的浓差极化程度相对较低。

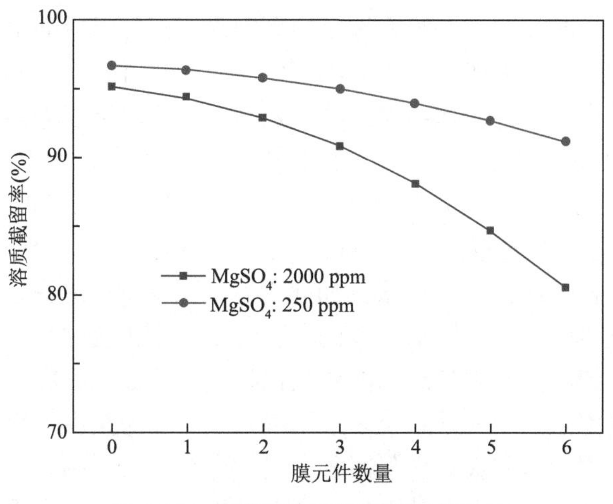

图 4-25　纳滤系统的沿程截留率分布

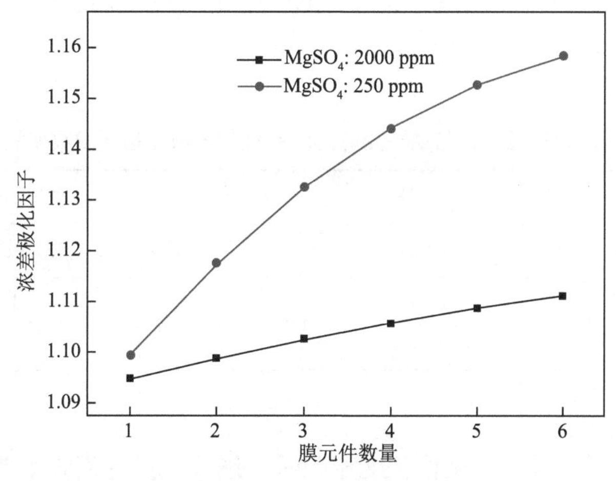

图 4-26　纳滤系统沿程浓差极化程度分布

4.4.3　纳滤膜系统回收率及其优化方法

回收率指标是压力驱动膜系统设计的重要指标，直接影响预处理的规模、投资成本及膜的污染速度、运行效率和成本。

4.4.3.1　纳滤系统回收率

对于膜数量较少的小型膜系统，为了缓解浓差极化对系统回收率的限制，通常对单支膜元件浓产水量有要求。因此，膜系统满足浓差极化度限制得到的最大收率本书称为浓差极化回收率。错流运行方式下，膜系统浓差极化程度取决于膜材料本身的通量、脱盐率以及膜元件结构等因素，因此对应的浓差极化回收率也受上述因素影响较大。例如，表 4-4 列出对 99%高截留的反渗透膜元件和 90%截留性能的纳滤单支膜元件模拟结果。结果表明，若均设定膜表面的浓差极化极限等于 1.2，对于反渗透膜而言，一般要求单支膜浓产水量比例大于 5∶1，即单膜收率控制小于 15%，而对于纳滤膜元件的回收率在 20%左右，即浓产水比为 4∶1。换言之，若控制单支纳滤膜元件的回收率与反渗透的一致（15%），则对应的纳滤元件的浓差极化程度约为 1.15。根据如此推算，6 m 流程纳滤系统的浓差极化也只有 1.16，未达到 1.2 的上限值。因此，若完全采用传统的反渗透系统流程，非全截留的纳滤系统不会产生过高的浓差极化程度，且极化程度也不会成为限制系统回收率的关键因素。膜元件系统多采用串联方式，但是由于串联元件的数量有限，串联系统末端的浓差极化极限回收率仍然存在一定限制。随着串联膜元件数量的增加，浓差极化极限回收率的上升趋势如图 4-27 所示，发现系统总回收率的上升并非与串联元件数量呈线性关系，随着串联元件数量的增加，极限回收率的上升会趋于饱和。

表 4-4　单支反渗透与纳滤元件的浓差极化与浓差极化回收率的对比

元件类型	RO 元件			NF 元件		
	截留率	浓差极化	回收率	截留率	浓差极化	回收率
参数	99%	1.2	15%	90%	1.2	20%
					1.11	15%

操作条件：$MgSO_4$为 250 ppm；温度为 25℃

从图 4-27 可以看出，流程长度相同时，纳滤膜设计回收率要高于超低压反渗透膜。纳滤膜系统流程为 2 m 对应的收率相当于反渗透膜系统 3 m 对应的收率；纳滤膜系统流程 3 m 对应的收率相当于反渗透膜 5 m 对应的收率，以此类推。这说明要实现相等的回收率时，纳滤膜的流程要短于反渗透膜，大大缩短了膜系统流程。这对于纳滤膜系统而言有重要意义，因为纳滤膜系统的进水压力较低。

相同条件下纳滤膜进水压力为 5 bar，而反渗透膜的进水压力为 10 bar，同样采用 6 支串联的压力容器，压力损失占纳滤膜进水压力的 35%，而压降损失占比反渗透膜进水压力不足 18%；那么纳滤膜进水压力的大部分消耗在克服压力降，而且长流程会造成产水水质变差。这也是纳滤膜采用短流程的重要意义。

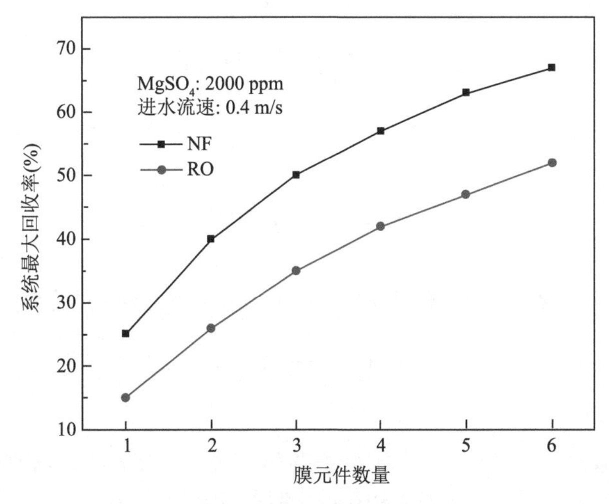

图 4-27　纳滤系统沿程浓水回收率分布

4.4.3.2　纳滤系统极限回收率

纳滤膜系统优化设计的技术目标是要在保持稳定的截留性能的前提下确定系统的最大回收率。如果将纳滤过程视为热力学范畴与动力学范畴相结合的综合过程，类似反渗透系统，纳滤膜系统的回收率主要被以下两个因素所限制：第一制约因素是热力学范畴内的难溶盐结垢问题；第二制约因素为动力学范畴内的膜系统末端浓差极化与膜元件最低浓水流速问题。而关于制约中小型纳滤系统收率的浓差极化问题则可通过采用回流循环工艺得到改善。以下分别对这两大极限收率的纳滤特点及其关系进行探讨。

1. 难溶盐极限回收率

反渗透膜系统难溶盐极限收率可近似认为由原水水质决定，且与反渗透膜本身性能的关系不大，与反渗透膜系统不同的是，纳滤膜系统的难溶盐极限收率主要由原水水质和纳滤膜的截留性能共同决定，不同类型的纳滤膜的极限收率并不相同。根据物料衡算、质量平衡、回收率及截留率的计算方程，浓水侧盐浓缩倍率的数学关系推导如下所述。

物料衡算与质量平衡方程:

$$Q_f \times C_f = Q_p \times C_p + Q_c \times C_c \tag{4-6}$$

$$Q_f = Q_p + Q_c \tag{4-7}$$

式中，Q_f、Q_p和Q_c分别为进水、产水和浓水的流量；C_f、C_p和C_c分别为进水、产水和浓水的盐浓度。

膜的回收率（R）的关系为

$$R = \frac{Q_p}{Q_f} \times 100\% \tag{4-8}$$

膜的表观截留率（r_o）关系为

$$r_o = 1 - \frac{C_p}{C_f} \times 100\% \tag{4-9}$$

将式（4-7）～式（4-9）代入式（4-6）可得浓缩倍率的关系式如下：

$$T = \frac{C_c}{C_f} = \frac{1 - R(1 - r_o)}{1 - R} \tag{4-10}$$

如式（4-10），截留率 r_o 越小对浓缩倍率的影响越大，浓缩倍率和纳滤膜都对溶质的截留性能有较大影响。影响纳滤膜系统截留率的因素较多，除了受进水水质和纳滤膜性能的影响，还与纳滤膜的排列有很大的关系。

实际上，在常规水源中，按照难溶盐的类型分，主要包括以下几类：硫酸盐型、硅酸盐型与碳酸盐型等，而硫酸盐还可再分为硫酸钙、硫酸锶、硫酸钡等。而在纳滤系统进水中，各种难溶盐可能共存，因此需要确定系统最终难溶盐极限收率 R_{salt}，R_{salt} 为各类难溶盐极限收率的最低值：

$$R_{salt} = \mathrm{Min}\,(R_{CaSO_4}, R_{BaSO_4}, R_{SrSO_4}, R_{SiO_2}, R_{CaCO_3}, \cdots)$$

由此可知，纳滤膜系统的难溶盐极限收率与给水水质和纳滤膜对难溶盐离子的截留性能相关，与系统结构排列的影响无关。

2. 浓差极化极限收率

膜系统满足浓差极化度（或浓产水量比例）限制得到的最大收率称为浓差极化收率，浓差极化收率可简单地认为只与膜系统的结构性能有关而与给水水质特性无关。与反渗透膜相同，纳滤膜表面的极化度通常也控制在极化度指标小于 1.2，但所对应的单支膜的浓产水量的比值不同，纳滤膜为大于 3∶1，即单支膜收率控制小于 25%；而对于反渗透膜而言，一般要求单支膜浓产水量比例大于 5∶1，即单膜收率控制小于 15%。

3. 纳滤膜系统最大收率的确定

在水处理纳滤膜过程中存在受进水难溶盐饱和度、水质特性和纳滤膜截留性能所共同决定的难溶盐极限收率，与受浓差极化度（或浓产水量比例）与系统结构限制的浓差极化极限收率两个极限收率。在实际工程中，两个极限收率并非无法改变，根据两收率各自特点，均可采用适当的方法提高两个极限收率。对难溶盐收率而言，可以通过外加阻垢剂改变其溶度积来提高极限收率；对于浓差极化收率而言，可以采用浓水回流工艺，通过用浓水代替部分给水来维持浓差极化度，从而提高极限收率。

4.4.3.3　纳滤系统回收率优化方式

1. 浓水回流装置

浓差极化程度对纳滤系统的约束较小，但由于纳滤的操作压力低于渗透过程，因此仍然存在回收率的极限值。对于浓差极化收率而言，可以采用浓水回流工艺，通过用浓水代替部分给水来维持浓差极化度，从而提高极限收率。在膜系统设计中，将部分浓缩水循环与原始进水相混合作为系统的进水，另一部分浓水排放废弃（图 4-28）。该工艺一般适用于回收率较低的小型反渗透或纳滤系统以提高系统收率。对于产水规模小的系统，回流工艺对系统收率的影响较大，而且随着产水规模增加，回流对系统收率的影响不断减小。对于小型纳滤/反渗透系统设计回流工艺在技术、经济上都是可行的。对于大型纳滤/反渗透膜系统，因为流程长度足够，浓差极化不再是系统设计约束，浓差极化收率接近或高于难溶盐收率，浓水回流将失去其主要作用。

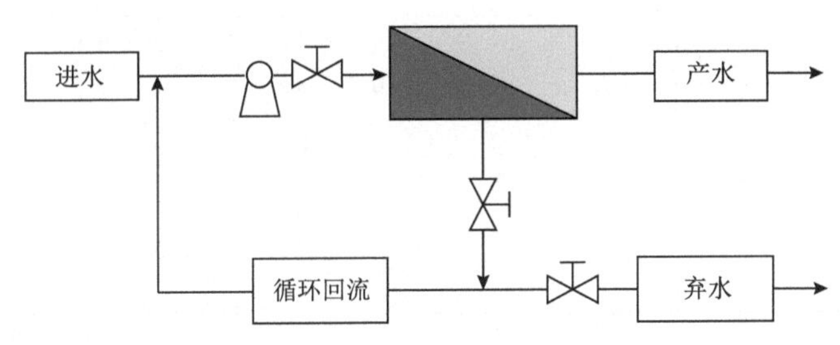

图 4-28　纳滤系统浓水循环式示意图

2. 难溶盐极限回收率

除了浓差极化极限回收率，在水处理纳滤膜过程中也存在难溶盐极限收率。在实际工程中，极限收率并不是绝对不能改变的，可采用合适的方法以提高两个极限收率。对难溶盐收率而言，可以通过外加阻垢剂改变其溶度积来提高极限收率。对于大多纳滤和反渗透工程，给水外加阻垢剂均可使难溶盐收率提高到 80%以上，此时只需通过采用浓水回流工艺来提高相应系统的浓差极化收率，使得两收率相等。

3. 段间加压工艺

此外，通过二段式的纳滤系统，由于元件造成的过程压力损失会造成严重的系统通量与脱盐率失衡。可以通过在段间加压的方式，在系统的前段浓水与后段给水之间增设一个加压泵，以提高系统后段的给水压力，从而达到平衡前、后段性能差异。

4.4.4　膜单元的优化排列方式

在膜单元中，膜压力容器的分段数量、容器长度及各段并联容器数量统称为系统结构，各段容器长度之和称为系统流程长度，两段中并联膜容器数量之比称为段容器比。

按照反渗透膜系统的一般排列设计，为使整个系统的每个容器达到相近的浓水/淡水比例和流速要求，膜单元要求保持锥形排列。同时，浓水/淡水比例要符合膜元件的技术规格要求。对于一个给定的反渗透系统，浓缩段数取决于产水回收率和每只膜壳中的膜元件数。为了避免在膜表面形成过渡的浓差极化，限制每只膜元件的回收率不能超过15%。对应的排列方式与浓差极化限值均会限制回收率（选择ESPA2膜为例，结合软件模拟），见表4-5。

表4-5　反渗透膜在短流程时最大回收率对应表

流程长度（m）	分段数	膜排列	浓差极化度限值	最大回收率（%）	产水水质(mg/L)	压力降（bar）
1	1	1/1	1.2	15	2.4	0.1
2	1	1/2	1.2	26	2.4	0.3
3	1	1/3	1.2	35	2.7	0.5
4	1	1/4	1.2	42	3.0	0.7
5	1	1/5	1.2	47	3.3	0.9
6	1	1/6	1.2	52	3.5	1.3

注：1. 膜排列表示中如1/3，分子代表压力容器数量，分母代表单支压力容器中装填的膜数量；单支膜的长度近似为1 m长

2. 模拟计算条件：氯化钠浓度为500 mg/L，pH = 7，温度为25℃，单支膜产水量为200 L/h

对于纳滤膜系统，其分离机理与反渗透系统不尽相同，这也使得系统设计约束条件的不同。当通量低于一定范围时，纳滤膜的产水量与盐浓度的关系不大（只要维持浓产水量比相同），可以认为在流程长度上，纳滤膜的产水量近似相同。浓产水量比值变化对纳滤膜产水量几乎无影响，但是对其截留性能的影响较大，因此为了保证截留性能的稳定，需要限制单支膜浓产水量比大于3∶1，满足此条件后也即满足了膜表面对浓差极化度的限制小于1.2。因此我们可以推算出此类纳滤膜的优化收率和排列。

对于单支膜而言，满足3∶1的要求，即回收率为25%；且要满足浓水流速大于5 L/min的限制，假定膜的设计通量为35 L/($m^2 \cdot h$)，单支膜元件的回收率为25%可以满足设计要求（见图4-29）。

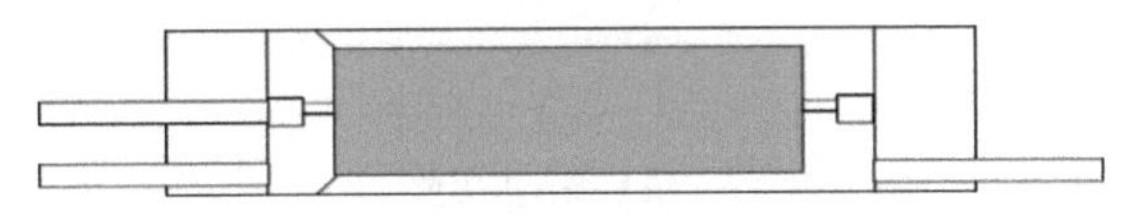

图 4-29　单支 NF 膜结构

对于流程长度为 2 m 串联系统（见图 4-30），从最后一支膜开始计算，水量按照所有的约束条件，依次向进水方向推导流程中的每支膜的浓水流量，最后确定出整个流程的回收率。计算结果显示，2 m 串联流程的纳滤系统收率为 40%；对于 3 m 长流程（图 4-31）的纳滤膜系统，计算后回收率为 50%；对于 4 m 长流程的纳滤膜系统（图 4-32），计算后为 57%；对于 5 m 长流程的纳滤膜系统（图 4-33），计算后为 63%。

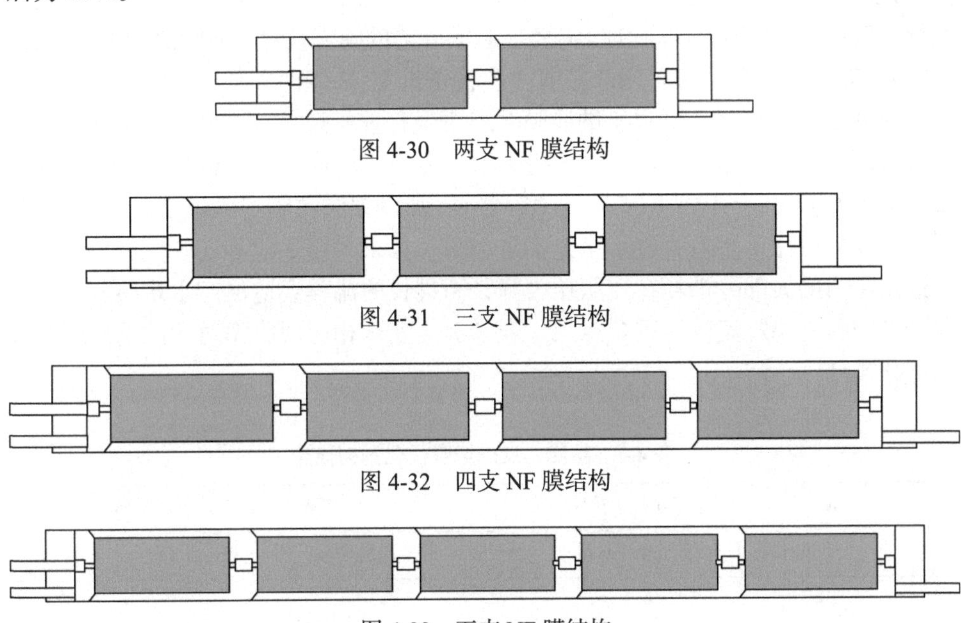

图 4-30　两支 NF 膜结构

图 4-31　三支 NF 膜结构

图 4-32　四支 NF 膜结构

图 4-33　五支 NF 膜结构

对于 6 m 长流程的纳滤膜系统，计算后为 67%。同样流程长度条件下，由于浓产水量比例限制不同，纳滤膜和反渗透膜系统限制的回收率如表 4-6 所示。

表 4-6　基本流程长度纳滤、反渗透膜回收率对比

流程长度（m）	分段数	膜排列	浓差极化度限值	纳滤系统最大回收率（%）	反渗透系统最大回收率（%）
1	1	1/1	1.2	25	15
2	1	1/2	1.2	40	26
3	1	1/3	1.2	50	35
4	1	1/4	1.2	57	42

续表

流程长度（m）	分段数	膜排列	浓差极化度限值	纳滤系统最大回收率（%）	反渗透系统最大回收率（%）
5	1	1/5	1.2	63	47
6	1	1/6	1.2	67	52

从上述分析可以看出，流程长度相同时，纳滤膜设计回收率要高于超低压反渗透膜。纳滤膜系统流程为 2 m 对应的收率相当于反渗透膜系统 3 m 对应的收率；纳滤膜系统流程 3 m 对应的收率相当于反渗透膜系统 5 m 所对应的收率，以此类推。说明要实现相等的回收率时，纳滤膜的流程要短于反渗透膜，比如反渗透膜系统一般要做到 75%的收率时，需要 5 芯或 6 芯的膜壳长度，采用两段 2∶1 的排列方式，对于纳滤膜系统采用 3 芯或 4 芯膜壳长度，采用两段 2∶1 排列方式即可；大大降低了膜壳长度，这对于纳滤膜系统而言有重要意义。这是因为纳滤膜系统的进水压力较低。相同条件下纳滤膜进水压力为 2.8 bar，而超低压反渗透膜的进水压力为 6.4 bar，同样采用 6 芯压力容器时，压降损失占纳滤膜进水压力的 47%，而压降损失占比反渗透膜进水压力不足 20%；如果采用 2 段 6 芯膜壳，那么纳滤膜进水压力的大部分消耗在克服压力降，而且长的流程会造成产水水质变差。这也是纳滤膜采用短流程的重要意义。表 4-7 为实现相应回收率对应的纳滤膜系统的优化排列。

表 4-7　纳滤、反渗透膜优化排列比较

目标回收率	纳滤膜系统优化排列结果			反渗透膜系统优化排列结果		
	膜排列	流程长度（m）	分段数	膜排列	流程长度（m）	分段数
75%	2/3 + 1/3	6	2	2/5 + 1/5	10	2
80%	2/4 + 1/4	8	2	2/6 + 1/6	12	2
85%	2/5 + 1/5	10	2	3/5 + 2/5 + 1/5	15	3

当目标收率确定时，纳滤膜系统的流程一般最多需要两段，但对于反渗透膜来讲需要三段系统，增加了系统的复杂性。在实际工程应用设计中，可以参考上述列表。

参 考 文 献

[1] Hwang K J, Liu H C. Cross-flow microfiltration of aggregated submicron particles[J]. Journal of Membrane Science, 2002, 201(1): 137-148.

[2] Farahbakhsh K, Svrcek C, Guest R K, et al. A review of the impact of chemical pretreatment on low-pressure water treatment membranes[J]. Journal of Environmental Engineering and Science, 2004, 3(4): 237-253.
[3] 毕飞. 饮用水纳滤深度处理系统优化设计与工程示范研究[D]. 杭州: 浙江大学, 2016.
[4] 李圭白. 饮用水安全问题及净水技术发展[J]. 中国工程科学, 2012, 14(7): 20-23.
[5] 张雅琴. 基于 CFD 的多尺度耦合纳滤系统模拟与设计[D]. 杭州: 浙江大学, 2019.
[6] 靖大为. 反渗透系统优化设计[M]. 北京: 化学工业出版社, 2006: 111-126.
[7] Koutsou C P, Karabelas A J. Towards optimization of spacer geometrical characteristics for spiral wound membrane modules[J]. Desalination & Water Treatment, 2010, 18: 139-150.
[8] Busch M. Engineering aspects of reverse osmosis module design[J]. Desalination & Water Treatment, 2010, 15: 236-248.
[9] Du Y, Xie L, Wang Y, et al. Optimization of reverse osmosis networks with spiral-wound modules[J]. Industrial & Engineering Chemistry Research, 2012, 51: 11764-11777.
[10] Mulder M. 膜技术基本原理[M]. 2 版. 李琳, 译. 北京: 清华大学出版社, 1999: 138-178.
[11] Schock G, Miquel A. Mass transfer and pressure loss in spiral wound modules[J]. Desalination, 1987, 64: 339-352.
[12] Sutzkover I, Hasson D, Semiat R. Simple technique for measuring the concentration polarization level in a reverse osmosis system[J]. Desalination, 2000, 131(1-3): 117-127.
[13] 王福军. 计算流体动力学分析: CFD 软件原理与应用[M]. 北京: 清华大学出版社, 2004.
[14] Fimbres-Weihs G A, Wiley D E. Review of 3D CFD modeling of flow and mass transfer in narrow spacer-filled channels in membrane modules[J]. Chemical Engineering and Processing: Process Intensification, 2010, 49(7): 759-781.

第5章　纳滤膜污染形成机理、表征与防控

与所有膜过滤工艺一样，纳滤过程也受到膜污染问题的制约。膜污染所引发的纳滤过程渗透阻力增大、产水通量下降、分离性能衰减、使用寿命缩短等膜性能劣化问题最终会造成水质恶化和能耗增加，降低水处理工艺的生产效率。纳滤膜污染种类多样，涉及有机污染、无机污染和生物污染；污染机理复杂，原水水质、预处理工艺、运行条件、膜材料和组件的选择等都会影响膜污染的形成机理和防控。因此，从源头探讨纳滤膜污染的形成原因和机理，对膜污染进行表征和分析，对于纳滤膜的工业应用具有重要意义。本章总结纳滤膜污染的类型及其污染机理，讨论纳滤过程运行条件对膜污染形成的主要影响，探讨不同纳滤污染类型的在线监测和离线表征手段；重点介绍著者在膜污染表征、新型耐污染纳滤膜产品的开发、膜清洗和运行条件优化等污染防控方面的研究成果。

5.1　纳滤膜污染的形成

5.1.1　纳滤膜污染的类型及形成机理

随着纳滤系统的运行，水体中的胶体颗粒、溶解性无机离子、有机物和微生物等，在外在压力驱动下会吸附或沉积到纳滤膜表面或膜孔中，造成膜污染，导致膜分离性能逐渐下降。根据污染物种类差异，纳滤膜污染可分为无机污染、有机污染、生物污染三种类型[1-3]。

5.1.1.1　*无机污染及形成机理*

无机污染包括金属氢氧化物、碳酸盐等无机盐沉淀物引起的无机盐结垢污染和二氧化硅等悬浮颗粒沉积引起的胶体污染。无机污染物形成机理一般经过成核与生长两个步骤：①成核，在压力驱动下，水分子可以自由通过纳滤膜，而溶质盐则被部分截留，在纳滤膜表面处积累，使膜表面溶质浓度升高，过饱和状态的盐溶液在膜表面生成晶核并沉积；②生长，随着水分子不断通过纳滤膜，溶质浓度持续过饱和，加速了无机污染物的生长。其中常见的无机污染主要有：无机盐污染、金属盐污染以及胶体污染等。

1）无机盐污染

无机盐类污染物包括硫酸钙（$CaSO_4$）、碳酸钙（$CaCO_3$）、硫酸镁（$MgSO_4$）、磷酸钙复合物等。随着纳滤过程的进行，水体中微溶盐浓度超过溶度积而沉淀析出，在膜表面生成水垢导致无机盐污染。该类污染防治可通过调节 pH、添加阻垢剂、使用钠离子交换器去除 Ca^{2+}和 Mg^{2+}等易结垢阳离子、降低水的硬度等方法实现。具体内容见第 4 章预处理部分。

2）金属盐污染

原水中的铁盐、铝盐、锰盐、钡盐和锶盐等溶解金属盐在膜处理单元中会发生沉淀产生膜污染。其中，氢氧化铁最为常见，其次为氢氧化铝及氢氧化锰。

以铁盐污染为例。水溶液中的亚铁离子本身不会对纳滤膜性能产生影响，但进料液中的溶解氧会将亚铁离子氧化为三价铁离子，并在较高的 pH 条件下形成氢氧化物沉淀产生污染。该氧化反应的速度与进料液中亚铁离子的浓度、氧的浓度和 pH 有关，为此将控制进水 pH 在 5～7 之间，降低亚铁离子的氧化速度，可以有效预防氢氧化铁沉淀污染的产生。

3）胶体污染

胶体表面通常携带电荷，易与纳滤膜表面荷电基团结合，形成胶体污染。由于胶体污染物的尺寸较大，在膜表面形成致密污染层会造成较大的水渗透阻力。常见水体中的胶体包括：SiO_2 胶体、$Fe(OH)_3$ 胶体、$Al(OH)_3$ 胶体、硅酸胶体、淀粉胶体和各种蛋白质胶体等。

以典型的 SiO_2 胶体为例，SiO_2 在水体中的溶解度受 pH 值影响大。当 pH 为中性时，SiO_2 以溶解的硅酸形式存在；而在碱性溶液中，硅酸呈离子化，无定形 SiO_2 的溶解度超过其在酸性和中性溶液中的溶解度，过饱后聚合生成不溶的胶体硅，对纳滤膜造成污染。

SiO_2 胶体富集的影响因素包括进料液的温度、时间、离子强度、金属离子共沉降作用等。SiO_2 在纳滤膜表面上产生沉积，包括溶解性 SiO_2 的过饱和与胶体颗粒沉降两阶段。其一，溶解性 SiO_2 在纳滤膜表面形成一层不可渗透的类玻璃状薄膜，同时溶解态 SiO_2 聚合形成胶体颗粒。其二，当条件有利于絮凝或沉降时，胶体颗粒在膜表面沉积，在对流流动以及在纳滤膜进水侧的死水端中，胶体颗粒保持离散状态，并逐渐增大而发生沉降。

不产生 SiO_2 沉淀的条件为

$$[SiO_2]_r \leqslant [SiO_2]_{lit}$$

$$[SiO_2]_r = CF[SiO_2]_f = (1-R)_{SiO_2}^{-r}[SiO_2]_f$$

$$[SiO_2]_{lit} = [SiO_2]_t CF_{pH}$$

式中，$[SiO_2]_r$ 为浓水中 SiO_2 浓度（mg/L）；$[SiO_2]_{lit}$ 为 SiO_2 在水中的溶解度（mg/L）；$[SiO_2]_t$ 为 SiO_2 在温度为 t 时水中的溶解度（mg/L）；CF_{pH} 为 SiO_2 在水中溶解度的 pH 校正因子。

若要减少 SiO_2 胶体污染，可通过降低纳滤系统的回收率使浓水中 SiO_2 含量小于其溶解度；或通过适当提高操作温度或进料液 pH 值，提高 SiO_2 在水中的溶解度；也可以通过石灰软化降低 SiO_2 浓度。

5.1.1.2　有机污染及形成机理

原水中存在的有机物种类繁多，包括挥发性的低分子化合物，如低分子醇、酮和氨等；极性和阴离子型化合物如腐殖酸、富里酸和丹宁酸等；非极性和弱离解的化合物，如植物性蛋白等。这些有机物通常以悬浮、胶体和溶解三种形态存在。

天然有机物是造成纳滤膜污染的主要污染源之一[3]。天然有机物是进料液中主要的有机成分，根据官能团的不同可分为腐殖质类、蛋白质类和多糖类。天然有机物的分子量和亲疏水性对纳滤膜污染程度有很大的影响，根据其亲疏水性不同还可以分为疏水性、过度疏水性和亲水性三类。疏水性有机物主要包括大分子物质腐殖酸等，过度疏水性有机物包括富里酸等；而亲水性有机物则包括蛋白质、氨基酸及多糖等。含有疏水成分的天然有机物更容易促使其在膜表面吸附，因此，通常认为天然有机物中的疏水部分是导致纳滤膜通量下降的主要原因。相比于高分子有机物，分子量小于 1000 的小分子有机物则容易在纳滤水处理过程中吸附在膜表面或进入孔道，引起膜孔道的堵塞。

多数研究已经表明，有机污染是最主要的纳滤膜污染：首先，天然有机物在纳滤膜表面附着并改变纳滤膜表面的性质，同时所形成的有机质成为促进无机物、微生物附着的黏合剂，为微生物生长繁殖提供营养；其次，天然有机物小分子在纳滤膜表面的吸附会堵塞孔道，造成水通量下降；此外，当纳滤膜附近的浓差极化现象使天然有机物浓度超过其溶解度时，便会在纳滤膜表面形成凝胶层，造成不可逆的纳滤膜污染。许多研究通过对纳滤膜污染进行分析发现，有机污染物占主要成分，进一步说明纳滤膜污染主要由有机物造成。因此，减少有机物污染是控制纳滤膜污染的重要环节。

5.1.1.3　生物污染物及形成机理

微生物包括细菌、藻类、真菌及其芽孢、孢子和病毒等。细菌的颗粒极小，粒径一般为 1～3 μm。病毒粒径更小，通常为 0.0l～0.2 μm。地下水与地表水源相比微生物含量较低，但仍然发现以地下水为原水的膜系统也常出现细菌繁衍造成的膜污染问题。作为微生物的天然养料，有机物与微生物一同进入纳滤膜系统后，随着原水不断浓缩使得膜表面有机物和微生物浓度增加，微生物得以迅速繁殖，加速了膜表面的生物污染。由于微生物能够对营养、水动力或其他条件变化做出迅速调节，因此其造成的危害比非活性有机污染或无机结垢更为严重。细菌、真菌和其他微生物组成的生物膜，可直接（通过酶作用）或间接（通过局部 pH 或还原电势作用）损伤膜材料或其他膜单元组件，造成膜寿命缩短和膜系统的重大故障。

纳滤膜生物污染具体表现包括：①浓水通道有黏泥状物质，臭味、腥味较重；②纳滤膜系统运行压力升高，系统截留率下降；③膜系统出水中（包括透过液和浓缩液）可检测到大量细菌；④保安过滤器芯内部有黏性胶体状物等。对于常用的聚酰胺复合纳滤膜而言，虽然膜材料不易受细菌侵蚀，但细菌黏泥会造成膜元件的堵塞。

影响生物污染的因素包括水源、水温、预处理药剂（杀菌剂、阻垢剂等）、膜材料、膜表面粗糙度、膜表面荷电性和亲疏水性、浓水隔网结构、膜表面流速、系统水回收率、进料液在预处理系统中的停留时间等。由于地表水、市政废水和循环冷却水中的生物活性较高，为此以这类水为原水的膜系统尤其需要重视杀菌处理。另外，预处理系统中的活性炭过滤器、微滤器和超滤器的滤料、滤芯运行时会截留大量有机物和微生物，如果不及时消毒或更换，也会成为微生物滋生的温床。

Flemming 等根据膜对不同微生物所表现出的生物亲和性，提出了膜被微生物污染存在的四个阶段，这也是目前较为公认的微生物污染机理[1]。第一阶段：腐殖质、聚糖脂与其他微生物代谢产物等大分子物质吸附在膜材料表面上，并形成了具备微生物生存条件的吸附薄层；第二阶段：进料液微生物体系中黏附速度快的细胞形成初期黏附；第三阶段：黏附后期进入水体中的细菌数与细菌的营养状态将大大影响黏附行为，后续大量不同菌种的黏附、胞外聚合物黏垢促进了微生物群集和生长，在膜运行条件下，膜上的微生物能够利用死菌体及污染层上被膜浓缩吸附的溶解性有机营养物质进行新陈代谢活动，其溶解性的代谢产物更易被吸附在膜表面；第四阶段：膜表面形成了一层生物膜，造成膜的不可逆阻塞，使产水阻力增加。

5.1.1.4 纳滤膜污染数学模型

建立适当的数学模型，通过模拟计算方法实现了纳滤膜污染的预测，并用于过程参数的优化，可有效控制并减缓膜污染现象。

根据不同膜污染类型，相关的数学模型主要有：胶粒膜污染模型、食品工业中膜污染模型、中空纤维膜中浓差极化数学模型[4]、悬浮固体对管式膜污染的数学模型[5]、随机模型[6]、神经网络建立的数学模型以及超饱和预测模型等。这些模型主要可实现对纳滤过程水透过阻力的预测、膜表面悬浮物的计算、膜工艺效率的描述、膜表面难溶物质的超饱和率计算等，有望预测纳滤膜的潜在污染风险，确定膜清洗时机，提高清洗效率。

以上模型主要可归纳为两大类：一类是从膜结构和特性出发来描述污染现象的模型，这类模型中的参数虽有一定物理意义，但不确定参数较多，模型复杂，实际应用不方便。另一类是指数式经验模型，虽然通过此类模型模拟所得的结果与试验结果具有较好的吻合性，但其往往只关联了少数几个影响因素，受到一定条件的限制，且单个模型只能针对特殊体系，通用性差，难以对膜污染现象进行合理的解释。在这些模型中，基于达西（Darcy）定律的膜污染过滤模型得到广泛应用，具体数学模型如下：

$$J_{\mathrm{v}}=\frac{\Delta P}{\mu\left(R_{\mathrm{m}}+R_{\mathrm{g}}+R_{\mathrm{c}}\right)} \tag{5-1}$$

式中，J_{v}为膜通量[$\mathrm{m^3/(m^2 \cdot s)}$]；$\Delta P$为膜两侧压力差（Pa）；$\mu$为滤液黏度（Pa·s）；$R_{\mathrm{m}}$为纯膜阻力（1/m）；$R_{\mathrm{g}}$为膜污染阻力（1/m）；$R_{\mathrm{c}}$为泥饼阻力（1/m）。

当产生凝胶层时，膜的透过速率可用式（5-2）表示：

$$J_{\mathrm{v}}=\frac{V_{\omega}}{1+R_{\mathrm{g}}/R_{\mathrm{m}}} \tag{5-2}$$

式中，J_{v}为水的膜透过速率[$\mathrm{m^3/(m^2 \cdot d)}$]；$V_{\omega}$为纯水的膜透过速率[$\mathrm{m^3/(m^2 \cdot d)}$]；$R_{\mathrm{g}}$为膜胶层对流动产生的阻力（N）；$R_{\mathrm{m}}$为膜对流动产生的阻力（N）。

5.1.2 影响纳滤膜污染的主要因素

与其他压力驱动膜过程相似，纳滤分离过程中膜污染的产生因素如图 5-1 所示，主要受进料液性质（溶质的性质与浓度、溶液 pH 值）、预处理方法（化学方法、物理方法和生物方法）、系统运行条件（操作压力、供料速率、湍流程度）和膜材料及膜表面性能（亲疏水性、荷电性、表面粗糙度、孔径大小及孔径分布）等的影响。

5.1.2.1 进料液性质对纳滤膜污染的影响

原水水质决定了纳滤膜污染的类型和速度。通常，膜污染在初期的发展速度较快，若不及时采取措施，膜污染将会在相对较短的时间内迅速对膜元

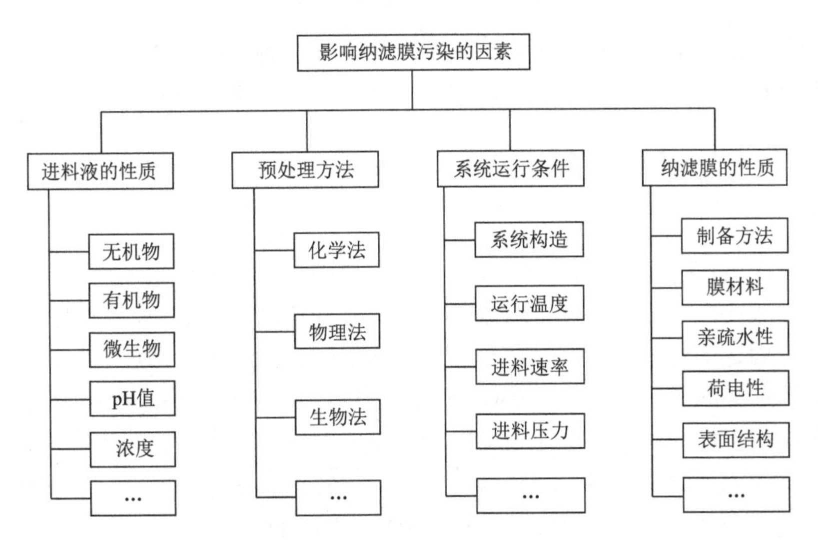

图 5-1　影响纳滤膜污染的主要因素

件造成伤害，使得膜系统在运行一段时间后出现分离性能下降的现象。因此需要定期对膜系统的整体性能进行检测，以确认膜元件是否发生污染并采取相应措施。

进料液的组成，特别是溶质种类极大地决定了膜污染的类型和速度。同时，进料液中溶质浓度也会对纳滤膜污染产生影响。料液中的有机溶质常常以胶体形式存在，其与纳滤膜表面通过范德瓦耳斯力以及双电层作用产生相互作用，即使是在有机溶质浓度很低的情况下，有机溶质也会在膜表面发生吸附，引起纳滤膜分离性能的下降。无机溶质的浓度对纳滤膜污染也有较大的影响，当进料液过饱和时，难溶性盐类如 $CaCO_3$ 等会在纳滤膜面发生沉积，难溶性盐类的异核或同核结晶会造成膜表面晶体沉积物的增长，从而造成无机结垢污染。此外，高浓度的无机盐溶液会改变蛋白质等的构型和分散性，造成膜表面对蛋白质类的吸附。

另外，现有商业纳滤膜大多为哌嗪聚酰胺，所以具有一定的荷电性，因此料液 pH 值的变化也会影响溶质的荷电情况，从而影响溶质和膜表面之间的静电相互作用，对膜污染产生影响。一般随着溶液 pH 值的增加，有机物和钙的沉淀增加将加剧膜污染的程度。

5.1.2.2　预处理对纳滤膜污染的影响

依据纳滤分离特性，其处理对象通常为进料液中小分子物质、二价或高价盐离子。然而在实际纳滤分离过程中，原水中除了包含上述物质外，还含有如 5.2.1 节中所提及的导致纳滤膜污染的物质。因此，通常需要通过化学方法、物理方法或者生物方法对原水进行预处理，去除原水中部分易对纳滤膜产生污染的物质。关于预处理对纳滤膜污染的影响，本书已在第 4 章中进行过详细介绍，此处不再赘述。

5.1.2.3 系统运行条件对纳滤膜污染的影响

系统温度、进料液流速、浓差极化等因素都会影响纳滤膜系统运行过程中的膜污染物程度。其中，系统运行温度，尤其是进料液温度对膜污染的影响比较复杂。一方面，随着温度上升，进料液的黏度下降，扩散系数增加，将减小浓差极化现象所造成的影响。但另一方面，温度上升会降低进料液中某些组分的溶解度，造成吸附污染增加。进料液流速的影响则具体表现为：当纳滤膜表面进料液的流速较大、湍流程度较高时，进料液对边界层的剪切力相对较高，浓差极化层和膜表面沉积层将被削弱，从而降低了膜污染产生的可能。

浓差极化会导致纳滤膜渗透通量下降，膜污染与浓差极化虽然是两个不同的概念，但两者密切相关、相伴相生，在许多场合下，正是浓差极化现象导致了膜污染的产生。浓差极化与膜通量 J 和传质系数 k（$k = D/\delta$，D 为扩散系数，δ 为边界层厚度）这两个参数有关。在分离过程中进料液内部分溶质被纳滤膜截留，这部分被截留的溶质在纳滤膜表面累积，并在靠近纳滤膜表面一侧形成溶质的高浓度层，这个高浓度层被称作浓差极化层。浓差极化层会造成溶剂水渗透性能的降低，溶质浓度的增加还会造成纳滤膜进料液测渗透压的升高，从而进一步降低纳滤膜的水渗透通量。由浓差极化现象造成的膜污染影响是可逆的，可以通过降低进料液浓度或改善经过纳滤膜表面料液的流体力学条件，例如提高流速、采用湍流促进器或设计合理的流道结构等方法加以改善（详见第 4 章）。除此之外，溶质会在纳滤膜上发生吸附或沉积（在膜外部形成凝胶层或滤饼层，在膜内部堵塞孔道）。通常，膜表面的高浓度溶质会沉降形成凝胶滤饼层，悬浮态粒子会迁移到膜表面形成沉积，造成膜孔堵塞。凝胶层和滤饼层的存在降低了水渗透通量，造成长期且不可逆的污染。

5.1.2.4 膜表面性质对膜污染的影响

研究表明，纳滤膜污染是进料液中污染物与膜表面相互作用的结果[7]，膜材料的亲疏水性、荷电性、粗糙度等表面性质会对两者间的相互作用力产生重要影响[8]。图 5-2 中总结了纳滤膜不同表面性质对污染物吸附过程的影响，通过对两者作用机理进行探究，能够更好地实现纳滤膜耐污染性能的提升。

膜表面亲疏水性是影响膜污染程度的重要因素之一。常用的聚酰胺纳滤膜大多呈现疏水性，而自然界中大部分污染物也显疏水性，因此疏水相互作用是膜表面对污染物吸附的主要作用[9, 10]。大量研究表明，通过提高纳滤膜表面亲水性，能有效提高分离膜的耐污染性能[11-13]。这是由于膜经过亲水改性后，膜表面亲水基团可通过氢键或溶剂化作用与水分子结合，在膜表面形成一层紧密排列的水分子层[14, 15]，如图 5-2（a）所示。水分子层的存在，犹如一座亲水壁垒，提高了疏性水污染物在膜表面的吸附难度，减缓了膜污染的发生程度[16]。但需要注意的是，当原料液中的污染物多为亲水性物质时，此规律将不再适用，此时增大膜表面疏水性反而有利于耐污染性能的提升[17]。

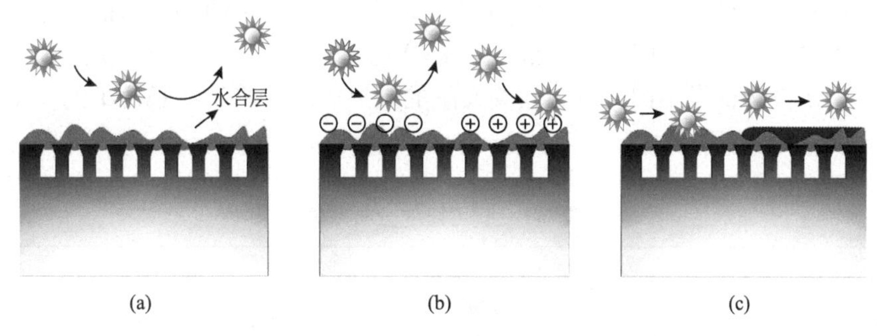

图 5-2　纳滤膜表面性质对膜污染的影响
（a）亲疏水性；（b）荷电性；（c）表面粗糙度

纳滤膜表面的荷电性同样对纳滤膜污染具有重要影响。如图 5-2（b）所示，当污染物和膜表面带有相同电荷时，两者间的静电排斥作用将阻碍污染物的吸附；当两者带相反电荷时，两者间的静电吸引作用易诱发膜污染[18, 19]。聚哌嗪酰胺类纳滤膜表面多含有羧基，故常带有较强的负电性，因此通常对阴离子表面活性剂等荷负电物质表现出较强的抗吸附能力。在工业应用中，若需要利用膜表面荷电性以提高膜抗污染性能，应根据进料液中污染物的荷电情况来决定膜表面的荷电状态。然而，海水、工业废水等原水中污染物种类繁多，荷电情况复杂，膜表面荷电性也会随料液 pH 变化而变化。因此单纯依靠膜的荷负电性难以发挥最佳的抗污染效果，膜表面电中性膜认为更具耐污染潜力[20-22]。

目前关于膜表面粗糙度和耐污染性能的关系尚未得到一致的结论。一些研究表明，膜表面粗糙度越高，越容易吸附细菌[23]，如图 5-2（c）所示；也有研究证明膜表面粗糙度与细菌的吸附之间不存在明显关联[24]，甚至出现膜表面越粗糙，细菌吸附数量越少的情况[25]。此外，随着污染层形成，污染物与污染物间发生相互作用对吸附过程产生更大的影响[26]。因此有关膜表面粗糙度和整体污染情况的关系至今仍存在一定争议。

5.2　纳滤膜污染表征

对不同污染物和污染形态的表征，有利于分析膜污染成因并采取相应防治措施。经过长期的工业应用和实验室研究，纳滤膜污染的表征方法取得了长足发展，具体包括污染层的形貌、元素组成、官能团、成分分布等方面的研究。目前，常采用的表征和分析方法包括扫描电子显微镜（SEM）、透射电子显微镜（TEM）、激光扫描共聚焦显微镜（CLSM）、傅里叶变换红外光谱（FT-IR）、能量色散 X 射线光谱（EDX）、X 射线光电子能谱（XPS）等。

根据污染物种类不同，总结相关文献的报道[27, 28]，将纳滤膜污染的分析方法进行归纳，如表 5-1 所示。

表 5-1　膜污染的分析方法

影响因素		膜运行记录	滤芯的酸、碱和蒸馏水萃取液分析[a]	进水水质分析	膜元件					
					运行[b]	膜表面污染物分析[c]				膜清洗试验
						表现	SEM	EDX	FT-IR	
膜污染	无机物污染	△	△	○		△	△	○	△	
	有机物污染[d]	△	△						○	○
	生物污染	△	△	○		△	○		○	△

a. 污染的膜在分析前应该原样保存，并保持润湿。b. 在膜厂家提供的标准条件下运行。c. SEM：扫描电子显微镜；EDX：能量色散 X 射线光谱仪；FT-IR：傅里叶变换红外光谱仪；其他分析方法有光学显微镜、X 射线荧光、原子吸收等。d. 有机污染物需经过洗脱剂（如己烷）洗脱

注：○重要依据；△参考依据

5.2.1　无机物污染的表征

无机盐结垢和胶体污染都是由无机离子沉积所造成的，因此对膜表面无机离子进行表征是分析及预防其污染形成的关键。能量色散 X 射线光谱（EDX）是一种半定量的元素含量测定方法，基于对样品中元素的特征 X 射线波长和强度测试，分别确定试样中所含的元素和相对含量。Lin 等[29]用 EDX 测试了膜污染层的主要元素，在污染层中存在的元素及其相对含量见表 5-2。

表 5-2　膜面各无机元素含量[29]

元素	C	O	Ca	S	P	Al	Mg	Si	Na	Cl	K	Mn
含量（%）	71.67	9.03	4.45	4.39	3.54	1.72	1.94	1.46	0.60	0.68	0.30	0.15

EDX 的测试结果显示，污染层中积累了一定量的金属元素，如 Ca、Al 和 Mg 等。这些金属元素通过电荷中和以及桥接效应被絮凝剂或天然有机物捕获，导致膜的过滤阻力增大[30, 31]。罗敏等[32]利用自制设备对纳滤膜污染进行了研究，采用 SEM-EDX 联用方法对无机物污染进行了分析。该方法先通过 SEM 观察到不同晶体的形态和叠合堆积，基本形式包括菱形、长方形、方形等；再结合 EDX 分析得到垢体中金属元素的含量，其中钙含量最高，达到了 84.24%（以质量计），其次为镁、硅、铝、铁等，质量百分比为 1.55%～3.45%；最后对污染物进行 X 射线衍射（XRD）分析，确定无机污染的主要成分为 $CaCO_3$、$Al(OH)_3$、$Fe(OH)_3$、FeS 和 SiO_2 等。

除 EDX 之外，电感耦合等离子色谱（ICP）、X 射线光电子能谱（XPS）分析及 XRD 等方法也常用于无机污染物的检测[33]。

其中，ICP 是通过雾化器将溶液样品送入等离子体光源，高温汽化解离出离子化气体，通过铜或镍取样锥收集的离子，在低真空下形成分子束，再通过截取板进入四极质谱分析器，经滤质器进行质量分离后，到达离子探测器，根据探测器的计数与浓度的比例关系，可测出元素的含量，其具有检出限低、灵敏度高等优点。XPS 是利用 X 射线对样品进行辐射，使样品中原子或分子内层电子或价电子受激发射（称为光电子）；通过测量光电子的能量，以光电子的动能为横坐标，相对强度（脉冲/s）为纵坐标做出光电子能谱图，从而获得待测物的组成。

为了更准确测定膜材料上的无机污染物含量，除上述直接对膜上污染物进行定性和半定量研究以外，著者团队[34]还提出采用有机溶剂将污染物洗脱，再通过 ICP 对污染物进行定量检测的方法。在膜材料耐污染性能研究中，将污染膜浸泡于 pH = 2 的 HNO_3 酸洗液中约 1 小时，使得膜表面无机污染物得到充分溶解，利用 ICP 对混合液和酸洗液上清液中的无机成分进行表征分析，通过“浓度-体积”计算出溶液中各离子含量，继而得到膜表面无机污染物的含量，同时分析了污染膜中无机污染物中各元素的含量，如表 5-3 所示。

表 5-3　酸洗液无机成分分析

元素	Ca	Mg	Al	Si	Fe	P
酸洗液中元素含量（mg/L）	144.36 ±1.72	9.31 ±0.38	0.96 ±0.14	0.25 ±0.01	4.8 ±0.01	12.61 ±0.01
膜表面无机结垢含量（g/m^2）	24.44	9.31	0.96	0.25	4.8	12.61

5.2.2　有机物污染的表征

5.2.2.1　未知有机污染物种类的定性表征

FT-IR 技术可用于分析有机物的化学键和官能团，提供化学结构信息，是表征有机物污染最直接的手段。其中特征峰主要有：3427 cm^{-1} 处 O—H 键的伸缩振动产生的吸收峰；3238 cm^{-1} 处 C—H 键伸缩振动产生的尖峰；蛋白质二级结构的典型特征峰则出现在 1638 cm^{-1}（酰胺Ⅰ带）和 1421 cm^{-1}（酰胺Ⅱ带）处；而多糖类物质的特征峰位于 1082 cm^{-1} 处[35]。罗敏等[32]对污染前后的 TS40 平板膜进行了 FT-IR 测试，测试结果如表 5-4 所示。

表 5-4　膜的有机污染物成分分析

	TS40 平板膜	
	未污染膜	污染膜
鉴定出有机物	1. 甲苯	1. 甲苯
	2. 2-甲萘	2. 2-甲萘
	3. *N*-丁基苯环酰胺	3. *N*-丁基苯环酰胺
	4. 邻苯二甲酸酯类	4. 邻苯二甲酸酯类
	5. 邻苯二甲酸二异辛酯	5. 邻苯二甲酸二异辛酯
	6. 1, 7-二苯萘	6. 十二烷酸
		7. 十三烷酸
		8. 十六烷酸
		9. 十八烷酸
		10. 亚油酸
		11. 高碳烷（或烯）烃

除 FT-IR 外，也可通过核磁共振碳谱（^{13}C-NMR）和 XPS 从化学键和官能团的角度进一步分析有机污染的组成。Kimura 等[36]通过 ^{13}C-NMR 发现类蛋白质的化学位移峰位于 175 ppm 和 55 ppm 处，芳香族碳的化学位移峰位于 110～165 ppm 处，而多糖的化学位移峰则位于 75 ppm 和 105 ppm 处。

除了以上基于化学键和官能团信息对有机污染物进行的检测技术外，还可以通过三维荧光光谱（3D-EEM）和表面增强拉曼光谱（SERS）对有机污染的种类进行测定。EEM 可采用特征荧光峰，如类酪氨酸、色氨酸及紫外区类富里酸的变化反映膜污染体系内污染物的情况，且利用区域荧光指数对各区域的荧光指数进行监测。SERS 与 EEM 相比，谱峰窄、光谱分辨率高，使用相同的激发光和激光功率可以获得多种物质的 SERS 信号，能够简便地判断不同物质的膜污染能力。

5.2.2.2 已知有机污染物种类的定量表征

膜污染物往往会随着膜系统运行时间的增加而累积，因此对膜表面污染物的定量分析至关重要，现有研究中常使用 X 射线光电子谱（XPS）在膜污染处进行原位的半定量表征，但该表征方法仅能对 X 射线能触及的污染物厚度层进行元素含量的定量分析，对于未穿透的污染物层以及膜孔内的污染物则无法检测。

为了更好地定量分析污染物含量，著者团队[37, 38]针对特定有机污染体系，采取溶剂萃取法对污染物进行提取，再根据污染物特性进行定量表征。例如，纳滤技术用于涂料生产的全氟辛烷磺酸（PFOS）废液回收时，PFOS 会对纳滤膜产生较严重的膜污染，因此探究了系统运行时间与膜表面 PFOS 积累量的关系。该试验采用 50%异丙醇水溶液作为萃取剂，充分振荡萃取膜污染物后，用甲醇稀释后再进行液相色谱-串联质谱法（LC/MS/MS）对 PFOS 定量表征。如图 5-3 所示，试验考察了运行时长 15 min 到 96 h 之间 PFOS 吸附量变化情况，发现运行期间 PFOS 的吸附量增加了 2 个数量级[37]。此外，我们还使用 XPS 对膜表面 PFOS 定量分析得到相应的运行时长下，氟元素信号仅增加了 5 倍，这证实了萃取法测量污染物含量具有更高的准确性。

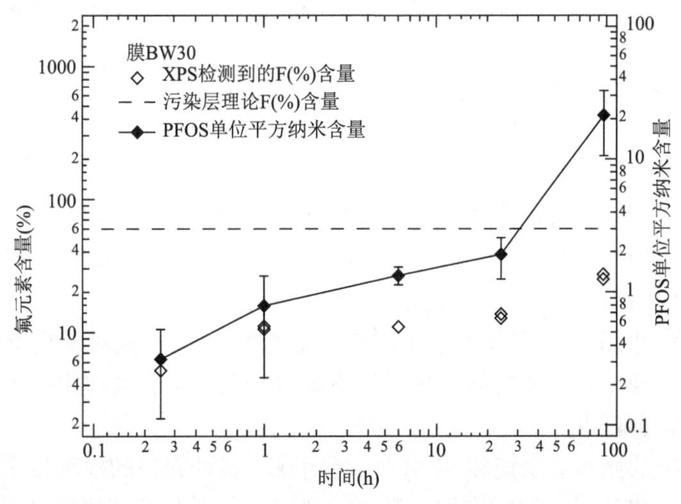

图 5-3 XPS 法测定的 F 含量与 LC/MS/MS 法测定污染膜的 PFOS 累积量的比较

针对纳滤技术处理有机废水面临的严重膜污染问题，著者团队[38]系统研究了荷多糖（海藻酸钠）、蛋白质（溶菌酶）等单一组分以及混合体系对膜污染的影响，尤其考察了膜污染随不同初始水通量的变化情况（图 5-4）。结果表明两种污垢的沉积质量同步变化，它们的质量比几乎保持不变，因此增加初始通量对污垢层组成的影响可以忽略不计。研究方法同样采用溶剂萃取法实现了膜表面有机污染物含量的测定：首先采用 5%的十二烷基硫酸钠和 0.1%的 NaOH 水溶液作为萃取剂，充分萃取污染物；进一步分别采用苯酚硫酸法赫尔蛋白质分析试剂盒对海藻酸钠和溶菌酶进行定量分析，发现相比于单一成分的膜污染情况，带有相反电荷多糖和蛋白质的混合体系会加快膜污染的形成。

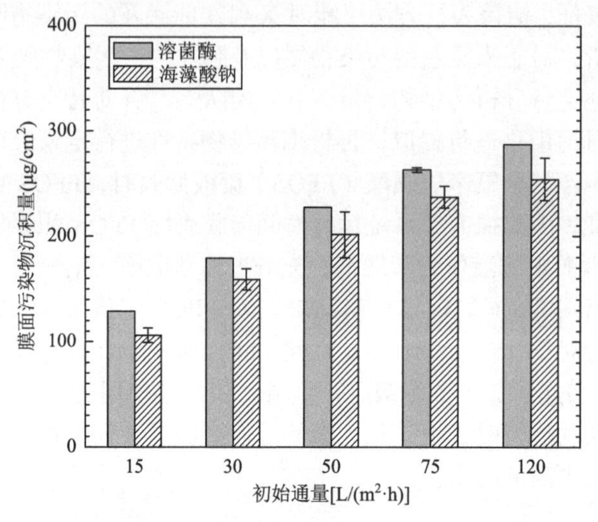

图 5-4　不同初始通量对污物沉积量的影响（96 h 后的污染物沉积量）

5.2.3　生物污染的表征

生物污染的成因是细菌在膜表面的黏附，因此最直接的表征方法是利用光学显微镜或扫描电子显微镜（SEM）对膜表面的污染情况进行探究。SEM 通过电子束在样品表面扫描时激发出来各种物理信号调制成像，不仅可以反映污染层形貌，而且可以鉴别污染物的类别（细菌的种类）和尺寸。

罗敏等[32]采用 SEM 表征了膜表面微生物的主要成分，从对平板膜所做的 SEM 分析结果中发现，膜表面的微生物污染主要以杆菌为主，其次为孢子、短杆菌，而球菌及丝状菌较少。

除了传统的光学显微镜和 SEM 外，近年来，多种先进的检测技术在膜生物污染的表征中也得到了一定的应用。其中，激光扫描共聚焦显微镜（CLSM）是一种近代生物医学图像分析仪器。它在荧光显微镜成像的基础上加装激光扫描装置，使用紫外光或可见光激发荧光探针。CLSM 可以利用计算机进行图像处理，得到细胞或组织内部微细结构的荧光图像，从而获得细胞形态变化的图像。

Tirado 等[33]利用 CLSM 对两性离子修饰前后膜表面的微生物分布情况进行了

表征，CLSM 图像如图 5-5 所示。通过 CLSM 图像可以清晰看出膜表面生物质和胞外分泌物的分布情况，从而对生物污染情况进行进一步的分析。

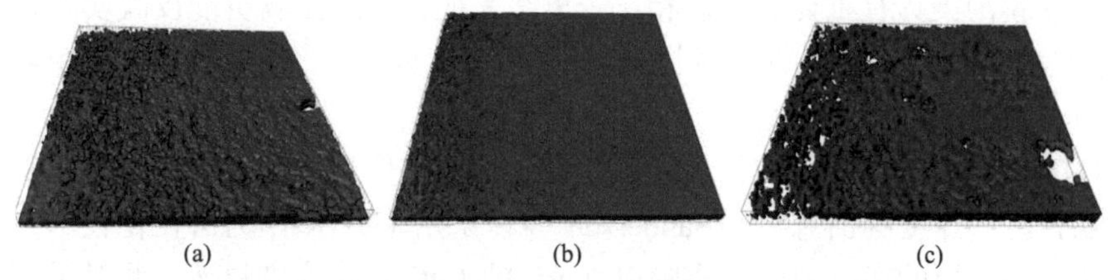

图 5-5　两性离子修饰前后样品膜的 CLSM 照片

（a）原膜，（b）、（c）修饰膜。红色代表生物质，蓝色代表胞外分泌物

Saeki 等[39]同样用 CLSM 对膜表面细菌的分布情况进行了表征，并用 COMSTAT 软件进行了进一步分析。通过 COMSTAT 的进一步分析，膜表面各处细菌的密度也得到了清晰的呈现（图 5-6）。

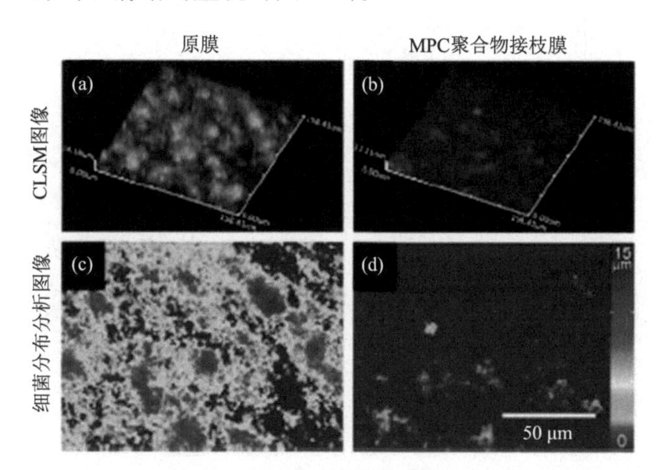

图 5-6　CLSM 表征及细菌分布分析

（a）、（b）CLSM 图像；（c）、（d）使用 COMSTAT 软件对（a）、（b）的细菌分布分析图像（颜色越深代表该处细菌浓度越高）

此外，由于生物污染与活性污泥的胞外聚合物（EPS）具有同源性，因此也可以通过检测 EPS 来间接表征生物污染。由于 EPS 主要成分为蛋白质和多糖，属于有机污染物范畴，其表征详见 5.2.2 节有机物污染的表征。

5.2.4　在线检测技术

目前常用的膜污染表征技术基本为离线表征，需要将被污染的膜从组件中取出进行表征，使得被拆解的纳滤元件无法重复使用。目前，已有一些新兴监测技术可实现在线监测膜污染。在线监测的优点是采用无损伤、原位观测污染物在膜表面和内部的沉积，研究污染层微观结构形态和微观发展过程，这对深入了解和控制纳滤膜污染具有重要意义。相比于离线表征，在线监测更能反映实时动态，接近真实情况。在现有的在线检测技术中，最具代表性的是超声波时域反射（UTDR）技术和穿透膜直接观察（DOTM）技术。

UTDR 通过检测滤膜或污染层表面反射超声波信号的振幅和时间差，获得膜污染层密度和厚度的信息[40]。Sanderson 等[41]采用 UTDR 作为可视化技术，首次实现了对污垢层的实时表征。实验以 2 g/L 的 $CaCO_3$ 作为进料液，测量了不同污垢层厚度的时域响应。由图 5-7 可知，污染层厚度与响应时间之间存在一定的对应关系。污垢层的积累会导致通量的衰减，于是该研究又探究了通量的衰减和响应时间的关系，发现两者之间同样具有良好的对应关系（图 5-8）。这些研究结果为实现无机物污染的实时监测打下了良好的理论基础。

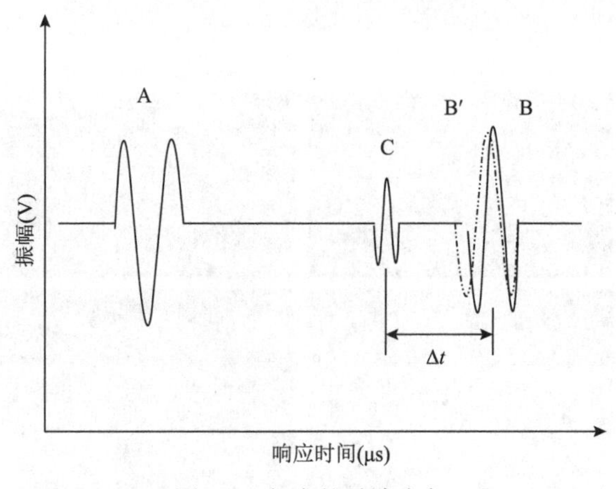

图 5-7　相应的时域响应

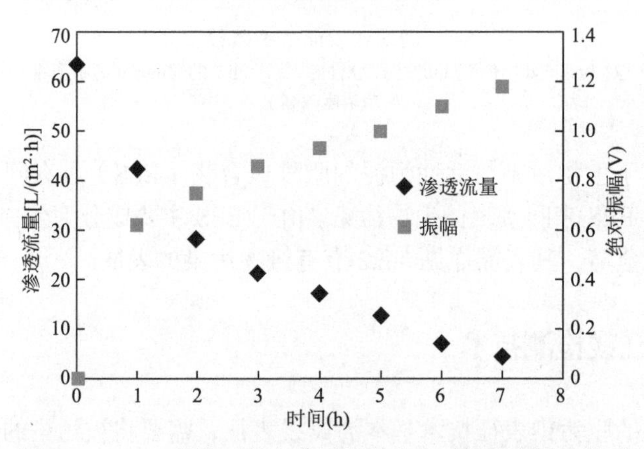

图 5-8　$CaCO_3$ 污染时间与渗透流量和绝对振幅之间的关系

DOTM 技术（图 5-9）则主要用于观测不同剪切力、通量、颗粒物粒径条件下，膜表面颗粒物的沉积、吸附和扩散情况。Fane 等[42]最早使用 DOTM 技术对膜表面污染情况进行在线观测，他们的研究发现在临界通量运行模式下，6.4 μm 乳胶珠颗粒会发生滚动，而 3 μm 颗粒则会形成流动的污染层。通过 DOTM 图像可以考察错流速率和反冲洗强度对膜表面颗粒物沉积的影响，并可精确计算污染层质量和膜污染层比膜阻力。

DOTM 技术是一种可以无损伤在线观测膜表面颗粒物运动形态、污染层厚度和压实情况的表征手段。但受镜头放大倍数的限制，DOTM 技术只能观测大颗粒物质，适于膜表面泥饼层形成的观测，不能捕捉大分子类的多糖和蛋白质等的运动形态，也无法对膜孔污染进行判断。

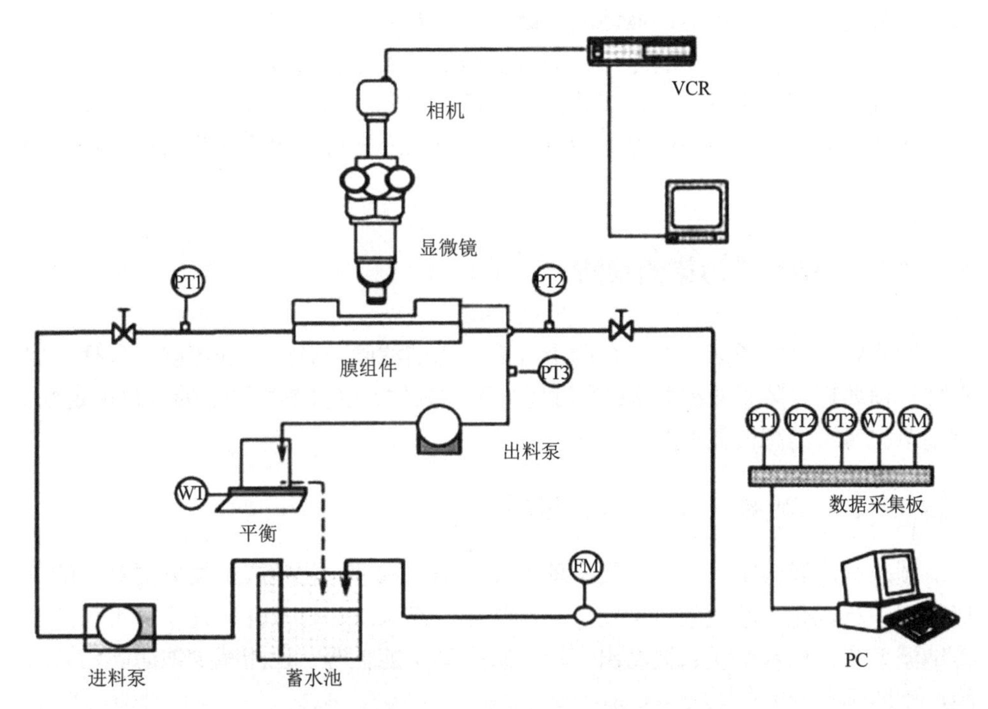

图 5-9　带有 DOTM 设备的交叉流微量过滤装置

PT1、PT2、PT3 表示压力传感器，FM 表示流量计，WT 表示电子天平

除以上两种在线检测技术外，目前在医学和生物学领域获得成功应用的多光子显微镜（MPM）技术给膜污染的精确在线检测带来了希望[43]。牛津大学 Cui 研究小组采用 MPM 技术对膜分离过程中由蛋白质和酵母液引起的膜污染动态过程进行了实时精确表征。该技术得到的三维飞秒图像不仅能清楚辨别微米尺度或亚微米尺度下污染层的微观形态结构，还可以清晰地反映污染层内部各污染物相互作用时的

游离或聚集形态特征。结合相关影像自动分析软件，还能精确测量污染层厚度随时间的动态变化[40-44]，因此 MPM 技术在膜污染在线检测领域拥有良好的应用前景。

5.3 纳滤膜污染的防控

纳滤膜污染问题虽然不能完全避免，但是通过不同膜污染类型采取针对性措施，可以在一定程度上降低纳滤膜污染程度，减少污染对纳滤膜分离性能造成的影响。由于膜污染的成因较多，过程也比较复杂，因此很难提出普适的抗污染措施。为此应该根据具体情况，结合所使用膜材料和膜分离过程的特点，从设计、工艺流程到设备选择、运行和保养等各个环节加以分析和考虑，制定维护膜组件与预防膜污染的具体措施，最终确定最合适的方法。

目前常见的膜污染控制方法主要包括预处理工艺、耐污染膜材料的开发、利用模型进行膜污染预测、优化工艺设计与运行模式、膜清洗等。本节将对几种常用的污染预防与污染清洗的方法加以讨论，重点介绍著者团队在膜污染防控方面的研究成果。

5.3.1 纳滤膜污染的预防

纳滤膜污染的预防主要包括两个方面，①纳滤膜污染的过程控制，包括对原水进行预处理，保证进水水质；通过优化运行条件，改善纳滤系统的运行稳定性。②制备耐污染的高性能纳滤膜材料。

5.3.1.1 纳滤膜污染的过程控制

预防纳滤膜污染主要从污染机理出发，采用物理、化学或生物方法对纳滤分离过程进行优化，减缓膜污染发生。对纳滤分离系统运行条件的优化，不仅能改善纳滤系统的出水水质、提高出水量、减少系统能耗等，还能减少纳滤膜污染对膜产生的不利影响[45]。

1. 预处理工艺

采取合理的预处理方法，可以有效减缓纳滤膜污染的产生，延长纳滤膜的使用周期。通过化学方法、物理方法或生物方法对原水进行预处理，使进料液的性质或溶质的特性（如溶液黏度、溶液 pH 值、溶质浓度、溶质分子量、溶质亲疏水性、溶质荷电性等）发生变化，脱除部分与纳滤膜具有相互作用的物质，从而减少膜污染的影响。恰当的预处理方式有助于降低纳滤膜的污染，提高渗透通量和膜的截留性能。常用的纳滤进料液预处理方法包括：臭氧氧化[46]、超滤[47]、微滤[48]、活性炭过滤[49]、混凝[50]、离子交换树脂处理[51]、生物接触氧化、曝气生物滤池和膜生物反应器等。关于纳滤预处理方法等相关内容，本书已在第 4 章进行了详细介绍。

本章以预处理减缓微生物污染为例。微生物污染是导致纳滤膜失效的最主要污染物之一，因此将微生物污染控制在其早期阶段十分重要。超滤膜具有较强的细菌截留能力，但通常难以实现对细菌的彻底截留。例如某切割分子质量为 80 000 Da 的中空纤维超滤器，在水回收率为 90%的条件下，细菌的去除率为 99.999%，在其出水中仍可检测到细菌的存在。防止微生物污染的常用方法有：混凝、活性炭吸附、杀菌、超滤、紫外线杀菌、臭氧消毒、电子除菌、定期消毒等。

杀菌剂是控制微生物非常有效的方法之一。目前常用的杀菌剂多为具有氧化能力的化合物，如 Cl_2、NaClO、O_3 等，其中 Cl_2、NaClO 的应用最为普遍。杀菌剂应在尽量靠前的工序中添加，以便其有足够的微生物接触时间，为了防止残留杀菌剂对膜材料的氧化，需要限制膜装置的入口进料液中杀菌剂含量（以余氯量表示）。此外，紫外线杀菌对致病微生物具有广谱消毒效果，可破坏细菌的细胞结构，导致细菌死亡，消毒效率高且消毒过程无毒性和腐蚀作用。但紫外消毒效果不持续、成本高，低剂量下微生物有光复活现象，需与氯配合使用。

2. 纳滤过程优化

同时，进料液在膜表面的流速以及流动方式对纳滤膜表面污染的形成具有一定的影响，当纳滤膜表面进料液的流速较大、进料液湍流程度高时，膜表面剪切力增大，这有助于降低膜污染在膜表面的沉积。因此，改善进料液在纳滤膜表面的流动状况可以在一定程度上减缓纳滤膜污染的产生。在纳滤分离过程中，需优化和改进膜组件、膜系统的结构设计或系统操作策略，比如通过对流道的改善或添加特殊的进料液流体控制装置，提高膜表面处进料液的流速，也就是错流过滤的流速；不同形式的湍流强化器，在膜表面引入不稳定流动的脉动流、漩涡流，膜表面搅拌，流化床等；使用电辅助技术、膜振动组件或超声波辅助技术等[45]。

3. 构建膜污染预测模型

膜污染势是指进料液中的污染物对膜表面或在膜孔中造成污染的潜在趋势，可通过完整的进料液水质指标来表现。以往的膜进料液水质指标多集中于对进料液中无机物、胶体颗粒的控制，具体的指标包括朗格利尔饱和指数（Langelier saturation index，LSI）、淤泥密度指数（silting density index，SDI）等。若要更为全面地反映膜污染势，则需要更完整的进料液水质指标体系。著者课题组[52]所提出的进料液水质指标体系包括无机物、胶体颗粒、有机物、微生物指标等。其中，对于分离膜的有机污染而言，通常要求进水中溶解性有机碳（dissolved organic carbon，DOC）$<$2 mg/L。

著者课题组对纳滤有机污染机理进行了深入研究，综合考虑了膜的特性、有机物的特性，运行条件与进水水质条件（pH、离子强度或电导率、多价离子等）

的影响，提出了“动态有机污染模型”理论和“临界污染点”概念，指出膜污染的产生与控制可以考虑以下四个方面（如图 5-10 所示）。

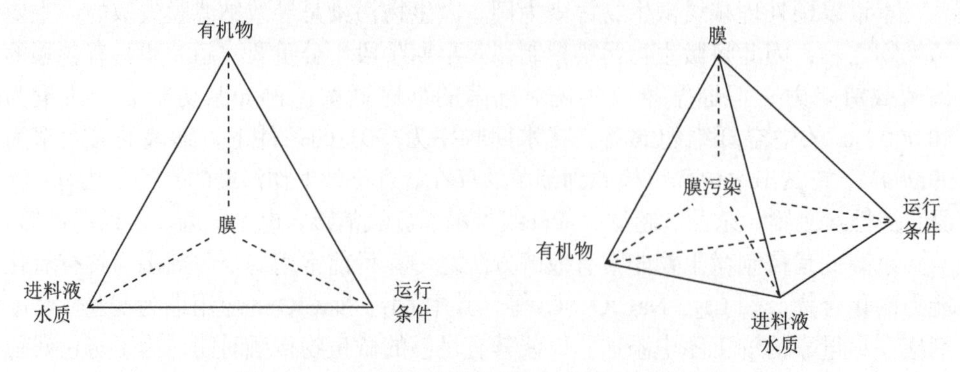

图 5-10　纳滤膜有机污染产生各方面之间的关系

（1）膜材料：纳滤膜通常由多种材料复合而成，一般表面呈疏水性或低负电荷的纳滤膜易被有机物污染。

（2）有机物：有机物的疏水性愈强、电荷密度愈低，愈容易对纳滤膜造成污染。其中，有机物的分子量、极性与溶液中有机物浓度都是膜污染产生的重要因素。

（3）运行条件：包括错流速度、操作压力与清洗工艺等会对纳滤膜水通量产生影响的条件。对运行条件的控制，归根结底是对纳滤膜水通量大小的控制。因此，存在“临界水通量”的概念，当纳滤膜的水通量大于临界水通量时，如其他条件超过临界膜污染点，则纳滤膜的污染将会显著发生，并导致纳滤膜水通量的下降；反之，当水通量小于临界水通量时，将不会发生明显的纳滤膜污染。

（4）进水水质条件：在高离子强度、低 pH、多价离子（如 Ca^{2+}）存在的条件下，水中的有机物多将呈现线性展开结构，并在膜表面生成疏松、稀疏的薄污染层，造成纳滤膜水通量一定程度的下降。

5.3.1.2　耐污染纳滤膜的开发

虽然通过预处理工艺可以缓解膜污染问题，但并不能彻底消除膜污染。因此，设计并制备耐污染纳滤膜是从源头上减少纳滤膜污染的有效方法。如图 5-11 所示，耐污染纳滤膜的设计思路主要分为两类。一类是通过减小污染物与纳滤膜表面之间的相互作用力，增强纳滤膜表面对污染物的抗吸附性能，从而缓解纳滤膜污染的产生。根据纳滤膜表面性质与污染物吸附能力之间的关系，目前纳滤膜抗吸附性能的实现主要通过以下三种途径：①提高纳滤膜表面亲水性，即在膜表面形成紧密排列的水分子壁垒，增加疏水污染物吸附的难度；②改变纳滤膜表面的荷电性，即利用静电排斥作用抵抗污染物吸附；③降低膜表面的粗糙度，即减少颗粒类污染物在膜表面的沉积。另一类则是主要针对提高膜的耐生物污染性能，通过在纳滤膜表面引入杀菌剂，赋予纳滤膜杀菌性能。基于这两类设计思路，耐污染纳滤膜设计与制备的具体实施手段又可分为新型膜材料的选择与应用、界面聚合体系的调控以及传统纳滤膜的表面改性三种。

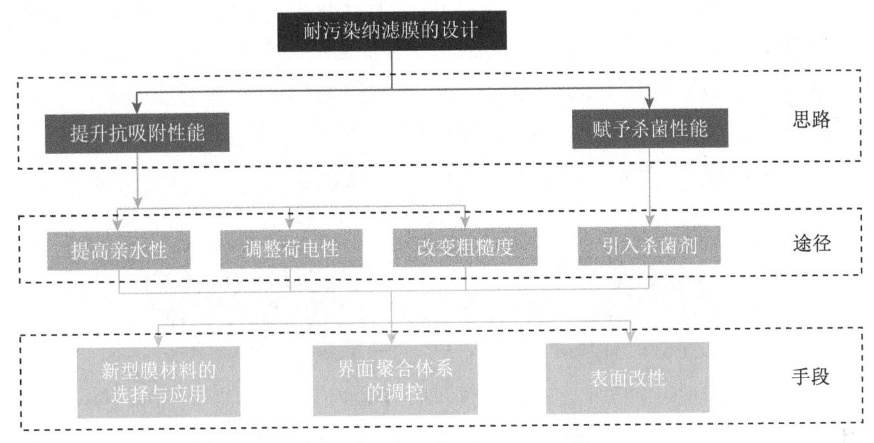

图 5-11 耐污染纳滤膜的设计思路

基于上述耐污染纳滤膜的设计思路与手段，包括著者课题组在内的国内外课题组进行了大量研究工作。著者团队 Tang 等[53, 54]对不同商业膜的表面进行研究分析后发现，商业中所用的聚乙烯醇（PVA）表面涂层不仅能够增加膜表面的亲水性，而且能降低膜表面的粗糙度及膜表面的荷电性。但由于涂层会增加额外的渗透阻力，所以膜耐污染性的提高是以牺牲部分膜水通量为代价的。Liu 等合成了新型功能单体 5-异氰酸酯异酞酰氯（ICIC），通过其与间苯二胺（MPD）之间的界面聚合反应制备了具有耐污染性的聚酰胺复合膜。由于聚酰胺上悬挂了氨基（—NH_2）、羧基（—COOH）等亲水性基团，使膜表面具有良好的亲水性，并且其表面相对光滑，表现出了良好的耐污染性能[55-58]。Li 等[59]合成了新型三酰氯和四酰氯油相单体，并与 MPD 反应制备得到了复合膜，由于该复合膜具有较光滑的膜表面，因此其耐污染性能有了一定的提升。为了保证纳滤膜的耐污染性能，商品化纳滤膜表面通常具有一层耐污染涂层。著者团队 Tang 通过对界面聚合反应体系进行调节，实现了对界面聚合过程中所产生的纳米级气泡的调控，进而通过对纳米气泡产生量的调控，成功实现了对界面聚合制备的复合膜表面粗糙度的调控。当界面聚合过程中所产生的纳米气泡较少时，所制备的复合膜具有较光滑的表面，并表现出在耐污染性能方面的提升[60-63]。

著者[64]在耐污染复合纳滤膜方面进行了大量的研究。通过在聚酰胺膜表面接枝两性离子，利用阴阳离子的溶剂化作用增加了膜表面的亲水性，同时通过控制阴阳离子的量，使膜表面电荷达到平衡，减少了污染物在膜表面的吸附。著者团队通过温和的“酰胺化 + 迈克尔加成”两步改性法制备了耐污染纳滤膜，原理图如图 5-12 所示，其中 AMPS 为带正电的 2-丙烯酰胺基-2-甲基丙磺酸，DMC 为带负电的甲基丙烯酰氧乙基三甲基氯化铵，使用这两种单体在聚酰胺复合膜表面构建了电荷平衡的混合电荷层，成功得到了具有耐污染性的聚酰胺复合膜。其耐污染性能如图 5-13 至图 5-19 及表 5-5 所示，无论是在单一污染物条件下（十二烷基三甲基溴化铵、十二烷基硫酸钠、牛血清白蛋白、溶菌酶或腐殖酸）还是在复合污染物条件下（牛血清蛋白 + 溶菌酶或溶菌酶 + 十二烷基硫酸钠），具有混合电荷层的聚酰胺复合膜均表现出优异的耐污染性能。

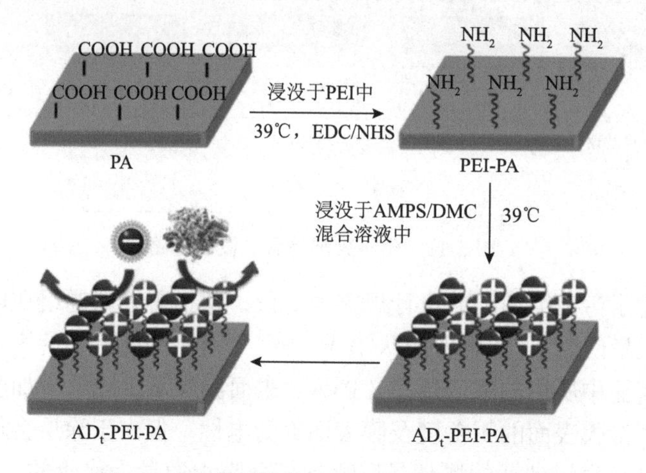

图 5-12　制备两性离子 AD_t-PEI-PA 膜原理图

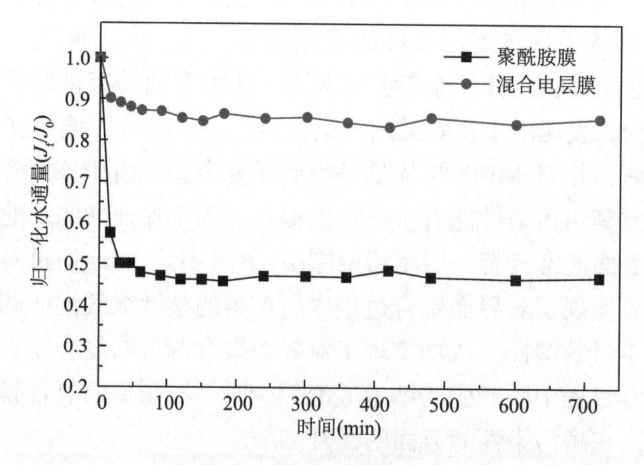

图 5-13　聚酰胺膜与混合电层膜的归一化通量随时间变化（污染物十二烷基三甲基溴化铵浓度为 50 mg/L）

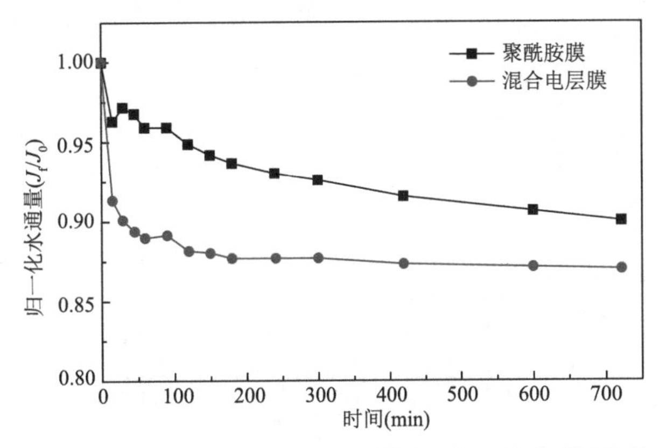

图 5-14　聚酰胺膜与混合电层膜的归一化通量随时间变化
（污染物十二烷基硫酸钠浓度为 50 mg/L）

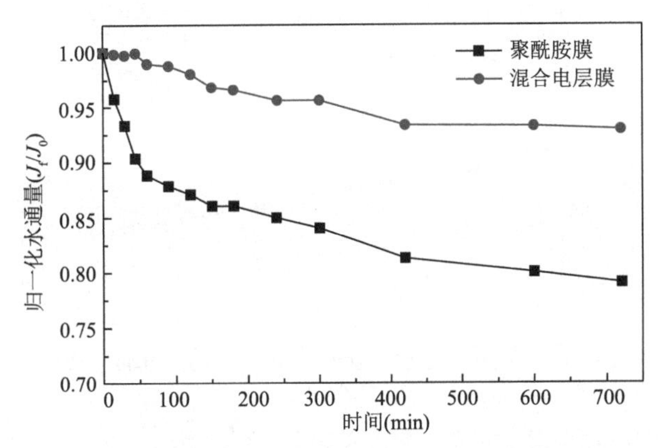

图 5-15　聚酰胺膜与混合电层膜的归一化通量随时间变化
（污染物牛血清白蛋白浓度为 50 mg/L）

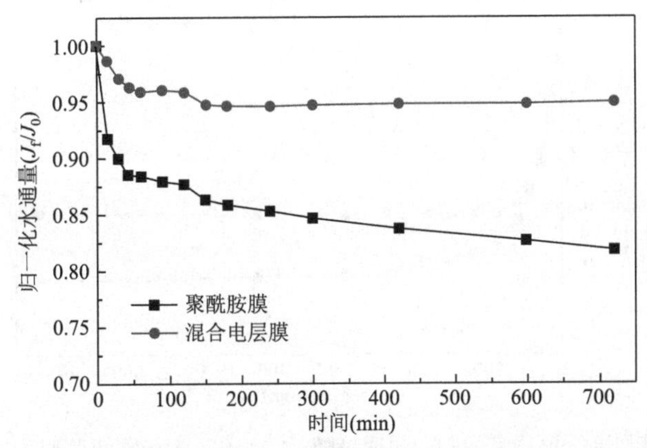

图 5-16　聚酰胺膜与混合电层膜的归一化通量随时间变化（污染物溶菌酶浓度为 50 mg/L）

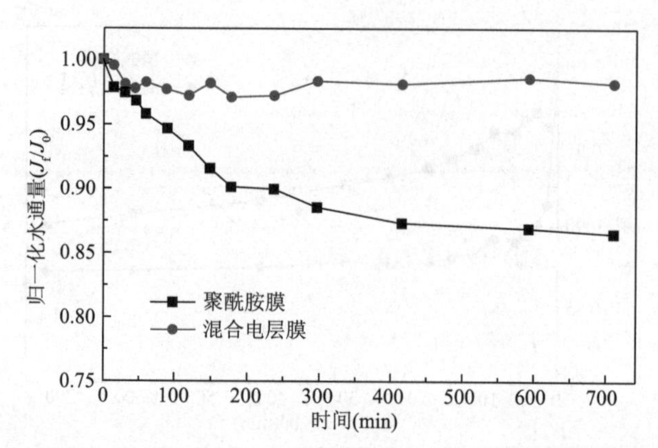

图 5-17　聚酰胺膜与混合电层膜的归一化通量随时间变化（污染物腐殖酸浓度为 50 mg/L）

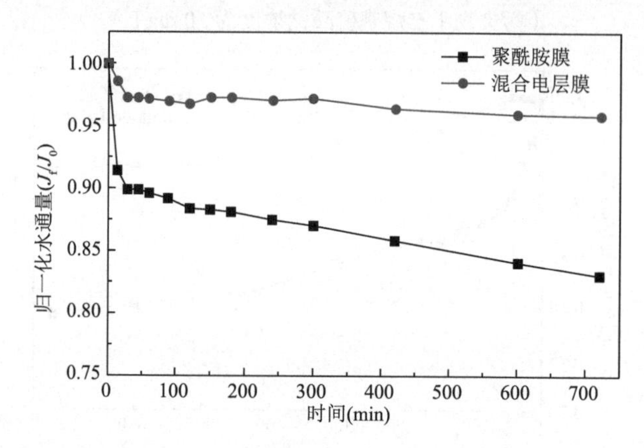

图 5-18　聚酰胺膜与混合电层膜的归一化通量随时间变化（污染物牛血清白蛋白 + 溶菌酶浓度为 50 mg/L）

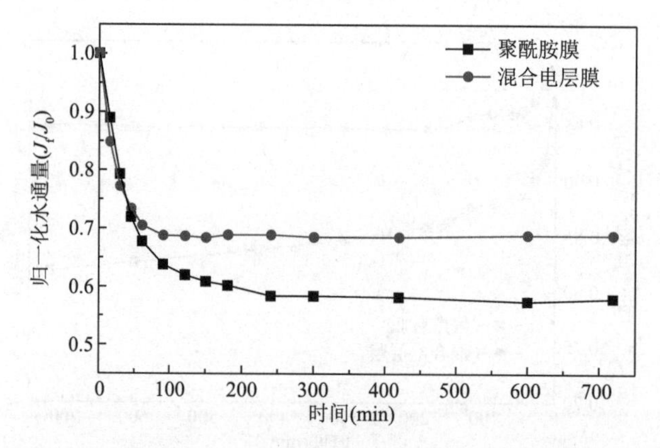

图 5-19　聚酰胺膜与混合电层膜的归一化通量随时间变化（污染物溶菌酶 + 十二烷基硫酸钠浓度为 50 mg/L）

表 5-5　不同污染物对聚酰胺膜和混合电层膜水通量的影响

污染物种类	12 小时后归一化通量（%）	
	聚酰胺膜	混合电层膜
十二烷基三甲基溴化铵（DTAB）	45	85
十二烷基硫酸钠（SDS）	90	87
牛血白清蛋白（BSA）	80	93
溶菌酶（Lys）	81	95
腐殖酸（HA）	86	98

5.3.2　纳滤膜污染的清洗

对于纳滤分离工程而言，膜污染会在一定程度导致产水通量和进水压力的增加，一般当发生下列情形之一时应对纳滤膜进行清洗：

（1）在正常情况下，如产品水流量降至正常值的 10%～15%；

（2）为正常的产品水流量，经温度校正后的给水压力增加了 10%～15%；

（3）产品水质降低 10%～15%，盐透过率 10%～15%；

（4）使用压力增加 10%～15%。

纳滤膜污染的清洗方法分为物理清洗方法和化学清洗方法两大类，具体主要包括水力清洗、机械清洗、超声波清洗和药剂清洗等。清洗方法的选择则取决于具体纳滤膜材料的性质、污染物的种类以及污染物的污染程度等。纳滤膜污染的清洗频率可以通过过程的优化来确定。

5.3.2.1　纳滤膜污染的物理清洗方法

膜的物理清洗方法包括水力方法、气-液脉冲法、热水法、瞬时闪吹法、海绵球洗净法及保护液浸泡等。

（1）水力方法：降低操作压力，提高循环量对膜表面进行较长时间的冲洗，去除膜表面附着的污染物以提高膜通量。其中水力反洗是最典型的一种水力方法，该方法操作简便，以一定的频率交替加压、减压和改变流向，但该方法更适用于微滤膜和超滤膜，对纳滤膜的通量恢复较少，且膜性能很快会再次下降。

（2）气-液脉冲：在膜装置间隙中通入高压气体（空气或氮气）形成气-液脉冲，使膜孔道膨胀而更有利于污染物被液体冲走，进而清除膜表面污染物。这种处理方法较简单，对于初期受有机物污染的纳滤膜是有效的。

（3）保护液浸泡：朱安娜等[65]在 MPS-44 纳滤膜分离林可霉素（又称洁霉素）废水的实验中发现，严重污染的 MPS-44 纳滤膜在保护液中浸泡 4 天以上并经酸和碱液清洗后，纳滤膜通量基本能恢复到未污染前状态。只是该方法耗时较长，缩短了纳滤膜的有效工作时间。

5.3.2.2 纳滤膜污染的化学清洗方法

对污染的纳滤膜表面进行物理清洗可以去除部分污染物，但无法彻底清除，因此化学清洗是去除纳滤膜表面污染物的方法之一。常用的膜污染化学清洗剂很多，既可以将其单独使用，也可以相互组合使用。化学清洗法依照清洗剂的分类可分为酸、碱、螯合剂、表面活性剂、酶、消毒剂和专用清洗剂清洗法。依清洗剂的用途，化学清洗剂又可分为去无机物用清洗剂、去有机物用清洗剂、去细菌用清洗剂、去微生物用清洗剂以及去浓厚胶体用清洗剂。

使用清洗剂时，应根据纳滤膜污染的具体类型和程度、纳滤膜材料的物理化学性质进行选择和确定。鉴于膜污染的复杂性，有时清洗剂不只使用一种，可能混合使用，也可以分开使用[66]。

常用的化学清洗方法如下：

（1）酸碱液清洗法：以 2%柠檬酸 + 氨水（pH = 4.0）清洗液可去除碳酸盐垢及金属胶体；0.1%EDTA + NaOH（pH = 11.9）清洗液可去除二氧化硅、有机物及微生物污染物。溶液在纳滤膜组件内低压循环运行，适用于聚酰胺膜的清洗。

（2）氧化剂法：利用氧化剂氧化分解纳滤膜表面的凝胶层，特别是破坏胶层中的大分子物质相互间的结合，使膜表面的凝胶层脱落并被水流带走，达到清洗的目的。常用的氧化剂有：0.1% H_2O_2、碱性氯液（300 mg/L 活性氯，pH = 10）、0.1%酸性高锰酸钾溶液。

（3）表面活性剂法：利用表面活性剂有分散、增溶、洗涤作用，清除纳滤膜的蛋白质沉积层，常用的表面活性剂有 Tween-80、大豆磷脂、十二烷基硫酸钠等。

（4）酶制剂法：利用酶制剂的降解作用，使纳滤膜表面及膜孔内的大分子物质降解成小分子物质，从而达到清除膜污染的目的。

纳滤膜污染常用的清洗装置主要有清洗箱（包括加热及控温装置）、清洗泵、5 μm 保安过滤器、监测清洗液流量及温度的在线仪表等，清洗装置也可用于膜元件的消毒。清洗系统流程如图 5-20 所示。

在实际的纳滤膜清洗操作中，往往需要将多种清洗再生方法结合使用，利用它们的协同作用获取最佳的再生效果。总之，清洗再生工艺条件应根据污染膜的性质而确定。

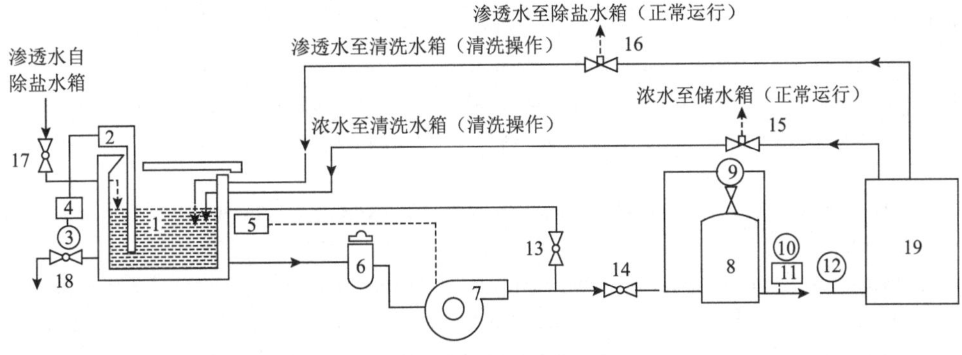

图 5-20　清洗系统流程

参 考 文 献

[1] Flemming H. Reverse osmosis membrane biofouling[J]. Experimental Thermal and Fluid Science, 1997, 14: 382-391.

[2] 李银, 张林. 抗生物污染反渗透膜的研究进展[J]. 膜科学与技术, 2018, 38(2): 111-118.

[3] 郭驭, 王小㑇. 纳滤膜污染机理、表征及控制[J]. 给水排水, 2017, 43(9): 120-131.

[4] Aimar P, Howell J A, Clifton M J, et al. Concentration polarisation build-up in hollow fibers: A method of measurement and its modelling in ultrafiltration[J]. Journal of Membrane Science, 1991, 59(1): 81-99.

[5] Bacchin P, Aimar P, Sanchez V. Model for colloidal fouling of membranes[J]. Aiche Journal, 1995, 41(2): 368-376.

[6] Flora J R V. Stochastic approach to modeling surface fouling of ultrafiltration membranes[J]. Journal of Membrane Science, 1993, 76(1): 85-88.

[7] Habimana O, Semião A J C, Casey E. The role of cell-surface interactions in bacterial initial adhesion and consequent biofilm formation on nanofiltration/reverse osmosis membranes[J]. Journal of Membrane Science, 2014, 454: 82-96.

[8] Louie J S, Pinnau I, Ciobanu I, et al. Effects of polyether-polyamide block copolymer coating on performance and fouling of reverse osmosis membranes[J]. Journal of Membrane Science, 2006, 280(1-2): 762-770.

[9] Cao Z, Mi L, Mendiola J, et al. Reversibly switching the function of a surface between attacking and defending against bacteria[J]. Angewandte Chemie International Edition, 2012, 51(11): 2602-2605.

[10] Wang S, Guillen G, Hoek E M V. Direct observation of microbial adhesion to membranes[J]. Environmental Science & Technology, 2005, 39(17): 6461-6469.

[11] Zhang T, Zhu C, Ma H, et al. Surface modification of APA-TFC membrane with quaternary ammonium cation and salicylaldehyde to improve performance[J]. Journal of Membrane Science, 2014, 457: 88-94.

[12] Sagle A C, Van Wagner E M, Ju H, et al. PEG-coated reverse osmosis membranes: Desalination properties and fouling resistance[J]. Journal of Membrane Science, 2009, 340(1-2): 92-108.

[13] Kang G, Yu H, Liu Z, et al. Surface modification of a commercial thin film composite polyamide reverse osmosis membrane by carbodiimide-induced grafting with poly(ethylene glycol) derivatives[J]. Desalination, 2011, 275(1-3): 252-259.

[14] Shao Q, He Y, White A D, et al. Difference in hydration between carboxybetaine and sulfobetaine[J]. The Journal of Physical Chemistry B, 2010, 114(49): 16625-16631.

[15] Pertsin A J, Grunze M. Computer simulation of water near the surface of oligo(ethylene glycol)-terminated alkanethiol self-assembled monolayers[J]. Langmuir, 2000, 16(23): 8829-8841.

[16] Zheng J, Li L, Tsao H-K, et al. Strong repulsive forces between protein and oligo(ethylene glycol) self-assembled monolayers: A molecular simulation study[J]. Biophysical Journal, 2005, 89(1): 158-166.

[17] Kwon B, Lee S, Cho J, et al. Biodegradability, DBP formation, and membrane fouling potential of natural organic matter: Characterization and controllability[J]. Environmental Science & Technology, 2005, 39(3): 732-739.

[18] Zhou Y, Yu S, Gao C, et al. Surface modification of thin film composite polyamide membranes by electrostatic self deposition of polycations for improved fouling resistance[J]. Separation and Purification Technology, 2009, 66(2): 287-294.

[19] Liu C X, Zhang D R, He Y, et al. Modification of membrane surface for anti-biofouling performance: Effect of anti-adhesion and anti-bacteria approaches[J]. Journal of Membrane Science, 2010, 346(1): 121-130.

[20] Holmlin R E, Chen X, Chapman R G, et al. Zwitterionic SAMs that resist nonspecific adsorption of protein from aqueous buffer[J]. Langmuir. 2001, 17(9): 2841-2850.

[21] Chen S, Jiang S. An new avenue to nonfouling materials[J]. Advanced Materials, 2008, 20(2): 335-338.

[22] Ba C, Economy J. Preparation and characterization of a neutrally charged antifouling nanofiltration membrane by coating a layer of sulfonated poly(ether ether ketone) on a positively charged nanofiltration membrane[J]. Journal of Membrane Science, 2010, 362(1-2): 192-201.

[23] Subramani A, Hoek E M V. Direct observation of initial microbial deposition onto reverse osmosis and nanofiltration membranes[J]. Journal of Membrane Science, 2008, 319(1-2): 111-125.

[24] Lee W, Ahn C H, Hong S, et al. Evaluation of surface properties of reverse osmosis membranes on the initial biofouling stages under no filtration condition[J]. Journal of Membrane Science, 2010, 351(1-2): 112-122.

[25] Bernstein R, Belfer S, Freger V. Bacterial attachment to RO membranes surface-modified by concentration-polarization-enhanced graft polymerization[J]. Environmental Science & Technology, 2011, 45(14): 5973-5980.

[26] Rana D, Matsuura T. Surface modifications for antifouling membranes[J]. Chemical Reviews, 2010, 110(4): 2448-2471.

[27] Graham S I, Reitz R L, Hickman C E. Improving reverse osmosis performance through periodic

cleaning[J]. Desalination, 1989, 74: 113-124.

[28] Tasaka K, Katsura T, Iwahori H, et al. Analysis of RO elements operated at more than 80 plants in Japan[J]. Desalination, 1994, 96(1-3): 259-272.

[29] Lin H, Liao B-Q, Chen J, et al. New insights into membrane fouling in a submerged anaerobic membrane bioreactor based on characterization of cake sludge and bulk sludge[J]. Bioresource Technology, 2011, 102, 2373-2379.

[30] Hong S, Elimelech M. Chemical and physical aspects of natural organic matter (NOM) fouling of nanofiltration membranes[J]. Journal of Membrane Science, 1997, 132(2): 159-181.

[31] Seidel A, Elimelech M. Coupling between chemical and physical interactions in natural organic matter (NOM) fouling of nanofiltration membranes: Implications for fouling control[J]. Journal of Membrane Science, 2002, 203(1-2): 245-255.

[32] 罗敏, 王占生, 侯立安. 纳滤膜污染的分析与机理研究[J]. 水处理技术, 1998, 24(6): 318-323.

[33] Tirado M L M, Bass M, Piatkovsky M, et al. Assessing biofouling resistance of a polyamide reverse osmosis membrane surface-modified with a zwitterionic polymer[J]. Journal of Membrane Science, 2016, 520: 490-498.

[34] Zhang J, Loong W L, Chou S, et al. Membrane biofouling and scaling in forward osmosis membrane bioreactor[J]. Journal of Membrane Science, 2012: 8-14.

[35] 姚萌. 膜污染及其检测技术发展[J]. 环境保护与循环经济, 2015, 35(11): 38-41.

[36] Kimura K, Yamato N, Yamamura H, et al. Membrane fouling in pilot-scale membrane bioreactors (MBRs) treating municipal wastewater[J]. Environmental Science & Technology, 2005, 39 (16): 6293-6299.

[37] Tang C Y, Fu Q S, Criddle C S, et al. Effect of flux (transmembrane pressure) and membrane properties on fouling and rejection of reverse osmosis and nanofiltration membranes treating perfluorooctane sulfonate containing wastewater[J]. Environmental Science & Technology, 2007, 41(6): 2008-2014.

[38] Wang Y N, Tang C Y. Nanofiltration membrane fouling by oppositely charged macromolecules: Investigation on flux behavior, foulant mass deposition, and solute rejection[J]. Environmental Science & Technology, 2011, 45(20): 8941-8947.

[39] Saeki D, Tanimoto T, Matsuyama H. Anti-biofouling of polyamide reverse osmosis membranes using phosphorylcholine polymer grafted by surface-initiated atom transfer radical polymerization[J]. Desalination, 2014, 350: 21-27.

[40] An G, Lin J, Li J, et al. Non-invasive measurement of membrane scaling and cleaning in spiral-wound reverse osmosis modules by ultrasonic time-domain reflectometry with sound intensity calculation[J]. Desalination, 2011, 283: 3-9.

[41] Sanderson R, Li J X, Koen L J, et al. Ultrasonic time-domain reflectometry as a non-destructive instrumental visualization technique to monitor inorganic fouling and cleaning on reverse osmosis membranes[J]. Journal of Membrane Science, 2002, 207: 105-117.

[42] Li H, Fane A G, Coster H G L, et al. Direct observation of particle deposition on the membrane surface during crossflow microfiltration[J]. Journal of Membrane Science, 1998, 149, (1):

83-97.

[43] Li W, Liu X, Wang Y, et al. Analyzing the evolution of membrane fouling via a novel method based on 3D optical coherence tomography imaging[J]. Environmental Science & Technology, 2016, 50(13): 6930-6939.

[44] Denk W, Strickler J H, Webb W W. Two-photon laser scanning fluorescence microscopy[J]. Science, 1990, 248(4951): 73-76.

[45] Hughes D, Tirlapur U K, Field R, Cui Z. *In situ* 3D characterization of membrane fouling by yeast suspensions using two-photon femtosecond near infrared non-linear optical imaging[J]. Journal of Membrane Science, 2006, 280(1-2): 124-133.

[46] Pieracci J, Crivello J V, Belfort G. Photochemical modification of 10 kDa polyethersulfone ultrafiltration membranes for reduction of biofouling[J]. Journal of Membrane Science, 1999, 156(2): 223-240.

[47] Flyborg L, Bjorlenius B, Persson K M. Can treated municipal wastewater be reused after ozonation and nanofiltration? Results from a pilot study of pharmaceutical removal in Henriksdal WWTP, Sweden[J]. Water Science and Technology, 2010, 61(5): 1113-1120.

[48] Fersi C, Dhahbi M. Treatment of textile plant effluent by ultrafiltration and/or nanofiltration for water reuse[J]. Desalination, 2008, 222(1-3): 263-271.

[49] Bellona C L, Wuertle A, Xu P, et al. Evaluation of a bench-scale membrane fouling protocol to determine fouling propensities of membranes during full-scale water reuse applications[J]. Water Science and Technology, 2010, 62(5): 1198-1204.

[50] Wang J, Li K, Yu D, et al. Comparison of NF membrane fouling and cleaning by two pretreatment strategies for the advanced treatment of antibiotic production wastewater[J]. Water Science and Technology, 2016, 73(9): 2260-2267.

[51] Dasgupta J, Mondal D, Chakraborty S, et al. Nanofiltration based water reclamation from tannery effluent following coagulation pretreatment[J]. Ecotoxicology and Environmental Safety, 2015, 121: 22-30.

[52] Aryai A, Sathasivan A, Heitz A, et al. Combined BAC and MIEX pre-treatment of secondary wastewater effluent to reduce fouling of nanofiltration membranes[J]. Water Research, 2015, 70: 214-223.

[53] 侯立安, 左莉, 刘晓敏. 纳滤膜的污染成因及防止技术研究[J]. 洁净与空调技术, 2006, (2): 18-20, 36.

[54] Tang C Y, Kwon Y, Leckie J O. Effect of membrane chemistry and coating layer on physiochemical properties of thin film composite polyamide RO and NF membranes I. FTIR and XPS characterization of polyamide and coating layer chemistry[J]. Desalination, 2009, 242: 149-167.

[55] Tang C Y, Kwon Y, Leckie J O. Effect of membrane chemistry and coating layer on physiochemical properties of thin film composite polyamide RO and NF membranes Ⅱ. Membrane physiochemical properties and their dependence on polyamide and coating layer[J]. Desalination, 2009, 242: 168-182.

[56] Liu L-F, Yu S-C, Zhou Y, et al. Study on a novel polyamide-urea reverse osmosis composite

membrane (ICIC-MPD): Ⅰ. Preparation and characterization of ICIC-MPD membrane[J]. Journal of Membrane Science, 2006, 281: 88-94.

[57] Liu L-F, Yu S-C, Wu L-G, et al. Study on a novel polyamide-urea reverse osmosis composite membrane (ICIC-MPD): Ⅱ. Analysis of membrane antifouling performance[J]. Journal of Membrane Science, 2006, 283: 133-146.

[58] Liu L-F, Yu S-C, Wu L-G, et al. Study on a novel antifouling polyamide- urea reverse osmosis composite membrane (ICIC-MPD): Ⅲ. Analysis of membrane electrical properties[J]. Journal of Membrane Science, 2008, 310: 119-128.

[59] Li L, Zhang S, Zhang X, et al. Polyamide thin film composite membranes prepared from 3, 4′, 5-biphenyl triacyl chloride, 3, 3′, 5, 5′-biphenyl tetraacyl chloride and *m*-phenylenediamine[J]. Journal of Membrane Science, 2007, 289: 258-267.

[60] Ma X, Yang Z, Yao Z, et al. Tuning roughness features of thin film composite polyamide membranes for simultaneously enhanced permeability, selectivity and anti-fouling performance[J]. Journal of Colloid and Interface Science, 2019, 540: 382-388.

[61] Song X, Gan B, Yang Z, et al. Confined nanobubbles shape the surface roughness structures of thin film composite polyamide desalination membranes[J]. Journal of Membrane Science, 2019, 582: 342-349.

[62] Ma X-H, Yao Z-K, Yang Z, et al. Nanofoaming of polyamide desalination membranes to tune permeability and selectivity[J]. Environmental Science & Technology Letters, 2018, 5: 123-130.

[63] Peng L E, Yao Z, Liu X, et al. Tailoring polyamide rejection layer with aqueous carbonate chemistry for enhanced membrane separation: Mechanistic insights, chemistry-structure-property relationship, and environmental implications[J]. Environmental Science & Technology, 2019, 53(16): 9764-9770.

[64] Lin S, Li Y, Zhang L, et al. Zwitterion-like, charge-balanced ultrathin layers on polymeric membranes for antifouling property[J]. Environmental Science and Technology, 2018, 52(7): 4457-4463.

[65] 朱安娜, 纪树兰, 龙峰, 等. 纳滤膜在洁霉素废水浓缩分离中的应用[J]. 环境科学, 2002, 23(2): 39-44.

[66] Chai X, Kobayashi T, Fujii N. Ultrasound effect on cross-flow filtration of polyacrylonitrile ultrafiltration membranes[J]. Journal of Membrane Science, 1998, 148(1): 129-135.

第 6 章　纳滤技术在市政给水处理领域中的应用

我国市政给水水源水质复杂，主要存在地表水有机污染严重、地下水硬度偏高、北方地区（苦咸水）含盐高等问题。随着生活水平的提高，传统市政工艺无法满足人们对饮用水的高品质需求，开发饮用水深度处理技术是解决该需求的重要途径。纳滤技术能有效去除水体中各类小分子有机物（如：三氯甲烷中间体、低分子有机物、农药、激素、氟化物等有害有机物质）和多价无机离子（如：Ca^{2+}、Mg^{2+}、SO_4^{2-} 以及重金属离子等），是极具潜力的深度水处理技术，在市政给水领域的应用日趋广泛。本章概述了纳滤膜在给水处理中的研究进展，阐述了以纳滤膜为核心的组合工艺对微污染地表水、地下水、苦咸水等不同类型饮用水水源水质处理效果，并结合典型案例分析了纳滤技术在市政给水处理领域和家庭终端饮水净化领域中的应用。

6.1　纳滤技术在地表水中新兴污染物去除中的应用

生活污水、工业废水的排放以及农田径流、大气颗粒物沉落等非点源污染，对地表水造成了直接或间接的污染。这些非点源污染导致地表水中的新兴污染物（内分泌干扰物、全氟化合物、药物和个人护理品等）急剧增加，而常规的絮凝沉淀、过滤、消毒净化等工艺已不能完全有效地去除这些物质，这就造成了饮用水卫生与安全无法保障的问题。本节以全氟辛烷磺酸和环境激素为例，阐述纳滤技术去除地表水中新兴污染物的研究，介绍纳滤技术在地表水深度处理中的应用[1]，并介绍相关工程案例。

6.1.1　纳滤技术去除地表水中的全氟辛烷磺酸

6.1.1.1　地表水中全氟辛烷磺酸的来源

全氟辛烷磺酸（perfluorooctane sulfonate，PFOS）是一种重要的全氟化表面活性剂，也是多种全氟化合物生产合成的重要前体。PFOS 属于中等毒性环境污染物，会对生物体脏器产生严重危害。其毒性具体表现为抑制生物体免疫系统、损伤生物体肝细胞、生殖细胞、干扰受体酶活性、破坏受体细胞膜结构等。然而，

PFOS 在环境中难以降解，可远距离传输，具有生物累积性，是具有内分泌干扰特性的持久性新型有机污染物。

目前，欧美、日本、中国等多国家和地区已经开展了关于 PFOS 在地表水中分布的调查。在我国，内陆湖泊中太湖、滇池、东湖和巢湖等受污染情况最为严重。其中，太湖是中国第三大淡水湖，其流域范围包括浙江省和江苏省等高度密集的工业化省份。太湖湖水中全氟化合物的平均浓度为 51.8 ng/L，浓度范围为 17.8～448 ng/L。巢湖是安徽省内最大的湖泊，也是全国五大淡水湖之一，湖水中 PFOS 浓度大部分介于 8.4～106.0 ng/L 之间，最高可达 400.0 ng/L。

传统去除 PFOS 的方法主要有吸附法、混凝去除技术、高级氧化技术和紫外光照技术等，但是都无法有效去除 PFOS。纳滤膜的高截留小分子有机物和荷电特性，有利于其去除水体中的全氟辛烷磺酸。

6.1.1.2　纳滤技术去除水体中全氟辛烷磺酸的研究进展

Tang 等[2]选用了三种不同商品化纳滤膜，分别为通用公司的 DK 纳滤膜，陶氏公司的 NF90、NF270 纳滤膜，系统地研究了商业纳滤膜对 PFOS 的去除能力。研究发现，这三种纳滤膜对水体中的 PFOS 都具有较高的去除能力，截留率均在 90%以上。Steinle-Darling 等[3]选用了四种商业纳滤膜（NF270、NF200、DK 和 DL），研究了其对 15 种全氟化合物的截留能力。研究同样表明，纳滤膜对分子质量为 300 Da 以上的阴离子全氟化合物具有高截留能力，截留率达 95%以上。该工作还研究了水体 pH 对纳滤去除全氟化合物能力的影响，发现相比于酸性条件，中性条件下纳滤膜具有更强的全氟化合物截留能力。

著者团队采用纳滤技术开展了饮用水中 PFOS 去除的试验，深入研究了不同进水水质、纳滤操作条件等因素对 PFOS 去除效果和膜污染的影响。如图 6-1 所示，该研究考察了不同操作压力下，进水水体中 PFOS 浓度对商业纳滤膜 NF270 对 PFOS 截留率的影响。随着 PFOS 浓度的升高，膜对 PFOS 的截留率呈上升趋势。造成这一现象的原因是随着 PFOS 浓度增加，更多的 PFOS 被吸附在纳滤膜表面，导致膜孔径变小，膜的筛分作用加强。

如图 6-2 所示，该研究还考察了进水中 pH 值对纳滤膜 PFOS 截留能力的影响。随着进水中 pH 值的升高，纳滤膜对 PFOS 的截留率升高，如在 1.0 MPa 压力下，PFOS 的截留率从 85%（pH = 3）升高到 96.09%（pH = 9）。这与纳滤膜的分离机理有关：商业纳滤膜 NF270 表面呈负电性，而含有磺酸基团的 PFOS 则是一种带有负电荷的小分子全氟有机化合物，由于两者之间电荷相互排斥，有助于提升纳滤膜对 PFOS 的截留能力；在低 pH 值下，H^+会中和纳滤膜表面的部分负电荷，从而减轻上述电荷排斥作用，随着 pH 的提高，进料液中 H^+含量下降，纳滤膜表面的负电性相应增强，对 PFOS 的截留能力也相应增加。

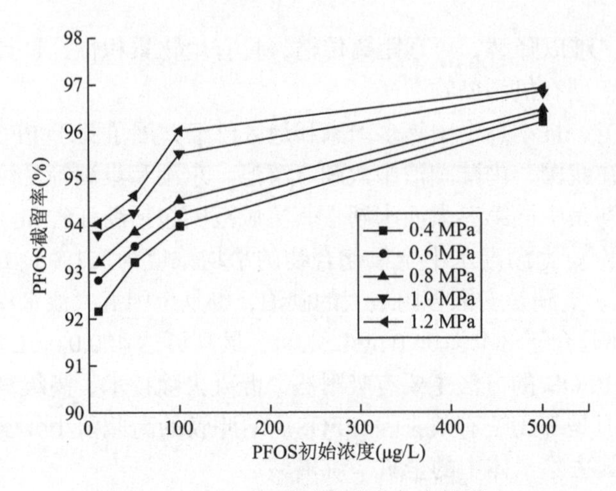

图 6-1　PFOS 初始浓度对截留率的影响

测试条件：PFOS 浓度分别为 10 μg/L、50 μg/L、100 μg/L、500 μg/L 的单一 PFOS 溶液，NF270 纳滤膜，pH = 7

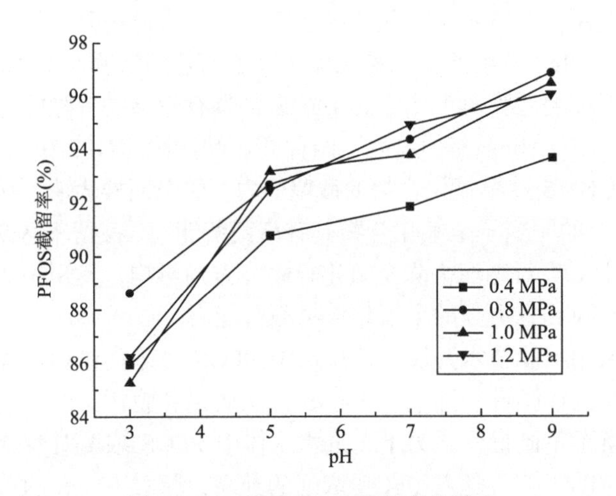

图 6-2　pH 值对 PFOS 截留率的影响

该研究还结合实际饮用水处理环境，研究了进水水体中不同物质对纳滤膜 PFOS 截留能力的影响。例如，腐殖酸（humic acid，HA）是一种难分解的阴离子大分子有机物，其在淡水中的含量约为 1～12 mg/L，在地表水的 pH 范围内呈负电性。常规净水处理工艺对其去除效果不佳，出水中仍会有大量 HA 存在。而这类存在于水体中的有机物不仅会引发膜污染，还会在膜面上与目标物质产生竞争吸附，影响目标物质的纳滤分离性能。该工作研究了 HA 存在条件下，商品纳滤膜对 PFOS 的截留效果。如图 6-3 所示，随着进水水体中 HA 含量的增加，纳滤膜对 PFOS 的截留率呈升高趋势。

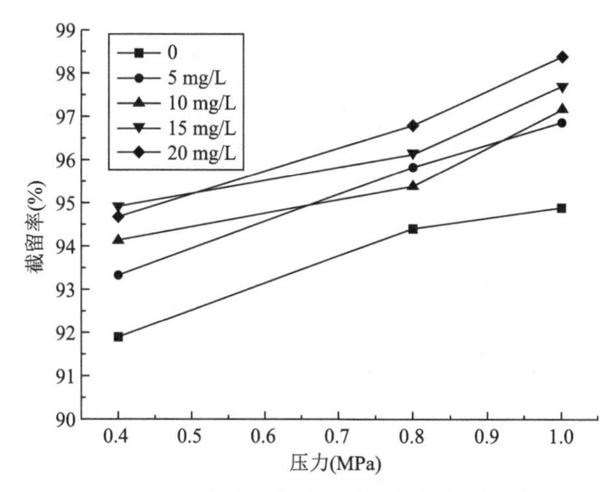

图 6-3　腐殖酸浓度对 PFOS 截留率的影响

饮用水中通常含有的钙离子、镁离子也会对纳滤膜的分离性能产生影响。如图 6-4 所示，随着进水水体中钙离子浓度的增加，纳滤膜对 PFOS 的截留率上升。这是由于荷正电的钙离子与荷负电的 PFOS 分子之间发生络合反应，形成了体积更大的络合物。进一步地，在钙离子存在的同时，该工作通过调节进水的 pH 值，研究了钙离子存在条件下进水水体不同 pH 值对纳滤膜 PFOS 截留能力的影响。如图 6-5 所示，随着 pH 值的升高，纳滤膜对 PFOS 的截留率提高，在 1.0 MPa 压力下，纳滤膜对 PFOS 的截留率由 95.67%（pH = 3）提高到 98.77%（pH = 9）。这一影响规律与上述进料液中 pH 值变化对纳滤膜的截留性能的影响相似，只是由于钙离子与 PFOS 之间的络合作用，纳滤膜表现出更高的截留能力。

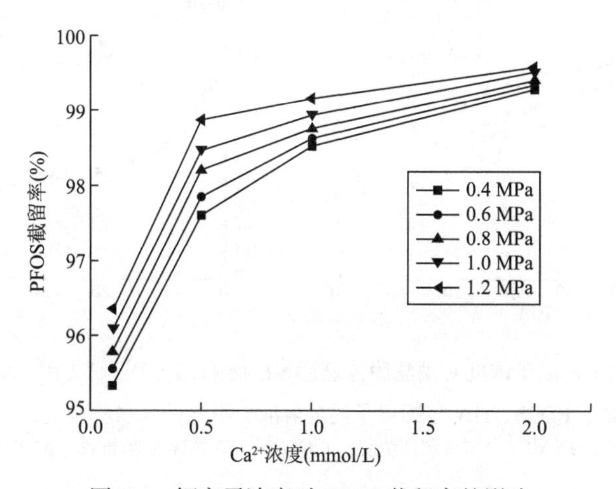

图 6-4　钙离子浓度对 PFOS 截留率的影响

PFOS 原液浓度 100 μg/L，加入不同浓度的 $CaCl_2$ 溶液，调节原水 Ca^{2+} 离子浓度为 0.1 mmol/L、0.5 mmol/L、1.0 mmol/L、2.0 mmol/L

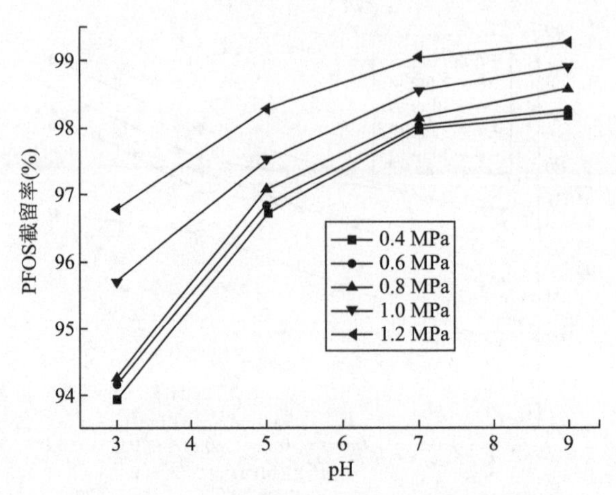

图 6-5　不同 pH 值条件下 PFOS 截留率的变化

进料液：钙离子含量 1 mmol/L，PFOS 含量 100 μg/L，测试 pH 值分别为 3、5、7、9

该研究还考察了 PFOS 去除过程中进水水质对纳滤膜通量的变化。如图 6-6（a）所示，在一定添加范围内（<2 mmol/L），随着钙离子浓度的增加，纳滤膜的渗透通量有所增加，但当进水钙离子浓度过高时（3 mmol/L），纳滤膜的通量开始下降。如图 6-6（b）所示，当进水中含有 HA 时，纳滤膜的渗透通量在短时间内迅速下降，这是由 HA 对纳滤膜表面产生污染，堵塞膜孔并在膜表面形成厚厚的滤饼层造成的。

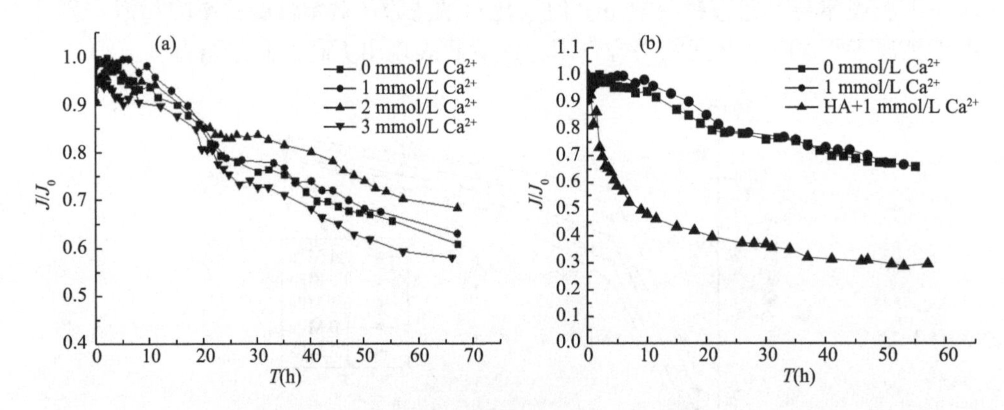

图 6-6　（a）进水中钙离子浓度对纳滤膜渗透通量的影响；（b）三种（单一 PFOS 溶液，PFOS 与钙离子混合溶液，PFOS、HA 与钙离子混合溶液）不同进水水质对纳滤膜渗透通量的影响

测试条件：0.8 MPa，PFOS 料液浓度为 100 μg/L，HA 浓度为 20 mg/L，NF270 纳滤膜

纳滤膜表面的亲疏水性会对纳滤膜的水渗透通量造成影响，通常纳滤膜表面的亲水性越强，其水渗透通量越大。纳滤膜表面的亲疏水性可以通过纳滤膜表面

的水接触角来体现。如表 6-1 所示，随着钙离子浓度的增加，纳滤膜表面的接触角减小，说明膜表面的亲水性增加。因此，膜表面亲水性随进水钙离子浓度的增加而增加，这也是纳滤膜水渗透通量增加原因之一。

表 6-1　过滤试验后膜片的接触角值

溶液体系	洁净膜	单一 PFOS	1 mmol/L Ca^{2+}	2 mmol/L Ca^{2+}	3 mmol/L Ca^{2+}
接触角（°）	13.5	70.1	59	58.3	54.9

6.1.2　纳滤技术去除地表水中的微量环境激素

环境激素是指来源于环境中的可干扰生物内分泌系统的化学物质。这些物质具有外因性，可模拟生物体内的天然荷尔蒙物质，与荷尔蒙的受体结合，影响生物自身荷尔蒙水平，导致内分泌系统失调。当环境激素在生物体内长期累积并达到一定剂量后，可能会对生物机体的内分泌系统产生干扰，导致生物体内分泌紊乱的出现。根据环境激素的来源及其化学结构，可将其分为天然或合成雌激素：如炔雌二醇、雌酮、雌二醇、雌三醇等；环境化学污染物：如多氯联苯、有机氯农药、双酚及邻苯二甲酸酯类等；植物、真菌性雌激素：如异黄酮等[4]。

在水环境中，环境激素主要包括双对氯苯基三氯乙烷（DDT）、多氯联苯（PCBs）、双酚 A（BPA）、多溴联苯醚（PBDEs）和各种邻苯二甲酸盐等，其来源十分广泛，主要包括：

（1）农业和卫生行业中大量使用的农药和药品：大部分没有发挥作用的农药和药品，会通过各种途径直接转移到环境水体中。

（2）在食品材料、容器、医疗用具、人造革等方面广泛使用的塑料增塑剂：如增塑剂邻苯二甲酸酯类（PAE），在聚氯乙烯这种难分解的塑料制品中所占的比例为 30%～50%，在废弃塑料处理过程中，塑料增塑剂会通过各种途径转移到环境水体中。

（3）农药、防腐剂、塑料增塑剂生产过程中排放的废水。

通常水环境中的环境激素含量都极低，属于微量水平，但由于其难以分解且具有生物累积性，将对人体内分泌系统、生殖网络等造成干扰，主要表现为：免疫机能降低、繁殖力下降、后代存活能力降低、生殖系统变异、癌症发病率增加、干扰激素的正常分泌和激素活性以及造成生殖系统结构的改变，导致男性女性化和女性男性化[5]。因此，在饮用水处理过程中，应去除水体中的环境激素，以减少对人体的危害。

6.1.2.1　地表水中微量环境激素的污染现状

部分学者对我国水源环境激素状况展开了调查，从表 6-2 中可以看出，我国水源普遍受到不同程度的环境激素污染，这对生态系统和人类可持续发展构成了潜在的威胁[6]。

表 6-2　我国环境水体激素污染现状

类型	水域	检测项目	水体（ng/L）	底泥（ng/g）
水源	珠江三角洲东江	5 种 SEs[a] 3 种 PEs[b]	—	306.3～7936.2
	黄河（兰州段）	6 种 PAEs[c]，4 种杂环	3640（DBP[f]）	—
	钱塘江	12 种 EDPs[d]	—	25.5～8258.4（鱼）
	松花江哈尔滨段	雌激素活性[e]	0.53～0.97	—
	巢湖	6 种 PAEs[c]	7080～8510	—
其他环境水体	胶州湾	4 种 PEs[b]	9.2～215.1	0～10.4
	淮河流域	2 种重金属类	—	5～3240
	北京主要河流	17 种 EDPs[d]，3 种 PEs[b]	—	—
	长江（南京段）	雌激素活性[e]	0.24～0.45	—
	珠江	5 种 SEs[a]，3 种 PEs[b]	—	2095.3～16614.9
	九龙口及厦门西海海域	36 种 EDPs[d]	24.8～609.5	—

a. SEs：steroid estrogens，类固醇雌激素；b. PEs：phenolic estrogens，酚类雌激素；c. PAEs：phthalic acid esters，邻苯二甲酸酯；d. EDPs：endocrine-disrupting pesticides，农药类环境激素；e. 雌激素活性指采用重组基因酵母细胞定量水中雌激素受体结合的环境雌激素总浓度；f. DBP：dibutyl phthalate，邻苯二甲酸二丁酯

6.1.2.2　纳滤技术去除微量环境激素的研究进展

通过 6.1.2.1 节对水体中环境激素的相关介绍可知，水体中的环境激素具有种类繁多、物理化学性质复杂、水体中分布不均等特点。研究者们根据水体中不同种类的环境激素的物理化学性质采取不同的方法予以去除。其中，纳滤技术以其对小分子有机物具有高截留率、适用于具有荷电特性有机小分子截留等特点，在饮用水中微量环境激素的去除方面发挥着越来越重要的作用。

纳滤膜的分离性能和表面性质会影响其对环境激素分子的截留能力，其中纳滤膜表面的孔结构和表面亲疏水性对环境激素分子的截留能力所造成的影响最大。Yoon 等[7]使用商品化的纳滤膜（ESNA，Hydranautics，美国）和商品化的超滤膜（GM，Desal-Osmonics，美国），分别研究了纳滤技术和超滤技术对水体中 27 种典型内分泌干扰物（endocrine disrupting chemicals，EDCs）、药物和个人护理用品（pharmaceutical and personal care products，PPCPs）的截留性能，其中所

测试的环境激素浓度在 2～150 ng/L 之间。研究发现环境激素分子的亲疏水性和由所使用分离膜孔径造成的位阻效应对环境激素的截留起到重要作用。纳滤膜对环境激素分子的截留率明显高于超滤膜，且纳滤膜对环境激素分子的截留率随着环境激素分子辛醇-水分配系数（octanol-water partition coefficient）的增大而升高。Wintgens 等[8]使用 11 种不同的纳滤膜对壬基酚（NP）和 BPA 进行截留实验，发现纳滤膜对两种环境激素的截留率在 70%～100%之间，通过进一步对纳滤膜表面亲疏水性分析发现，具有亲水性表面的纳滤膜对壬基酚的截留率更高。上述研究发现纳滤膜表面的亲水性有利于提升其对环境激素分子的截留能力。基于这一实验规律，Tang 课题组[9-11]通过涂覆法在商业化纳滤膜表面构建了超薄亲水层，通过对多种环境激素分子的截留实验发现该超薄亲水层提升了商业化纳滤膜对环境激素的截留能力，并证实了纳滤膜表面亲水性增加有利于提升纳滤膜对环境激素的截留能力。基于上述发现并以此为理论基础，Tang 等[12]进一步通过构建超薄亲水分离层，制备了相比传统聚酰胺复合结构纳滤膜具有更高内分泌干扰素类环境激素分子截留率的纳滤膜，该纳滤膜对 4-羟基苯甲酸苄酯的截留率高达 99.7%。

进水水质同样影响着纳滤膜对环境激素分子的截留能力。孙晓丽等[13]研究了 BPA 与腐殖酸共存条件下，进水的 pH、离子强度对纳滤膜截留双酚 A 的影响。该研究采用杭州北斗星膜制品有限公司所提供的 NF90 纳滤膜进行双酚 A 截留实验，发现纳滤膜对含有腐殖酸的混合溶液中 BPA 的去除率在 90%以上；当进水 pH 大于 BPA 的 pK_a值（10.1）时，纳滤膜对 BPA 截留率最高；而当进水溶液中离子强度增加时，会降低纳滤膜对 BPA 的截留率。Comerton 等[14]研究了水体中的天然有机物（natural organic matter，NOM）和离子浓度对纳滤膜截留 5 种内分泌干扰素的影响。该研究的结果表明：水体中天然有机物的存在有利于纳滤膜截留内分泌干扰素；在进水不含有天然有机物时，增加阳离子浓度不会影响纳滤膜对内分泌干扰素的截留性能；但当进水中含有天然有机物时，增加阳离子浓度将大大削弱纳滤膜对内分泌干扰素的截留性能，这主要是由于离子浓度增加导致内分泌干扰素与天然有机物结合能力下降。

许多研究将纳滤技术与其他一些分离技术结合，探索并研究了这些复合分离系统对环境激素分子的截留能力。Kim 等[15]采用将催化氧化法和纳滤技术结合的方法，研究了复合体系对 BPA 分子的去除能力，结果发现该复合体系对 BPA 的去除率可稳定在 95%以上，而在相同条件下单独采用纳滤技术，其对 BPA 的去除率仅在 72%左右。李清雪等[16]试验了活性炭/纳滤组合工艺对邻苯二甲酸二丁酯（DBP）、邻苯二甲酸二乙酯（DEP）和邻苯二甲酸二(2-乙基己基)酯（DEHP）的去除效果试验，当进水中三种环境激素的含量分别为 1.39 μg/L、1.44 μg/L 和 0.26 μg/L 时，复合系统对其的截留率分别达到了 78.91%、78.95%和 70.69%。

6.1.3　工程案例

6.1.3.1　杭州萧山第三水厂应急处理案例

传统给水处理工艺在保障饮用水质安全、减少传染性疾病发生等方面发挥了巨大作用。但传统工艺的主要目标是去除浊度、细菌类微生物等，难以有效去除微量有机物，特别是难以有效应对突发性污染情况。

浙江大学、浙江工商大学、杭州永洁达净化科技有限公司、杭州萧山供水有限公司针对水源水遭受突发性邻苯二甲酸酯污染问题，在杭州萧山第三水厂合作设计并制造了一套以纳滤技术为核心，处理能力为 500 m^3/d 的饮用水应急处理中试示范装置、设备。中试示范装置的工艺流程及运行参数如图 6-7 所示。

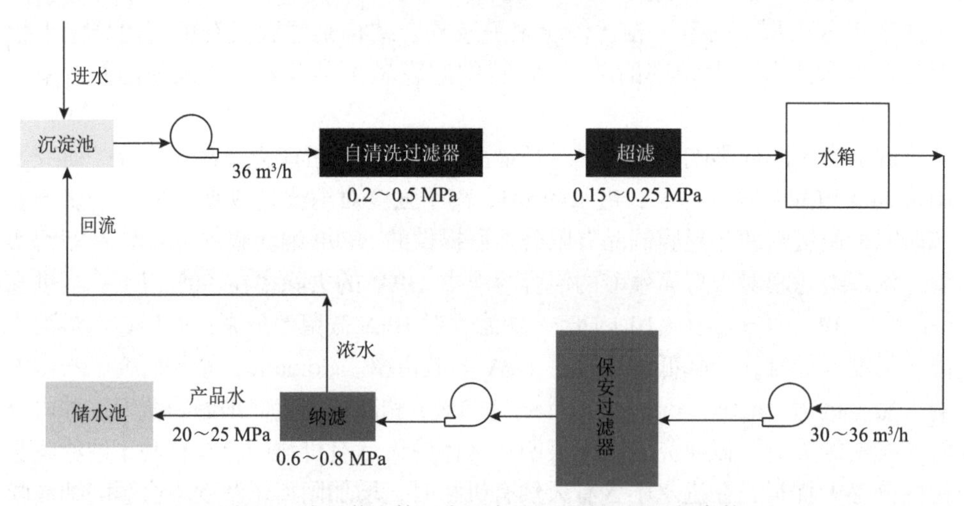

图 6-7　杭州萧山第三水厂中试工艺流程及运行参数

中试中自清洗过滤器采用盘式过滤器，其具有结构紧凑、标准模块化设计、灵活方便、占地面积小等优点。本项目中选用 3 套过滤精度为 100 μm 盘式过滤器，每套的处理能力为 18 m^3/h，采用二开一备的运行操作方式，二套运行，一套自清洗后备用，以保证出水水量和水质的稳定。

超滤处理装置中共有 12 支超滤膜元件，采用了北京坎普尔环保技术有限公司生产的 SVU-1060-C 型膜元件，超滤采用全量过滤、自动反洗、恒流控制运行方式。超滤处理系统的出水水质：浊度≤0.5 NTU，淤泥密度指数（silting density index，SDI）≤3，悬浮物＜5 mg/L。

纳滤处理装置中选用了 20 支 GE 公司的 DK8040 纳滤膜元件，采用一级二段法，水的回收率≥70%。

● **杭州萧山第三水厂中试示范工程系统及装置的运行效果**

以纳滤技术为核心，处理能力为 500 m^3/d 的安全、高效饮用水应急处理中试示范装置从 2011 年 9 月开始在萧山水务集团第三水厂进行安装、调试，2012 年 1 月正式开始现场试验。

1）杭州萧山第三水厂中试对水中 COD（化学需氧量）的去除

在中试示范装置运行期间，连续监测了水中有机物的去除情况，监测结果如图 6-8 所示：示范装置对水中 COD 的去除率在 80%以上，产水中的 COD 稳定在 0.5 mg/L 以下。

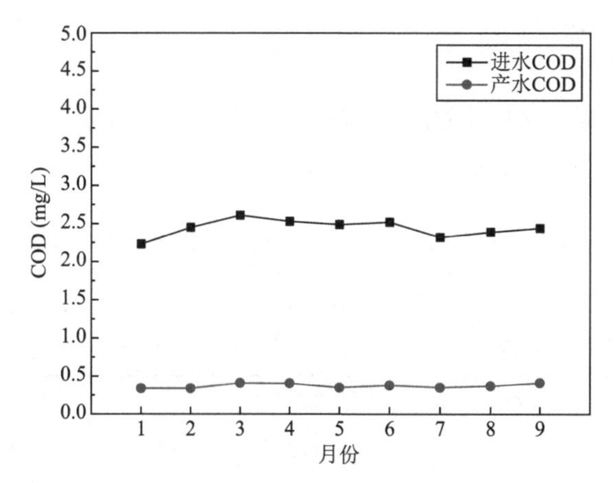

图 6-8　杭州萧山第三水厂中试对有机物（COD）的去除

2）杭州萧山第三水厂中试对水中 TDS（溶解性总固体）的去除

在中试运行期间，连续监测了水中 TDS 的去除情况，监测结果如图 6-9 所示：示范装置对水中 TDS 的去除率在 85%以上，产水中的 TDS 都稳定在 10 mg/L 以下。

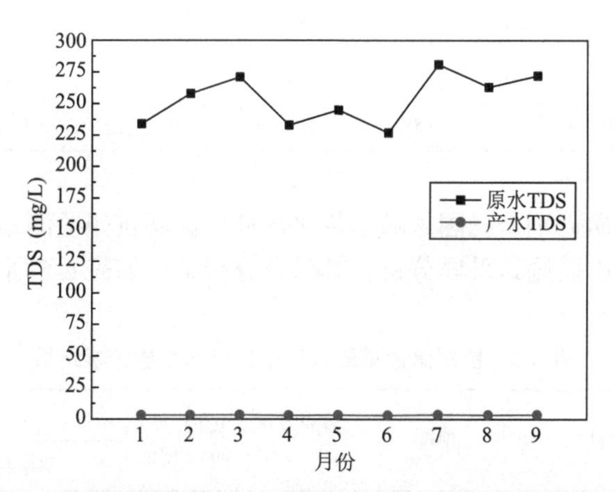

图 6-9　杭州萧山第三水厂中试对有机物（TDS）的去除

3）杭州萧山第三水厂中试对邻苯二甲酸酯的去除情况

如表 6-3 所列，经中试处理，邻苯二甲酸二丁酯的去除率达 91.9%、邻苯二甲酸二(2-乙基己基)酯的去除率达 94.7%，产水符合饮用水国家标准（GB 5749—2006）指标。

表 6-3　杭州萧山第三水厂中试对邻苯二甲酸酯的去除

邻苯二甲酸酯	沉淀池出水（μg/L）	超滤进水（μg/L）	纳滤出水（μg/L）	去除率（%）
邻苯二甲酸二丁酯	3.2	3.2	0.26	91.9
邻苯二甲酸二(2-乙基己基)酯	8.3	8.2	0.44	94.7

4）杭州萧山第三水厂中试的产水量及产水水质分析

中试运行一年多时间的产水量如表 6-4 所示。

表 6-4　杭州萧山第三水厂中试运行操作参数及产水能力

时间	UF 压力（MPa）	NF 压力（MPa）		NF 产水量（m^3/h）	NF 浓水量（m^3/h）	NF 产水 COD（mg/L）	水回用率（%）
		一段	二段				
第一个月	0.15	0.69	0.58	23.1	9.3	0.48	71.3
第二个月	0.15	0.70	0.58	22.8	9.5	0.50	70.6
第三个月	0.13	0.70	0.58	22.9	9.6	0.52	70.5
第四个月	0.15	0.70	0.58	23.1	9.2	0.44	71.5
第五个月	0.14	0.69	0.58	23.1	9.1	0.51	71.7
第六个月	0.15	0.70	0.58	22.9	9.4	0.53	70.9
第七个月	0.14	0.70	0.58	22.9	9.5	0.53	70.7
第八个月	0.15	0.70	0.58	22.9	9.6	0.52	70.5
第九个月	0.14	0.70	0.58	22.8	9.7	0.50	70.2

中试产水水质分别委托国家城市供水水质监测网杭州监测站和浙江省城市供水水质监测网萧山监测站采样分析，其部分分析结果如表 6-5 所示。

表 6-5　杭州萧山第三水厂中试出水水质分析结果

序号	项目	单位	《生活饮用水卫生标准》（GB 5749—2006）限值	结果
				萧山自来水三厂纳滤水
1	贾第鞭毛虫	个/10L	<1	未检出

续表

序号	项目	单位	《生活饮用水卫生标准》（GB 5749—2006）限值	结果
				萧山自来水三厂纳滤水
2	隐孢子虫	个/10L	<1	未检出
3	锑	mg/L	0.005	<0.005
4	钡	mg/L	0.7	0.070
5	铍	mg/L	0.002	<0.0005
6	硼	mg/L	0.5	<0.2
7	钼	mg/L	0.07	<0.005
8	镍	mg/L	0.02	<0.005
9	银	mg/L	0.05	<0.007
10	铊	mg/L	0.0001	<0.00004
11	氯化氰(CNCl)	mg/L	0.07	<0.01
12	一氯二溴甲烷	mg/L	0.1	0.0015
13	二氯一溴甲烷	mg/L	0.06	0.0040
14	二氯乙酸	mg/L	0.05	0.0013
15	1, 2-二氯乙烷	mg/L	0.03	0.0020
16	二氯甲烷	mg/L	0.02	0.0002
17	三卤甲烷	…	实测浓度与其各自限值的比值之和不超过 1	0.19（测定值与限值的比值之和）
18	1, 1, 1-三氯乙烷	mg/L	2	<0.0001
19	三氯乙酸	mg/L	0.1	0.0016
20	三氯乙醛	mg/L	0.01	<0.001
21	2, 4, 6-三氯酚	mg/L	0.2	<0.0002
22	三溴甲烷	mg/L	0.1	<0.0002
23	七氯	mg/L	0.0004	<0.0001
24	马拉硫磷	mg/L	0.25	<0.0003
25	五氯酚	mg/L	0.009	<0.0003
26	六六六（总量）	mg/L	0.005	<0.001
27	六氯苯	mg/L	0.001	<0.00001
28	乐果	mg/L	0.08	<0.00029

续表

序号	项目	单位	《生活饮用水卫生标准》（GB 5749—2006）限值	结果
				萧山自来水三厂纳滤水
29	对硫磷	mg/L	0.003	<0.0001
30	灭草松	mg/L	0.3	<0.003
31	甲基对硫磷	mg/L	0.002	<0.00024
32	百菌清	mg/L	0.01	<0.00002
33	呋喃丹	mg/L	0.007	<0.00004
34	林丹	mg/L	0.002	<0.00002
35	毒死蜱	mg/L	0.03	<0.0005
36	草甘膦	mg/L	0.7	<0.005
37	敌敌畏	mg/L	0.001	<0.00043
38	莠去津	mg/L	0.002	<0.0002
39	溴氰菊酯	mg/L	0.02	<0.001
40	2, 4-滴	mg/L	0.03	<0.003
41	滴滴涕	mg/L	0.001	<0.0005
42	乙苯	mg/L	0.3	<0.00003
43	二甲苯	mg/L	0.5	<0.00003
44	1, 1-二氯乙烯	mg/L	0.03	<0.0001
45	1, 2-二氯乙烯	mg/L	0.05	<0.0001
46	1, 2-二氯苯	mg/L	1	<0.001
47	1, 4-二氯苯	mg/L	0.3	<0.002
48	三氯乙烯	mg/L	0.07	<0.0001
49	三氯苯（总量）1, 2, 4-三氯苯	mg/L	0.02	<0.0001
	三氯苯（总量）1, 2, 3-三氯苯	mg/L		<0.0001
	三氯苯（总量）1, 2, 5-三氯苯	mg/L		<0.0001
50	六氯丁二烯	mg/L	0.0006	<0.0001
51	丙烯酰胺	mg/L	0.0005	<0.0002
52	四氯乙烯	mg/L	0.04	<0.0001
53	甲苯	mg/L	0.7	<0.0001

续表

序号	项目	单位	《生活饮用水卫生标准》（GB 5749—2006）限值	结果
				萧山自来水三厂纳滤水
54	邻苯二甲酸二(2-乙基己基)酯	mg/L	0.008	<0.0005
55	环氧氯丙烷	mg/L	0.0004	<0.0004
56	苯	mg/L	0.01	<0.0001
57	苯乙烯	mg/L	0.02	<0.0001
58	苯并[*a*]芘	mg/L	0.00001	<0.000001
59	氯乙烯	mg/L	0.005	<0.0001
60	氯苯	mg/L	0.3	<0.0001
61	微囊藻毒素-LR	mg/L	0.001	<0.0002
62	氨氮（以 N 计）	mg/L	0.5	<0.02
63	硫化物	mg/L	0.02	<0.02
64	钠	mg/L	200	5.5

6.1.3.2　苏尼特左旗满都拉图水厂工艺改造案例

1. 项目背景

苏尼特左旗满都拉图水厂建于 2006 年，设计处理规模为 3400 t/d，因工艺落后、设备老化等原因，供水水质（见表 6-6）已不能满足满都拉图镇居民健康饮水的要求，水厂工艺亟需改造。分析表中数据后，著者团队采用超滤（UF）和纳滤（NF）为核心工艺，辅以沉淀、过滤等膜前处理工艺处理供水，其中纳滤工艺主要用于去除水中有机物和多价离子。

表 6-6　苏尼特左旗满都拉图水厂地下水水质（原水）

项目	单位	分析值	项目	单位	分析值
色度	度	10	总硬度	mg/L	143
浊度	NTU	5.0	氯化物	mg/L	100
臭和味	—	苦咸味	溶解性总固体	mg/L	637
pH	—	7～9	细菌总数	CFU/mL	>600
氨氮	mg/L	0.8	化学需氧量（COD）	mg/L	30

续表

项目	单位	分析值	项目	单位	分析值
硫酸根	mg/L	270	氟化物	mg/L	1.18
铁	mg/L	0.45	硝酸盐	mg/L	8.0
锰	mg/L	0.33			

2. 工艺选择及膜设计参数

1）苏尼特左旗满都拉图水厂改造工艺概述

工艺流程图见图 6-10，源水泵入厂内，投加氧化剂、絮凝剂后，经混合器、折板絮凝池充分接触后，进入平流沉淀池，上清液经滤池过滤后作为膜处理的进水，沉淀底泥进入污泥处理系统。滤后水投加杀菌剂杀菌后进入超滤系统，超滤的产水进入纳滤系统，纳滤产水与部分滤池水勾兑，产品水在消毒后外输管网，产水水质满足《生活饮水用卫生标准》（GB 5749—2006）。

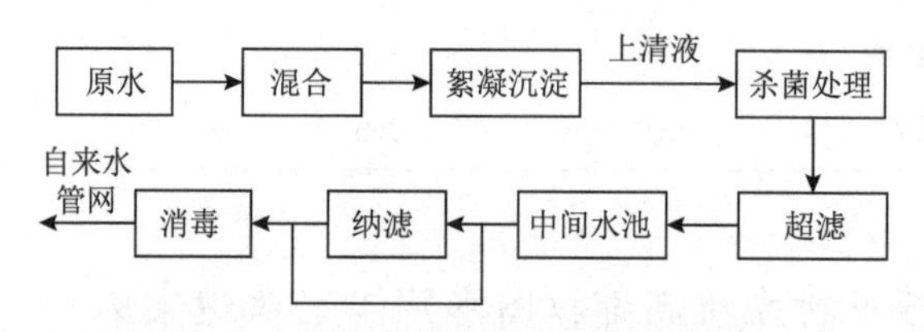

图 6-10　超滤 + 纳滤处理工艺流程图

2）苏尼特左旗满都拉图水厂膜系统设计参数

超滤膜系统采用美国科氏 V1072-35-PMC 型膜元件，该产品具有运行压力低、流道开放、通量高及耐冲洗等优势，超滤系统采用两套膜组器，单套平均产水 2800 m^3/d，超滤系统其他参数如表 6-7 所示。

表 6-7　超滤膜系统设计参数

项目	单位	参数值
膜元件型号	—	V1072-35-PMC
膜通量	GFD	60
单套膜数量/总套数	—	20/2
单支膜产水量	m^3/h	8.3
单套产水能力	m^3/h	140
系统回收率	%	92
总产水能力	m^3/d	5600

纳滤膜系统采用沁森 NF1-8040 型纳滤膜元件，该产品具有二价脱盐率高、运行压力低、耐清洗等特点，整套系统采用两套膜组器，单套平均产水 1700 m^3/d，采用 11∶5 排列，6 芯装膜壳，系统其他参数如表 6-8 所示。

表 6-8　纳滤膜系统设计参数

项目	单位	参数值
膜元件型号	—	NF1-8040
单支膜面积	m^2	37
单支膜产水量	m^3/h	1.6
单套产水能力	m^3/h	85
系统回收率	%	85
总产水能力	m^3/d	3400

3. 项目运行状况

1）纳滤膜系统产水水质

纳滤膜系统从 2015 年运行至今，产水水质稳定、达标，产水各项指标见表 6-9。

表 6-9　纳滤膜系统产水水质

项目	时间/数值			项目	时间/数值		
	2015 年	2017 年	标准限值		2015 年	2017 年	标准限值
色度	0	0	<15	总硬度（mg/L）	40	57	<450
浊度(NTU)	0.1	0.1	<1	氯化物（mg/L）	65	53	<250
COD(mg/L)	1	1.3	<3	TDS（mg/L）	112	89	<1000
pH	8	8.3	6.5～8.5	细菌总数（CFU/mL）	<40	<40	<100
硫酸根(mg/L)	10	13.2	<250	锰（mg/L）	未检出	未检出	<0.1
铁(mg/L)	未检出	未检出	<0.3	氟化物（mg/L）	0.36	0.42	<1.0

2）纳滤膜系统脱盐率、产水量

纳滤膜系统在 2016 年 1 月至 2017 年 2 月运行期间的数据如图 6-11 所示。可以看出，纳滤系统运行总体稳定，产水通量保持在 80～100 m^3/h，所出现的一定幅度范围的波动可能是受到季节性温度变化的影响；纳滤系统脱盐率总体维持在

50%～80%之间，随运行时间增长，脱盐率有所下降，预示膜污染的出现。后期通过膜清洗可实现性能恢复。

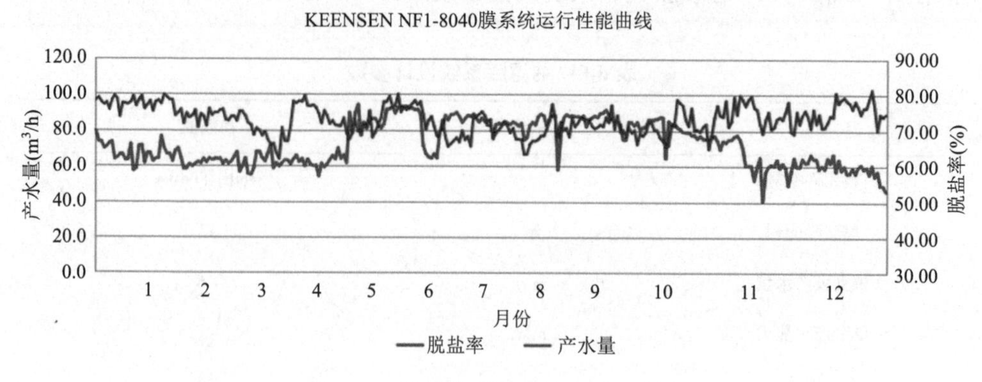

图 6-11 纳滤膜系统运行性能曲线图

4. 纳滤膜系统运行小结

项目自 2015 年起运行至今，系统脱盐率稳定范围为 55%～70%，产水水量和产水水质稳定，达到《生活饮用水卫生标准》(GB 5749—2006)。

6.2 纳滤技术在地下水硬度处理中的应用

6.2.1 地下水处理背景

地下水是重要的饮用水水源，是市政供水的重要组成部分，但受到地质背景、岩溶作用等多种因素的影响，许多地下水存在硬度超标的问题。基于水中典型污染物的种类及含量可将高硬度地下水分为单纯总硬度较高、总硬度与其他典型污染物共存两种情况：

（1）单纯总硬度较高。此类地下水在我国分布较广泛，是高硬度地下水的主要组成部分。其水质的主要问题为钙、镁离子含量过高所导致的总硬度含量高（一般为 300～600 mg/L），且以碳酸盐系钙硬度为主；而其他水质指标则基本满足现行《生活饮用水卫生标准》限值要求。

（2）总硬度与其他典型污染物共存（该情况可视为苦咸水，将在 6.3 节进行介绍）。部分地下水中除了总硬度较高之外，还会含有在地下水入渗过程中所溶解的其他污染物质，形成复合污染的类型。

根据相关报道[17]，国内部分地区典型地下水的基本水质情况如表 6-10 所示。

表 6-10　典型地下水的水质特征分布情况

项目	硫酸根（mg/L）	氯离子（mg/L）	钙离子（mg/L）	镁离子（mg/L）	钠离子（mg/L）	总硬度（以 $CaCO_3$ 计，mg/L）
北京某水厂	—	—	123.6	57	—	557
江苏徐州七里沟水厂	44～48	48～54	—	—	35	330～340
内蒙古自治区巴林右旗	221.5	244	—	—	89	732
山东聊城	—	247	—	—	—	400～713
山西晋城沁水县	83	13.44	—	—	—	570.3
天津静海区	8.1～12.7	260～280	—	—	—	470～560
吉林长春齐家水源地	7.3	104.17	—	—	—	361
甘肃定西	73～221	24～244	94.5～135	14.5～76	37.5～88.1	330～732
内蒙古临河水厂	50～60	30～40	80～90	15～19	20～35	300～380
河南沈丘周营水厂	150～190	110～120	—	—	120～130	100～150

6.2.2　纳滤技术在地下水除硬中的研究进展

随着纳滤技术发展的日趋成熟，纳滤膜水体除硬技术的研究日趋广泛。李静、吴松等[18]采用药剂预处理与纳滤膜分离相结合的组合工艺对高硬度地下水的处理进行了研究，结果表明，该组合技术可有效应对地下水硬度超标问题，Na_2CO_3 和 $Ca(OH)_2$ 预处理＋纳滤深度处理是较优的高硬度、高硫酸盐地下水处理方法。在 Na_2CO_3、$Ca(OH)_2$ 投加量分别为 780 mg/L、125 mg/L，且操作压力为 0.8 MPa 时，出水硬度、硫酸盐含量、溶解性总固体含量分别为 40 mg/L、36 mg/L、193 mg/L，pH 为 7.45，产水率为 70.59%，达到《饮用净水水质标准》（CJ 94—2005）要求，且能够满足生产实际需要。杨胜武和顾军农[19]采用处理量为 6 m^3/h 的超滤技术-纳滤技术组合工艺对高硬度地下水处理进行了运行效果的研究，试验结果表明，超滤技术-纳滤技术组合工艺对于水体的软化有着明显的效果，纳滤膜可有效解决水中硬度过高问题，同时保持了一定量的钙镁离子，使出水硬度保持在 90 mg/L 左右，处理成本约 1.87 元/吨，经勾兑后，处理成本可降至 0.47 元/吨。杨力[20]采用纳滤技术对北碚某地下水库原水进行了处理，结果表明，经过纳滤技术的深度处理能有效降低水中的硬度。经处理后的出水，硫酸盐为 20～60 mg/L，溶解性总固体为 510～530 mg/L，pH 在 7.25～7.34 之间，硬度为 20～60 mg/L，硬度去除率达到 94.5%，各指标都达到饮用水标准；在压力为 0.8 MPa 时，出水硬度为 60 mg/L，硫酸盐浓度为 64 mg/L，溶解性总固体为 530 mg/L，pH 为 7.34，各指标都达到生活饮用水的要求，一级纳滤系统产水率为 81.9%，产水率较高，能够满足生产实际需要。

6.2.3 工程案例

随着纳滤除硬技术的不断成熟，纳滤处理地下水高硬度问题的工程案例也不断出现。该技术首先在国外获得工程应用，例如美国佛罗里达州的迪菲尔德镇（Deerfield）和伯克莱屯市（Boca Raton）纳滤膜系统分别于 2003 年和 2004 年投运，处理能力分别为 40 000 m^3/d 和 140 000 m^3/d，可以去除水的硬度、色度和微量有机物。比利时某水厂，采用日本东丽公司的 UCTZO 纳滤膜，对沿海地区地下饮用水进行了降低硬度的试验，结果显示纳滤膜对钙离子的截留率达到 94%，对单价离子的截留率也高达 60%～70%，滤膜处理后的水质硬度降低了 10～20 倍。美国佛罗里达某软化水厂对纳滤软化与石灰软化两种方法的经济性进行了分析比较，两种软化水厂的建设费用和运行费用见表 6-11。随着产水能力的增加，两类水厂的建设费用和运行费用相应下降。当产水能力达到 57 000 m^3/d 时，纳滤软化水厂的建设费用和运行费用分别仅比石灰软化高出约 10%和 15%。若石灰软化后再增加其他处理单元（如臭氧化）以达到同纳滤软化相当的水质，或纳滤软化出水掺混部分旁路出水达到石灰软化相当的水质，纳滤软化水厂的建设费用和运行费用将会低于石灰软化水厂。

表 6-11 纳滤软化水厂与石灰软化水厂的费用比较

产水能力（m^3/d）	费用名称	纳滤软化	石灰软化
3 800	建设费（\$/m^3）	592～724	463
	运行费（\$/m^3）	0.42～0.73	0.25
57 000	建设费（\$/m^3）	197～342	184
	运行费（\$/m^3）	0.12～0.14	0.11

我国在纳滤地下水除硬方面，也获得许多成功的工程应用，比如北京自来水集团第三水厂纳滤除硬系统、山西阳泉娘子关水厂纳滤除硬系统等。

6.2.3.1 北京自来水集团第三水厂纳滤除硬系统介绍

由于北京城区用水量连年增加，使得地下水过度开采，水质明显恶化，硬度、硝酸盐浓度不断升高。为应对这一问题，北京市自来水集团第三水厂于 2007 年开始改扩建，利用超滤-纳滤技术处理高硬度地下水。

为减轻其结垢堵塞的问题，在纳滤系统前增加了碟片过滤和超滤预处理，所构建的超滤-纳滤系统见图 6-12。其中，碟片过滤器共有五组，其过滤直径为 100 μm，其主要作用是去除原水中较大的颗粒，尤其是沙粒，从而对超滤形成有效保护；超滤系统分 A、B 两组，每组选用 24 支北京鼎创环保有限公司提供的 HF-UFE-8040 W 超滤膜组件；纳滤系统为三段式设计，一、二、三段分别选用天津世韩环保科技有限公司 NE8040-90 纳滤膜组件 42 支、24 支、12 支[21]。

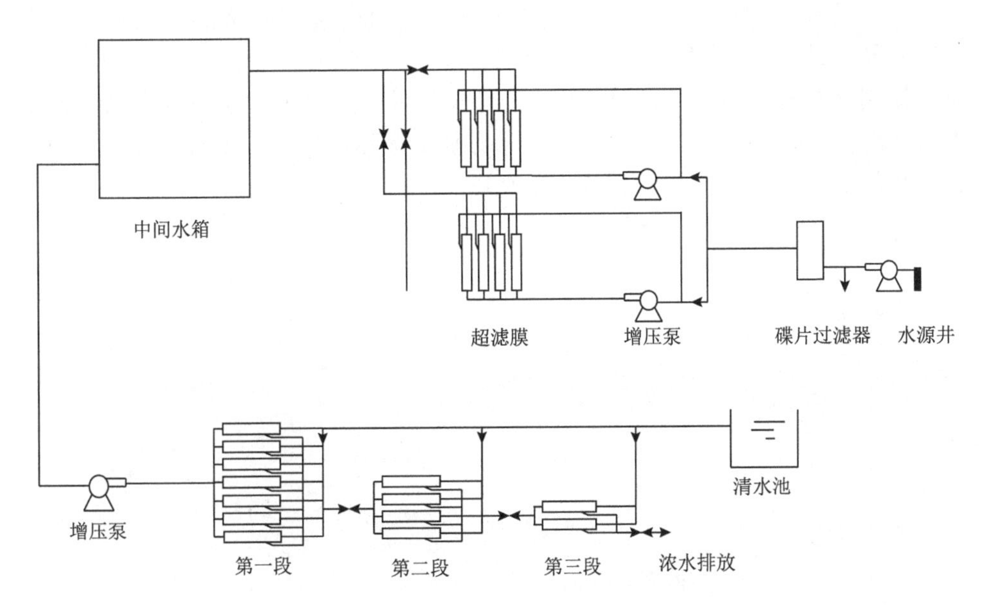

图 6-12　北京自来水集团第三水厂超滤-纳滤系统流程图

纳滤系统压力运行平稳，从处理水量变化分析，产水率由 83%上升到 88%。对各工艺段的水质分析后发现，因对无机溶质几乎无去除作用，超滤处理对各项参数几乎没有影响，但因超滤可以去除对硬度有些许贡献的大颗粒物质，出水硬度总体略有减少。纳滤出水各项指标大大降低，总出水硬度去除率为 94%，总出水碱度去除率为 92.7%，总出水硝酸盐的去除率为 57.8%。纳滤膜对原水中大部分溶解盐有十分有效的去除效果，但其对硝酸盐的去除率没有达到理想的效果，在对纳滤出水历次水质检测中，曾发现硝酸盐高达 18 mg/L，这一数据超过出厂水标准（10 mg/L）。

分析 3 年后各工艺段水质，可以得到相似的结论。改造后的纳滤系统对硬度、碱度、硝酸盐和电导率的总去除率分别为 83.3%、90.0%、56.8%、83.3%。各项去除率都有所降低，说明运行时间对系统出水的处理效果有一定的影响。

6.2.3.2　山西阳泉娘子关水厂纳滤除硬系统

山西阳泉市娘子关水源供给第四水厂，属于泉域水，水量稳定，供水规模为 12.96 万 m^3/d。根据阳泉市自来水公司提供的 2013 年 7 月至 2014 年 6 月水源泵站原水水质检测数据统计表可知，娘子关原水总硬度平均值为 471 mg/L，最大值为 490 mg/L，超过饮用水标准 450 m/L 的限值，同时根据给水行业按水质硬度的划分，该原水应划分为极硬水。此种高硬度的饮用水口感较差，加热后有白色沉淀和严重的结垢现象，清洗衣物、餐具时耗费较多的洗涤剂，毛巾使用后易变黄、变硬。原水硫酸盐浓度平均值为 258 mg/L，最大值为 284 mg/L，超过饮用水标准 250 mg/L 的限值，长期饮用对人体健康存在一定隐患。原水水质除硬度和硫酸盐指标外，其余指标均基本满足饮用水标准要求，但总硬度和硫酸盐浓度呈逐年上升的趋势（图 6-13）。

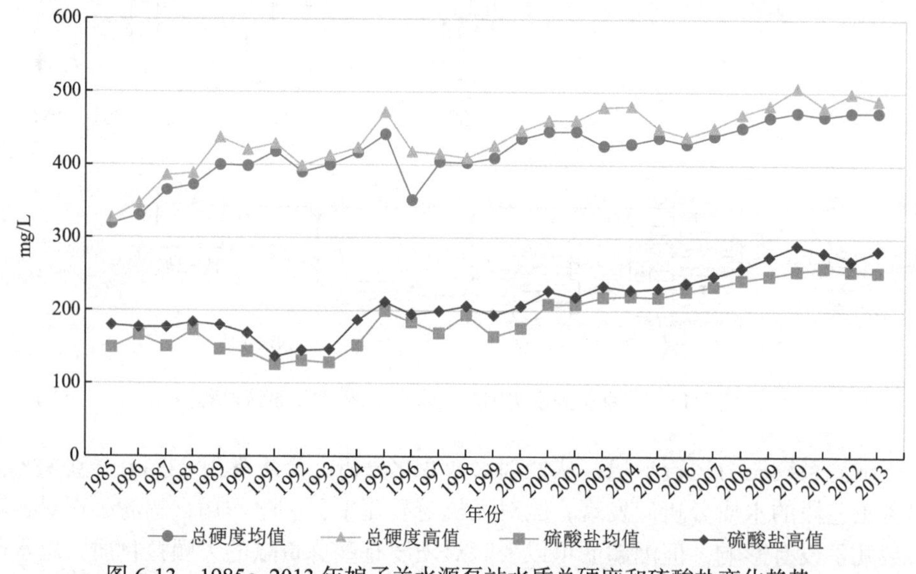

图 6-13　1985～2013 年娘子关水源泵站水质总硬度和硫酸盐变化趋势

硬度和硫酸盐超标是多价离子过多导致的，著者团队针对这一问题设计并实施了纳滤除硬工程。该工程位于一级泵站内，配合一级泵站实施建设规模，分两期建设，近期和远期工程分别对应一级泵站现有和二期扩建工程。根据水质分析结果，近期工程系统产水规模 5 万 m^3/d，第一阶段（2014 年）设备安装规模 3.5 万 m^3/d，第二阶段（2023 年）设备安装规模 1.5 万 m^3/d。

由一元线性回归法预测的 2023 年、2028 年和 2033 年最高总硬度和硫酸盐浓度如表 6-12 所示。由表 6-12 确定本工程设计年限（2033 年）总硬度和硫酸盐浓度的设计值分别为 580 mg/L 和 367 mg/L。

表 6-12　最高总硬度和硫酸盐浓度预测值

年份	最高总硬度预测值（mg/L）	最高硫酸盐浓度预测值（mg/L）
2023	523.0	321.1
2028	559.2	343.8
2033	580.3	366.6

该工程方案设计参考碧水源提供的纳滤膜资料参数。主纳滤系统过滤回收率约为 78%，硫酸盐去除率约为 98%，硬度去除率约为 96%；浓水处理纳滤系统回收率约为 54%，硫酸盐去除率约为 97%，硬度去除率约为 95%。

该工程采用将部分原水进行纳滤处理以降低硬度和硫酸盐浓度，产水再与剩余原水进行勾兑来降低泵站供水总硬度和硫酸盐浓度的工艺，具体工艺流程图见图 6-14，第一阶段工程泵站水量平衡图如图 6-15 所示。

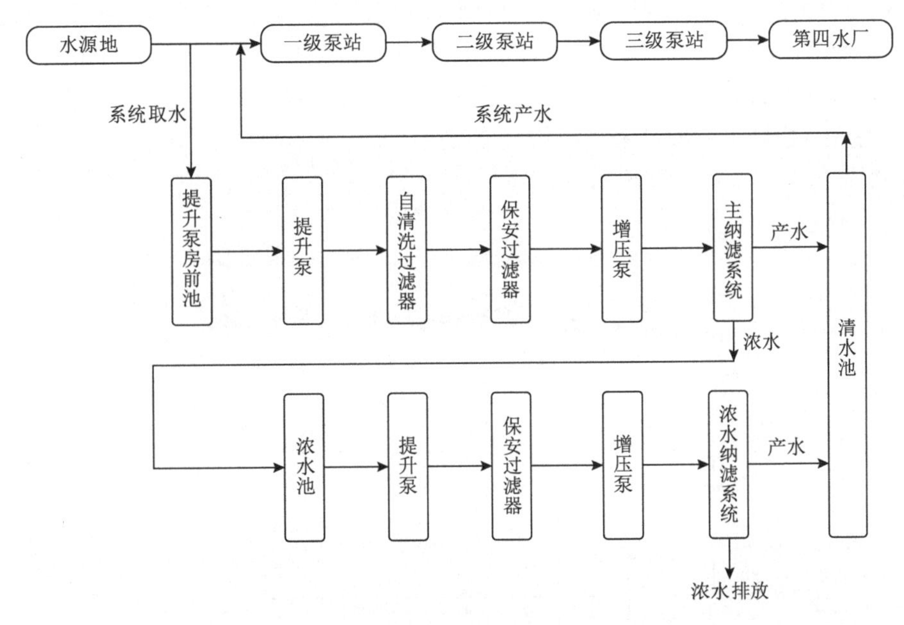

图 6-14　娘子关水厂纳滤除硬系统工艺流程图

该项目纳滤膜元件选用碧水源 DF8040-R90（400），单支脱盐率可达 75%，二价离子和硬度脱除率可达 95%，运行压力为 0.5 MPa。主纳滤系统包含 6 套纳滤膜元件，单套产水能力为 5000 m^3/d，每套 48 支膜壳、336 支膜元件，回收率为 78%。主滤产生的浓水和自清洗过滤器反洗水总量约为 9000 m^3/d，经过水泵加压后进入浓水处理的纳滤系统进行处理。浓水处理的纳滤系统包含 2 套纳滤膜元件，单套产水能力为 2500 m^3/d，每套 24 支膜壳、168 支膜元件，系统回收率约 54%。

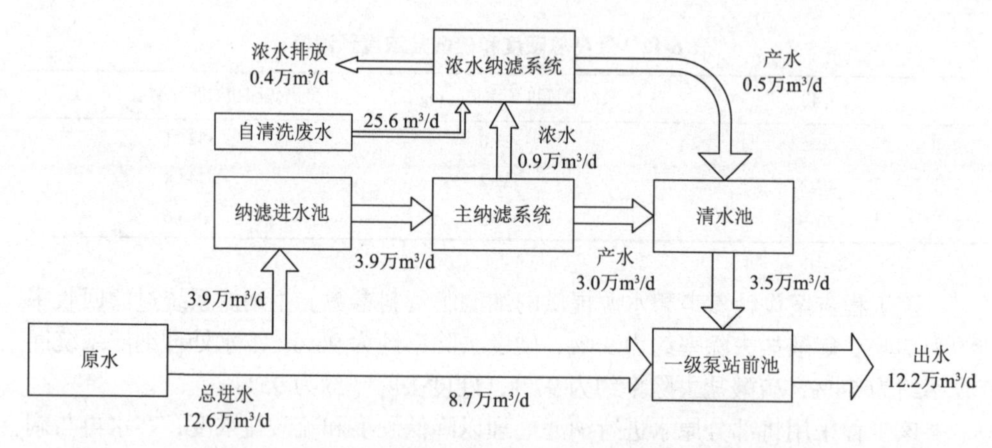

图 6-15　娘子关纳滤除硬系统第一阶段工程泵站水量平衡图

该工程于 2015 年 4 月正式开工建设，至 2016 年 7 月 1 日全部投入运营。图 6-16 为主纳滤系统运行情况，从图中可以看出主纳滤系统脱盐率保持在 93%以上，回收率在 75%～80%之间，表明纳滤膜运行情况良好。第一阶段工程吨水电耗费用 0.40 元/m^3，吨水直接处理成本 0.85 元/m^3（不含折旧费和人员工资），表明纳滤膜适合城市大型自来水厂的大规模应用。

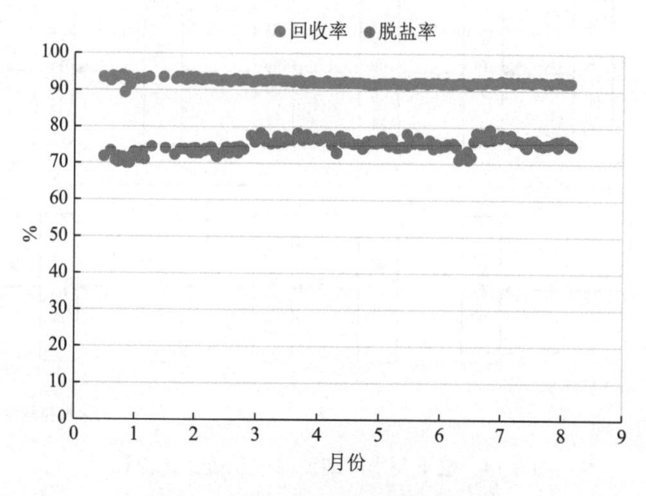

图 6-16　娘子关纳滤系统运行情况

该工程的实施，改善了阳泉市居民饮用水水质，使得阳泉市饮用水的各项指标均优于国家饮用水卫生标准，主纳滤浓水经过纳滤再次处理以提高水资源利用率，符合保障饮用水优质安全的要求，且水质可达到工业冷却用水标准。用于工业冷却水时，可以明显降低管道的结垢倾向，提高冷却用水的循环率。用于工业化学用水时，吨水的利用率提高，总用水成本降低。

6.3　纳滤技术在苦咸水脱盐处理中的应用

6.3.1　苦咸水处理的背景

苦咸水主要是指含盐量介于淡水和海水之间的一类水，溶解性总固体浓度一般在 1 000～10 000 mg/L[22]。在我国，苦咸水主要分布在北方部分地区和东部沿海地区，且部分地区储量非常丰富。在西北干旱的内陆地区，由于降水稀少，蒸发相当强烈，导致作为主要供水水源的地下水含盐量普遍较高；在沿海地区，由于用水过量、时间久或地壳变动而导致水位低于海平面，造成海水的渗透，从而形成苦咸水。苦咸水主要包含 Ca^{2+}、Mg^{2+}、SO_4^{2-}、CO_3^{2-}、Na^{+}、Cl^{-}，但是离子种类也与当地地质状况有关，比如西北干旱地区的苦咸水为高氟苦咸水[23]、黄淮地区的苦咸水为重碳酸盐-硫酸盐型[24]。据不完全统计，我国有 3800 多万人饮用苦咸水，其中的超标盐类和杂质对人体有很大危害，长期饮用这种高矿化度的苦咸水，会引起腹泻、腹胀等消化系统疾病和皮肤过敏，还可能诱发肾结石及各类癌症，严重影响生活质量和身体健康[25]。我国部分地区苦咸水中典型离子含量情况见表 6-13。

表 6-13　典型区域典型离子含量

地区	F^{-}（mg/L）	HCO_3^{-}（mg/L）	SO_4^{2-}（mg/L）	Ca^{2+}（mg/L）	Mg^{2+}（mg/L）	Cl^{-}（mg/L）
沧州[26]	3.0～5.0	—	—	—	—	—
黄淮地区[27]	—	147～172	126～145	—	—	—
宁夏地区[28]	—	301.2	358.6	146.3	111.8	—
张家口[29]	1～2	—	—	—	—	—
甘肃[30]	—	300.82	1008.69			409.13
山东大钦岛[31]	—	—	308	490.53	167.45	2862.5
内蒙古阿拉善右旗[32]	65	—	539.9	—	—	335.1

6.3.2　纳滤技术在苦咸水处理中的研究进展

针对苦咸水硬度偏高的问题，工业界和学术界就纳滤膜在苦咸水软化和脱盐方面进行了诸多研究。纳滤软化技术在美国的应用较为普遍，很多软化水厂都采用纳滤技术代替常规的石灰软化和离子交换。早在 1996 年，美国国立卫生研究院发表了美国 21 个州以饮用水为目的的 179 家脱盐水厂的调查数据，统计表明这些装置的总产水量为 140 万 m^3/d，各种脱盐方法在总装置产水能力中所占比重分别为：苦咸水反渗透 47%、纳滤膜软化 31%、海水淡化 8%。值得注意的是，纳滤膜软化应用的增长速度最快，大大高于其他方法。这是因为纳滤膜不仅在低压下可软化水源和适度脱盐，而且同时可实现三卤甲烷、色度、细菌、病毒和溶解性有机物等的脱除[33]。

张显球等[34]采用商业化纳滤膜 NF90 和 NF270 对江苏南京地区的地表水进行软化，结果表明经过两种纳滤膜对硬度的去除率分别为 99%和 85%，均可达到进入中低压锅炉补水的水质标准；相比离子交换和反渗透膜法，纳滤技术更加环保和节能。王玉红[33]采用砂滤-超滤-纳滤相结合的工艺并选用美国通用电气公司的 DL 纳滤膜和美国陶氏公司的 NF270 对海水进行软化研究，结果表明：DL 纳滤膜对钙、镁离子的脱除能力高于 NF270 膜，两种膜对钙离子的脱除率分别在 68%～75%和 53%～60%之间，对镁离子的脱除率分别在 90%～92%和 81%～85%之间；但是，NF270 纳滤膜对硫酸根和氯离子的脱除能力高于 DL 纳滤膜，NF270 和 DL 纳滤膜对硫酸根离子的脱除率分别在 98%～99%和 91%～93%之间，氯离子的脱除率分别在 21%～26%和 19%～23%之间。因此，NF270 更适合在海水软化脱盐中使用。另外，随着纳滤技术的发展和纳滤膜组件价格的不断下降，纳滤软化法的投资已优于或接近于常规方法，这也为纳滤膜应用于海水软化领域提供了条件。

纳滤技术还可以去除部分硝酸盐，比如美国陶氏公司的 NF270 对硝酸盐有 76%的截留率[35]。有研究表明[36]，致密型纳滤膜对硝酸盐截留率较大，而疏松型纳滤膜对硝酸盐截留率较小，甚至当水中其他阴离子含量较高时，疏松型纳滤膜对硝酸根的截留率可能为负。

大量的研究表明，纳滤膜对氟离子具有良好的截留效果，Lhassani 等[37]使用 NF270 纳滤膜，研究了纳滤膜对水体中氟化物的截留能力。研究结果表明，纳滤膜对卤素离子 F^-、Cl^-和 I^-的截留顺序从大到小依次为 $F^- > Cl^- > I^-$。这是由不同卤素离子的水合作用不同所致，与 Cl^-和 I^-相比，F^-更容易发生水合作用，水合离子的大小影响膜的截留率。王晓伟[38]采用美国通用电气公司的 HL1818T 荷负电纳滤膜，对含氟水体进行了研究，纳滤膜对 TDS 的截留率约 68.8%～70.7%，对氟离子截留率在 70%左右。当原水氟浓度分别低于 3.3 mg/L 和 4.0 mg/L 时，纳滤膜产水中氟浓度分别小于 1.0 mg/L 和 1.2 mg/L。对三支纳滤膜装置进行测试，结果表明采用两段并联式（2∶1）纳滤膜系统的总回收率为 64.9%，收率提高明显，对 TDS 的总截留率为 68.7%；对氟离子的截留率为 70.5%～73.2%，保持了较好的性能。研究认为一级膜系统中两段式排列方式（组件排布按 2∶1）为理想的除氟除砷工艺。实际应用中，可依据原水氟浓度和水量水质要求调整纳滤膜组件排布方式。

砷在水中以两种价态存在，三价砷以中性分子 H_3AsO_3 的形式存在，而五价砷在高 pH 值下则以二价阴离子 $HAsO_4^{2-}$ 的形式存在，相关报道采用纳滤膜（美国陶氏公司的 NF45）对水体中三价和五价砷的去除进行了研究[39, 40]。研究结果表明，通常情况下纳滤膜对五价砷的截留率与水溶液的 pH 值和砷浓度有关，当 pH 值保持在 8.1 左右时，纳滤膜对五价砷的截留率随砷浓度的增加，在 60%～90% 范围内变化，但是该纳滤膜对三价砷的截留效果都不明显。这是由于纳滤膜的截留孔径不足以阻碍以中性分子形式存在的三价砷，而对以离子形式存在的五价砷，通过空间位阻作用和静电排斥作用，纳滤膜可以实现对其较高的截留。在实际应用中，可通过先将三价砷转化为五价砷，随后采用纳滤技术分离的方法提高对水体中砷的去除效果，确保饮水安全[41]。

6.3.3　工程案例

6.3.3.1　临汾二水厂工艺改造案例

临汾市位于山西省西南部，该市二水厂坐落在临汾市区西南，原水水质见表 6-14，原水中硫酸盐与总硬度超标。

表 6-14　临汾二水厂原水水质

检测项目	二水厂	GB 5749—2006
色度	≤5	≤15
浑浊度（NTU）	0.98	≤1
pH	8.25	6.5～8.5
总硬度（mg/L）	488.0	≤450
硫酸盐（mg/L）	362	≤250
氯化物（mg/L）	19	≤250
TDS（mg/L）	724	≤1000
氟化物（mg/L）	0.7	≤1.0

二水厂现有处理工艺为混凝、沉淀加过滤的传统处理工艺，无法有效去除水体中的硫酸盐，结合纳滤技术去除多价离子的特性及处理成本，遂采用多介质过滤和纳滤分离为主体的处理工艺，如图 6-17 所示，纳滤系统出水与原水勾兑，纳滤系统产水规模 1000 m^3/h，共 5 套，用于勾兑的原水量 1500 m^3/h，勾兑比例 2∶3，勾兑后最终外供水量 2500 m^3/h（6 万 t/d），吨水处理成本 0.76 元/t。以上成本计算未包括原水费、设备及建构筑物折旧、资金成本等。

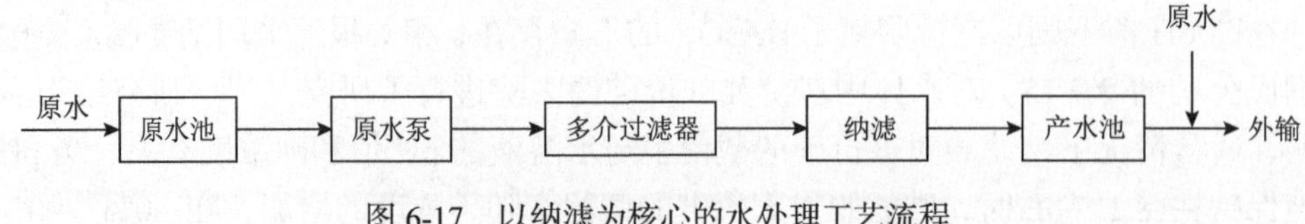

图 6-17　以纳滤为核心的水处理工艺流程

苦咸水经纳滤装置淡化处理后，硫酸盐及总硬度去除率均可以达到 95%以上，与原水勾兑后外供水各项指标均满足国家标准。在水质相同的情况下，纳滤技术与反渗透技术相比，动力能耗降低 30%左右。

6.3.3.2　钱塘江潮汐水纳滤深度处理

同样利用纳滤膜去除多价离子和有效截留小分子有机物的特性，著者团队针对钱塘江潮汐水设计了一套日产 500 m^3 饮用水的纳滤集成示范系统，深度处理钱塘江水源自来水，以达到脱盐除污效果，为进一步采用纳滤集成脱盐除污的放大生产提供设计依据与运行经验，对自来水处理工艺的改革具有参考价值。

1. 潮汐咸水的纳滤膜集成工艺设计

1）工艺流程设计

水厂的纳滤集成处理示范系统流程简图如图 6-18 所示，该系统主要由预处理系统、纳滤系统、纳滤浓水回用的反渗透系统三大部分组成。其中超滤预处理系统设计产水量每小时最大可处理 50 m^3，而纳滤直接产水每小时约 30 m^3 的直接饮用水，反渗透装置可直接产 6 m^3。

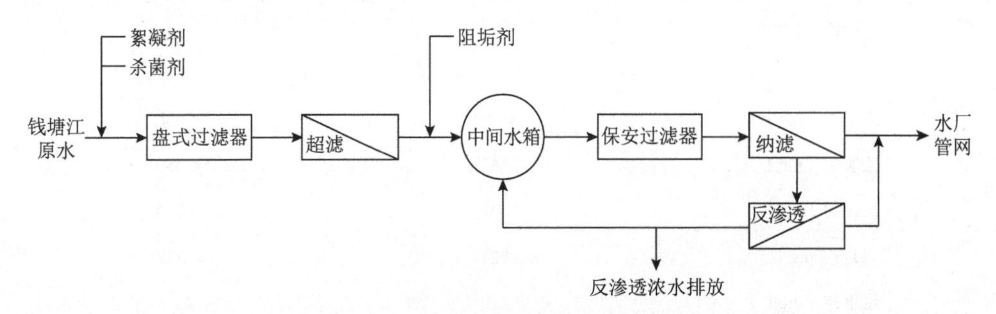

图 6-18　纳滤膜集成脱咸除污流程简图

2）主体设备的配置

a. 原水抽取与预处理系统

原水提取与预处理系统由两部分组成：原水抽取过滤与超滤。抽取过滤部分由泵和过滤装置组成，其中泵为 CDLF42-20-2 原水泵，流量 38 m^3/h，扬程 35 m，功率 5.5 kW，用于原水抽取；过滤装置为 JY2-3 型盘式过滤装置，主要用于去除原水中的胶体杂质与悬浮物。

超滤系统是示范系统中预处理系统的主体部分，分别采用外置式中空纤维超滤膜单元和浸没式中空纤维超滤膜单元进行预处理。其中外置式中空纤维超滤膜单元采用北京坎普尔环保技术有限公司生产的型号为 SVU1060 的中空纤维膜元件，由十二支膜元件并联组成，其出水水质通过定期检测膜污染指数来控制（SDI≤3）。

浸没式中空纤维超滤膜单元采用杭州求是膜技术有限公司生产的型号为 FMBR-20 增强型 CREFLUX 帘式超滤膜片，共计二十个帘式膜片。抽吸过程采用间隙运行方式，采用自动操作的 PLC 程式控制，设定自吸泵抽吸 20 min，气洗反洗 1 min 的模式。正常操作的负压控制在–0.03～–0.01 MPa，反洗流量控制在 0.6～0.7 m^3/h 片。抽滤出水水质也采用定期检测膜污染指数来控制（SDI≤3），根据出水水质情况，定时排空浓缩液，以防止浓缩液过高导致膜孔堵塞和出水水质的膜污染指数变差。

b. 纳滤系统

纳滤系统由保安滤器、纳滤增压泵、纳滤过滤单元、纳滤化学清洗装置组成。纳滤增压泵流量 32 m^3/h，扬程 33 m，其主要作用是将超滤出水水箱内的水输送入纳滤单元，以避免从超滤单元直接抽水所出现的抽空现象。

纳滤过滤单元由五支纳滤膜组件分二段排列组成，每支膜组件安装四个超滤膜元件。第一段为三支并联，第二段为二支并联，第一段与第二段串联，二段产水混合后直接送往储水箱；纳滤浓水作为反渗透的进水，通过高压泵输入反渗透单元，以提高水的利用率。

c. 反渗透系统

反渗透单元选用型号为 CDL8-14 的高压泵，流量 9 m^3/h，扬程 137 m。反渗透单元采用海德能的 ESPA1-8040 型反渗透膜，共用 5 个膜元件采用 2-1-1-1 段排列。

2. 示范系统的运行

纳滤水处理的集成示范系统工艺流程如图 6-19 所示，在每个单元的前后，均设有压力表、流量计等监测显示仪，并在超滤、纳滤、反渗透的各段均安装取样口，以便实时观测与采样检测。

1）原水抽取与超滤预处理系统运行

图 6-20 为近一年内超滤膜单元的运行状况，由图可知，在整个运行期间，超滤进水的电导率不高，上半年的水源电导率低于 150 μS/cm，下半年的电导率有所提高，但并未超过 250 μS/cm。因此，在电导率变化的条件下，超滤通量仍保持不变，但后期的操作压力则有所上升。这是因为经过近一年的运行，中空纤维超滤膜已经产生膜污染，需要进行化学清洗，以降低运行过程的操作压力。

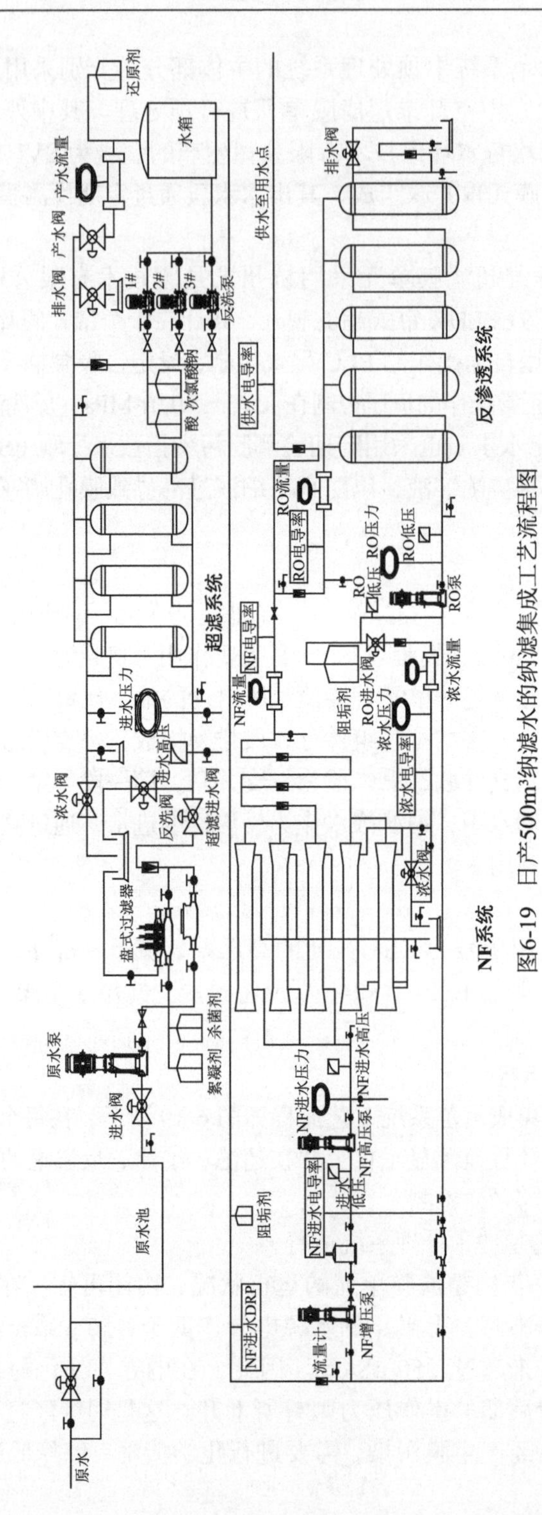

图6-19　日产500m³纳滤水的纳滤集成工艺流程图

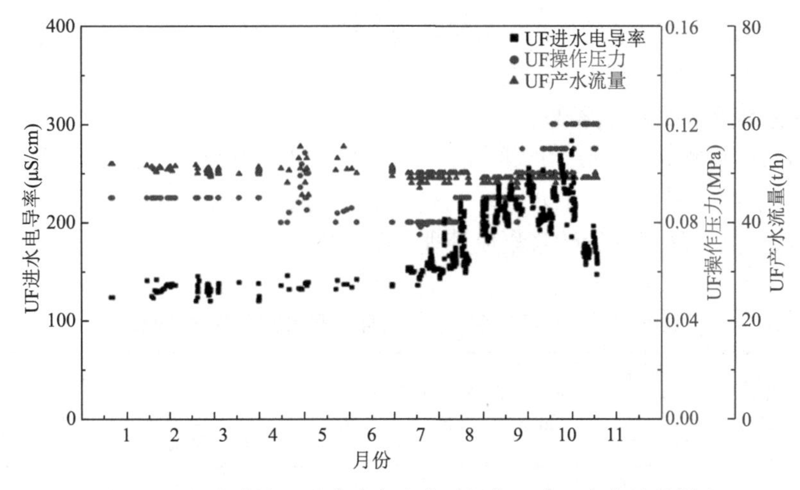

图 6-20　超滤膜单元进水咸度变化对操作压力和产水量的影响

2）纳滤系统运行

纳滤系统的运行情况如图 6-21 所示，在常规水源进水条件下，纳滤膜单元的单位产水电导率基本稳定；当在进水水源中的咸度提高的条件下，系统产水量仍能保持产水量稳定时，操作压力明显提高，这是由于秋冬季节进水温度降低导致的。纳滤膜集成处理示范系统现场图如图 6-22 所示。

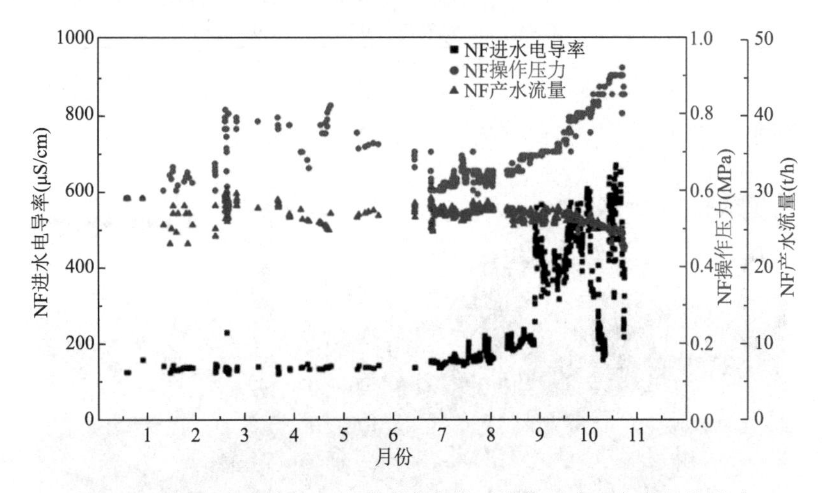

图 6-21　年度纳滤膜单元进水咸度变化对操作压力、产水量的影响

3）反渗透系统运行

在常规水源进水条件下，反渗透系统的操作压力为 0.8 MPa，反渗透的水利用率可达到 50%以上，整个系统的水利用率达到 90%。当进水电导率升高到 500 μS/cm 或更高时，反渗透系统的操作压力明显升高，渗透通量大幅度降低，

其主要原因是二价离子的析出引起膜污染，因此，对反渗透系统在运行过程中应加入阻垢剂并进行定期化学清洗。

4）系统运行的控制参数

表6-15为当年潮汐最为严重的9～10月份萧山自来水三厂纳滤集成系统实际运行数据，由于采用纳滤浓水循环工艺，纳滤集成系统的产水能力与水利用率均有所降低。潮汐高咸水纳滤膜集成处理示范见图6-22。

表6-15 纳滤示范系统操作条件、产水能力与水利用率

时间（d）	UF压力（MPa）	NF压力（MPa）		NF产水量（m^3/h）	NF浓水量（m^3/h）	RO压力（MPa）	RO（m^3/h）		（NF+RO）总产水量（m^3/h）	（NF+RO）水利用率（%）
		一段	二段				产水	浓水		
1	0.075	0.75	0.65	29.5	6.90	1.00	5.10	1.80	34.6	95.05
2	0.05	0.75	0.65	26.0	6.90	1.00	5.10	1.80	31.1	94.53
3	0.08	0.60	0.55	28.8	7.50	0.95	5.70	1.80	34.5	95.04
4	0.08	0.56	0.53	26.2	9.54	0.86	5.52	4.02	31.7	88.75
5	0.08	0.53	0.45	24.7	9.78	0.89	6.18	3.60	30.9	89.56
6	0.08	0.60	0.50	27.2	9.60	0.91	6.18	3.42	33.4	90.71
7	0.04	0.60	0.50	27.3	9.66	0.91	6.24	3.42	33.5	90.75
8	0.08	0.61	0.51	27.5	9.60	0.92	6.24	3.36	33.7	90.94
9	0.08	0.61	0.51	27.3	9.60	0.91	6.24	3.36	33.5	90.89
10	0.08	0.62	0.52	27.4	9.57	0.92	6.20	3.37	33.6	90.88

图6-22 潮汐高咸水纳滤膜集成处理示范系统（500 t/d）

5）产水水质分析

纳滤产水与总产水水质分析分别委托石油和化学工业水处理质量检测中心、浙江省杭州城市供水水质监测网萧山监测站以及膜与水处理技术教育部工程研究中心采样分析，如表 6-16 所示，纳滤水出水水质均达到饮用水卫生标准（GB 5749—2006）。

表 6-16　纳滤示范系统潮汐水源与产水水质变化检验结果

水质指标	潮汐水源	NF 产水	总产水	执行标准
钠（mg/L）	10.71	1.85	0.43	GB/T 5750—2006
钾（mg/L）	3.33	3.35	1.29	GB/T 5750—2006
钙（mg/L）	28.00	12.00	5.44	GB/T 5750—2006
镁（mg/L）	1.94	1.82	1.02	GB/T 5750—2006
铁（mg/L）	<0.08	<0.08	<0.08	GB/T 8538—1995
钡（mg/L）	<0.010	<0.010	<0.010	GB/T 5750—2006
镉（mg/L）	<0.00013	<0.00013	<0.00013	GB/T 5750—2006
铜（mg/L）	<0.0017	<0.0017	<0.0017	GB/T 5750—2006
铝（mg/L）	0.011		0.004	
氯化物（mg/L）	22.80	16.63	10.77	GB/T 5750—2006
硫酸盐（mg/L）	37.44	16.80	2.69	GB/T 5750—2006
磷酸盐（mg/L）	<0.1	<0.1	<0.1	GB/T 5750—2006
硝酸盐（以 N 计）（mg/L）	1.75	—	0.12	—
TOC（mg/L）	1.70	0.72	0.59	浙大膜中心检测
COD_{Mn}（mg/L）	1.6～2.0	—	0.72	萧山自来水三厂
电导率（μS/cm）	170～217	—	62－103	浙大膜中心检测
溶解性总固体（mg/L）	89.0	—	38.0	—
总硬度（$CaCO_3$ 计）	68.0	—	22.0	—
pH	6.99	—	7.02	—

3. 结论

所建成的纳滤集成示范系统，每天处理的 500 m^3 纳滤水，在正常盐度情况下，水的利用率可达 90%；即使钱塘江水体的咸度达到 1000 mg/L，仍可利用此纳滤集成系统获得合格纳滤饮用水。

本示范系统的稳定运行，为纳滤饮用水工程的放大设计奠定基础，为实际运行提供操作规范；使钱塘江潮汐咸水的防范与合理利用，建立与健全钱塘江潮汐咸水为水源地区的饮水安全保障机制成为可能。

6.4 纳滤技术在家庭终端饮水净化中的应用

6.4.1 家庭终端饮水净化的背景

近年来，随着国民生活水平不断提高，人们对安全和健康生活饮用水要求逐渐加强。目前，我国饮用水水源污染严重，普遍存在包括色度，铁、锰、氟等离子，氯消毒产生的副产物，有机污染物等超标的问题，特别是城市管网老化导致的铁、锰离子超标，从而导致自来水浑浊、色度增加，自来水输送管道管壁微生物滋生导致的自来水细菌数量超标等，使得供应到居民家中的自来水往往无法满足人们用水的需求。家庭终端饮水净化装置——家用净水器，在这种环境下应运而生并且不断发展。通过家庭终端饮水净化可以实现自来水中金属离子、细菌等超标物质的去除，使处理后的水洁净、无菌，保障了饮用水的安全[42]。

家庭终端饮水净化技术主要包括：以活性炭为主的吸附处理技术，以微滤、超滤、纳滤、反渗透为主的膜分离技术，以物化消毒为主的除菌处理技术等[42]。其中膜分离技术被认为是净水技术中最有效的，通过膜分离技术，自来水中的杂质，包括细菌和重金属等微小物质都可以有效去除。在应用于家用净水的膜分离技术中，由于微滤分离的精度有限、孔隙较大等特点，主要用在净水器的前置处理阶段以去除水中的泥砂、铁锈等大颗粒杂质，而对细菌、病毒、部分胶体等大分子物质不具有去除能力。一般在净水器中，微滤膜通常安装在核心膜组件（传统为超滤膜或反渗透膜）之前，用以保护核心膜组件，减少其污染风险，延长其使用寿命。

6.4.2 纳滤技术在家庭终端饮水净化中的研究进展

纳滤净水技术是在超滤和反渗透技术的基础上升级和发展而来的新一代净水技术。纳滤净水设备可以实现离子级的选择性过滤，既能有效去除水中细菌、病毒、有机污染物及重金属等有害物质，又能适当保留人体需要的钾、钠、钙、镁等矿物元素，净化得到安全健康的饮用水。此外，纳滤净水技术还具有运行压力低、产水量大、废水产量低等特点。

在纳滤净水技术的研究方面，郑建军等[43]研究了预处理工艺对纳滤膜净化家庭终端饮水的影响。研究发现，微滤能够有效降低进水浊度但对有机物去除能力差，因此对防止纳滤膜污染效果不大。活性炭可显著减轻纳滤膜的有机物污染，但是随着运行时间的延长，炭层内微生物滋生，出水细菌含量增高，加剧了纳滤膜的生物污染。杨庆娟等[44]研究了不同标准脱盐率的纳滤膜对各种无机离子的脱除效果，结果发现，不同纳滤膜对试验用市政自来水中的无机离子均具有较好的去除效果，对包括 TDS、总硬度、NH_4^+、碱度、Cl^-、F^-、NO_2^-、SO_4^{2-} 在内的各种无机离子的去除率与其标准脱盐率基本一致。

王国峰[45]介绍了纳滤复合工艺处理上海某小区自来水工程，该工艺流程为砂滤 + 炭滤 + 微滤 + 超滤 + 纳滤。经检测，出水水质不仅达到了 CJ 94—1999 标准，而且也达到了欧盟标准。长时间运行后，水质依然稳定。敬双怡等[46]采用的纳滤复合工艺流程相比更简单一些，为炭滤 + 保安过滤器 + 纳滤。经检测，出水水质达到了 CJ 94—2005 标准。研究人员还对该工艺进行了成本分析，相比瓶装水和桶装水，分别便宜 92.8%和 71.4%。

6.4.3　纳滤净水设备应用案例

针对自来水中离子、有机物含量高的问题，著者团队以某公司新型纳滤净水器为例，分别选取南北方各一个地区的自来水进行处理，考察进水水质对处理效果的影响。

6.4.3.1　净化工艺

该工艺是主要由 PP 棉、活性炭、纳滤等不同滤膜元件串联组合而成的膜式集成过滤工艺，以纳滤膜元件为关键过滤单元。其工艺示意流程如图 6-23 所示，用于市政自来水的过滤净化。

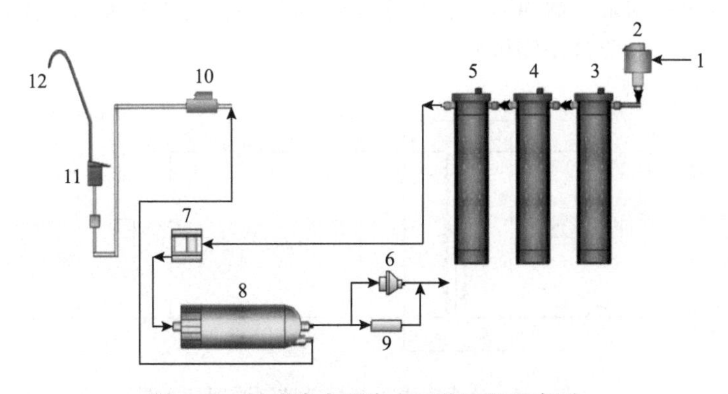

图 6-23　纳滤净水器净水工艺流程示意图

1. 进水；2. 低压开关；3. 微滤滤芯；4. 活性炭滤芯；5. 微滤滤芯；6. 清洗出水口；7. 增压泵；8. 纳滤滤芯；9. 可调浓水比；10. 高压开关；11. 阀门；12. 净水出水

第一级微滤滤芯为 5.0 μm PP 棉，采用聚丙烯材料，滤膜的平均孔径约为 5 μm，能有效截留自来水中夹带的泥沙、胶体、悬浮物、黄水物质等，第二级活性炭滤芯由颗粒状活性炭组成，可有效脱除余氯及余氯副产物；第三级微滤滤芯为 1.0 μm PP 棉过滤，但采用的聚丙烯滤膜材料的孔径更小，其平均孔径大约在 1 μm 范围内，可有效截留自来水中所有的超大生物质大分子、微生物、细胞及其碎片，以及其他生物絮凝物质等。

第四级为纳滤膜过滤，采用孔径大小为 1 nm 的纳滤膜元件，可去除水中的重金属离子、大部分有机污染物，但仍可保留部分单价无机盐矿物质与少量的钙、镁离子，并保持原有自来水水体处于中性状态。

各组件数量及使用时间寿命如表 6-17 所示。

表 6-17　各组件数量及使用时间表

类别	数量（支）	使用时间（月）
超滤膜	2	3～6
活性炭	1	6～12
纳滤膜	1	24

6.4.3.2　自控系统

自控系统主要控制增压泵的开启与关停。当图 6-24 中的鹅颈龙头开启放水时，其信号传递到自控系统，增压泵启动制水；当用水结束，鹅颈龙头关闭，储水桶内压强慢慢上升到某一数值时，自控系统传出信号，增压泵关闭。另外，当原水缺水时，增压泵也会自动停机。

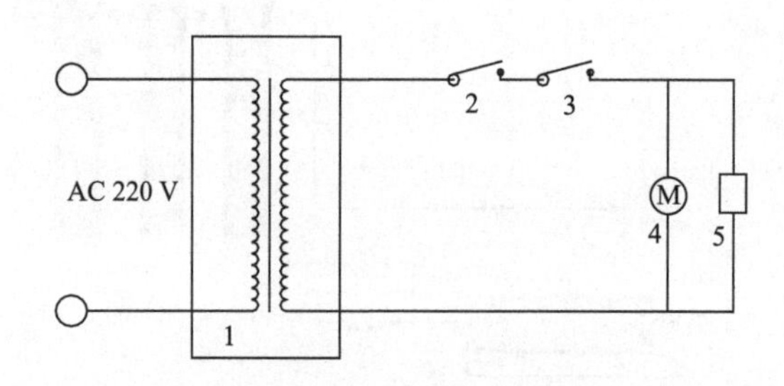

图 6-24　纳滤集成工艺自动控制原理示意图

1. 变压器；2. 低压开关；3. 高压开关；4. 增压泵；5 进水电磁阀

6.4.3.3　主要技术参数

纳滤净水器的主要技术参数见表 6-18。

表 6-18　纳滤净水器技术参数表

产品名称	纳滤净水器		
净水流量	1.0 L/min	额定总净水量	1.5 m^3
工作压力	0.1～0.4 MPa	过滤精度	1 nm
环境湿度	≤90%	环境温度	5～40℃
电源	AC 220 V 50 Hz	功率	≤70 W
适用水源	市政自来水		
出水水质	符合《生活饮用水水质处理器卫生安全与功能评价规范——一般水质处理器》（2001）的要求		

6.4.3.4　出水水质

图 6-25 和图 6-26 为该工艺处理北方某区域和南方某区域自来水出水水质对比图，从图中可以看出，南方自来水硬度更低但有机物含量更高。经过纳滤集成工艺处理后，自来水中有机物和离子含量均大幅降低，出水水质提高，处理后的南北方自来水中有机物含量均为零，但南方自来水硬度更低。

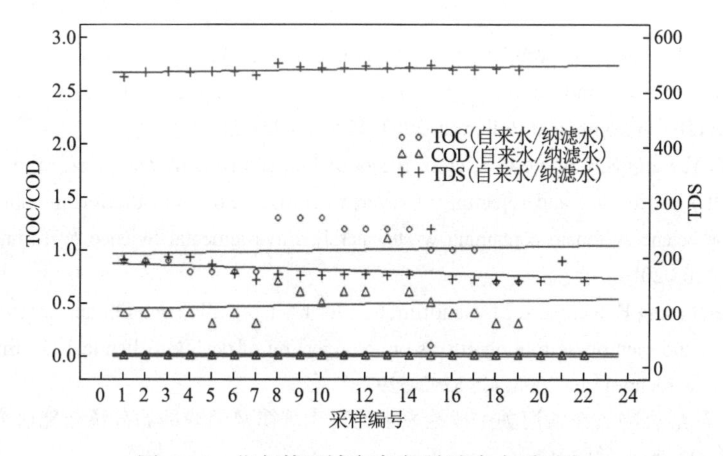

图 6-25　北方某区域自来水/纳滤水水质对比

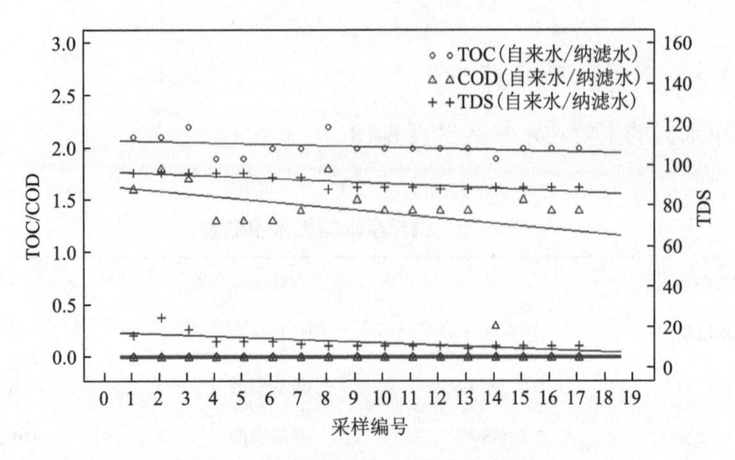

图 6-26 南方自来水/纳滤水水质对比

将南方区域出水水质与某瓶装天然饮用水相比，如表 6-19 所示，南方水出水离子含量更低，可直接饮用。

表 6-19 南方某小区自来水/纳滤水水质对比

	Na^+（ppm）	K^+（ppm）	Mg^{2+}（ppm）	Ca^{2+}（ppm）
自来水	4.02	1.15	1.67	14.42
纳滤水	1.36	0.25	0.14	1.08
瓶装天然饮用水	4.32	1.08	2.01	14.26

参考文献

[1] Van der Bruggen B, Vandecasteele C. Removal of pollutants from surface water and groundwater by nanofiltration: Overview of possible applications in the drinking water industry[J]. Environmental Pollution, 2003, 122(3): 435-455.

[2] Tang C Y, Fu Q S, Criddle C S, et al. Effect of flux (transmembrane pressure) and membrane properties on fouling and rejection of reverse osmosis and nanofiltration membranes treating perfluorooctane sulfonate containing wastewater[J]. Environmental Science & Technology, 2007, 41(6): 2008-2014.

[3] Steinle-Darling E, Reinhard M. Nanofiltration for trace organic contaminant removal: Structure, solution, and membrane fouling effects on the rejection of perfluorochemicals[J]. Environmental Science & Technology, 2008, 42: 5292-5297.

[4] 赵静. 酚醛类物质在渭河关中段地表水的存赋规律及超滤纳滤分离效能研究[D]. 西安: 西安建筑科技大学, 2012.

[5] Sanders R. Pesticide atrazine can turn male frogs into females[M/OL]. Berkeley News, [2010-03-01].

https: //news. berkeley. edu/2010/03/01/frogs/.
[6] 冯丽娟. 平原河网受污染原水生物膜预处理工艺技术研究[D]. 杭州: 浙江大学, 2013.
[7] Yoon Y, Westerhoff P, Snyder S A, et al. Removal of endocrine disrupting compounds and pharmaceuticals by nanofiltration and ultrafiltration membranes[J]. Desalination, 2007, 202(1-3): 16-23.
[8] Wintgens T, Gallenkemper M, Melin T. Endocrine disrupter removal from wastewater using membrane bioreactor and nanofiltration technology[J]. Desalination, 2002, 146(1-3): 387-391.
[9] Guo H, Deng Y, Tao Z, et al. Does hydrophilic polydopamine coating enhance membrane rejection of hydrophobic endocrine-disrupting compounds?[J]. Environmental Science & Technology Letters, 2016, 3: 332-338.
[10] Guo H, Deng Y, Yao Z, et al. A highly selective surface coating for enhanced membrane rejection of endocrine disrupting compounds: Mechanistic insights and implications[J]. Water Research, 2017, 121: 197-203.
[11] Guo H, Yao Z, Yang Z, et al. A one-step rapid assembly of thin film coating using green coordination complexes for enhanced removal of trace organic contaminants by membranes[J]. Environmental Science & Technology, 2017, 51: 12638-12643.
[12] Guo H, Peng L E, Yao Z, et al. Non-polyamide based nanofiltration membranes using green metal-organic coordination complexes: Implications for the removal of trace organic contaminants[J]. Environmental Science & Technology, 2019, 53: 2688-2694.
[13] 孙晓丽, 王磊, 程爱华, 等. 腐殖酸共存条件下双酚 A 的纳滤分离效果研究[J]. 水处理技术, 2008, 34(6): 16-18.
[14] Comerton A M, Andyews R C, Bagley D M. The influence of natural organic matter and cations on the rejection of endocrine disrupting and pharmaceutically active compounds by nanofiltration[J]. Water Research, 2009, 43(3): 613-622.
[15] Kim J H, Park P K, Lee C H, et al. A novel hybrid system for the removal of endocrine disrupting chemicals: Nanofiltration and homogeneous catalytic oxidation[J]. Journal of Membrane Science, 2008, 312(1-2): 66-75.
[16] 李清雪, 肖伟, 吴伟, 等. 活性炭/纳滤工艺深度处理污水厂尾水的研究[J]. 中国给水排水, 2010, 26(3): 100-102.
[17] 郑育林, 刘成, 雷声杨, 等. 我国部分地区高硬度地下水的水质特征及其处理需求分析[J]. 中国给水排水, 2018, 24(18): 12-15.
[18] 李静, 吴松, 王丽, 等. 高硬度高硫酸盐地下水深度处理试验研究[J]. 重庆师范大学学报(自然科学版), 2014, 31(6): 153-158.
[19] 杨胜武, 顾军农. 超滤-纳滤组合工艺降低地下水硬度的研究[J]. 城市供水, 2008, (2): 27-29.
[20] 杨力. 高硬度地下水处理技术研究[D]. 重庆: 西南大学, 2012.
[21] 何华, 方帏韬, 李京旗. 超滤纳滤系统处理地下水运行研究: 中国城市科学研究会, 2011-09-19.
[22] Ahdab Y D, Rehman D. Brackish water desalination for greenhouses: Improving groundwater quality for irrigation using monovalent selective electrodialysis reversal[J]. Journal of Membrane Science, 2020: 118072.
[23] 俄有浩, 严平, 李文赞, 等. 中国内陆干旱, 半干旱区苦咸水分布特征[J]. 中国沙漠, 2014,

34(2): 565-573.
[24] 王小留, 刘稳廷, 王晓明, 等. 黄淮地区纳滤膜苦咸水软化分离性能研究[J]. 环境工程技术学报, 2019, 9(3): 269-274.
[25] 孟祥超, 朱乐辉, 蒋旭华, 等. 苦咸水脱盐的纳滤技术的研究[J]. 环境污染与防治, 2014, 36(5): 78-82.
[26] 孟炜, 王婧雅, 孟楠. 建立苦咸水淡化示范基地的思考[J]. 地下水, 2014, (2): 39-40.
[27] 王小留, 刘稳廷, 王晓明, 等. 黄淮地区纳滤膜苦咸水软化分离性能研究[J]. 环境工程技术学报, 2019, 9(3): 269-274.
[28] 刘娟, 田军仓. 宁夏地区地下苦咸水人饮淡化技术适宜性研究[J]. 中国农村水利水电, 2019, (3): 5-10.
[29] 王淑娜, 王霞, 张守明, 等. 高氟苦咸水的淡化实验研究[J]. 河北建筑工程学院学报, 2013, (4): 76-79.
[30] 尚天宠. 膜分离技术在中国西部省区苦咸水淡化工程中的应用[J]. 净水技术, 2000, 18(2): 28-33.
[31] 张雷. 大钦岛电渗析苦咸水淡化工程长期运行探析[J]. 水处理技术, 2001, 27(4): 236-238.
[32] 焦光联, 吕建国. 反渗透技术在西部地区苦咸水资源化中的应用[J]. 甘肃科技, 2007, 23(5): 104-106.
[33] 王玉红. 纳滤特性及其在海水软化中的应用研究[D]. 青岛: 中国海洋大学, 2006.
[34] 张显球, 张林生, 吕锡武. 纳滤软化除盐效果的研究[J]. 水处理技术, 2004, 30(6): 352-355.
[35] 王大新, 王晓琳. 面向饮用水制备过程的纳滤膜分离技术[J]. 膜科学与技术, 2003, 23(4): 61-66.
[36] Thanuttamavong M, Yamamoto K, Ik Oh J, et al. Rejection characteristics of organic and inorganic pollutants by ultra low-pressure nanofiltration of surface water for drinking water treatment[J]. Desalination, 2002, 145(1-3): 257-264.
[37] Lhassani A, Rumeau M, Benjelloun D, et al. Selective demineralization of water by nanofiltration application to the defluorination of brackish water[J]. Water Research, 2001, 35(13): 3260-3264.
[38] 王晓伟. 纳滤膜净化高氟高砷地下水的试验研究[D]. 兰州: 兰州交通大学, 2010.
[39] Vrijenhoek E M, Waypa J J. Arsenic removal from drinking water by a “loose” nanofiltration membrane[J]. Desalination, 2000, 130(3): 265-277.
[40] Seidel A, Waypa J J, Elimelech M. Role of charge (Donnan) exclusion in removal of arsenic from waterby a negatively charged porous nanofiltration membrane[J]. Environmental Engineering Science, 2001, 18(2): 105-113.
[41] 席北斗, 王晓伟, 霍守亮, 等. 纳滤膜技术在地下水除砷应用中的研究进展[J]. 环境工程学报, 2012, 6(2): 353-360.
[42] 查湘义. 家用净水器的应用现状及展望[J]. 科技创新, 2018, 17(4): 5.
[43] 郑建军, 王亮, 马术岭, 等. 小型直饮水系统中预处理工艺对纳滤的影响[J]. 天津工业大学学报, 2011, 30(5): 1-4.
[44] 杨庆娟, 魏宏斌, 王志海, 等. 纳滤膜去除饮用水中无机离子的中试研究[J]. 中国给水排水, 2009, 25(5): 52-55.
[45] 王国峰. 超滤+纳滤技术在生饮水处理工艺上的应用[J]. 城市公用事业, 2004, 18(2): 23-25.
[46] 敬双怡, 刘杨, 张列宇, 等. 纳滤膜在直饮水终端系统中的应用[J]. 水处理技术, 2016, 42(10): 117-120.

第7章　纳滤技术在工业水处理及资源化利用领域中的应用

社会经济和工业生产的迅速发展中，工业废水排放量大、污染成分复杂、毒性高，成为人类发展所面临的一个严峻环境问题。近年来，随着废水排放标准的提高，工业废水处理的需求呈现快速增长趋势。但由于工业废水存在大量有机物、酸、碱和高浓度废盐等物质，增大了其处理难度，而采用传统处理工艺普遍存在能耗高、出水水质不达标等问题。纳滤技术具有节能、净水效果好、设备简单、操作方便等优点，将其应用于工业废水的处理，不仅能大大降低能耗、净化工业废水，还能实现废水资源化利用。因此，面向成分复杂、条件苛刻的废水处理体系，开发高性能膜材料是拓展纳滤技术在工业废水处理领域应用的关键。本章概述了纳滤技术在工业废水处理中的研究和应用现状，结合酸性水体系处理和混合盐水体系的资源化利用，重点介绍了著者团队在相关领域开展的应用研究，并结合典型工程案例分析了纳滤技术在含盐工业水处理和资源化利用领域的应用。

7.1　纳滤技术在含盐水处理中的应用

高含盐废水一般指溶解性总固体（TDS）含量大于1%的废水，主要来源于海水淡化、制药、印染、食品加工和造纸等工业生产过程[1]。这类废水中所含的有机物往往有毒且难以降解。同时，由于不同工业过程的工艺差异较大，导致不同类别工业废水的含盐量及盐类组成差异较大。

7.1.1　含盐工业废水零排放

随着国家对煤炭资源利用的转型升级，近几年来，煤化工行业得到了迅速发展。然而，煤化工行业具有耗煤量大、耗水量大、排污量大的特点，且我国的煤炭资源与水资源呈逆向分布，煤炭资源丰富的西部和北部地区多为干旱地区，水资源稀缺。因此，一些地方相继颁布了严格的废水排放标准，实现“废水零排放”的目标，已经成为煤化工行业发展的自身需求和外在要求。

煤化工高盐废水主要来源于生产过程中煤气洗涤废水、循环水系统排水、除盐水系统排水、回用系统浓水等，TDS 浓度通常在 1%以上。目前，通常采用“预处理-膜浓缩-蒸发结晶”的组合工艺对高盐废水进行处理，最终产出 NaCl 和 Na_2SO_4并回收利用，从而实现高盐废水的“分盐零排放”目标。然而，若要真正实现高盐废水的“分盐零排放”目标，采用辅助手段来提升蒸发结晶的分盐效率是取胜的关键。赛世杰[2]通过试验验证纳滤膜的分盐性能，利用纳滤膜对高盐废水中的 Cl^-和 SO_4^{2-} 进行初步分离，以达到提升蒸发结晶分盐效率的目的。试验中试装置采用韩国世韩（CSM）NE8040-40 纳滤膜组件，进膜压力为 0.08～0.1 MPa，进水温度为 20℃，纳滤膜回收率为 60%～70%。该研究通过中试试验验证纳滤膜的分盐性能，结果表明：当进水$[Cl^-]/[SO_4^{2-}] = 1.2$ 时，纳滤产水$[Cl^-]/[SO_4^{2-}] = 13.6 \gg 4.1$，纳滤浓水$[Cl^-]/[SO_4^{2-}] = 0.3 \ll 5.2$，$SO_4^{2-}$ 截留率为 90.3%，Cl^-截留率为–7.2%；当进水$[Cl^-]/[SO_4^{2-}] = 3.0$ 时，纳滤产水$[Cl^-]/[SO_4^{2-}] = 45.8 \gg 4.1$，纳滤浓水$[Cl^-]/[SO_4^{2-}] = 0.8 \ll 5.2$，$SO_4^{2-}$ 截留率为 92.2%，Cl^-截留率为–4.5%。由此可见，采用纳滤膜进行初步分盐可以大大提升蒸发结晶的分盐效率，有利于实现煤化工废水零排放。

电厂烟气脱硫废水零排放是行业的热点和难点问题。蒋路漫等[3]采用纳滤技术对电厂烟气进行脱硫处理。通过脱硫废水水质特性分析，集成预处理、深度处理、预浓缩和蒸发结晶模块建立了脱硫废水零排放工艺，并进行了每天 25 m^3 的中试试验。测试结果表明：该工艺各模块可优势互补，高效稳定运行，实现脱硫废水零排放；由预沉池和序批式反应器构成的预处理模块通过投加石灰、氢氧化钠、碳酸钠和絮凝剂，实现了悬浮物、硬度、有机物和重金属的同步去除，悬浮物、Ca^{2+}、Mg^{2+}和有机物去除率分别达到 97.3%、38.1%、98.5%和 74.3%；深度处理模块包括过滤器、超滤（微滤）和纳滤单元，能够高效截留二价离子和有机物，纳滤单元出水 Ca^{2+}、Mg^{2+}和硫酸盐质量浓度分别为 5.2 mg/L、0.4 mg/L、84.3 mg/L，降低了膜结垢风险，并保证了工业盐品质；经电渗析单元、离子交换单元与蒸发结晶后，所得工业盐纯度达到国家标准《工业盐》(GB/T 5462—2015）中二级工业湿盐要求。

随着 2018 年《中华人民共和国水污染防治法》修订版的正式实施及一系列提标改造要求的提出，人们的环保意识不断增强，对企业在废水处理末端的资源化利用方面提出了更高的要求，废水的零排放及最终的结晶分盐受到越来越多的关注。郭海燕等[4]以山东某石化催化剂公司的高含盐废水为原水进行中试，检验分盐工艺路线的可行性并优化设计参数，取得了较好的结果。中试装置设计进水水质浊度为 63 NTU、TDS 为 23744 mg/L、钙为 174 mg/L、镁为 35 mg/L、总碱度为 189 mg/L、氨氮为 240 mg/L、氯化物为 7030 mg/L、硫酸盐为 7650 mg/L、二氧化硅为 63 mg/L。

考虑在上游催化剂生产过程中须投加氨氮，项目处理出水将回用至催化剂生产过程中，故最大量地保留水中氨氮，将会节约生产成本。因而该处理工艺不考虑回用水去除氨氮。如图 7-1 所示，针对原水水质特点，中试采用预处理除硬、膜处理预浓缩及初步分盐、高浓缩处理及蒸发结晶处理的工艺路线。

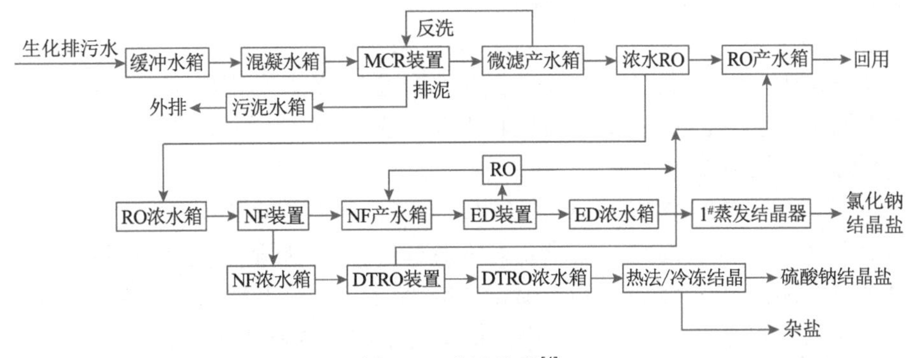

图 7-1　中试流程[4]

实验结果表明，膜浓缩是减小蒸发处理规模、降低能耗和投资的关键技术。中试浓水 RO 回收率为 45%，浓水 TDS 可浓缩至 51 000 mg/L 以上，系统运行稳定。经过反渗透浓缩后的浓水进入纳滤单元，利用纳滤膜对一价、二价盐分离效果的不同来实现初步分盐。纳滤对一价盐的去除率为 20%～50%，但对 COD 及二价盐的去除率高达 90%以上。通过截留 COD 及 Ca^{2+}、Mg^{2+}等结垢性离子，使得后续 RO 的有机污堵和无机结垢风险大大降低，并维持较高的回收率，达到浓盐水减量化目的。中试对进水、产水、浓水的氯化物和硫酸盐浓度进行了分析，发现纳滤对氯化物没有去除效果，对硫酸盐的去除率在 98%以上。

由于纳滤对一价、二价盐独特的分离性能，在处理煤化工、石化、电厂等工业废水中具有良好的应用潜力，能够在工业废水的处理过程中作为含盐水资源回收利用和含盐废水零排放处理步骤。但鉴于不同行业废水水质的复杂性，目前国内在废水分盐应用上仍在开发阶段，已有的成熟工程案例如新疆天富热电股份有限公司脱硫废水零排放及资源回收将在 7.3.3 节进行详细介绍。

7.1.2　含盐废水中重金属离子的去除

随着化学工业的不断发展，越来越多的行业（如纺织废水、电镀废水）排放含有重金属离子的废水，因此如何经济高效地脱除废水中的重金属离子受到了广泛的关注。

刘久清等[5]以废水处理和金属回用为目的，研究了络合 + 超滤 + 解络合 + 纳滤耦合过程处理铜电镀工业废水。实验利用聚丙烯酸钠（PAANa）为络合剂，讨论了 pH、体积浓缩因子等对超滤过程的影响，以及解络和、纳滤过程和络合剂再生回用性能。试验研究表明，络合过程对 Cu^{2+}可达到 98%的去除，解络合过程对 Cu^{2+}的回收率仍可达到 96%以上。经过纳滤浓缩的铜电镀废水，可从中回收铜金属，而滤过液可达到回用水的标准。

在工业应用中，德国 Salzgitter Flachstahl 钢铁厂采用微滤 + 纳滤的双膜组合工艺处理电镀锌清洗废水，回收其中酸性漂洗水中的硫酸（H_2SO_4）和金属 Zn^{2+}并回用于生产工序，通过资源回收实现了显著的经济效益，通过该工艺仅用时 13 个月就收回了投资成本[6]。

由于传统聚酰胺纳滤膜一般带负电，对多价阳离子的去除率不高，为此，研究者开发了荷正电纳滤膜。有研究人员通过在 PAN 底膜上使用儿茶酚/PEI 混合溶液共沉积的方法制备得到了荷正电的纳滤膜。图 7-2 展示了其重金属去除效果，该荷正电纳滤膜相较于工业上传统的纳滤膜表现出了更优异的重金属离子去除效果[7]。

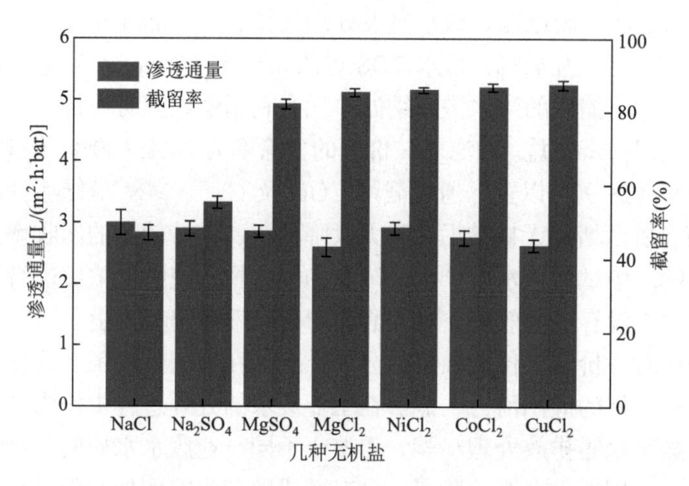

图 7-2　共沉积膜对普通盐离子和重金属离子的截留率[7]

除沉积法制备荷正电纳滤膜用于去除重金属外，Li 等[8]通过对常见的聚哌嗪酰胺纳滤膜进行荷正电化改性，同样制得了可用于重金属离子去除的荷正电纳滤膜。研究者利用聚哌嗪酰胺膜表面丰富的羧基作为反应位点，以 2-氯-1-甲基吡啶碘（CMPI）作为催化剂，在聚哌嗪酰胺膜表面接枝了聚(酰胺基胺)树枝状大分子（PAMAM）。接枝 PAMAM 后，膜对 Cu^{2+}、Ni^{2+}、Pb^{2+}重金属离子的通量和截留率如图 7-3 所示。接枝后膜的等电点从 6.0 上升到了 9.9，在中性条件下呈现出了较强的正电性，对 500 ppm 的 Cu^{2+}、Ni^{2+}、Pb^{2+}等重金属离子的截留率都达到了 90%以上，对去除酸性废水中的重金属离子展现出了较好的潜力。

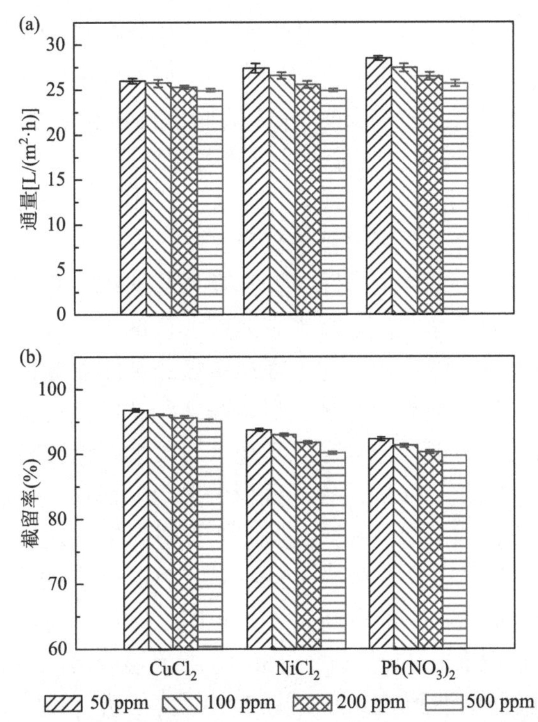

图 7-3 G-TFC 膜对 $CuCl_2$、$NiCl_2$ 和 $Pb(NO_3)_2$ 的分离性能：(a) 通量，(b) 截留率 (pH = 4.8)

7.1.3 混盐水体系的资源化利用

混盐水体系一般是指含有多种价态盐离子的水体，对其中某些盐离子进行分离提纯可以实现资源化。在纯水中，纳滤膜的聚电解质材料因官能团解离效应而使得膜表面呈现本征的正电性或负电性。对于混盐体系而言，阳离子因价态不同，在本征正电性的纳滤膜所构成的系统中，可以得到显著的选择性截留。一般而言，一价阳离子的盐可以透过膜，多价阳离子的盐截留率则较高，这种现象被称为道南（Donnan）效应。

聚酰胺纳滤膜主要通过筛分和静电相互作用实现对物质的分离，目前市场上已经出现了多种分盐纳滤膜，纳滤技术也被视为潜在的可实现一二价盐分离方法之一。目前，已经有很多研究者对商业纳滤膜的一二价盐分离性能进行了探究。Wen 等[9]考察了 DL 纳滤膜对东台吉乃尔盐湖卤水的提锂效果，研究发现当 Li^+ 回收率为 55%时，该膜对 SO_4^{2-} 的截留率可达 96%，Mg^{2+}的截留率为 61%。Yang 等[10]使用 DK 纳滤膜对镁锂比为 18～24 的模拟卤水进行了分离测试，研究发现在膜两侧压力 0.8～1.6 MPa 条件下，Mg^{2+}/Li^+分离系数在 2.0～3.2 之间，且几乎不

受原料液 Li^+浓度和镁锂比影响。Sun 等[11]使用 DL-2540 纳滤膜从盐水中分离镁和锂，并探究了各种操作参数（包括操作压力、进料液温度、进料液 pH 值和镁锂比）对镁锂分离度的影响。结果表明，pH 值低于膜等电点时，pH 值越低越有利于镁锂分离；pH 值高于膜等电点时，镁锂分离效果几乎不受 pH 变化影响；另一方面，提高镁锂比会增加溶液中正离子的浓度，削弱膜的电荷效应，导致 Li^+截留率上升，Mg^{2+}截留率下降，不利于镁锂分离。

常规的聚酰胺膜表面呈荷负电性，基于其主要分离机理为道南效应，对一价、二价阴离子具有良好的选择性，但卤水中的锂、镁属于一价、二价阳离子盐，常规聚酰胺纳滤膜的选择性则较差。为了提高聚酰胺纳滤膜对锂镁的分离选择性，著者课题组[12]首先采用二次界面接枝法对聚酰胺纳滤膜进行胺基化修饰，成功地在聚酰胺膜表面构建了荷正电胺基层，实现了对聚酰胺纳滤膜表面的荷正电化改性。利用原膜（聚酰胺膜，PA 膜）表面残留的酰氯基团作为反应位点，用聚乙烯亚胺（PEI，结构见图 7-4）溶液在聚酰胺膜表面进行第二次界面接枝反应，制备了表面为荷正电胺基层的改性纳滤膜（SP-PA）。PEI（$M_n = 10\,000$）浓度为 0.2%（质量分数），二次界面接枝反应时间为 2 min 时，制得的荷正电改性膜对总盐度为 2000 ppm 的 $MgCl_2/LiCl$（$Mg^{2+}/Li^+ = 150/1$）二元混合溶液中 Mg^{2+}/Li^+分离因子 S 为 8.79，高于聚酰胺纳滤膜的 4.78（图 7-5）。为了进一步解决二次界面接枝过程中酰氯水解和大分子 PEI 反应位阻较大所导致的分离因子提高有限的问题，选用乙醇作为二次界面接枝溶剂，并选用 PEI（$M_n = 600$）为荷正电化改性试剂。如图 7-6 所示，在相同测试条件下，改进后的二次界面接枝膜对 Mg^{2+}/Li^+的分离选择性达到了 12.37。

分离因子 S 的值可由式（7-1）计算：

$$S_{\text{Li,Mg}} = \frac{(C_{\text{Li}^+})_\text{p} / (C_{\text{Mg}^{2+}})_\text{p}}{(C_{\text{Li}^+})_\text{f} / (C_{\text{Mg}^{2+}})_\text{f}} \tag{7-1}$$

其中，$(C_{\text{Li}^+})_\text{p}$ 为透过液锂离子浓度；$(C_{\text{Mg}^{2+}})_\text{p}$ 为透过液镁离子浓度；$(C_{\text{Li}^+})_\text{f}$ 为进料液锂离子浓度；$(C_{\text{Mg}^{2+}})_\text{f}$ 为进料液镁离子浓度。

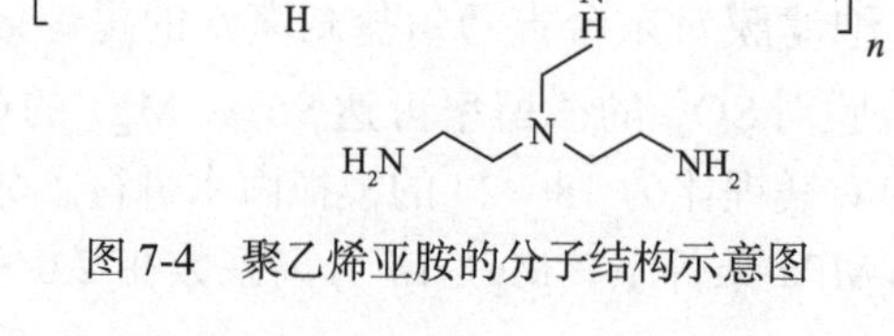

图 7-4　聚乙烯亚胺的分子结构示意图

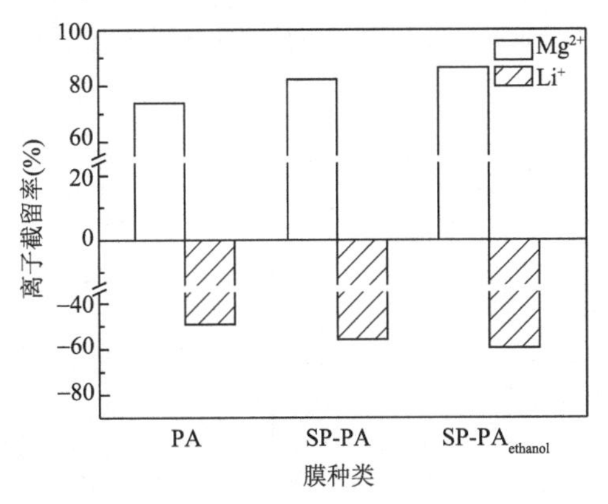

图 7-5　PA 膜、SP-PA 膜和 SP-$PA_{ethanol}$ 膜对 Mg^{2+}/Li^{+} 二元混合溶液的分离性能（Mg^{2+}/Li^{+} = 150/1）

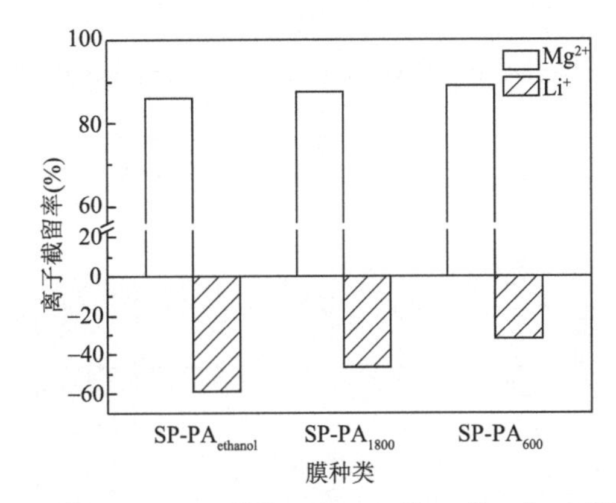

图 7-6　SP-$PA_{ethanol}$ 膜、SP-PA_{1800} 膜和 SP-PA_{600} 膜 Mg^{2+}/Li^{+} 二元混合溶液分离性能（Mg^{2+}/Li^{+} = 150/1）

采用二次界面接枝法在聚酰胺纳滤膜表面构建荷正电胺基层，在一定程度上提高了膜对镁锂混合溶液的一二价盐分离性能。然而即使以乙醇作为溶剂，酰氯基团仍然会以一定速度醇解，阻碍 PEI 接枝量的进一步增加。因此著者课题组针对以上问题，采用 EDC/NHS[EDC：1-乙基-3-(3-二甲氨基丙基)碳二亚胺盐酸盐；NHS：*N*-琥珀酰亚胺]酰胺化法，制备了表面荷正电性更强的聚酰胺纳滤膜。利用酰氯水解所产生的大量羧基和 PEI 上的胺基进行酰胺化反应，构建了荷正电胺基层，在降低酰氯水解（醇解）对 PEI 接枝量影响的同时提升表面氨基化程度。PEI 浓度（质量分数）为 3%、酰胺化反应温度为 39℃、反应时间 120 min 时，改性膜（EDC-PA 膜）对于总盐度为 2000 ppm 的 $MgCl_2$/LiCl（Mg^{2+}/Li^{+} = 150/1）二元混合溶液中一二价盐分离因子 S 高达 13.19，明显高于 PA 膜的 4.78，见图 7-7。

为了进一步提高膜表面 PEI 的接枝量，选用分子量更小的 PEI 作为改性试剂以减小其位阻效应。如图 7-8 所示，以 PEI（M_n = 600）为荷正电化改性试剂所制备的膜，在相同测试条件下，其对 Mg^{2+}/Li^{+} 的分离选择性达到了 16.30。

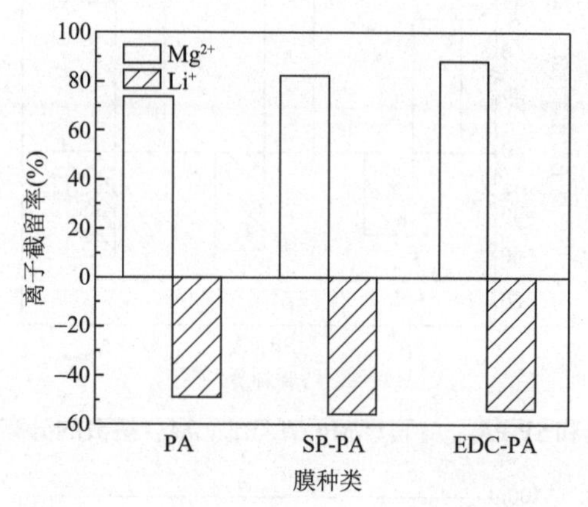

图 7-7　PA 膜、SP-PA 膜和 EDC-PA 膜 $MgCl_2/LiCl$ 二元混合溶液的分离性能（$Mg^{2+}/Li^{+}=150/1$）

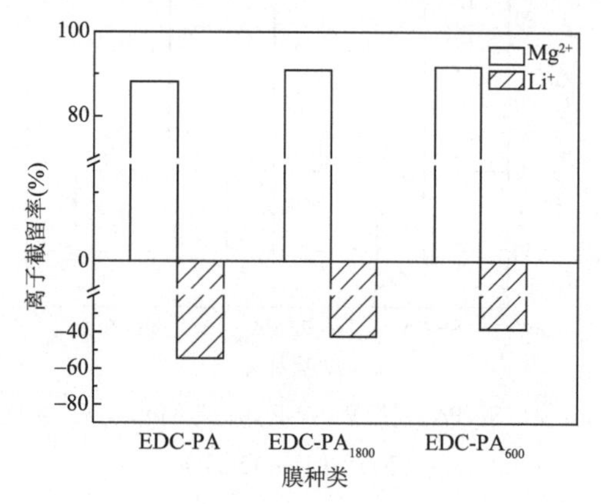

图 7-8　EDC-PA 膜、$EDC-PA_{1800}$ 膜和 $EDC-PA_{600}$ 膜对 Mg^{2+}/Li^{+} 二元混合溶液的分离性能（$Mg^{2+}/Li^{+}=150/1$）

著者课题组还将制备出的纳滤膜的锂镁分离性能与商业膜进行了对比，结果显示与商业纳滤膜相比，著者课题组所制备的具有更强荷正电性的聚酰胺纳滤膜的锂镁分离性能更为优越（见表 7-1）。

表 7-1　现有研究中纳滤膜镁锂分离性能

膜的荷电性	研究人员	制备方法	分离因子 S
荷负电	A. Somrani	商业 NF（纳滤）-90	2.10
	徐南平	商业 DK-2540	3.23
	于建国	商业 DL-2540	2.86

续表

膜的荷电性	研究人员	制备方法	分离因子 S
荷正电	李建新	1, 4-双(3-氨基丙基)哌嗪和 TMC 界面聚合	2.60
	李巍	TMC 和乙烯亚胺界面聚合后用 EDTA 改性	9.20
	徐志伟	PEI-TMC 界面聚合	20
	著者课题组	TMC-PIP 界面聚合后 PEI 改性	16.30

7.2　纳滤技术在酸性废水处理中的应用

酸性工业废水是指采矿、化工、冶金、电镀电解、造纸行业、印染和制药等工业生产中所产生的含有酸性物质且 pH 值小于 6 的废水，是最为常见的工业废水之一。通常酸性工业废水主要包括含硫酸废水、含盐酸废水和硝酸废水等。

此类工业废水中通常还含有重金属离子、有机物分子和染料分子等物质，譬如矿坑水中通常会含有硫酸、砷以及铁、铜、锌、汞、镍等金属离子；钢材酸洗液中通常含有硫酸、盐酸、硝酸、氢氟酸中的一种或几种的混合物以及铁、镍、铬等金属盐类；电镀、电解废水中往往在含有酸性物质的同时还含有铜、铅、锌、镍、铬、镉、氰化物等有害物质；制浆造纸和乳制品行业的酸性废水中一般含有大量的木质素、木质素磺酸盐和蛋白质等有机物；印染行业所产生的含酸废水中一般含有大量染料分子。利用纳滤技术处理酸性工业废水不仅可以脱除金属离子、有机物分子和染料分子，还可以实现酸的回收利用，具有投资成本、运行费用低和效率高等特点，具有良好的经济效益和社会效益。

7.2.1　酸性废水中金属离子与酸性物质的回收

在土壤金属污染治理过程中，常采用的酸洗方式会产生大量的酸性待分离混合废液[13]。使用耐酸型纳滤膜对此类废水进行处理，废水中的金属离子可被有效地截留，同时酸性物质将会透过纳滤膜，最终实现金属离子与酸性物质的有效分离[14]。这不仅可以缓解工业废水对生态环境造成的压力，同时还具有较大的经济效应。田晓媛等[15]利用纳滤-反渗透（NF-RO）二级膜串联的方式处理含铬、铅、铜、锌的高浓度酸性重金属废水。经过纳滤过程处理后，高浓度酸性废水中各重金属离子浓度从 50～100 mg/L 降低至了 10～30 mg/L 范围内。Guastalli 等[16]采用纳滤分离技术对含铝、磷酸工业废水进行处理，发现在该处理过程中，纳滤对铝离子的截留率高达 98%，同时对磷酸的回收率最高也可达 77%。Navarro 等[17]通过研究指出耐酸型纳滤膜在磷酸与金属离子分离方面的性能优于反渗透膜，使用 Osmonics 公司的

DS5DL 纳滤膜处理磷酸废水时，其在 1000 psi（约 6.895×10^6 Pa）压力下通量可达 3.02 L/(m^2·h)，对阳离子杂质的去除率高达 99.2%，磷酸的透过率约为 94.2%。

7.2.2 酸性废水中有机物的去除

在制浆造纸、印染和乳制品等行业的生产过程中，也会产生大量的酸性废水，且上述酸性废水中的有机物含量通常较高，随意排放会对环境造成严重污染。其中，制浆造纸过程中所产生的废水，其 pH 值一般在 4.9～5.4 之间，酸性漂白废液的 pH 值可达到 2 左右[18]。印染行业所产生的含酸废水中一般含有大量的漂白剂、色素、木质素、木质素磺酸盐等，化学需氧量（chemical oxygen demand，COD）较高。乳制品行业生产所产生的酸性废液中同样具有较高的 COD。Novalic 等[19]使用耐酸型纳滤膜对乳制品行业酸性废水的纳滤分离技术处理进行了研究，结果发现处理后的废水中 COD 的去除率可达 93%。

7.2.3 酸性废水中染料的脱除

在印染行业的生产过程中，纳滤分离技术通常用于酸性废水的染料脱除。然而常用的聚酰胺纳滤膜的 pH 耐受范围一般为 2～10，在处理较强酸性废水时易出现化学键断裂（聚酰胺的降解示意图如图 7-9 所示）、膜微观结构破坏等现象，导致膜分离性能下降，膜使用寿命缩短。针对酸性染料废水处理常采用的聚酰胺纳滤膜酰胺键易受质子攻击导致降解的问题，著者课题组[20]分别对界面聚合油相单体和水相单体进行优化，逐步提升纳滤膜耐酸性和分离性能，制备了一系列高性能耐酸性纳滤膜（关于耐酸型高性能纳滤膜制备内容详见第 3 章）。

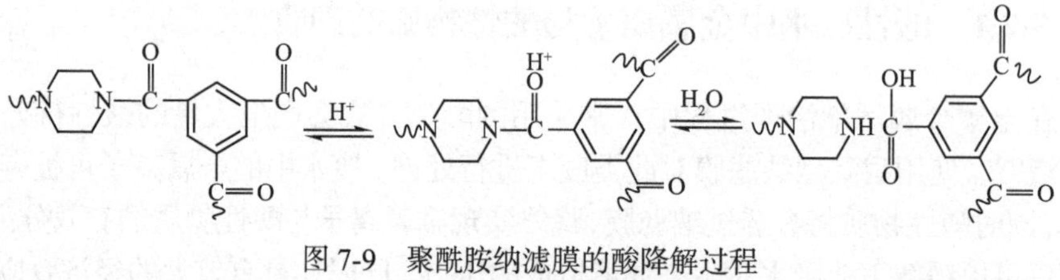

图 7-9 聚酰胺纳滤膜的酸降解过程

1）耐酸型聚酰胺-三嗪胺纳滤复合膜的酸性废水染料脱除应用研究

基于三嗪环良好的化学稳定性，著者课题组合成了一种含有三嗪胺的单体（1, 3, 5-三哌嗪-三嗪环，TPT，见图 7-10）与均苯三甲酰氯（TMC）界面聚合制备了分离层具有三嗪胺结构的复合纳滤膜，开展了酸性废水中染料分子的脱除应用研究，并与传统的哌嗪/均苯三甲酰氯（PIP-TMC）复合纳滤膜的去除性能和应用稳定性进行了比较。

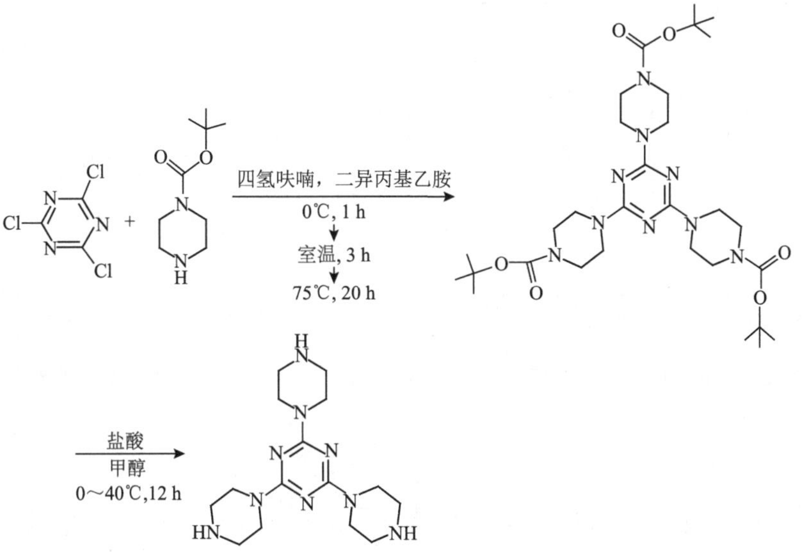

四氢呋喃，二异丙基乙胺
0℃, 1 h
室温, 3 h
75℃, 20 h

盐酸
甲醇
0～40℃,12 h

图 7-10　1,3,5-三哌嗪-三嗪环（TPT）单体的合成路线示意图

研究发现如图 7-11 所示，经过在 0.05 mol/L 的硫酸水溶液中 720 h 的静态酸处理试验后，对照组 PIP-TMC 复合纳滤膜性能发生明显恶化，其对 $MgSO_4$ 的截留率从 97.6%降低至 61.8%，水渗透率则从 7.11 L/(m^2·h·bar)升高至 15.16 L/(m^2·h·bar)，表现出了较差的耐酸性能；与之不同的是，TPT-TMC 复合纳滤膜经相同的酸性处理后，其对水通量和对 $MgSO_4$ 溶液的分离性能未发生明显恶化。对比经酸处理后的 PIP-TMC 与 TPT-TMC 复合纳滤膜的红外谱图，可以发现前者的酰胺键在酸性条件下发生了水解（图 7-12）。PIP-TMC 复合膜的酸降解机理如图 7-13（a）所示，TPT-TMC 复合膜的耐酸机理如图 7-13（b）所示。

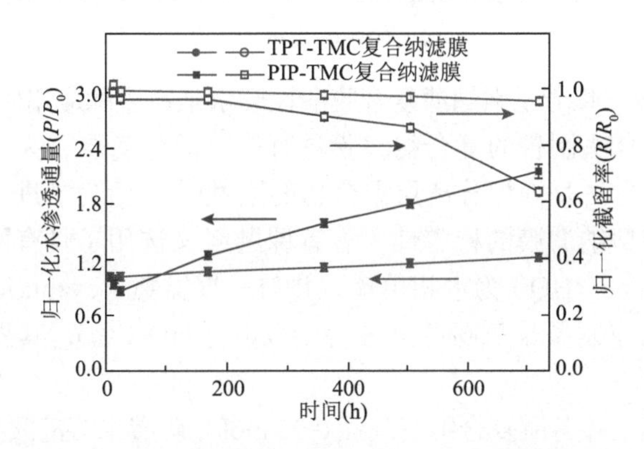

图 7-11　PIP-TMC 复合纳滤膜与 TPT-TMC 复合纳滤膜酸处理后分离性能

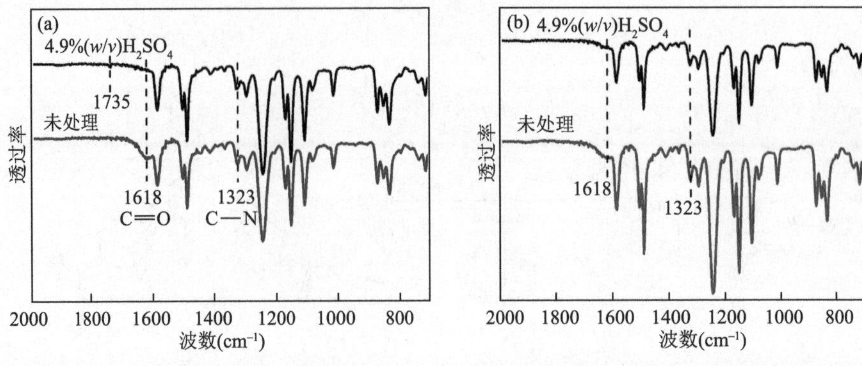

图 7-12　（a）PIP-TMC 复合纳滤膜与（b）TPT-TMC 复合纳滤膜酸处理前后红外图谱

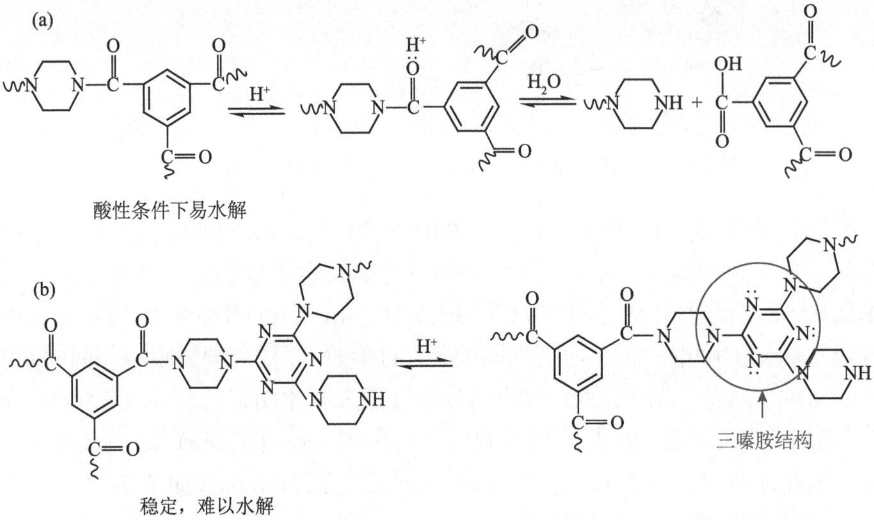

(a)

酸性条件下易水解

(b)

稳定，难以水解

三嗪胺结构

图 7-13　（a）聚哌嗪酰胺纳滤复合膜在酸性条件下水解机理；（b）聚酰胺-三嗪胺纳滤复合膜的耐酸机理

2）耐酸型聚三嗪芳醚砜纳滤复合膜酸性废水染料脱除应用研究

通过界面聚合法制备的复合纳滤膜具有较薄的分离层，为了提升分离层的稳定性，常用的方法是增加分离层聚合物的刚性[21]。而为了进一步提升界面聚合法制备的耐酸型纳滤膜的稳定性，著者课题组又选用了具有刚性结构的对苯二酚（hydroquinone，HQ）为水相单体，并与三聚氰氯（cyanuric chloride，CC）通过界面聚合反应制备聚三嗪芳醚复合纳滤膜（HQ-CC），其界面聚合反应过程如图 7-14 所示。

图 7-15 为聚三嗪芳醚复合纳滤膜经 0.05 mol/L 硫酸水溶液酸处理前后对日落黄染料溶液的分离截留性能的变化情况。经酸溶液处理 1 周后，复合膜纳滤的分离性能略有下降，对日落黄染料的截留率从 96.7%下降至 95.3%，水渗透性能从

12.67 L/(m^2·h·bar)升高至 13.79 L/(m^2·h·bar)；酸处理 4 周后，复合纳滤膜对染料的截留率下降约 2%，水渗透率上升约 20%。所制备的聚三嗪芳醚复合纳滤膜同样表现出了优异的耐酸性能，其截留率的变化在合理的范围内，而水渗透性能的上升是由于聚三嗪芳醚结构中未被取代的氯原子在酸性条件下水解，膜的亲水性增加所致[22]。如图 7-16 红外光谱结果所示，经酸溶液处理后的聚三嗪芳醚复合纳滤膜表面化学官能团未发生明显变化，再次印证了所制备复合纳滤膜的耐酸性能。究其机理，聚三嗪芳醚纳滤复合膜的耐酸性能主要源于复合膜主链中的醚键、苯环、三嗪环等化学惰性基团，亲核质子难以对其展开攻击，不易造成破坏[23]。

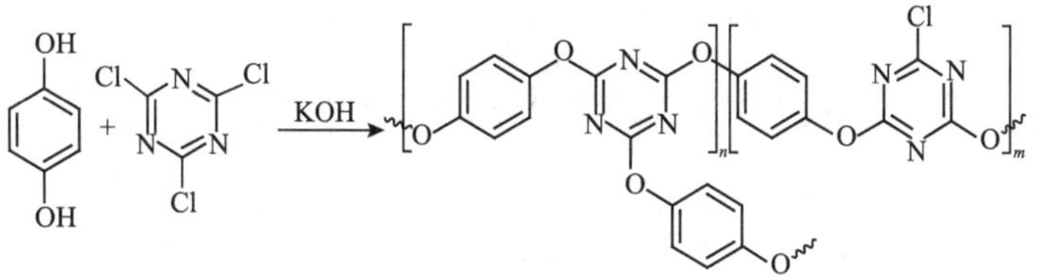

图 7-14　HQ-CC 聚三嗪芳醚纳滤膜界面聚合过程

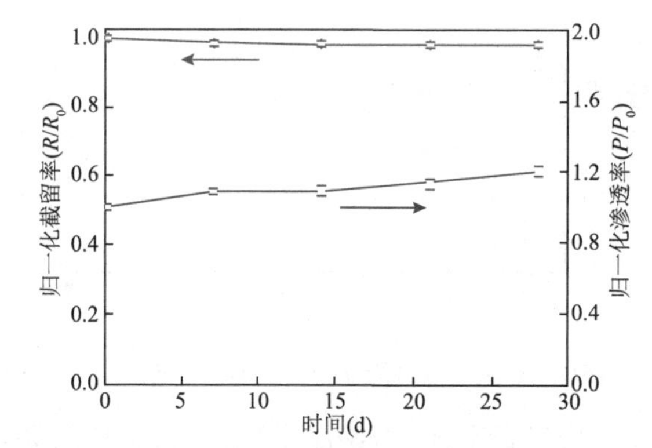

图 7-15　HQ-CC 聚三嗪芳醚纳滤复合膜酸处理后的分离性能

测试条件：50 ppm 的日落黄溶液，跨膜压差 5 bar，操作温度 25℃±1℃

3）高通量耐酸型聚三嗪芳醚砜纳滤复合膜的酸性废水染料脱除应用研究

在 HQ-CC 复合纳滤膜基础上，为了进一步提升界面聚合法制备的耐酸型纳滤膜的水通量，著者课题组采用高孔隙率与规整孔道的微孔聚合物螺旋双茚满（TTSBI）作为界面聚合水相单体，制备了耐酸高通量聚三嗪芳醚纳滤复合膜。如图 7-17 所示，利用 TTSBI 和 CC 经过界面聚合制备的聚三嗪芳醚砜复合纳滤膜表现出了非常高的纯水通量[21.0 L/(m^2·h·bar)]，且纯水通量与跨膜压差之间的线性关系符合有效膜的 Spiegler-Kedem 方程[22]。以不同无机盐溶液与染料溶液为进料液对复合膜的分离性能进行表征。

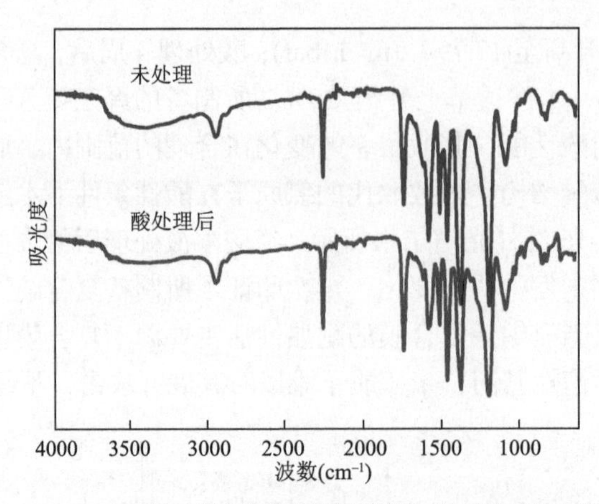

图 7-16　HQ-CC 聚三嗪芳醚复合纳滤膜酸处理前后的红外图谱

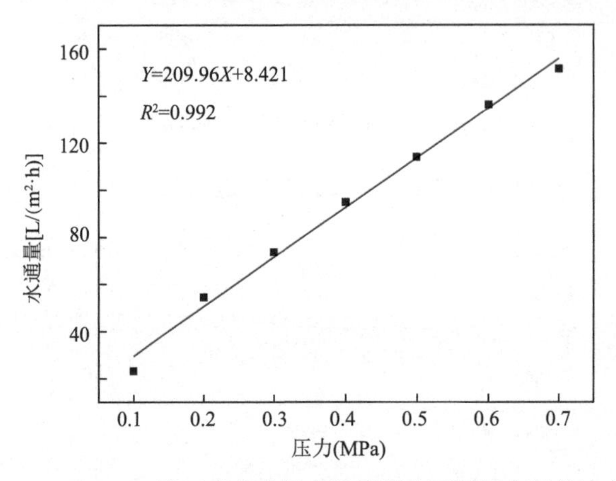

图 7-17　TTSBI-CC 聚三嗪芳醚复合纳滤膜在不同压力下的纯水通量

如图 7-18 所示，聚三嗪芳醚复合纳滤膜对刚果红染料截留率（99.7%）接近 100%，对日落黄染料的截留率也高达 98.9%；复合膜对不同无机盐溶液的截留率遵循 Na_2SO_4（85.2%）>NaCl（26.1%）≈$MgSO_4$（24.0%）>$MgCl_2$（5.6%）的顺序。同时，聚三嗪芳醚复合膜对无机盐溶液与染料溶液的分离通量均保持在较高的水平。

如图 7-19 所示，将聚三嗪芳醚复合纳滤膜置于 0.05 mol/L 硫酸水溶液中进行酸处理，处理前后对日落黄染料溶液的分离截留性能未发生明显变化。复合纳滤膜在酸性溶液中浸泡 1 周后，其分离性能略有下降，对日落黄染料的截留率从 98.9%下降至 97.5%，水渗透性能从 20.08 L/(m^2·h·bar)提高至 21.87 L/(m^2·h·bar)；在酸性溶液中浸泡 4 周后，复合纳滤膜对染料的截留率下降约 5%，水渗透率上升约 24%。上述复合纳滤膜对日落黄溶液的截留性能变化均在合理的变化范围之内，表现出所制备纳滤膜在具有高通量的同时兼具优异的耐酸性能。如图 7-20 所示，酸处理后复合纳滤膜的化学结构未见明显的变化，再一次验证了其在酸性环境下的稳定性。

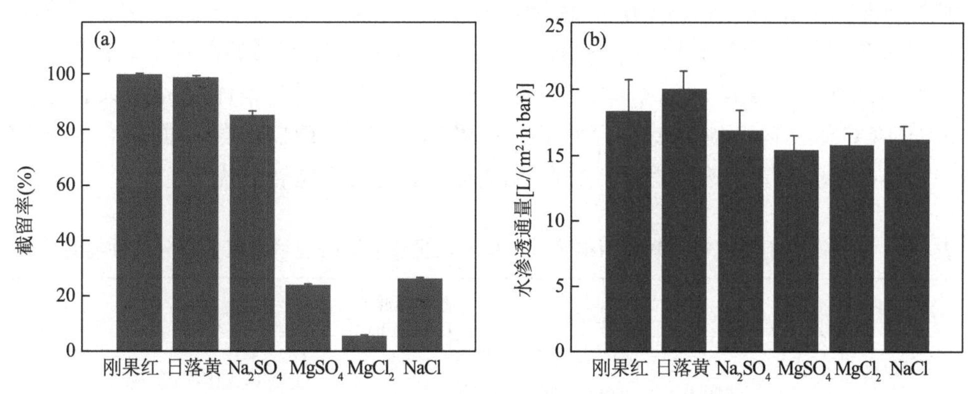

图 7-18　TTSBI-CC 聚三嗪芳醚纳滤复合膜的分离性能

操作条件：2000 ppm 的盐溶液或 50 ppm 染料溶液为进料液，跨膜压差 5 bar，温度 25℃±1℃

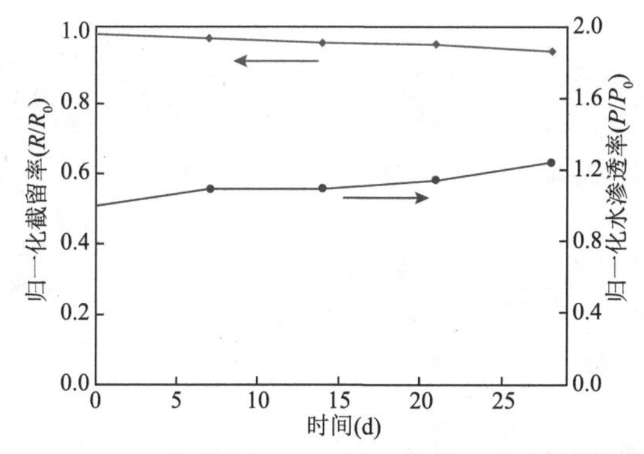

图 7-19　TTSBI-CC 聚三嗪芳醚纳滤复合膜酸处理后的分离性能

测试条件：50 ppm 日落黄溶液，跨膜压差 5 bar，操作温度 25℃±1℃

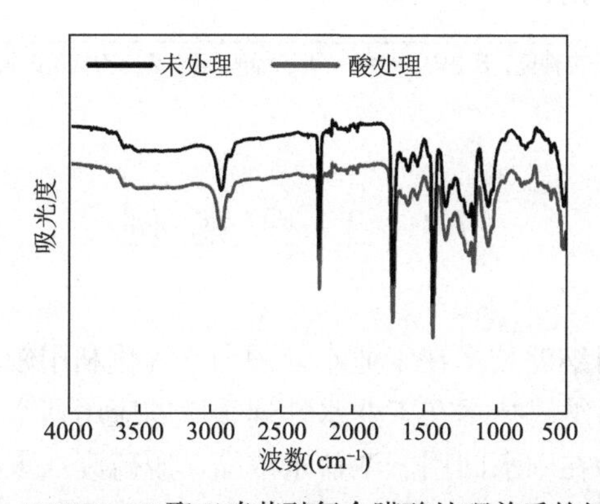

图 7-20　TTSBI-CC 聚三嗪芳醚复合膜酸处理前后的红外图谱

表 7-2 中比较了上述所提及的著者课题组所制备的聚酰胺-三嗪胺、HQ-CC 聚三嗪芳醚、TTSBI-CC 聚三嗪芳醚三种耐酸型纳滤复合膜以及其他相关参考文献中的耐酸型纳滤复合膜的耐酸性能与分离性能。可以发现，三种复合纳滤膜在对 Na_2SO_4 的截留性能与其他耐酸型纳滤复合膜的截留性能相当的前提下，表现出了高于其他耐酸型纳滤膜的水渗透通量。尤其是由刚性芳香单体经界面聚合制备的 HQ-CC 聚三嗪芳醚纳滤复合膜和由刚性扭曲单体 TTSBI 经界面聚合制备的 TTSBI-CC 聚三嗪芳醚纳滤复合膜在水渗透通量上具有显著的优势。

表 7-2　著者课题组所制备的耐酸型纳滤复合膜与已报道的耐酸型纳滤复合膜分离性能的比较

膜材料	制膜方法	盐截留率 [a]	水渗透通量 [L/(m^2·h·bar)]	耐酸性能	参考文献
磺化聚醚醚酮	相转化	85%～95%	0.8	pH = 0，（HNO_3）；室温；死端流	[12]
PVA-APES [b]	相转化	84.3%～98.5%	0.39～2.275	15%（*w*/*v*）H_2SO_4；25°C；死端流	[13]
聚磺酰胺	界面聚合	86.7%	5.76	20.0%（*w*/*v*）H_2SO_4；25°C；错流	[14]
PEI-CC 聚三嗪氨	界面聚合	75%～95% [c]	0.2～0.7	0.1 mol/L HNO_3；室温；死端流	[15]
DETA-CC 聚三嗪氨	界面聚合	85.2% [c]	1.5	0.1 mol/L HNO_3；室温；死端流	[8]
聚酰胺-三嗪氨	界面聚合	98.6%	8.68	0.05 mol/L H_2SO_4；25℃±1℃；错流	本章研究
HQ-CC/PAN 聚三嗪芳醚	界面聚合	71.2%	11.86	pH = 2（HCl）；25℃±1℃；错流	本章研究
TTSBI-CC/PAN 聚三嗪芳醚	界面聚合	85.2%	16.86	pH = 2（HCl）；25℃±1℃；错流	本章研究

a. 对 Na_2SO_4 水溶液的分离性能；b. PVA-APES：聚乙烯醇-氨丙基三乙氧基硅氧烷；c. 对 NaCl 水溶液的分离性能

7.3　工 程 案 例

7.1 节和 7.2 节对纳滤技术在工业水处理和资源化利用领域的应用研究进行了详细介绍。本节针对纳滤技术在工业水处理领域的应用列举了以纳滤技术为核心的组合工艺，分别为在中水回用、浓盐水浓缩、脱硫废水零排放、淋浴水回用和印染废水处理工程中的应用，可为纳滤技术应用于复杂工业水处理和资源化利用提供良好参考。

7.3.1　纳滤技术在青岛豆金河中水回用中的应用

1. 项目背景

目前全国的水资源仍然呈现紧张状态，青岛作为东部沿海城市，缺水程度严重，急需将水源循环利用。青岛豆金河污水处理厂（一级A排放标准，见图7-21）的外排中水量大，且外排水水质较好（水质见表7-3），经过深度处理后完全可以作为周边工业园区的供水资源，从而有效减少工业园区对自来水的用水量，然而该污水处理厂外排水经过原有的工艺（图7-22）处理后只能作为河流补给，并未充分利用水资源。

为了改善现状，保障周边用水企业的供水以及周边居民的饮用水充足，本工程采用超滤+纳滤的核心处理工艺，对青岛豆金河污水处理厂排放的中水源进行深度处理，出水水质达到《地表水环境质量标准》（GB 3838—2002）的Ⅱ类指标（总氮除外），可直接作为热电厂冷却水、工业生产用水、城市热力系统循环水、景观绿化水使用，并可直接补充到水源地。

表7-3　原水水质

项目	单位	数据	项目	单位	数据
浊度	NTU	0.64	氨氮	mg/L	0.34
色度	度	5	铁	mg/L	0.005
pH	—	7.27	锰	mg/L	0.016
总硬度	mg/L	316.3	锌	mg/L	0.003
溶解性总固体	mg/L	698	钠	mg/L	191
耗氧量	mg/L	2.5	阴离子合成洗涤剂	mg/L	0.06
氟化物	mg/L	0.70	砷	mg/L	0.002
氯化物	mg/L	284.3	化学需氧量	mg/L	18.4
硝酸盐氮	mg/L	18.7	总磷	mg/L	0.49
硫酸盐	mg/L	150.9	总氮	mg/L	20.5
亚氯酸盐	mg/L	0.47	生化需氧量（BOD）	mg/L	5
氯酸盐	mg/L	0.015	悬浮物	mg/L	4
铬（六价）	mg/L	0.002			

图 7-21　青岛豆金河污水处理厂

图 7-22　中水回用热电厂供水系统原有处理工艺流程框图

2. 设计概要

1）工艺流程

中水回用热电厂供水系统的超滤 + 纳滤处理工艺流程如图 7-23 所示。

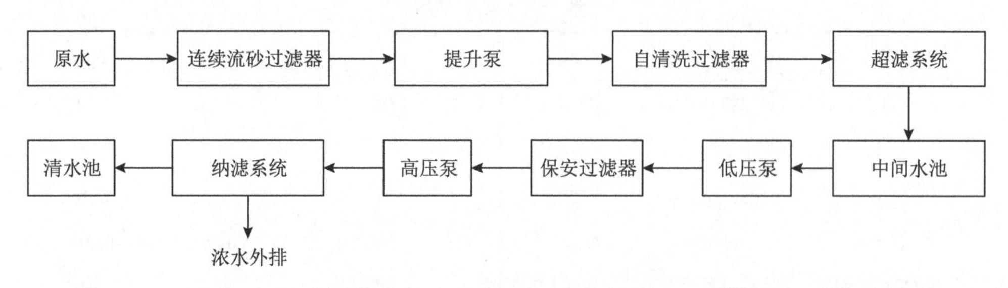

图 7-23　中水回用热电厂供水系统超滤 + 纳滤处理工艺流程框图

2）系统介绍

本系统选占地省、过滤效果好的自清洗过滤器作为超滤的前置过滤器，防止水中细微颗粒进入超滤膜。以超滤作为纳滤的预处理，进一步去除水中的悬浮物、部分胶体和大分子有机物等，使得出水淤泥密度指数（SDI）<2.5，满足纳滤膜的进水标准，从而有效保护纳滤膜。超滤产水再经过纳滤的处理可以继续提升水质，出水满足《地表水环境质量标准》（GB 3838—2002）的Ⅱ类指标（总氮除外）以及表 7-4 中规定补充项目。

表 7-4　集中式生活饮用水地表水源地补充项目标准限值

序号	项目	标准值（mg/L）
1	硫酸盐（以 SO_4^{2-} 计）	250
2	氯化物（以 Cl^- 计）	250
3	硝酸盐（以 N 计）	10

为了减少水质污染物对膜的损伤以及延长膜的使用寿命，超滤部分配置周期性气擦洗和水反冲洗以及化学清洗系统，清洗液经过中和系统处理再处置。在超滤产水后投加药剂保障纳滤系统的正常工作。

超滤系统采用 6 套超滤膜组器，单套平均产水量 3580 m^3/d，每套 48 支碧水源 OWUF-9 外压柱式超滤膜，设计寿命 5 年。OWUF-9 的基本参数如表 7-5 所示，其优点是过滤精度高、纳污量大、易清洗、成本低、寿命长、配置灵活。纳滤系统采用 5 套膜组器，单套平均产水量 3333 m^3/d，采用 22∶11 的排列，共使用 990 支碧水源 DF8040-R90（400）纳滤膜元件，设计寿命 5 年。DF8040-R90（400）的基本参数如表 7-6 所示。

表 7-5　碧水源 OWUF-9 超滤膜基本参数

项目	单位	参数
平均膜孔径	μm	0.02
膜面积	m^2	70
规格尺寸（$\Phi\times H$）	mm	238×2128
膜丝材质	—	PVDF
最大进水压力	MPa	0.3
运行方式	—	错流或死端过滤

表 7-6　碧水源 DF8040-R90（400）纳滤膜基本参数

项目	单位	参数
脱盐率（NaCl）	%	85～95
有效膜面积	m^2	37
规格尺寸（$\Phi\times H$）	mm	203×1016

续表

项目	单位	参数
膜丝材质	—	芳香聚酰胺
测试压力	MPa	0.48
回收率（NaCl）	%	15

注：测试温度为25℃，测试液为2000 ppm的NaCl溶液

3. 系统现场布置

图7-24为青岛豆金河污水处理厂中水回用热电厂供水系统超滤和纳滤膜组器的现场安装图。

图7-24　超滤组器（a）和纳滤组器（b）

4. 总结

青岛豆金河污水处理厂中水回用热电厂供水系统于2015年11月29日凌晨纳滤系统调试完毕实现产水以来，至今运行稳定，出水输送给周边用水企业，减少了其对自来水的使用量，也减少了其向水域的排污量，为社会带来了巨大的环境效益和经济效益。

7.3.2　纳滤技术在阳煤集团已二酸污水中水浓盐水浓缩处理工程中的应用

1. 项目背景

煤化工行业的工艺流程多且复杂，耗水量巨大，大型煤化工项目年用水量通常高达几千万立方米，吨产品耗水量在13 t左右。煤化工污水最主要的特点就是含有毒有害物质、污染物浓度高并且难生物降解，是很难有效处理的工业污水。在二级处理后很难达标，如不经合理处置直接排入水体会对水域周边的人畜及农作物造成严重危害。水资源缺乏和地表水环境容量有限等问题已经成为制约煤化

工产业发展的瓶颈，有些地区甚至没有纳污水体。黄河、淮河等污染严重的流域已禁止工业企业污水排放到地表水体。

随着煤化工行业的发展及国家对环境保护投入的增加，实现化工企业零排放的必要性大大增强。位于山西省清徐县境内的己二酸污水中水浓盐水浓缩处理装置 BOT 项目，主要处理来自己二酸污水中水回用水站产出的浓盐水，该水质主要特点为含盐量高、硬度高。通过整套系统处理后，出水水质 TDS 浓缩到 240 000 mg/L（24%浓度）；出水水量将 50 m^3/h 的浓盐水浓缩出 10.5 m^3/h 高浓盐水。为了提高水的回用率，含盐废水经装置处理后，出水指标达到国家《城市污水再生利用　工业用水水质》（GB/T 19923—2005）中关于再生水用作敞开式循环冷却水补充水的水质标准。本项目结合高含盐浓水深度处理系统的水平衡及盐平衡，实现废水减量化，最终实现废水零排放。

该项目中纳滤主要用于进一步去除钙镁硅等易结垢离子，保证反渗透系统及蒸发结晶系统的稳定运行。

2. 设计概要

1）工艺流程

己二酸污水中水浓盐水浓缩处理的工艺流程如图 7-25 所示。

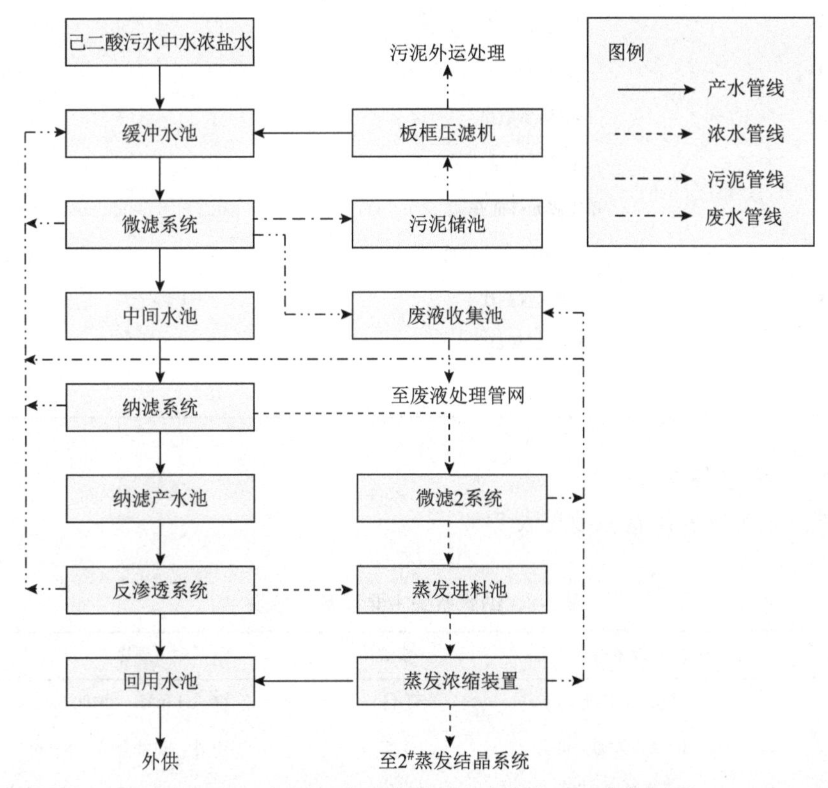

图 7-25　己二酸污水中水浓盐水浓缩处理工艺流程图

己二酸污水中水浓盐水首先进入缓冲水池，缓冲水池的水由泵提升至微滤系统，通过投加石灰，对部分重金属离子进行去除，降低水的硬度，为后续膜处理提供了有效的水质保障；微滤系统产水进入中间水箱，再由中间水泵提升至纳滤系统，可以去除大部分 COD；纳滤产水进入纳滤产水箱，纳滤浓水进入微滤 2 系统，向微滤 2 系统反应槽中投加氢氧化钠和碳酸钠去除水中钙镁硬度；纳滤产水箱的水被输送至反渗透系统，一级 RO 产水进入回用水池，浓水同微滤 2 系统出水一同进入 RO 浓水箱，RO 浓水箱的水再由浓水提升泵提升至蒸发装置，将浓水 TDS 蒸发至 240 000 mg/L，蒸发冷凝液也同一级 RO 产水进入回用水池，回用水池的水由除盐水泵送至回用装置。

2）主要设计参数

纳滤系统主要设计参数见表 7-7。

表 7-7　纳滤系统主要设计参数表

序号	项目	参数	单位
1	设计水温	20	℃
2	系统回收率	87	%
3	设计通量	≤17	$L/(m^2 \cdot h)$
4	纳滤装置数量	1	套
5	单套产水量	43	m^3/h
6	单支膜元件面积	36.2	m^2
7	单支压力容器装膜元件	6	支
8	单套膜排列比	6：3：4	
9	单套膜数量	78	支
10	系统膜数量	78	支

3）主要设备参数

纳滤系统主要设备参数见表 7-8。

表 7-8　纳滤系统主要设备参数表

序号	设备类型	数量	规格
1	纳滤保安过滤器	1 台	$Q = 51\ m^3/h$，$\Phi 400$ mm
2	折叠式大通量滤芯	2 支	40 寸，过滤精度：5 μm
3	纳滤高压泵	1 台	$Q = 51\ m^3/h$，$H = 175$ m，$N = 55$ kW

续表

序号	设备类型	数量	规格
4	纳滤装置	1 套	产水 $Q = 43\ m^3/h$，回收率：87%
5	纳滤膜元件	78 支	膜面积：36.2 m^2，通量≤17L/(m^2·h)，8"，聚合酰胺复合抗污染膜
6	纳滤膜壳	13 支	8"，6 支装，300 psi
7	纳滤滑架	1 台	$L×B×H = 7.0\ m×2.0\ m×3.0\ m$，含取样盘
8	纳滤段间增压泵	1 台	$Q = 25\ m^3/h$，$H = 45\ m$，$N = 11\ kW$
9	纳滤循环水泵	1 台	$Q = 41\ m^3/h$，$H = 85\ m$，$N = 18.5\ kW$
10	纳滤进水管道混合器	1 台	DN100，PN10，$L = 800\ mm$
11	化学清洗水泵	2 台	$Q = 48\ m^3/h$，$H = 34\ m$，$N = 7.5\ kW$
12	纳滤增压泵	2 台	$Q = 51\ m^3/h$，$H = 23\ m$，$N = 7.5\ kW$

4）纳滤处理系统进出水水质

纳滤处理系统进出水水质见表 7-9。

表 7-9　纳滤处理系统进出水水质

项目	纳滤进水	纳滤产水	纳滤浓水
水量（m^3/h）	50.00	43.50	6.50
溶解性总固体（mg/L）	48 683.55	38 369.00	117 712.00
总硬度（mg/L）	125.00	4.00	998.87
COD（mg/L）	285.00	42.75	1 906.21
K^+（mg/L）	6.00	5.82	7.20
Na^+（mg/L）	13 544.00	10 588.70	33 321.78
Ca^{2+}（mg/L）	20.00	0.60	149.83
Mg^{2+}（mg/L）	20.00	0.60	149.83
Fe^{3+}（mg/L）	0.50	0.02	3.75
SO_4^{2-}（mg/L）	5 754.80	172.64	43 112.31
Cl^-（mg/L）	505.00	489.85	606.39
可溶 SiO_2（mg/L）	10.00	10.00	10.00

3. 系统现场布置

阳煤集团己二酸污水中水浓盐水浓缩处理工程系统现场布置如图 7-26 所示。

图 7-26 己二酸污水中水浓盐水浓缩处理纳滤组器现场安装图

4. 总结

纳滤系统的加入进一步降低了水中硅及其他易结垢离子的浓度，保证反渗透系统运行。本项目通过对企业 14 万吨/年己二酸装置项目产生的废水进行循环水利用，一方面能够降低业主方投资和运行的成本，另一方面能够实现节能减排和工业废水的零排放，达到资源回收利用的目的。

该项目的实施是纳滤膜应用的一个很好案例，可以有效地提升甲醇厂和甲醇制烯烃项目生产过程中产生的废水的水资源再利用率，并降低工业废水排放量，与国家保护环境、节约资源的可持续发展战略规划相吻合。

7.3.3 纳滤在新疆天富热电股份有限公司脱硫废水零排放及资源回收中的应用

1. 项目背景

脱硫废水作为电厂废水中最难处理的废水之一，利用传统“三联箱”脱硫废水工艺可达标处理废水，但存在无法去除废水中 Cl^- 和 SO_4^{2-} 、加药处理产生二次污染以及无法实现零排放等问题。传统蒸发零排放技术存在投资运行成本过高的缺陷，无法广泛应用，如何实现电厂脱硫废水“低成本零排放”成为亟待解决的问题。

位于新疆维吾尔自治区的天富热电股份有限公司南热电发电机组为响应脱硫废水零排放趋势，采用多种工艺组合装置处理脱硫废水。该装置包含三联箱除重金属技术、化学软化结合膜过滤技术、纳滤膜分盐技术、超高压膜浓缩技术、纯水反渗透膜技术、多效蒸发制盐技术。采用组合工艺包将脱硫废水中的硫酸钙作为石膏副产物、氯化钠作为副产工业盐、纯水补充电厂除盐水系统，达到废水零排放及资源回收的目的。

2. 设计概要

1）工艺流程

脱硫废水中主要含有大量的硫酸钙悬浮物、钙离子、镁离子、硫酸根、氯离子等，系统整体工艺（见图 7-27）采用先通过三联箱工艺预处理去除悬浮物（SS）和重金属、镁离子，再利用石灰/碳酸钠软化工艺去除钙离子，通过沉降 + 陶瓷微滤膜将固液进行分离，产出钙镁渣，陶瓷膜处理后的澄清溶液，通过纳滤膜进行一价盐（氯化物）和二价盐（硫酸盐）的分离，氯化物透过纳滤膜系统，而硫酸盐会被纳滤膜截留下来，硫酸盐溶液返回脱硫系统与钙反应生成硫酸钙副产品，较纯净的氯化物进入高压反渗透膜浓缩 + 蒸发结晶 + 干燥后产出工业盐。反渗透产水及蒸发结晶产水进入纯水反渗透膜制备纯水回用。

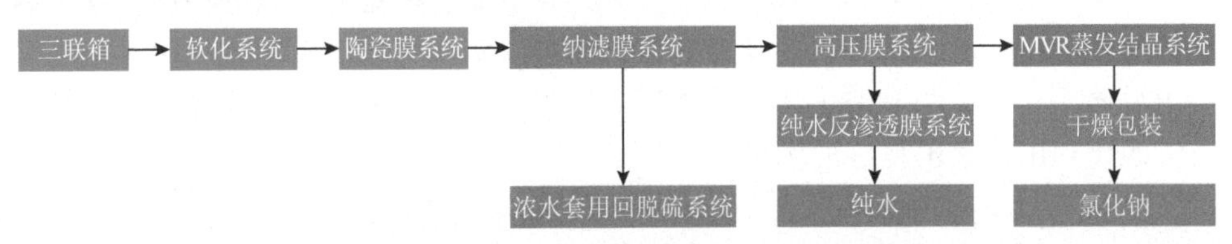

图 7-27　脱硫废水零排放系统整体工艺流程图

2）出水水质指标

膜系统出水水质如表 7-10 所示。

表 7-10　脱硫废水零排放出水水质

序号	项目	单位	指标	备注
进水指标	TDS	mg/L	<100	其他参数符合直饮用水指标

3. 系统现场布置

新疆天富热电股份有限公司脱硫废水零排放工程膜系统现场布置如图 7-28 和图 7-29 所示。

图 7-28　脱硫废水零排放工程膜系统

图 7-29　脱硫废水零排放工程软化系统

4. 总结

本项目采用膜浓缩和多效蒸发工艺，具有节能、稳定、高效的特点。其中纳滤分盐技术用于制备副产工业盐，对氯化钠可以实现有效的资源化利用，相对于产出混盐，具有更明显的优势。该项目的顺利实施，为电厂湿法脱硫废水零排放及资源化利用建立了良好的示范。

7.3.4　纳滤组合工艺技术在淋浴水回用工程中的应用

1. 项目背景

淋浴水是各类排水中水质最稳定、易于汇集和净化的一类可就近回用水资源。淋浴水约占生活污水量的 30%，属于良质污水（水质特征如表 7-11 所列）。可以发现，淋浴水主要特点为硬度较高，利用纳滤技术对盐离子有较好截留效果的特点可以将其应用于淋浴水回用过程。目前纳滤技术已被美国国家航空航天局用于太空站淋浴水回用设备，国内也进行了一些淋浴水作为中水回用的研究，主要为微滤、超滤、纳滤、反渗透组合工艺，其中纳滤主要用于钙、镁等盐离子的截留。

表 7-11　淋雨污水水质

pH	浊度（NTU）	LAS（mg/L）	COD_{Cr}（mg/L）	TOC（mg/L）	电导率（μS/cm）	硬度（mg/L）（以 $CaCO_3$ 计）	细菌总数（个/mL）	大肠菌群（个/L）
7.71	60.3	4.89	191	58.6	521	360	无法计数	20

2. 设计概要

1）工艺流程

淋浴水回用工艺流程图如图 7-30 所示。

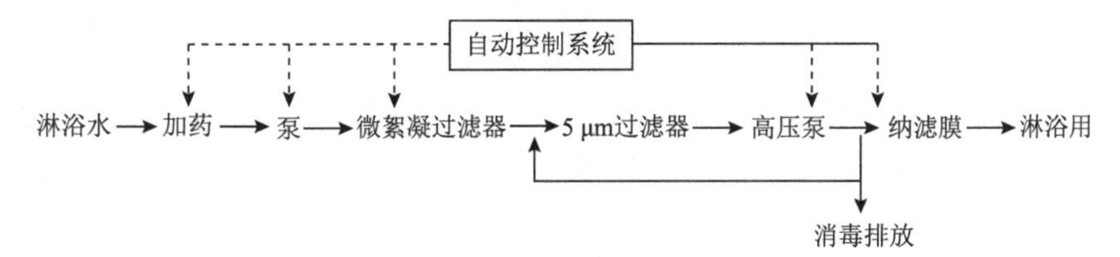

图 7-30 淋浴水回用工艺流程图

试验选用美国 Trisep 公司 TS80-4040 膜（其截留分子量 280～300，为聚酰胺复合膜），并联方式运行，试验以 0.7 MPa 作为最佳的操作压力，回收率在 75%左右（采用浓水回流系统）。淋浴水温一般为 37～40℃，这有利于提高膜的产水量。假设由于补充新鲜水，使混合膜进水水温为 30℃（在冬季会低些），此时膜产水量较 25℃增加 17%，这将节省设备投资。

2）进出水水质

操作压力为 0.7 MPa 时，纳滤膜进出水水质特征如表 7-12 所示。

表 7-12 TS80-4040 膜的进出水水质

测定项目	TS80-4040 膜		
	进水	产水	去除率（%）
电导率（μS/cm）	566	33	94.2
TOC（mg/L）	11.6～75.7	0～7.4	80.5～100
耗氧量（mg/L）	57.55	4.38	92.4
浊度（NTU）	10.2	0.46	95.5
LAS（mg/L）	3.21	0.26	91.9
氨氮（mg/L）	0.14	0.11	21.4
碱度（mg/L）	246.81	18.94	92.3
pH	7.75～8.61	6.40～7.35	—
水温（℃）		14～30	
硬度（以 $CaCO_3$ 计）(mg/L)	330	16	95.2
Ca^{2+}（mg/L）	66.68	0.5998	99.1
Mg^{2+}（mg/L）	32.43	0.2592	99.2
Al^{3+}（mg/L）	0.1950	0.0154	92.1
Na^{+}（mg/L）	9.970	1.564	84.3
K^{+}（mg/L）	3.637	0.6254	82.8
Fe^{2+}（mg/L）	0.5758	0.1685	70.7

续表

测定项目	TS80-4040 膜		
	进水	产水	去除率（%）
Cu^{2+}（mg/L）	0.0180	0.0000	>99.5
Pb^{3+}（mg/L）	0.0331	0.0296	10.6
Cl^-（mg/L）	18.64	4.73	74.4
HCO_3^-（mg/L）	246.81	18.94	92.3
SO_4^{2-}（mg/L）	52.1	0.53	99.0

3. 总结

从表 7-12 可以看出 TS80-4040 膜对钙、镁离子的去除率很高，达 99%以上，这一点也可从硬度的去除效果得出（95.2%）。对单价离子的去除较二价或多价离子稍低，在 80%左右。除 Al^{3+}以外，阳离子的去除率随离子有效半径的增加而增加，阴离子也表现出同样的趋势；TS80-4040 膜产水的 pH 值较进水 pH 值下降 1.3 个单位。这是由于 O_3^{2-}、HCO_3^-、CO_2、OH^-和 H^+透过膜的能力不同，原先进水的平衡被破坏而造成的，故产水 pH 值为 6.40～7.35；TS80-4040 膜对阴离子洗涤剂（LAS）的去除率在 91.9%，这是因为：TS80-4040 膜虽然属于传统软化膜，但是表面活性剂容易吸附在膜面上，并显著地影响膜表面电荷，其中阴离子洗涤剂能使膜面上负电荷增强，等电点降低，从而使 TS80-4040 膜表面呈一定的电负性，因此对阴离子洗涤剂的去除率高。同时，阴离子洗涤剂的分子量也决定了它的高去除率。

该项目的实施是纳滤膜应用的一个很好案例，可以有效地实现淋浴水资源再利用率，并降低废水排放量，与国家保护环境、节约资源的可持续发展战略规划相吻合。

7.3.5　纳滤技术在印染废水处理中的应用

1. 项目背景

印染废水中通常含有染料、纤维、纺织浆料以及助剂等化学物质，而且有机物及无机盐浓度均较高，属于较难处理的一类工业废水。传统的处理方法（物化 + 生化）已无法满足日趋严格的废水排放标准。此外，在水资源较短缺的地区和一些沿海城市，由于供应的新鲜用水总量受到限制，使企业产品产量的增加或生产规模的扩大受到制约，企业发展受到限制。为缓解用水紧张局势，目前主要采用“物化 + 生化 + 反渗透（RO）膜浓缩”（工艺路线如图 7-31 所示）深度处理，可实现 60%～70%的水回用率，高含盐和高有机含量的浓废水则处理后纳管排放至污水厂处理。为降低运行费用、延长膜组件使用周期、使出水水质适配印染行业工艺用水，将 RO 膜组件更换为高截留型纳滤膜元件（如 DOW 的 NF90 膜元件），在保持产水量的前提下有效降低能耗，在浓水处利用原有压力加装高通量型纳滤膜元件（如 DOW 的 NF270 膜元件），从而进一步提高系统回收率。更换后的含纳滤过程浓缩工艺路线图如图 7-32 所示。

2. 设计概要

1）工艺流程

传统整体工艺采用物化、生化、超滤、反渗透等单元，如图 7-31 所示。

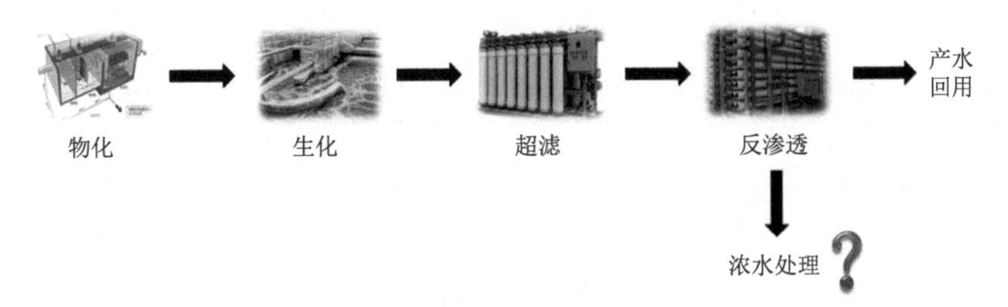

图 7-31　印染废水深度处理回用工艺

改进工艺路线在传统工艺基础上，补充纳滤处理单元实现工艺优化，如图 7-32 所示。

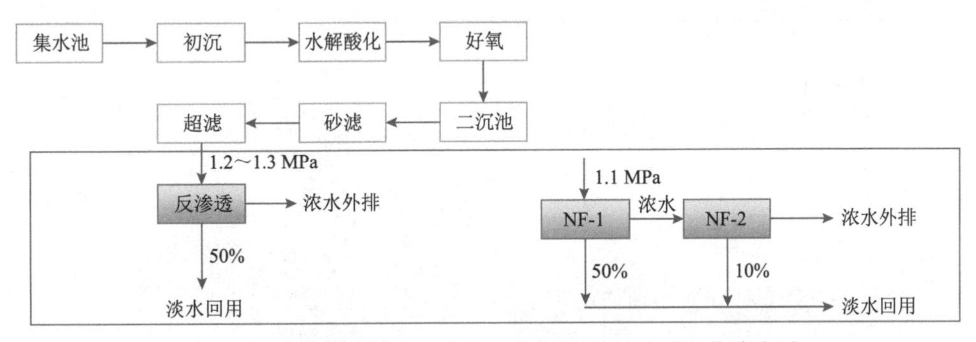

图 7-32　印染废水物化 + 生化 + 反渗透/纳滤浓缩工艺路线图

2）原 RO 系统和 NF 系统运行效果（表 7-13）

表 7-13　产水水量及产水水质

	pH	COD_{Cr}（mg/L）	SS（mg/L）	色度（倍）	电导率（μS/cm）	总硬度（mg/L）
原水	7.0～8.5	～110	～4	～50	～5000	～250
回用标准	6.0～9.0	≤50	≤30	≤25	≤2500	≤450
原 RO 系统产水	6.9	5	1	0	78	4
纳滤系统产水	7.0	7	1	0	543	5

3）运行维护成本（表 7-14）

表 7-14 运行维护成本

	产水量（m^3/d）	运行压力（MPa）	用电量（kWh/m^3）	化学清洗（次/月）	膜数量（支）	膜折旧（元/吨）	运行费用（元/吨）
原 RO 系统	1200	1.2～1.3	1.123	1.5	102	0.3542	1.1611
纳滤-1	1300	1.1	0.965	1	102	0.2179	0.9062
纳滤-2	250	—	—	1	18	0.2400	0.3067

4）浓水排放及处理（表 7-15）

表 7-15 浓水排放及处理

	产水量（m^3/d）	浓水排放（m^3/d）	浓水 COD（ppm）	浓水处理费用（元/吨产水）
原 RO 系统	1200	1100	224	0.44
NF 系统	1300 + 250	750	323	1.19

3. 系统现场布置

图 7-33 为印染废水处理池和纳滤膜组器的现场安装图。

图 7-33 印染废水处理池（a）和纳滤组器（b）现场安装图

参 考 文 献

[1] Pernetti M, Di Palma L. Experimental evaluation of inhibition effects of saline wastewater on activated sludge[J]. Environmental Technology, 2005, 26(6): 695-703.

[2] 赛世杰. 纳滤膜在高盐废水零排放领域的分盐性能研究[J]. 工业水处理, 2017, 37(9): 75-78.
[3] 蒋路漫, 周振, 田小测, 等. 电厂烟气脱硫废水零排放工艺中试研究[J]. 热力发电, 2019, 48(1): 107-113.
[4] 郭海燕, 徐成燕, 俞彬. 石化行业高含盐废水的分盐零排放中试及应用[J]. 中国给水排水, 2018, 34, 459(7): 109-112.
[5] 刘久清, 李新海, 蓝伟光, 等. 络合-超滤-纳滤耦合工艺处理铜电镀工业废水[J]. 工业水处理, 2008, 29(3): 45-47.
[6] Wolters R, Wendler B, Schmidt B, et al. Rinsing water recovery in the steel industry: A combined UF/NF treatment[J]. Desalination, 2008, 224(1-3): 209-214.
[7] Xu Y C, Wang Z X, Cheng X Q, et al. Positively charged nanofiltration membranes via economically mussel-substance-simulated co-deposition for textile wastewater treatment[J]. Chemical Engineering Journal, 2016, 303: 555-564.
[8] Li M, Lv Z, Zheng J, et al. Positively charged nanofiltration membrane with dendritic surface for toxic element removal[J]. ACS Sustainable Chemistry & Engineering, 2017, 5(1): 784-792.
[9] Wen X, Ma P, Chaoliang Z, et al. Preliminary study on recovering lithium chloride from lithium-containing waters by nanofiltration[J]. Separation and Purification Technology, 2006, 49(3): 230-236.
[10] Yang G, Shi H, Liu W, et al. Investigation of Mg^{2+}/Li^{+} separation by nanofiltration[J]. Chinese Journal of Chemical Engineering, 2011, 19(4): 586-591.
[11] Sun S Y, Cai L J, Nie X Y, et al. Separation of magnesium and lithium from brine using a Desal nanofiltration membrane[J]. Journal of Water Process Engineering, 2015, 7: 210-217.
[12] 马韬. 基于 PEI 的表面荷正电聚酰胺纳滤膜用于 Mg^{2+}/Li^{+}分离[D]. 杭州: 浙江大学, 2019.
[13] Ortega L M, Lebrun R, Blais J F, et al. Removal of metal ions from an acidic leachate solution by nanofiltration membranes[J]. Desalination, 2008, 227(1-3): 204-216.
[14] Tanninen J, Platt S, Weis A, et al. Long-term acid resistance and selectivity of NF membranes in very acidic conditions[J]. Journal of Membrane Science, 2004, 240(1-2): 11-18.
[15] 田晓媛. 纳滤/反渗透膜技术处理高盐废水及高浓度重金属废水的研究[D]. 湘潭: 湘潭大学, 2014.
[16] Guastalli A R, Labanda J, Llorens J. Separation of phosphoric acid from an industrial rinsing water by means of nanofiltration[J]. Desalination, 2009, 243(1-3): 218-228.
[17] Gonzalez M P, Navarro R, Saucedo I, et al. Purification of phosphoric acid solutions by reverse osmosis and nanofiltration[J]. Desalination, 2002, 147(1-3): 315-320.
[18] Platt S, Nystrom M, Bottino A, et al. Stability of NF membranes under extreme acidic conditions[J]. Journal of Membrane Science, 2004, 239(1): 91-103.
[19] Novalic S, Dabrowski A, Kulbe K D. Nanofiltration of caustic and acidic cleaning solutions with high COD part 2. Recycling of HNO_3[J]. Journal of Food Engineering, 1998, 38(2): 133-140.
[20] 曾艳军. 三聚氰氯为界面聚合单体制备耐酸型纳滤膜的研究[D]. 杭州: 浙江大学, 2018.
[21] Hoseinpour H, Peyravi M, Nozad A, et al. Static and dynamic assessments of polysulfonamide and poly(amide-sulfonamide) acid-stable membranes[J]. Journal of the Taiwan Institute of

Chemical Engineers, 2016, 67: 453-466.
[22] Lee K P, Bargeman G, de Rooij R, et al. Interfacial polymerization of cyanuric chloride and monomeric amines: pH resistant thin film composite polyamine nanofiltration membranes[J]. Journal of Membrane Science, 2017, 523: 487-496.
[23] Picklesimer L G, Saunders T F. Polyphenylene-*S*-triazinyl ethers by interfacial polycondensation[J]. Journal of Polymer Science Part A: Polymer Chemistry, 1965, 3(7): 2673.

第 8 章　纳滤技术在对水体中有机小分子和特种污染物处理中的应用研究

随着工农业的快速发展，相关产业涉及的洗涤剂、增塑剂、有机农药等化学用品的排放造成了地表和地下水中小分子有机物的富集。这些污染物具有浓度低、毒性高的特点，直接威胁到环境和人类健康。除常规工农业污染物外，放射性物质、化学毒剂、生物战剂等特种污染物造成的水污染风险也越来越大。对这些小分子有机物和特种污染物（分子量 200～1000）的去除，常规水处理工艺难以奏效。因此开发新型分离技术或工艺有效去除这些污染物显得尤为重要。近年来，纳滤技术用于小分子有机物和特种污染物去除的研究和应用屡见报道。本章概述了纳滤技术在有机小分子和特种污染水处理中的研究与应用进展，重点阐述以纳滤为核心的集成工艺在处理小分子有机物和特种污染物废水中的特点与优势，并结合典型案例进行了分析。

8.1　纳滤技术在含有机小分子废水处理中的应用研究

密集的人类活动导致大量的人工合成有机物释放到水体中，包括洗涤剂、增塑剂、各种有机农药和工业用化学品等。这些人工合成有机物大多性能稳定、难以被降解、存留时间较长，可以通过传递与迁移富集，影响到全球环境，危害人类健康。从 20 世纪 70 年代开始，许多以脱除有机物为目的的纳滤、反渗透分离技术的相关研究相继问世。由于当时开发的不对称醋酸纤维素膜对小分子有机物的截留率较低，因此纳滤技术在有机小分子脱除方面的应用未引起人们的广泛重视。近年来，随着纳滤膜材料和纳滤膜制备技术的迅猛发展，性能优异的复合结构纳滤膜层出不穷。正如第 3 章中所介绍的，这些新研发的纳滤膜对水体中小分子有机物具有较高的截留率，同时部分纳米基纳滤膜还具有一定的抗污染、耐有机溶剂性能，极大地提高了纳滤技术在小分子有机物分离中的应用可行性，也重新唤起了研究者们对这一领域的关注。

8.1.1　纳滤分离技术在有机小分子脱除中的应用研究

依据分离机理的不同，水体中的小分子有机污染物可分为难解离型和解离型有机物，其中难解离型有机物包括醇类、脂类及醛和酮类，解离型有机物则包括胺类、酚类、有机酸及氨基酸。对于难解离型有机物，纳滤膜的分离机理一般基于孔径筛分机理；对解离型有机物，其分离机理主要由筛分效应和道南效应共同决定。本节综述了纳滤技术对小分子有机物脱除的机理及应用，并对纳滤技术对不同小分子有机物的分离效果进行了总结。

8.1.1.1 基于筛分作用脱除有机小分子的应用研究

1. 醇类物质的脱除

醇和水混合体系的分离通常采用精馏法，由于精馏涉及料液的相变，因此属于高耗能过程。纳滤分离技术在保证截留率的同时，不涉及料液的相变，大大减少了分离过程所需能耗。随着分离过程中驱动力能量回收技术的成熟，纳滤分离技术应用于水体中醇类物质脱除的优势越来越明显。

纳滤膜对醇和水混合体系的分离受多种因素影响。Geens 等[1]研究了醇-水二元体系的纳滤分离过程，发现纳滤膜对醇的截留作用是由分离膜孔大小所决定的筛分效应、受溶质-溶剂亲和力影响的溶质传递和由溶质-膜相互作用导致的纳滤膜溶胀三个方面共同决定的。同时，Ben-David 等[2]经过相关的研究证实纳滤膜对醇类的截留与醇在水相和纳滤膜表面之间的分配以及纳滤膜对醇类的吸附有关。Orecki 等[3]在使用纳滤膜分离乙二醇-水体系时发现，随着乙二醇浓度的升高，膜的渗透通量有所下降，但纳滤膜对乙二醇的截留率上升。还有研究表明[4]：在醇-水体系中添加各种有机小分子也会对醇类的截留产生较大的影响；料液的 pH 值对不同醇类截留率的影响趋势不同，但总体上对醇的分离影响不大[5]，这可能与醇类较难解离有关。

著者团队将部分商品化反渗透、纳滤膜对醇-水二元体系的分离效果进行了总结，如图 8-1 所示[6-9]。多因素的共同作用使得纳滤膜对醇-水二元体系中醇类物质的截留性能可保持在较高水平。

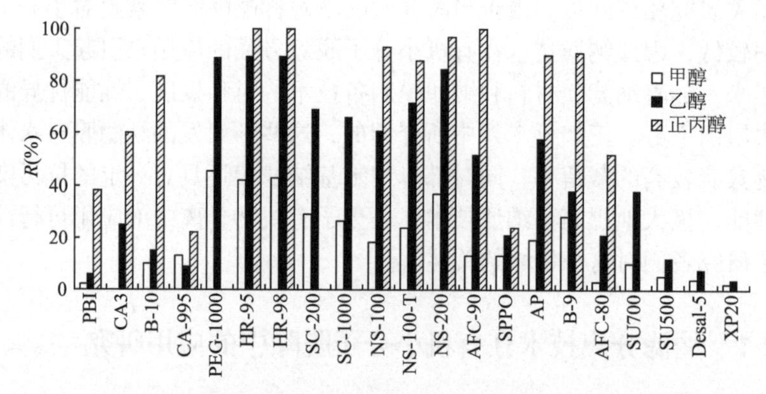

图 8-1 一些商业 RO/NF 膜对甲醇、乙醇和正丙醇的截留效果

2. 酯类物质的脱除

水体中普遍存在微量酯类物质。例如，随着工厂废水排放及土壤浸润等过程，邻苯二甲酸酯（PAEs）作为一种重要的塑料添加剂，大量进入水体系统[10]。PAEs 本质是一类环境雌激素，对人体健康具有严重危害，已成为全球普遍存在的环境污染物之一。PAEs 的传统处理方法包括吸附法、生物降解法等，但这些方法存在处理周期长、效率不高等缺点。由于 PAEs 分子量正好介于纳滤膜的截留分子量之间，因此，纳滤技术越来越多地用于水体中 PAEs 的脱除过程。

程爱华等[11]采用 BDXN-90 芳香聚酰胺复合纳滤膜实现了水中微量 PAEs 的脱除，证明了复合纳滤膜对邻苯二甲酸酯类物质的平均截留率在 90%以上。此外，研究还考察了操作压力、原水浓度、离子强度和 pH 值等因素对截留性能的影响。Agenson 等[12]使用了 UTC60、NTR 729HF、ES10C、UTC70 及 LF10 五种不同的商业纳滤膜对水体中 PAEs 的分离进行了研究。研究表明 LF10 纳滤膜对 PAEs 的截留率高达 99.8%，UTC60 纳滤膜的截留率最高可达 80%，其余三种膜对 PAEs 的截留率均在 95%以上。Kiso 等[13]通过研究发现，具有高氯化钠截留率的纳滤膜对 PAEs 的截留效果较好，其截留效果受 PAEs 的分子量和亲疏水性的影响。由此可见，纳滤分离技术可以有效地除去水中的 PAEs。

3. 醛类和酮类物质的脱除

醛和酮分子中的碳氧双键可与纳滤膜表面基团发生氢键相互作用，有助于提升纳滤膜对醛和酮的截留能力。纳滤膜对醛和酮分子的截留能力和其分子大小强烈相关。黄继才等[14-16]在使用自制聚丙烯酸-聚砜（PAA-PSF）交联复合结构纳滤膜对直链有机醛类进行分离时发现，虽然该纳滤膜对甲醛的截留率只有 33.4%，但对乙醛的截留率可达 84%，对正丁醛的截留率更是高达 96%。随着直链醛含碳原子数的增加，截留率上升。该现象主要是由于醛类分子直径增大而导致疏水性增加。同时该纳滤膜对丙酮的截留率也有 78.5%，达到了一般商业膜的水平。对分子量较小的醛和酮类，如甲醛、丙酮、丁酮等，纳滤膜对其截留的难度较大。著者团队总结了各种商业化纳滤膜对甲醛、丙酮和丁酮等的截留情况，如图 8-2 所示[2, 17-20]。从图中可以看出，由于此类有机物的分子量相对较小，总体而言商业化纳滤膜对其截留效果并不理想。但 ESPA1 纳滤膜对丙酮的截留率可以达到 90%以上，NS-200 纳滤膜对甲醛的截留率也在 70%左右。此外，所罗列的商业化纳滤膜对于分子量较大、碳链较长的醛酮类物质具有更高的截留率。

综上所述，对于醇、酯、醛、酮等难解离型小分子有机物，纳滤膜截留能力的强弱主要取决于筛分效应。因此，纳滤膜对此类物质的去除能力受膜材料和膜孔径尺寸的影响较大，而与膜表面的荷电性相关性较小。在一般的商品膜中，聚乙烯亚胺类纳滤膜对上述难解离型小分子有机物的截留效果最好，并且它对醇和酮的分离效果优于醛和酯。醋酸纤维素类纳滤膜对上述有机物的分离效果较差，

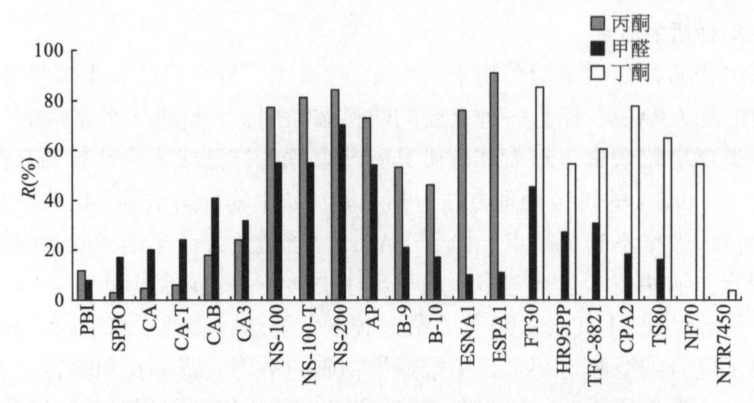

图 8-2　一些商业 RO/NF 膜对甲醛、丙酮和丁酮的截留效果

但相比之下它对醛类的分离效果要优于其他三类有机物。同时，由于这些有机分子都以中性分子形式存在于水溶液中，因此，进料液 pH 值的变化对这类有机分子的影响不大，故分离过程一般都在中性下进行，这降低了对纳滤膜耐酸碱性能的要求。但是，由于缺少了纳滤膜表面与溶质分子之间的静电排斥作用，大量有机分子容易吸附在膜表面和膜孔道内，造成纳滤膜的污染。为此，开发抗污染型纳滤膜材料、优化膜清洗工艺、探讨纳滤分离机理将成为这方面的研究重点。

8.1.1.2　基于道南效应脱除有机小分子的应用研究

1. 胺类物质的脱除

有机胺类物质多为农药、染料和医药等化工行业的原料或中间体，大多具有毒性高、持久性强、易迁移性和生物蓄积性等特点，对环境和公共健康存在不利影响。现有研究表明，纳滤膜对水体中有机胺的脱除具有显著效果。Huang 等[21]研究了聚丙烯酸-聚砜（PAA-PSF）复合结构纳滤膜对小分子有机胺-水二元体系的分离性能。结果表明，复合结构纳滤膜对有机胺-水有较好的分离性能，截留率随直链胺分子量的增加而上升，对乙胺的截留率在 51%左右，对正丁胺的截留率可达 84.5%。杨靖等[22]采用 ESNA1 型纳滤膜对水体中胺类物质的分离进行了研究。研究发现，虽然苯胺的离解度大于吡啶，但对胺类物质截留率的大小却为：邻硝基苯胺＞吡啶＞苯胺。这是因为与吡啶相比，苯胺由于离解度的增大导致截留率的增加比由于碱性的减小而引起的截留率的降低小得多，因此，综合表现为纳滤膜对苯胺的截留率最小。对于邻硝基苯胺，其 pK_a 相当小，即使在中性溶液中也具有较大的离解度。此外，邻硝基苯胺的分子量较大，因此纳滤膜对其具有较高的截留率。

2. 酚类物质的脱除

酚类物质是生活污水、天然水和饮用水中典型污染物之一，大多为毒性极大的工业污染物。原国家环保局颁布的“水中优先控制污染物黑名单”的 68 项中有

6 项是酚类化合物。已有研究表明，纳滤工艺对水中一些酚类物质有着较好的去除效果。孙晓丽等[25]研究了腐殖酸共存条件下纳滤膜对双酚 A 的分离效果，发现纳滤膜对双酚 A 的截留率都在 94%以上，具有很好的截留性能；同时还发现，在腐殖酸存在的情况下，纳滤膜对双酚 A 的截留率随着 pH 值的增大而增大，随着料液中离子强度的升高而降低。Schutte[26]使用聚酰胺复合纳滤膜进行苯酚衍生物的分离，发现纳滤膜对苯酚衍生物的截留率都在 90%以上，同时对苯酚衍生物的截留率还随着操作压力的升高而增大。Agenson 等[12]考察了五种不同的商业化纳滤膜对异丙基苯酚等物质的截留效果，发现其中三种纳滤膜对异丙基苯酚的截留率达到了 97%以上，甚至达到了 99.9%。部分商品化反渗透、纳滤膜在对酚-水二元体系的分离性能如表 8-1 所示。由表可知，PEG-1000 纳滤膜对苯酚的截留高达 99.5%。这说明在处理某些含酚废水时，纳滤分离技术是一个非常好的选择。

表 8-1　一些商业 NF/RO 膜对苯酚溶液的分离数据

商品名	分离层材料	操作压力（MPa）	截留率（%）	参考文献
NTR-729HF	聚乙烯醇/聚酰胺	1.0	23.4	[12]
NTR-7250	聚乙烯醇/聚酰胺	1.0	14.6	[12]
NTR-7450	磺化聚醚砜	1.0	31.8	[12]
NTR-7410	磺化聚醚砜	0.5	24.5	[12]
BR-30FR	聚酰胺	1.55	75.6	[23]
NS-100	聚乙烯亚胺	4.0	65.1	[7]
NS-100-T	聚乙烯亚胺	4.0	73.3	[7]
NS-200	聚乙烯亚胺	4.0	87.1	[7]
AP	芳香聚酰胺	4.0	80.0	[7]
B-9	芳香聚酰胺	2.67	46.0	[7]
B-10	芳香聚酰胺	5.0	65.4	[7]
PEG-1000	聚醚	7.0	99.5	[8]
HR-95	芳香聚酰胺	7.0	97.8	[8]
HR-98	芳香聚酰胺	7.0	97.1	[8]
SC-200	乙烯亚胺、丙烯腈共聚物	7.0	82.3	[8]
SC-1000	乙烯亚胺、丙烯腈共聚物	7.0	82.4	[8]
SEPA-MS05	芳香聚酰胺	2.94	30.2	[24]
DESAL-3B	聚醚砜	2.94	19.6	[24]
ES20	芳香聚酰胺	0.3	75.8	[4]

3. 有机酸类物质的脱除

有机酸类的羧基解离作用使其呈现一定的负电性。研究表明，该特点更加有利于纳滤膜对该类物质的截留。Kimura 等[27, 28]研究了纳滤膜对水中微量存在的酸性污染物的截留作用，指出当这些污染物带负电时，由于其与纳滤膜之间的电荷排斥作用，这些物质可以被纳滤膜有效地截留，且截留率大于 90%。而当这些物质成电中性时，可以吸附在纳滤膜表面，加快了纳滤膜的污染。Ozaki 等[5]考察了 pH 值对纳滤膜截留乙酸能力的影响，实验发现，随着进料液的 pH 值从 3 升高到 9，由于乙酸的解离作用增强，纳滤膜对乙酸的截留率从 30%急速升高到了接近 100%。还有文献表明[29-31]，除了进料液 pH 值对纳滤膜的截留能力有很大影响外，纳滤膜对乙酸的截留率还受到操作压力、料液温度和其他添加剂的影响。

著者课题组[32]研究了界面聚合法制备的复合纳滤膜对对苯二甲酸（PTA）-盐混合水体系的分离。该研究选取乙二胺、哌嗪和间苯二胺三种不同结构的二胺单体，考察二胺单体种类的选择对 PTA/氯化钠分离性能的影响。研究发现只有当以哌嗪作为水相单体制备而成的纳滤膜，才能同时保证高选择性和高通量。随后，该研究对水相中哌嗪的浓度、油相单体（均苯三甲酰氯）浓度、界面聚合时间、热处理温度等制膜条件进行优化。在最优制膜条件下，制备的复合纳滤膜对对苯二甲酸的截留率可达 97%，而对氯化钠的截留率小于 39%，同时，膜的渗透通量在 1.5 MPa 的操作压力下可以达到 55 L/(m^2·h)。因此，该纳滤膜能较好地实现盐溶液中 PTA 的脱除。

4. 氨基酸的脱除

不同氨基酸的等电点各不相同。基于此特点，在通过纳滤分离技术对分子量相差无几的氨基酸进行分离时，可以通过调节溶液的 pH 值，对不同氨基酸的荷电性质进行调控，同时利用纳滤膜的荷电特征，实现有效的分离[33]。Raman 等[34]研究表明，当进料液的 pH 值变化时，商业化 NTR-7410 纳滤膜对天门冬氨酸、异亮氨酸、鸟氨酸这 3 种分子量几乎相同的氨基酸截留率会发生显著的变化。因此，通过调节 pH 值的方法可实现 3 种氨基酸的有效分离。Gotoh 等[35]使用商业化 NTR-7450 纳滤膜，在 pH 值为 7.4 时进行氨基酸分子的截留实验，发现此时纳滤膜对谷氨酸的截留率几乎达到 100%，对甘氨酸、谷氨酰胺等的截留率都低于 30%。同时，随着氨基酸浓度和二价金属离子浓度的增加，所测试的几种氨基酸的截留率均呈现下降趋势。同样，使用商业化 NTR-7450 纳滤膜[36, 37]，在进料液 pH 值由 4 变化到 9 的过程中，纳滤膜对谷氨酸和谷氨酰胺的分离选择性先从 2 升高到了 22，然后下降到了 12。Wang 等[38]使用两种不同的商业化纳滤膜（ES20、ESNA2）在不同的 pH 值下对不同氨基酸进行分离时发现，ES20 纳滤膜对苯丙氨酸和天冬氨酸的截留率几乎都是 100%，而 ESNA2 纳滤膜对上述两种氨基酸分子的截留率随 pH 值变化在 0～90%之间变化，特别是当进料液 pH 等于 8 时，两者的分离选择性可以达到 10。Hong 等[39]在不调节料液 pH 值的情况下，直接利用多层聚苯乙烯磺酸和聚烯丙基胺盐酸盐（PSS/PAH）层层自组装纳滤膜对中性的氨基酸分子进行分离，此时纳滤膜对甘氨酸和谷氨酰胺的分离选择性可以达到 50，分离过程中的渗透通量也能达到商业纳滤膜的最佳水平。

纳滤膜不但可应用于各种氨基酸之间的分离，也可应用于氨基酸的富集。杭晓风等[40]考察了五种纳滤膜在高盐浓度下氨基酸溶液的脱盐性能。实验结果表明，虽然在高盐浓度下大部分纳滤膜表面的电荷被屏蔽，但随着溶液 pH 值的增加，商业化 NF270 纳滤膜对谷氨酸的截留率和分离选择性都呈现增长趋势，同时跨膜压力差则随着 pH 值的增加而减小。在选择了合适的膜渗透通量和搅拌速度情况下，NF270 对谷氨酸的截留率可以达到 95.0%，纳滤膜对其分离选择性也达到 18.8。

对于胺、酚、酸等可以在水溶液中解离的小分子有机物来说，其分离机理主要由纳滤膜表面与溶质分子之间的静电排斥效应和纳滤膜孔对溶质分子的筛分效应共同决定。因此，纳滤膜对有机小分子的分离效果受纳滤膜表面荷电性的影响较大。故在分离此类有机小分子溶液时一般选用与溶质分子带有相同电荷的纳滤膜，比如较为常见的芳香聚酰胺膜。在相同条件下，芳香聚酰胺类纳滤膜对酚类的截留效果优于对酸类和胺类小分子有机物的截留效果。传统的醋酸纤维素类纳滤膜对酚-水和胺-水二元体系的分离效果则不佳，通过调节进料液的 pH 值，调控小分子有机物的解离和纳滤膜表面的带电性质，可以更好地利用纳滤膜与溶质分子之间的静电排斥作用，提高纳滤膜对解离型小分子有机物的截留效果，同时也提高分离膜对耐酸碱性能的要求。因此，进一步提高纳滤膜的截留率和耐酸碱的性能可能会成为今后在该领域的一个重要发展方向。

纳滤技术虽然已经在单/多价离子选择性分离和大分子有机物去除等方面得到了广泛研究和应用，但在小分子有机物的回收或去除的应用中尚缺乏足够的理论研究指导。因此，为拓展纳滤技术在该方面获得更好的应用，亟待解决以下问题：①加快对纳滤膜截留小分子有机物的机理研究；②结合分离体系特点，针对性地开发高性能纳滤膜材料。

8.1.2　纳滤分离技术在染料废水处理中的应用研究

染料是纺织品、印花、皮革、纸张和食品等行业中频繁使用的一种原料。其中，萘磺酸类化合物则是偶氮类活性染料的重要中间体。萘磺酸类化合物水溶性良好，在染料生产和使用过程中，大量含有此类物质的工业废水排放到环境中，对人类和环境的安全造成了严重的威胁。研究表明[41]，莱茵河、易北河和博尔米达河中萘-1-磺酸的浓度已高达 1.5 mg/L，萘-1, 5-二磺酸的浓度高达 0.5 mg/L。研究者对萘磺酸类化合物的毒理学性质和生态毒理学性质进行了研究[42]，发现这些化合物对人体有较强的亚急性毒性和致畸性。同时，萘磺酸类化合物中的芳香环结构使其具有高微生物抑制性，难以被有效降解。通常，含萘磺酸类化合物的染料废水成分复杂，因而吸附、萃取和絮凝沉淀等传统的物理废水处理方式无法达到应有的效果。

针对萘磺酸类化合物传统处理方法效果欠佳的问题，有学者采用诸如紫外线/双氧水、臭氧/活性炭等组合氧化工艺对其进行降解[43-46]，这种高级氧化工艺在处理这类废水时有着不错的效果，但在处理过程中氧化剂的大量使用，以及氧化剂的再生和大量的能量消耗，都限制了该方法的大规模使用。同时，这种氧化处理方法也无法实现萘磺酸类化合物的有效回收利用，从而在一定程度上造成了资源的浪费。因此，探索并开发出一种高效的染料废水处理方法，在降低处理成本和能耗的基础上实现有价值的染料的回收利用十分必要。

著者团队[32]通过哌嗪和均苯三甲酰氯之间的界面聚合反应在聚砜超滤膜表面构建出了具有高萘磺酸分离性能的纳滤分离层并将其应用于含有 T 酸和无机盐的染料废水。在此基础上，该研究考察了原料液物料的组成、料液 pH 值、进料温度和操作压力等工艺条件对分离性能的影响。

研究发现，进料液中 T 酸浓度的变化会影响纳滤膜对 T 酸和无机盐的截留率。如图 8-3 所示，随着进料液中 T 酸浓度的增大，纳滤膜对无机盐的截留率显著降低，但纳滤膜对 T 酸的截留率却几乎不受 T 酸浓度变化影响。这是因为在纳滤过程中由进料液中 T 酸浓度的增大所引起的进料液黏度的增加，会加剧纳滤膜进料液侧的浓差极化现象，造成大量的溶质在纳滤膜表面的积累。此时会产生两种相反的现象：其一，大量在纳滤膜表面积累的溶质导致了更多溶质通过纳滤膜到达透过液侧，造成纳滤膜对溶质截留作用的明显下降；其二，由于浓差极化的发生，溶质将会在纳滤膜的原料侧成一层凝胶层，而该凝胶层能对溶质的渗透产生空间阻力，从而提高纳滤膜对溶质的截留作用。对于无机盐离子而言，由于其分子尺寸较小，空间位阻的变化对其影响较小，因此纳滤膜对其截留主要受上述第一种作用影响，最终使得纳滤膜对无机盐离子的截留率明显下降。对于 T 酸分子而言，由于其分子尺寸较大，受空间位阻变化影响较大，此时纳滤膜对 T 酸分子的截留同时受到上述两种作用的共同影响，最终截留率变化表现为不显著的略微下降。

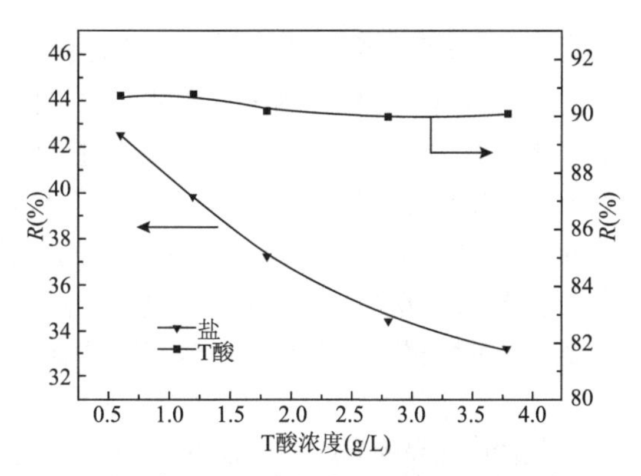

图 8-3　料液中 T 酸浓度变化对 T 酸和盐截留率的影响

盐浓度：25.0 g/L；温度：25.0℃；操作压力：1.5 MPa；pH：4.0

研究表明，进料液的 pH 值会对纳滤膜通量造成显著影响。这是因为通过界面聚合法制备的聚酰胺分离层中富含易解离的羧基和氨基，在不同 pH 值条件下，聚酰胺分离层表面会具有不同的电荷性质[47]，这将显著地影响纳滤膜表面和带电溶质间的静电相互作用力。如图 8-4 所示，随着进料液 pH 值的升高，纳滤膜的渗透通量从 25.6 L/(m^2·h)下降到了 21.5 L/(m^2·h)。这是由于纳滤分离层在不同 pH 条件下结构发生改变造成的。进料液 pH 值的变化会导致纳滤膜表面电荷分布的改变，造成膜表面的收缩，使得膜结构发生改变，进一步导致了纳滤膜渗透通量的下降[48]。

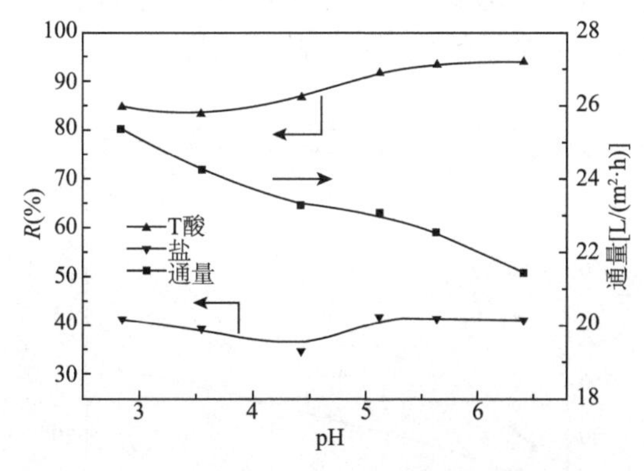

图 8-4　料液中 pH 值变化对膜通量和溶质截留率的影响

T 酸浓度：3.0 g/L；盐浓度：25.0 g/L；温度：25.0℃；操作压力：1.5 MPa

进料液 pH 值对两种溶质截留率的影响则较为复杂。纳滤膜对 T 酸的截留率随着料液 pH 值的升高而增大，这是由纳滤膜表面和 T 酸分子之间的静电排斥作用增大引起的。此外，随着进料液 pH 值的增加，纳滤膜表面会发生收缩，纳滤膜表面微孔的孔径减小，进一步导致纳滤膜对 T 酸分子的截留率有所提高。然而，随着料液 pH 值的变化，纳滤膜对无机盐的截留率的变化趋势则有所不同。随着 pH 值的变化，纳滤膜对无机盐的截留率变化不大，但当进料液 pH = 4.5 时，纳滤膜对无机盐截留率最低，相似的变化趋势在其他研究者的报道中也有出现[49, 50]。这是因为无机盐电离所产生的离子尺寸小于纳滤膜表面的微孔孔径，因此纳滤膜对无机盐离子的截留主要依靠膜与离子之间的静电排斥作用而非位阻效应。当 pH = 4.5 时，正好接近文献所报道的哌嗪和均苯三甲酰氯反应生成的聚酰胺分离层的等电点[51]。

进料液温度变化对该纳滤过程的影响，如图 8-5 所示。纳滤膜的渗透通量随着进料液温度的升高线性增大，这可以通过阿伦尼乌斯（Arrhenius）方程很好地关联[52]。

$$J = A_J \exp\left(-\frac{E_J}{RT}\right) \tag{8-1}$$

其中，J 是渗透通量，A_J 是频率因子，E_J 是渗透活化能。依据 Arrhenius 方程对纳滤膜的渗透通量和进料液温度进行关联，如图 8-6 所示。通过计算可得，纳滤染料脱盐过程的表观渗透活化能为 5.34 kJ/mol。随着进料液温度的升高，进料液的黏度降低，同时溶剂的传质系数增大，导致纳滤膜的渗透通量增大。纳滤膜对 T 酸和无机盐离子的截留作用随着料液温度的升高呈现出不同的趋势，纳滤膜对 T 酸的截留作用受料液温度的影响不大，基本保持在 91%以上。但随着进料液温度的升高，纳滤膜对无机盐离子的截留率则趋于上升。

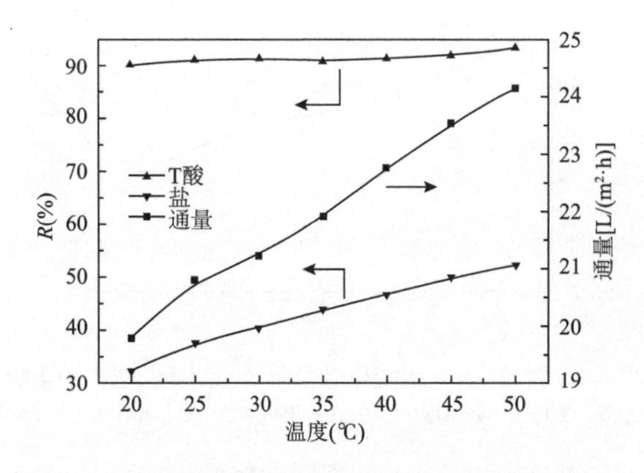

图 8-5　料液温度变化对膜通量和溶质截留率的影响

T 酸浓度：3.0 g/L；盐浓度：25.0 g/L；操作压力：1.5 MPa；pH：5.0

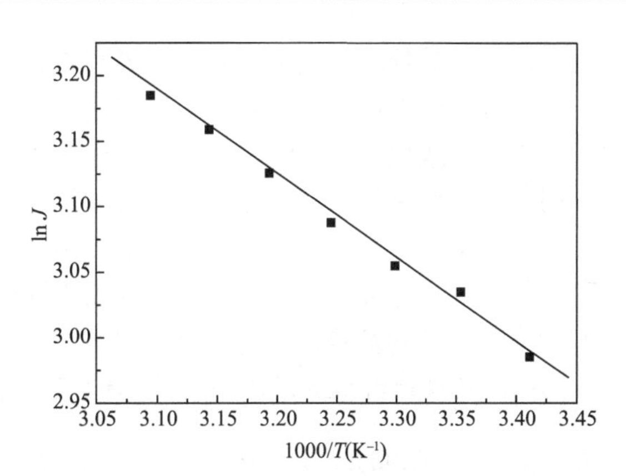

图 8-6　料液温度和膜渗透通量的 Arrhenius 关系

T 酸浓度：3.0 g/L；盐浓度：25.0 g/L；操作压力：1.5 MPa；pH：5.0

操作压力对该纳滤过程的影响，如图 8-7 所示。随着操作压力的增大，纳滤膜的渗透通量呈线性增加，这与 Speigler-Kedem 模型相符合。当操作压力从 1.0 MPa 上升到 2.0 MPa，纳滤膜对 T 酸和无机盐离子的截留率都有所上升。这种膜对溶质的截留作用随着操作压力的升高而增大的现象是普遍存在的[53, 54]。根据 Speigler-Kedem 模型，操作压力的升高会造成溶剂通量的迅速升高，但溶质和纳滤膜表面之间的静电排斥作用和空间位阻效应并不会随着操作压力的变化而发生改变，溶质的渗透速率不会随着溶剂渗透速率的增大而成比例的增大，这使得纳滤膜对溶质的截留作用随操作压力的升高而增强。

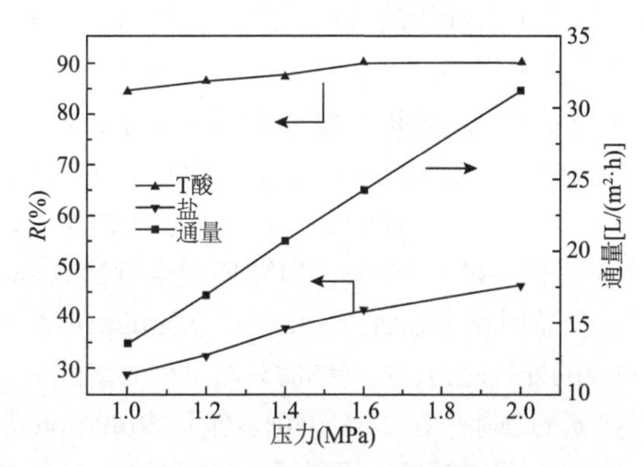

图 8-7　操作压力对膜通量和溶质截留率的影响

T 酸浓度：3.0 g/L；盐浓度：25.0 g/L；温度：25.0℃；pH：5.0

8.1.3　纳滤分离技术在垃圾渗滤液处理中的应用研究

随着生产、生活垃圾数量的不断增加，垃圾处理厂的兴建势在必行。对于目前已运行的垃圾处理厂而言，其处理方式主要采用垃圾焚烧、填埋、堆肥和综合利用等。其中，垃圾填埋因其经济性，是目前最广泛采用的垃圾处理方式。但是在垃圾填埋过程中，由于降水或地下水的渗流作用下，经过压实、发酵等物理作用或生物化学降解作用，将产生大量高浓度有机或无机的垃圾渗滤液，是目前世界公认的性质复杂、污染严重却又难以处理的一种高浓度污染废水。因此，若不对垃圾渗滤液进行妥善处理，会对水体、土壤和大气造成严重污染。

近年来，随着纳滤分离技术的发展，将纳滤分离技术与生物法相结合可以实现垃圾渗滤液的有效回用。该法已经成为垃圾渗滤液达标处理的一种可行技术。

8.1.3.1　垃圾渗滤液处理的应用研究

纳滤分离技术已成为处理垃圾渗滤液的主流膜分离技术，但由于垃圾渗滤液组分复杂，一般需要采用纳滤分离技术与其他工艺相组合的方式对垃圾渗滤液进行处理。此类组合分离技术主要可以分为以下三种：膜生物反应器（membrane bio-reactor，MBR）与纳滤分离技术相结合工艺、化学氧化与纳滤分离技术相结合工艺以及吸附与纳滤分离技术相结合工艺。

1. 膜生物反应器与纳滤分离技术相结合工艺

研究者采用膜生物反应器和纳滤技术相结合的工艺对垃圾渗滤液进行处理。该技术工艺流程包括预处理、生物反应和纳滤分离三个过程。预处理过程的主要目的是去除渗滤液中的大颗粒杂质，为后续的生化反应过程提供良好的生化环境；生化反应过程的主要目的是降解垃圾渗滤液中可降解的有机物和氨氮；纳滤分离技术处理过程的引入是为了去除渗滤液中的难降解物质。

研究采用纳滤分离技术对渗滤液进行处理，并与传统工艺进行了比较。宁桂兴等[55]利用纳滤分离技术处理 MBR 二级处理后的出水，研究了纳滤分离技术在垃圾渗滤液应用中回收率及进出水化学需氧量（COD）的变化情况。试验结果表明：当 MBR 出水 COD 小于 800～900 mg/L，纳滤系统出水 COD 小于 100 mg/L；纳滤系统直通式运行回收率 40%～50%；内循环式运行回收率 75%～80%，浓缩段回收率 93%～11.8%，总回收率 80.4%～82.0%。Marttinen 等[56]研究了纳滤分离技术对低强度垃圾渗滤液的处理能力，发现纳滤分离过程对渗滤液中 COD 的去除率在 52%～66%之间，对氨氮的去除率在 27%～50%之间。Robinson 等[57]将 MBR 与纳滤分离技术相结合共同处理垃圾渗滤液，实现了 COD 和氨氮的有效去除，同时对具有腐蚀性的高氯垃圾渗滤液也有很好的处理效果。纳滤分离技术处理后的浓缩液中一价离子含量很少，表明纳滤分离过程可以有效地避免渗滤液中盐组分的富集。

2. 化学氧化工艺与纳滤分离技术结合

纳滤分离技术与化学氧化工艺相结合的组合分离技术，对成分复杂、水质多变的垃圾渗滤液具有良好的处理能力。Xiong 等[58]研究了生物处理工艺、纳滤分离技术和电化学氧化工艺三者相结合的组合分离技术在垃圾渗滤液深度处理中的应用效果。经过预处理、生物处理工艺和纳滤分离环节后，处理液的生化比低于0.1，COD 含量约为 2000～2500 mg/L 且盐含量高。随后处理液进一步经过两步电化学技术进行深度处理后，处理液达到了排放标准。Wang 等[59]采用连续臭氧发生器对反渗透和纳滤处理过后的浓缩液进行了深度处理研究。在臭氧处理过程中，浓缩液中的芳香烃类被分解去除，同时腐殖酸被有效去除，高分子量有机物则转化为分子量较低的有机物，纳滤浓缩液中有机物的成分发生显著变化。

3. 吸附工艺与纳滤分离技术结合

Singh 等[60]将纳滤分离级数与混凝剂处理或阴离子交换技术相结合，研究了复合技术对垃圾渗滤液的处理能力。在纳滤处理之前，研究分别采用混凝剂处理或阴离子交换技术对垃圾渗滤液进行预处理。当垃圾渗滤液经过 22 mmol/L 氯化铁预处理后，渗滤液中溶解性有机碳减少了 71%，UV-254 具有吸收峰的有机物则下降 94%。而采用阴离子交换技术处理时，溶解性有机碳和 UV-254 具有吸收峰的有机物分别下降了 34%和 48%。随后该研究还考察了纳滤过程中渗透通量的变化。受 pH 不断变化的影响，预处理过后，纳滤过程中的渗透通量并未得到有效改善，但该研究为垃圾渗滤液预处理方法的研究提供了思路。Wang 等[61]将颗粒活性炭、MBR 和纳滤/反渗透分离技术相结合，通过组合工艺处理台州地区的垃圾渗滤液。研究发现，组合工艺对 COD 和氨氮的去除率在 80%以上，表现出优异的脱除效果。

纳滤分离技术对垃圾渗滤液具有良好的处理效果，同时，该过程面临着所有膜分离工艺都会遇到的膜污染、药剂清洗、组件更换等问题。纳滤分离技术作为垃圾渗滤液处理流程中的重要工艺，其实际作用是将预处理后的渗滤液分成透过液和浓缩液两种不同性质的液体。考虑到工程经济性，在实际应用过程中必须注意纳滤分离技术的预处理和后处理技术的选择。

8.1.3.2 工程案例——湖南省长沙市固体废弃物处理场的渗滤液处理项目

长沙市固体废弃物处理场是长沙市政府为科学、有效处理城市生活垃圾而建设的基础设施工程。该工程于 2003 年 4 月 28 日正式启用，目前日均处理垃圾约 6000 t，是东南亚最大型的垃圾填埋场之一。2009 年下半年，运营公司对渗滤液处理厂进行了提质改造，采用了国际先进的“外置 MBR + RO/NF 膜技术”，目前污水处理量稳定在 1800 m^3/d，是国内规模最大的渗滤液处理厂。其处理后的排放液能达到《生活垃圾填埋场污染控制标准》（GB 16889—2008）要求，出水水质稳定，达到一级排放标准。

该工程的处理工艺如图 8-8 所示。来自填埋场内的渗滤液（老液 + 新液），经

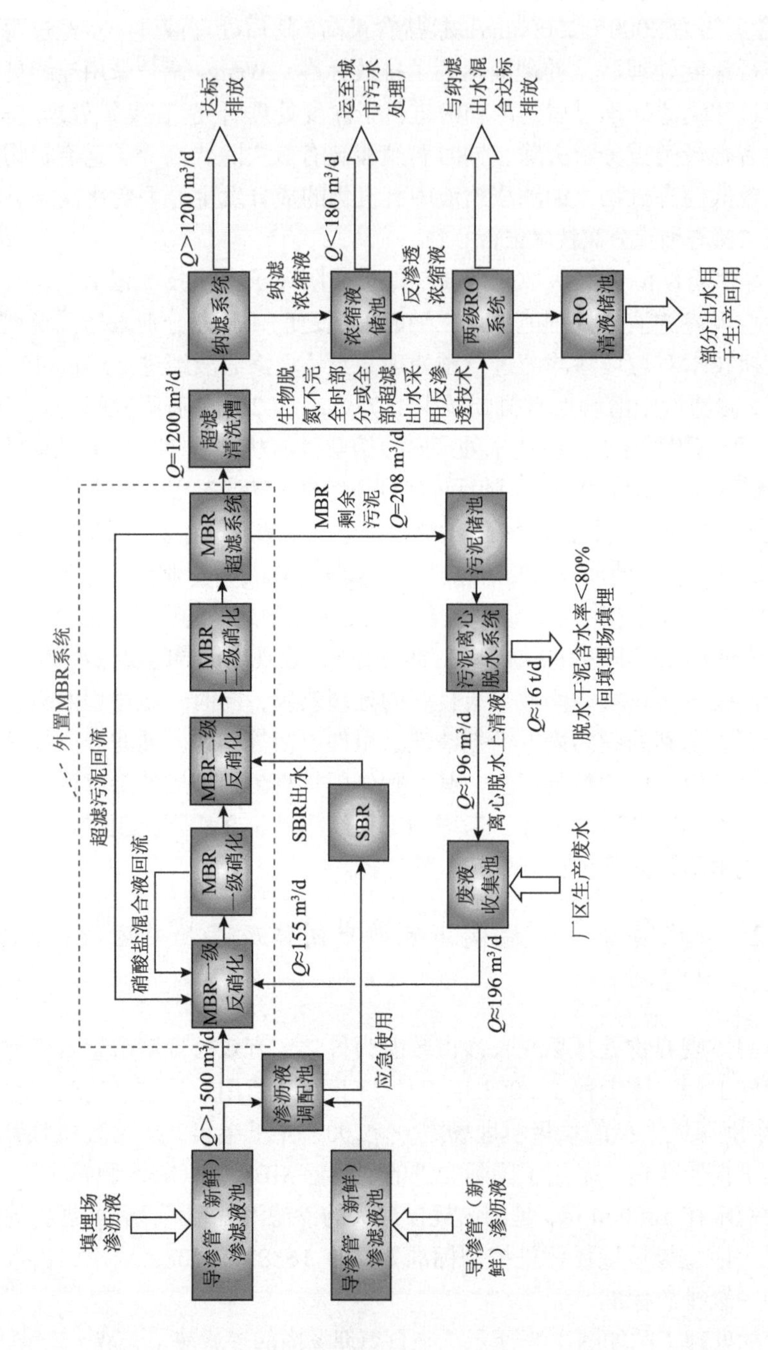

图8-8 垃圾渗滤液处理工艺

袋式过滤器去除较大颗粒物后进入生化系统，经过反硝化和硝化作用降解大部分有机物。生化系统的上清液出水经过超滤膜分离作用后进入纳滤系统，纳滤系统采用浓水内循环式系统（详见图 8-9），回收率保证在 85%以上，出水 COD_{Cr} 去除率在 90%左右。当生化系统脱氮不完全时，出水经清液罐调节后进入 RO 系统进行深度处理。

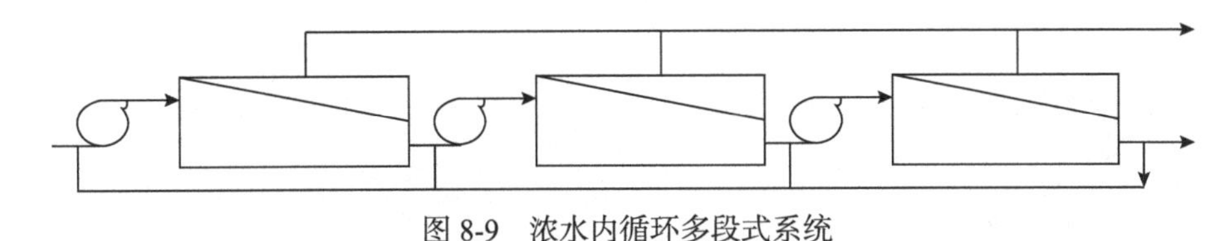

图 8-9　浓水内循环多段式系统

渗透液处理厂设计日处理量 1800 m^3，设计进水指标及出水排放指标如表 8-2 所示。纳滤膜系统的主要设计参数如表 8-3 所示。反渗透膜系统主要设计参数如表 8-4 所示。COD、生化需氧量（BOD）、悬浮物（SS）、氨氮、总氮及 pH 等为污染排放主要控制指标。

垃圾渗滤液中可降解的大部分有机物已在膜生物反应器中被去除，对于超滤出水中存在的小分子和难降解的污染物，通过纳滤系统可以得到有效的控制。衡量纳滤系统对小分子和难降解污染物截留能力的主要指标为出水中 COD、BOD 及 SS 的含量。

（1）纳滤膜对污染物中 COD 的去除。以长沙市固体废弃物处理场渗滤液处理厂 3 年的实际运行检测数据为例，纳滤膜对进水中难降解污染物中 COD 的去除效果如图 8-10 所示。从图 8-10 中可以看出，纳滤系统运行前 3 年中，对 MBR 出水中难降解污染物中 COD 的去除效果明显，纳滤进水 COD 均值为 312.3 mg/L，出水 COD 均值为 27.7 mg/L，去除率平均为 91.1%。2017 年 5 月再次选择沁森高科 NF1-8040F 膜元件，产品经过生产、工艺、研发等多部门优化改进生产制备工艺后，新一代纳滤分离系统对 COD 的去除效果更加优秀（详见表 8-5）。

表 8-2　系统进水水质及出水指标要求

序号	控制污染物	设计进水指标	GB 16889—2008 指标限制	系统设计出水排放值
1	SS（mg/L）	200～1000	30	≤30
2	BOD_5（mg/L）	300～8000	20	≤20
3	COD（mg/L）	3000～13000	100	≤100
4	氨氮（mg/L）	1000～2000	25	≤15
5	pH	6～9	—	6～9
6	总氮（mg/L）	1500	40	≤10

表 8-3　纳滤膜系统主要设计参数

项目	单位	参数值
膜元件型号	—	NF1-8040F
单支膜产水量	m^3/h	1.6
设计通量	$L/(m^2·h)$	18
单套膜数量/总套数	—	34/2
2：2：2 排列	—	6 芯装（第 3 段 5 芯）
单套产水能力	m^3/h	25
系统回收率	%	85
总产水能力	m^3/d	1200

表 8-4　反渗透膜系统主要设计参数

项目	单位	参数值
膜元件型号	—	SW-8040
元件产水量	m^3/h	1.1
设计通量	$L/(m^2·h)$	13
单套膜数量/总套数	—	32/2
2：2：2 排列	—	6 芯装（第 3 段 4 芯）
单套产水能力	m^3/h	15
系统回收率	%	70
总产水能力	m^3/d	600

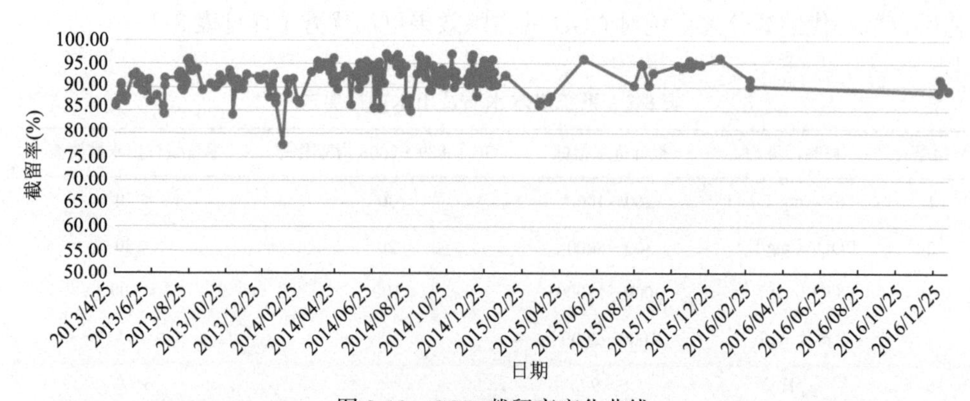

图 8-10　COD 截留率变化曲线

表 8-5　新老工艺纳滤膜运行效果对比

运行时间	进水平均 COD（mg/L）	产水 COD（mg/L）	COD 去除率（%）	备注
2013 年 3 月～2017 年 5 月	312.3	27.7	91.1	2013 年生产工艺
2017 年 5 月至今	649.5	42.1	93.8	2017 年生产工艺

（2）纳滤膜对污染物中 BOD 的去除。MBR 出水中 BOD 的含量不高，纳滤分离技术对其有一定的去除作用。在纳滤进水中 BOD 的浓度平均为 66.6 mg/L，纳滤的清液出水中 BOD_5 的浓度均在 15 mg/L 以下，平均为 7.6 mg/L，去除率平均在 88.6%。

（3）纳滤膜对污染物中 SS 的去除。纳滤膜对污染物中 SS 的去除效果非常明显，清液出水的 SS 小于 1 mg/L，甚至无法测出数值，大大优于《生活垃圾填埋场污染控制标准》（GB 16889—2008）一级标准。

该工程表明，采用纳滤分离技术对垃圾渗滤液进行深度处理，可以提高废水处理的出水标准，有效地控制环境污染，符合生态环境部的节能减排的要求。纳滤分离技术可以为各城市垃圾渗滤液深度处理提供一条实现水循环及回用的新途径，是一项很有发展前景的工艺。

8.2　纳滤分离技术在特种污染水处理中的应用研究

特种污染物包括放射性污染物、化学毒剂和生物战剂。这些污染物通常来源于核工业、军事活动及伴生矿的开发。相比于传统污染物，特种污染物危害更大。这些化学物质一旦进入水体，则在水体中发生沉积、迁移、转化，从而导致环境结构的破坏、生态系统功能的失调，进而严重影响人类健康。如何处理这些特种污染水成了世界性的难题。已有研究表明，纳滤分离技术在处理特种污染水方面具有优异的效果。

8.2.1　特种污染水中放射性污染物的脱除及试验研究

作为典型的矿产资源大国，我国伴生矿资源十分丰富，近些年来，我国伴生矿物资源开发利用活动十分活跃。通常，大多类型的伴生矿，如钼矿、煤矿、磷矿及部分稀土矿等，均存在发射性核素伴生现象。在伴生矿的开发利用过程中，破土开采会破坏地表植被，造成伴生矿暴露。伴生矿物随风或雨迁移会引起天然放射性物质的迁移、浓集、扩散，造成水源的放射性污染；并且伴生矿开发利用过程中所排放的废水量大，外排废水中放射性水平可能远远高于当地水体中的放射性浓度，也超过国家控制标准要求。一旦放射性核素进入水体，则会诱发各种疾病的产生或导致突变、畸变甚至癌变，危害人民健康。水体中的放射性核素一般以易解离的无机盐形式存在，常见的放射性离子主要包括Co^{2+}和Sr^{2+}。研究表明，纳滤分离技术可以实现对含放射性水体中Co^{2+}和Sr^{2+}的良好脱除。

陈婷等[62]采用截留分子质量为 500 Da、纯水渗透率为 270 L/(m^2·h·MPa)的陶瓷纳滤膜直接对放射性废水进行处理。研究发现，当pH = 3、跨膜压差为0.9 MPa时，陶瓷纳滤膜对Co^{2+}和Sr^{2+}的截留率可以达到99.7%，同时渗透通量在180 L/(m^2·h)以上。采用陶瓷纳滤膜处理模拟放射性废水，在连续运行超过2000 min后，其渗透通量和对各离子的截留率基本不变，表现出了较好的稳定性。陈利芳等[63]采用XN45纳滤膜研究纳滤分离技术对放射性废水中Sr^{2+}的去除能力。研究发现放射性废水的初始离子浓度、溶液pH、离子强度对Sr^{2+}的截留率具有一定的影响。XN45纳滤膜的等电点在pH 4～5之间，因此受道南效应的影响，纳滤膜对Sr^{2+}的截留率随溶液pH的升高呈现先降低后上升的趋势。当pH = 5时，纳滤膜对Sr^{2+}的截留率达到最小值。当溶液中初始离子浓度和离子强度增加时，纳滤膜对Sr^{2+}的截留率呈现降低趋势。投加络合剂PAA和EDTA-2Na（乙二胺四乙酸二钠）可以提高纳滤膜对Sr^{2+}的截留率。

著者课题组[64]通过抽滤沉积的方法制备了一系列含氧化石墨烯的纳滤膜，并研究了该系列纳滤膜对模拟放射性废水$Sr(NO_3)_2$中放射性元素Sr^{2+}的脱除性能。该研究考察了氧化石墨烯（GO）与单壁碳纳米管（SWCNTs）共同抽滤沉积时，两者间质量比对所制备纳滤膜的模拟放射性废水$Sr(NO_3)_2$溶液处理能力的影响。如图8-11所示，当SWCNTs/GO为5∶2时，制备的纳滤膜的水渗透通量高达390.6 L/(m^2·h)，约为传统商业化纳滤膜的8倍。当SWCNTs/GO比例过高时，SWCNTs会对GO的层状结构产生破坏，影响水分子在膜内的传递，故此时纳滤膜的渗透通量呈现了下降趋势。随着SWCNTs/GO的变化，制备的纳滤膜对放射性离子Sr^{2+}的截留率始终保持在中等水平。为了进一步提升纳滤膜对Sr^{2+}的截留率，研究者进一步向$Sr(NO_3)_2$溶液中添加了适量的EDTA。如图8-12所示，当在$Sr(NO_3)_2$溶液中添加EDTA之后，由于Sr^{2+}和EDTA络合形成了分子尺寸较大的Sr-EDTA络合物，纳滤膜对Sr^{2+}的脱除能力得到了明显的提高（达到86.3%）。著者课题组还研究了纳滤膜在不同pH下对Sr^{2+}的去除能力。如图8-13所示，随着pH的升高，纳滤膜对Sr^{2+}的截留率升高。

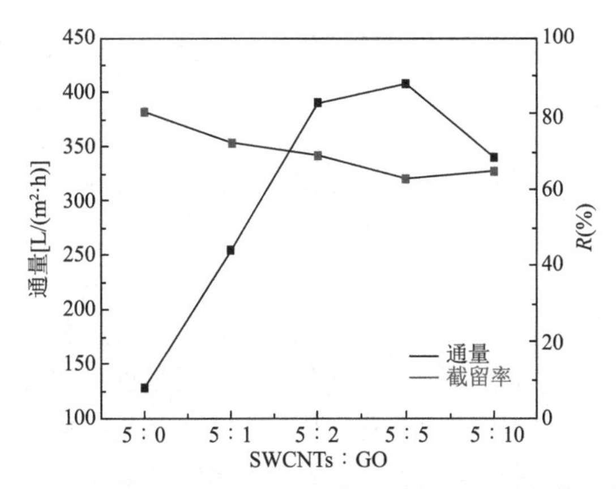

图 8-11　SWCNTs/GO 质量比对所制备纳滤膜的通量和截留率的影响

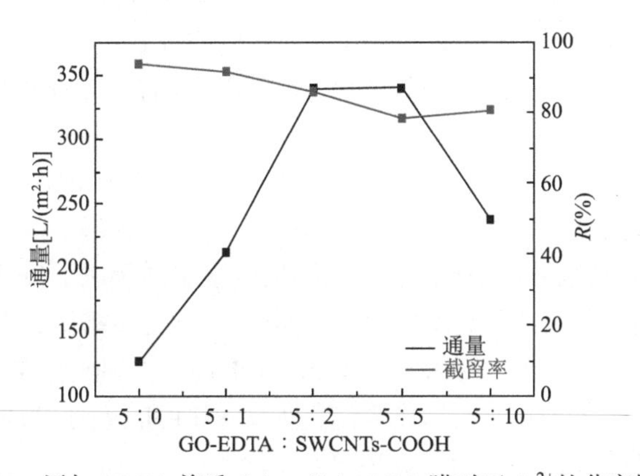

图 8-12　添加 EDTA 前后 C-interlinked GO 膜对于 Sr^{2+} 的分离性能

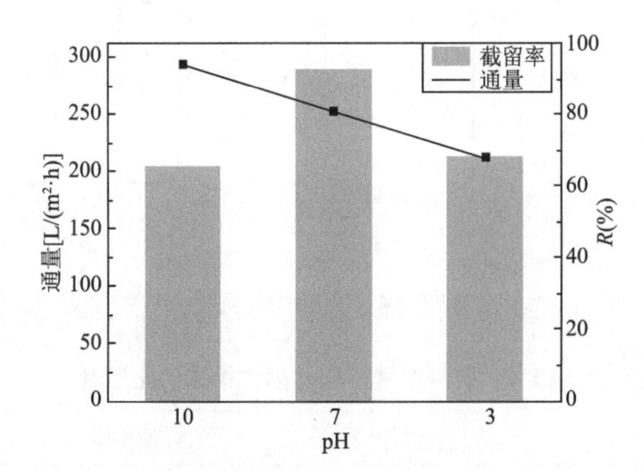

图 8-13　不同 pH 下 C-interlinked GO 膜对 Sr-EDTA 的分离性能

- **试验研究——以纳滤技术为核心的组合工艺处理放射性核污染水**

著者团队[65]设计了超滤-纳滤组合分离工艺应用于模拟核爆废水的处理。试验表明，该工艺对放射性污染废水中具有代表性的碘、铯、铀等放射性物质有良好的去除效果。

由于无法获得真实核爆后的放射性污染水，该研究采用高浓度铀（^{235}U 丰度高于 90%）在反应堆内辐照后，经硝酸溶解后得到的热铀料液为原料，用以配制含放射性物质废水。具有代表性的元素和核素选择如下：非金属元素 ^{131}I；化学行为复杂的过渡元素 ^{95}Zr、^{95}Nb、^{99}Mo、^{103}Ru；化学行为较简单的金属元素 ^{137}Cs；稀土元素 ^{144}Ce；化学行为复杂的锕系元素 ^{239}Np、^{239}Pu。选择上述元素和核素作为污染源配制污染水进行净化试验，其与真实核爆后的放射性物质污染水极为相似。由于反应堆辐照的铀靶出堆后到净化试验正式运行时的时间差造成短寿命核素已大部分改变，故选用核素中的 ^{99}Mo、^{131}I 和 ^{239}Np 的含量已不足，需补充加入。在辐照铀靶中 ^{239}Pu 生成量极微，为了考察超滤-纳滤水处理工艺对钚的净化效果，加入已知量的 ^{239}Pu 到原水料液中进行试验。

该研究选用美国生产的 N1812 型芳香聚酰胺复合纳滤膜进行试验研究。其处理水量为 3 L/h，孔径在 0.001～0.01 μm。超滤膜由天津生产，材质为聚丙烯腈，型号为 GW350，处理水量为 60 L/h，孔径为 0.01～0.05 μm。超滤膜用于去除水中的胶体及各类大分子，如蛋白质、各类酶以及部分细菌、病毒、乳胶及微粒子等。原水经过预处理后可完全满足纳滤膜的进水水质要求，安全地进入纳滤处理阶段。离子交换树脂由我国台湾生产，其中阳离子交换树脂为 N110-40 型，阴离子交换树脂为 H110-40 型，处理水量均为 3 L/h，用以去除经纳滤处理后水中残留的部分阴、阳离子。该组合工艺装置流程如图 8-14 所示。经过实验测量得到的各溶液中不同放射性核素的比活度如表 8-6 所示。

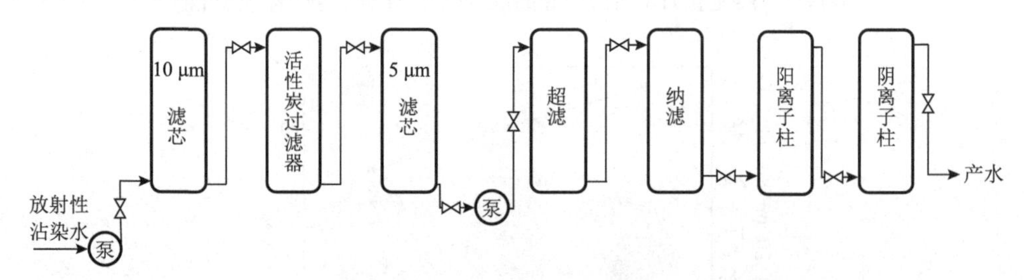

图 8-14　实验装置流程

表 8-6　各种溶液不同放射性核素的比活度

核素	原水		超滤出水		纳滤出水		离子交换出水	
	比活度（Bq/L）	误差（%）	比活度（Bq/L）	误差（%）	比活度（Bq/L）	误差（%）	比活度（Bq/L）	误差（%）
^{95}Zr	1640	3.5	64	17	<13.7		<0.095	
^{95}Nb	2470	2.4	306	2.8	<7.4		<0.065	

续表

核素	原水		超滤出水		纳滤出水		离子交换出水	
	比活度（Bq/L）	误差（%）	比活度（Bq/L）	误差（%）	比活度（Bq/L）	误差（%）	比活度（Bq/L）	误差（%）
^{99}Mo	1.0×10^6	4	1.0×10^6	3	3.2×10^5	3	84.9	17
^{103}Ru	464	11.7	189	10.9	3.05	18	<0.082	
^{131}I	3.4×10^5	2.8	3.4×10^5	4.3	2.0×10^5	2.8	809	3.3
^{137}Cs	794	9	781	8.5	714	8.5	0.069	23
^{144}Ce	4070	15.7	1420	15	<275		<0.91	
^{239}Np	1.4×10^4	5.3	9910	3	1320	6.5	<0.78	
总计	1.36×10^6		1.35×10^6		5.22×10^5		895.9	

放射性核素的去污系数 DF 可用下式表示：

$$DF = \frac{原始料液比活度}{最终产水比活度}$$

最终得到产水的比活度很低，直接测量时仪器的灵敏速度不够，故将其浓缩 10 倍后再测量。由此计算出各处理单元的去污系数，如表 8-7 所示。

表 8-7　各处理单元去污系数

核素	超滤出水	纳滤出水	离子交换柱出水
^{95}Zr	25.6	>120	$>1.7\times10^4$
^{95}Nb	8.1	>330	$>3.8\times10^4$
^{99}Mo	1.0	3.2	1.2×10^4
^{103}Ru	2.4	15	$>5.7\times10^4$
^{131}I	1.0	1.7	4.2×10^2
^{137}Cs	1.0	1.1	1.2×10^4
^{144}Ce	2.9	>15	$>4.5\times10^3$
^{239}Np	1.4	10	$>1.7\times10^3$
总计	1.01	2.61	1.52×10^3

注：该去污系数是有关处理单元累积的处理效果

该组合处理工艺对核爆放射性沾染水的净化非常有效。当沾染水的放射性比活度为 1.36×10^6 Bq/L 时，处理后所得到的水的放射性比活度下降到 8.96×10^2 Bq/L，放射性核素的去除率高达 99.93%。如果以去污系数最低的 ^{131}I 计算，当放射性污水的比活度浓度为 8×10^7 Bq/L 时，处理后所得水样的放射性比活度可降到

1.9×10^5 Bq/L。通过综合分析可以发现，N1812 型纳滤膜对阳离子去除能力的选择性顺序从大到小依次为 $^{144}Ce > ^{103}Ru > ^{239}Np > ^{99}Mo > ^{137}Cs$。

8.2.2　特种污染水中化学毒剂的脱除及试验研究

化学毒剂又称化学战剂，具有极强的杀伤力、高效廉价的合成手段和多样化的染毒途径。其中，神经性毒剂是现今毒性最强的一类毒剂。芥子气（HD）、沙林（GB）及维埃克斯（VX）是最具代表性的神经性毒剂。目前已有研究表明，纳滤分离技术可以实现水体中芥子气、沙林和维埃克斯等毒剂的良好去除。

- **试验研究——以纳滤膜为核心的组合工艺处理模拟化学毒剂染毒水试验**

著者团队[66]采用以超滤、纳滤为主的组合工艺应用于模拟化学毒剂染毒水的处理。试验表明，该工艺对染毒水中具有代表性的芥子气、沙林和维埃克斯有良好的去除效果。

该试验采用的装置图如 8-15 所示。其中超滤膜为天津生产的 GW350 超滤膜。纳滤膜采用由美国生产的 N2020 型聚酰胺复合纳滤膜。

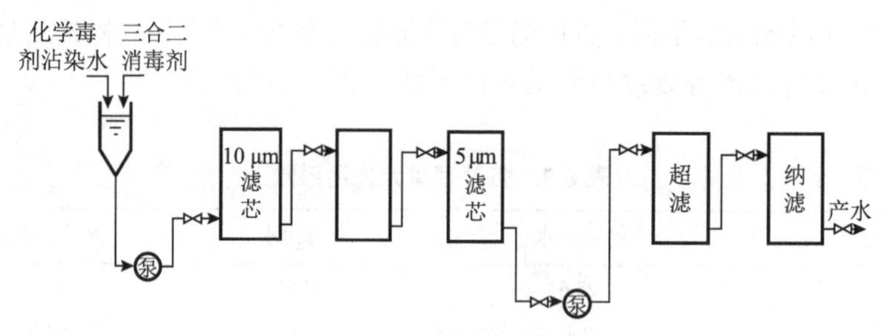

图 8-15　实验装置流程图

该试验采用芥子气、沙林、维埃克斯三类军用毒剂和原水水质符合《生活饮用水卫生标准》要求的自来水配制模拟化学毒剂染毒水。纳滤装置的流量为 20 L/h，染毒水每 30 min 配制一次，投入三合二消毒液并接触 18 min 后进行净化试验。每种毒剂试验结束后换成另一种毒剂试验时不更换其他材料。每 2 h 采取投氯 18 min 后的水样及过纳滤膜后的水样，分别测定水中的残余毒剂浓度、余氯及 pH。

纳滤组合工艺对去除化学毒剂沾染水的试验测试结果如表 8-8～表 8-10 所示。三种染毒水在本试验条件下分别经过 30 h 净化试验后的净水分析结果全部低于指标限量值。其中，HD 浓度为 0.5 mg/L、VX 浓度为 0.0005 mg/L、GB 浓度为 0.0002 mg/L，远远低于相关标准中规定 HD 1.5 mg/L、VX 0.01 mg/L、HB 0.07 mg/L 的限值。

表 8-8　芥子气净化前后水样分析测试结果　　（单位：mg/L）

加三合二前 HD	加三合二反应 18 min 后		经纳滤膜后					
			浓水			净水		
	HD	余氯	HD	余氯	pH	HD	余氯	pH
11.77	3.95	9	<0.5	<0.01	8.18	<0.5	<0.01	7.24
8.64	3.42	10	<0.5	<0.01	8.94	<0.5	<0.01	7.15
15.46	1.97	9.5	<0.5	<0.01	8.05	<0.5	<0.01	6.28
11.52	1.54	8.5	<0.5	<0.01	7.52	<0.5	<0.01	5.68

表 8-9　沙林净化前后水样分析测试结果　　（单位：mg/L）

加三合二前 GB	加三合二反应 18 min 后		经纳滤膜后					
			浓水			净水		
	GB	余氯	GB×10^4	余氯	pH	GB×10^4	余氯	pH
23.5	0.32	40	<2	<0.01	6.60	<2	<0.01	5.67
26.3	0.84	45	13.1	<0.01	7.59	<2	<0.01	5.67
25.6	0.26	40	52.6	<0.01	7.73	<2	<0.01	5.68

表 8-10　维埃克斯净化前后水样分析测试结果　　（单位：mg/L）

加三合二反应 18 min 后		经纳滤膜后					
		浓水			净水		
VX	余氯	VX×10^4	余氯	pH	VX×10^4	余氯	pH
0.21	>100	<5	<0.01	7.67	<5	<0.01	5.66
0.17	>100	10.3	<0.01	7.64	<5	<0.01	5.67
0.18	>100	23.6	<0.01	7.78	<5	<0.01	5.60

8.2.3　特种污染水中生物战剂的脱除

生物战剂是指军事活动中用以杀死人、牲畜和破坏农作物的致命微生物、霉素和其他生物活性物质的统称。这些致病微生物一旦进入机体（人、牲畜等）便能大量繁殖，破坏机体功能，导致发病甚至死亡，造成巨大危害。纳滤膜孔径在

1～2 nm，适用于这些微生物的截留。已有研究表明，纳滤分离技术可以实现水体中生物战剂的良好脱除。

● **试验研究——以纳滤膜为核心的组合工艺处理模拟生物战剂污染水试验**

著者团队[66]采用与化学毒剂染毒水处理相同的组合工艺应用于模拟生物战剂污染水的处理。试验表明，该工艺对具有代表性的生物战剂——炭疽有良好的截留效果。

该试验采用类炭疽杆菌的繁殖体悬液配制人工染菌水样。在人工染菌水样为270～330 CFU/mL 条件下，对人工染菌水样进行过滤除菌，试验结果如表 8-11 所示。经过第一级超滤后的平均除菌率为 87.50%，第二级纳滤的平均除菌率为 48.78%。结果表明，该组合工艺对污染水中的炭疽杆菌有良好的去除效果。

表 8-11　净水装置各处理单元对类炭疽杆菌繁殖体去除效果

水样类别	平均含菌量（CFU/mL）	平均除菌率（%）
原水箱	328	—
一级超滤	41	87.50
二级纳滤	21	48.78

参 考 文 献

[1] Geens J, Peeters K, Van der Bruggen B, et al. Polymeric nanofiltration of binary water-alcohol mixtures: Influence of feed composition and membrane properties on permeability and rejection[J]. Journal of Membrane Science, 2005, 255(1-2): 255-264.

[2] Ben-David A, Bason S, Jopp J, et al. Partitioning of organic solutes between water and polyamide layer of RO and NF membranes: Correlation to rejection[J]. Journal of Membrane Science, 2006, 281(1-2): 480-490.

[3] Orecki A, Tomaszewska M, Karakulski K, et al. Separation of ethylene glycol from model wastewater by nanofiltration[J]. Desalination, 2006, 200(1-3): 358-360.

[4] Weißbrodt J, Manthey M, Ditgens B, et al. Separation of aqueous organic multi-component solutions by reverse osmosis-development of a mass transfer model[J]. Desalination, 2001, 133(1): 65-74.

[5] Ozakia H, Li H. Rejection of organic compounds by ultra-low pressure reverse osmosis membrane[J]. Water Research, 2002, 36(1): 123-130.

[6] López M, Alvarez S, Riera F A, et al. Production of low alcohol content apple cider by reverse osmosis[J]. Industrial & Engineering Chemistry Research, 2002, 41 (25): 6600-6606.

[7] Fang H H P, Chian E S K. Reverse osmosis separation of polar organic compounds in aqueous solution[J]. Environmental Science and Technology, 1976, 10(4): 364-369.

[8] 郑领英, 沃尔夫岗 • 布什. 反渗透过程中的有机溶质分离研究[J]. 水处理技术, 1990, 16(4): 273-280.

[9] 吴舜泽, 王宝贞. 荷电纳滤膜对有机物的分离[J]. 水处理技术, 2000, 26(5): 249-252.

[10] Cai Q Y, Mo C H, Wu Q T, et al. The status of soil contamination by semivolatile organic chemicals (SVOCs) in China: A review[J]. Science of the Total Environment, 2008, 389(2-3): 209-224.

[11] 程爱华, 王磊, 王旭东, 等. 纳滤膜去除水中微量邻苯二甲酸酯的研究[J]. 水处理技术, 2007, 33(11): 14-16.

[12] Agenson K O, Oh J-I, Urase T. Retention of a wide variety of organic pollutants by different nanofiltration/reverse osmosis membranes: Controlling parameters of process[J]. Journal of Membrane Science, 2003, 225(1-2): 91-103.

[13] Kiso Y, Kon T, Kitao T, et al. Rejection properties of alkyl phthalates with nanofiltration membranes[J]. Journal of Membrane Science, 2001, 182(1-2): 205-214.

[14] 黄继才, 郭群晖, 方军, 等. PAA-PSF 交联复合膜对有机物水溶液反渗透分离性能的研究[J]. 水处理技术, 1997, 23(4): 199-204.

[15] 方军, 黄继才, 郭群晖, 等. 聚丙烯酸/聚砜交联复合膜的反渗透分离性能的研究: II 对有机醇、胺、醛、酸水溶液的分离规律[J]. 高分子材料科学与工程, 2001, 17(4): 41-43.

[16] Fang J, Jia D, Huang J, et al. Studies on reverse osmosis separation of aqueous organic solutions by PAA/PSF composite membrane[J]. Chinese Journal of Polymer Science, 2000, 18(2): 115-122.

[17] Kaštelan-Kunst L, Košutić K, Dananić V, et al. FT30 membranes of characterized porosities in the reverse osmosis organics removal from aqueous solutions[J]. Water Research, 1997, 31(11): 2878-2884.

[18] Van der Bruggen B, Schaep J, Wilms D, et al. Influence of molecular size, polarity and charge on the retention of organic molecules by nanofiltration[J]. Journal of Membrane Science, 1999, 156(1): 29-41.

[19] Košutić K, Kunst B. Removal of organics from aqueous solutions by commercial RO and NF membranes of characterized porosities[J]. Desalination, 2002, 142(1): 47-56.

[20] 杨靖, 陈杰瑢. 膜分离中有机物的特性对去除率的影响研究[J]. 过滤与分离, 2005, 1: 11-14.

[21] Huang J, Guo Q, Ohya H, et al. The characteristics of crosslinked PAA composite membrane for separation of aqueous organic solutions by reverse osmosis[J]. Journal of Membrane Science, 1998, 144(1-2): 1-11.

[22] 杨靖, 陈杰瑢, 余嵘. 纳滤/反渗透分离中有机物的特征参数对截留率的影响研究[J]. 膜科学与技术, 2006, 26(2): 36-40.

[23] Arsuaga J M, López-Muñoz M J, Sotto A, et al. Retention of phenols and carboxylic acids by nanofiltration/reverse osmosis membranes: Sieving and membrane-solute interaction effects[J]. Desalination, 2006, 200(1-3): 731-733.

[24] Bódaloa A, Gómeza J L, Gómeza M, et al. Phenol removal from water by hybrid processes: Study of the membrane process step[J]. Desalination, 2008, 223(1-3): 323-329.

[25] 孙晓丽, 王磊, 程爱华, 等. 腐殖酸共存条件下双酚 A 的纳滤分离效果研究[J]. 水处理技术, 2008, 24(6): 16-18.

[26] Schutte C F. The rejection of specific organic compounds by reverse osmosis membranes[J]. Desalination, 2003, 158(1-3): 285-294.

[27] Kimura K, Amy G, Heberer T, et al. Rejection of organic micropollutants (disinfection by-products, endocrine disrupting compounds, and pharmaceutically active compounds) by NF/RO membranes[J]. Journal of Membrane Science, 2003, 227(1-2): 113-121.

[28] Kimura K, Amy G, Drewes J, et al. Adsorption of hydrophobic compounds onto NF/RO membranes: An artifact leading to overestimation of rejection[J]. Journal of Membrane Science 2003, 221(1-2): 89-101.

[29] Ragaini V, Pirola C, Elli A. Separation of some light monocarboxylic acids from water in binary solutions in a reverse osmosis pilot plant[J]. Desalination, 2005, 171(1): 21-32.

[30] Laufenberg G, Hausmanns S, Kunz B. The influence of intermolecular interactions on the selectivity of several organic acids in aqueous multicomponent systems during reverse osmosis[J]. Journal of Membrane Science, 1996, 110(1): 59-68.

[31] Sapienza F J, Gill W N, Soltanieh M. Separation of ternary salt/acid aqueous solutions using hollow fiber reverse osmosis[J]. Journal of Membrane Science, 1990, 54(1-2): 175-189.

[32] 戴兴国. 有机废水脱盐纳滤膜的制备及应用[D]. 杭州: 浙江大学, 2010.

[33] Tsuru T, Shutou T, Nakao S, et al. Peptide and amino acid separation with nanofiltration membranes[J]. Separation Science and Technology, 1994, 29(8): 971-984.

[34] Raman L P, Cheryan M, Rajagopalan N. Consider nanofiltration for membrane separation[J]. Chemical Engineering Progress, 1994, 90(3): 68-74.

[35] Takeshi G, Hisashi I, Ken-Ichi K. Separation of glutathione and its related amino acids by nanofiltration[J]. Biochemical Engineering Journal, 2004, 19(2): 165-170.

[36] Timmer J M K, Speelmans M P J, Van der Horst H C. Separation of amino acids by nanofiltration and ultrafiltration membranes[J]. Separation and Purification Technology, 1998, 14(1-3): 133-144.

[37] Li S-L, Li C, Liu Y-S, et al. Separation of L-glutamine from fermentation broth by nanofiltration[J]. Journal of Membrane Science, 2003, 222(1-2): 191-201.

[38] Wang X, Ying A, Wang W. Nanofiltration of L-phenylalanine and L-aspartic acid aqueous solutions[J]. Journal of Membrane Science, 2002, 196(1): 59-67.

[39] Hong S U, Bruening M L. Separation of amino acid mixtures using multilayer polyelectrolyte nanofiltration membranes[J]. Journal of Membrane Science, 2006, 280(1-2): 1-5.

[40] 杭晓风, 陈向荣, 马光辉, 等. 纳滤技术分离谷氨酸和盐混合液的研究[J]. 膜科学与技术, 2008, 28(2): 63-68.

[41] Zerbinati O, Giorgio Ostacoli G, Gastaldi D, et al. Determination and identification by high-performance liquid chromatography and spectrofluorimetry of twenty-three aromatic sulphonates in natural waters[J]. Journal of Chromatography A, 1993, 640(1-2): 231-240.

[42] Greim H, Ahlers J, Bias R, et al. Toxicity and ecotoxicity of sulfonic acids: Structure-activity relationship[J]. Chemosphere, 1994, 28(12): 2203-2236.

[43] Brilon C, Beckmann W, Knackmuss H J. Catabolism of naphthalenesulfonic acids by pseudomonas SP A3 and pseudomonas SP C22[J]. Applied and Environmental Microbiology, 1981, 42(1): 44-55.

[44] Stolz A. Degradation of substituted naphthalenesulfonic acids by *Sphingomonas xenophaga* BN6[J]. Journal of Industrial Microbiology & Biotechnology, 1999, 23(4-5): 391-399.

[45] Utrilla J R, Polo M S, Zaror C A. Degradation of naphthalenesulfonic acids by oxidation with ozone in aqueous phase[J]. Physical Chemistry Chemical Physics, 2002, 4(7): 1129-1134.

[46] Sánchez-Polo M, Rivera-Utrilla J, Méndez-Díaz J D, et al. Photooxidation of naphthalenesulfonic acids: Comparison between processes based on O_3, O_3/activated carbon and UV/H_2O_2[J]. Chemosphere, 2007, 68(10): 1814-1820.

[47] Manttari M, Pihlajamaki A, Nystrom M. Effect of pH on hydrophilicity and charge and their effect on the filtration efficiency of NF membranes at different pH[J]. Journal of Membrane Science, 2006, 280(1-2): 311-320.

[48] Freger V, Arnot T C, Howell J A. Separation of concentrated organic/inorganic salt mixtures by nanofiltration[J]. Journal of Membrane Science, 2000, 178(1-2): 185-193.

[49] Hagmeyer G, Gimbel R. Modelling the rejection of nanofiltration membranes using zeta potential measurements[J]. Separation and Purification Technology, 1999, 15(1): 19-30.

[50] Childress A E, Elimelech M. Relating nanofiltration membrane performance to membrane charge (electrokinetic) characteristics[J]. Environmental Science & Technology, 2000, 34 (17): 3710-3716.

[51] Teixeira M R, Rosa M J, Nyström M. The role of membrane charge on nanofiltration performance[J]. Journal of Membrane Science, 2005, 265(1-2): 160-166.

[52] Machado D R, Hasson D, Semiat R. Effect of solvent properties on permeate flow through nanofiltration membranes. Part I: Investigation of parameters affecting solvent flux[J]. Journal of Membrane Science, 1999, 163(1): 93-102.

[53] Wu T Y, Mohammad A W, Jahim J M, et al. Palm oil mill effluent (POME) treatment and bioresources recovery using ultrafiltration membrane: Effect of pressure on membrane fouling[J]. Biochemical Engineering Journal, 2007, 35(3): 309-317.

[54] He Y, Li G, Wang H, et al. Effect of operating conditions on separation performance of reactive dye solution with membrane process[J]. Journal of Membrane Science, 2008, 321(2): 183-189.

[55] 宁桂兴, 张忻, 王凯, 等. 纳滤膜在垃圾渗滤液深度处理中应用[J]. 环境工程学报, 2013, 7(4): 1440-1444.

[56] Marttinen S K, Kettunen R H, Sormunen K M, et al. Screening of physical-chemical methods for removal of organic material, nitrogen and toxicity from low strength landfill leachates[J]. Chemosphere, 2002, 46(6): 851-858.

[57] Robinson T. Membrane bioreactors: Nanotechnology improves landfill leachate quality[J]. Filtration and Separation, 2007, 44 (11): 38-39.

[58] Xiong C, Li G, Zhang Z, et al. Technique for advanced electrochemical oxidation treatment of nanofiltration concentrate of landfill leachate[J]. Wuhan University Journal of Natural Sciences, 2014, 19(4): 355-360.

[59] Wang H, Wang Y N, Li X, et al. Removal of humic substances from reverse osmosis (RO) and nanofiltration (NF) concentrated leachate using continuously ozone generation-reaction treatment equipment[J]. Waste Management, 2016, 56: 271-279.

[60] Singh S K, Townsend T G, Boyer T H. Evaluation of coagulation ($FeCl_3$) and anion exchange (MIEX) for stabilized landfill leachate treatment and high-pressure membrane pretreatment[J]. Separation and Purification Technology, 2012, 96: 98-106.

[61] Wang G, Fan Z, Wu D, et al. Anoxic/aerobic granular active carbon assisted MBR integrated with nanofiltration and reverse osmosis for advanced treatment of municipal landfill leachate[J]. Desalination, 2014, 349: 136-144.

[62] 陈婷, 张云, 陆亚伟, 等. ZrO_2-TiO_2复合纳滤膜在模拟放射性废水中的应用[J]. 化工学报, 2016, 67(12): 5040-5047.

[63] 陈利芳, 陆晓峰, 卞晓锴, 等. 纳滤法去除模拟放射性废水中 Sr^{2+}的研究[J]. 膜科学与技术, 2014, 34(5): 44-48.

[64] 芦瑛. 氧化石墨烯基膜的制备及性能研究[D]. 杭州: 浙江大学, 2016.

[65] 侯立安, 左莉. 纳滤膜分离技术处理放射性污染废水的试验研究[J]. 给水排水, 2004, 30(10): 47-49.

[66] 侯立安, 左莉. 膜分离法处理模拟毒剂废水的试验研究[J]. 膜科学与技术, 2006, 26(2): 52-55.

第9章 纳滤水处理技术展望

经过近50年的发展，纳滤技术在分离机理、膜材料及制备方法、过程集成与设计等诸多方面取得了显著的进步与成功，使得纳滤技术进入蓬勃发展的阶段。图9-1给出了在工程科技KGO数据库中以“nanoflitration”作为关键词生成的云图，可以看出，纳滤膜和水处理仍是纳滤技术的核心内容。基于纳滤技术所适用分离对象的尺度（分子量）范围内物质种类极多，以及膜技术易于集成和设计的特点，制备具有精确筛分能力的纳滤膜，构建以纳滤为核心的集成工艺实现精细化分离，特别是实现资源化水处理将会成为未来一段时间内纳滤水处理技术发展的一个重要趋势。

为了充分发挥纳滤技术的水处理优势，并拓展其应用领域，以下几个关键科学问题的解决和关键技术的突破将至关重要：①各类新型功能材料在纳滤膜制备中的应用；②为了适应功能化新型材料，建立更有效的纳滤膜制备方法，以及对现有纳滤膜制备方法的改进；③基于新材料的应用和新制备方法的实施，进一步拓展纳滤分离技术的应用市场；④更精确描述纳滤分离过程机理与模型的建立；⑤通过制膜材料和制备方法的升级换代、纳滤分离过程的优化，提升纳滤膜在实际运行中的稳定性和抗污染性等，实现纳滤膜技术在实际应用过程中的高性能化。

图9-1 以“nanofiltration”为关键词的云图

9.1 纳滤膜发展趋势

随着对工业废水和生活污水的处理要求从达标排放提升到循环回用，以及纳滤技术逐渐向食品工业、生物技术以及制药工程等领域拓展（如图 9-2 所示，Web of Science 上以“nanofiltration”为关键词搜索的分析结果），纳滤膜技术的分离对象越来越复杂、分离难度越来越大、分离要求也越来越高，因此，对纳滤膜的性能提出了更高的要求。

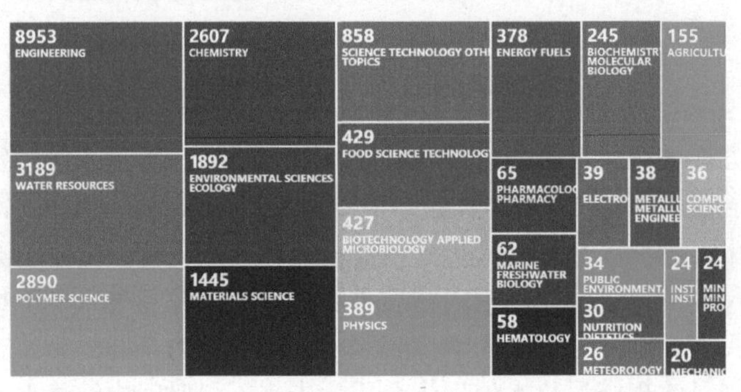

图 9-2　以“nanofiltration”为关键词在 Web of Science 上检索出所有文献的学科技术领域分类情况

参考相关的文献[1]，表 9-1 列出了纳滤膜的研究现状与未来的发展趋势，总体而言，具有更高渗透性能与更细分和精确选择性的纳滤膜研究与制备将会成为未来纳滤膜的发展趋势，但现有的材料和常规的膜制备技术难以满足这样的发展需求。由于新材料的不断涌现、材料合成技术的快速发展、分子模拟手段在纳滤传质机理中的应用，以及微通道等先进表征技术对纳滤膜制备过程的监测等为满足上述要求的高性能纳滤膜制备提供了可能。为此，本节将从新材料和新膜制备方法两方面对纳滤膜的发展趋势进行简单的展望。

表 9-1　纳滤膜的研究现状和发展目标

纳滤膜基本性质与研究现状	纳滤膜的发展目标
平均孔径：2 nm	平均孔径：定制化
透水性：10 L/(m²·h·bar)	透水性：15 L/(m²·h·bar)
截留性质：一价盐（普通），高价盐（优良），小分子有机物分离性能一般	截留性质：一价盐（0），高价盐（100%），小分子有机物分离性能精确化
耐受性相对较好（宽 pH 范围）	耐受更宽的 pH 范围和强氧化性环境
机械性能优良	机械性能更好、更耐用
亲水性一般	亲水性非常好
可实现卷式组件或中空纤维组件制备	卷式组件或中空纤维组件容易制备
成本适当	成本低廉
	良好的抗污染性能和抗化学药剂性能
	表面荷电性可调

9.1.1　2D纳米结构材料纳滤膜

2D纳米结构材料一般是指厚度在原子/分子尺寸级别的一类片状纳米材料。20世纪以前，2D材料的合成以及制备是一个巨大的挑战，直到2004年康斯坦丁和安德烈通过机械剥离的方法得到多层石墨烯，2D纳米结构材料才真正走入人们的视线。依据组成的不同，可将2D纳米结构材料分为单质、金属化合物、非金属化合物、有机物和盐类等5大类，如图9-3所示。这些2D材料通常具有表面与界面效应、小尺寸效应、量子尺寸效应和宏观量子隧道效应等特性，在一定条件下会呈现出特殊的性能，因此常被作为各种功能材料。

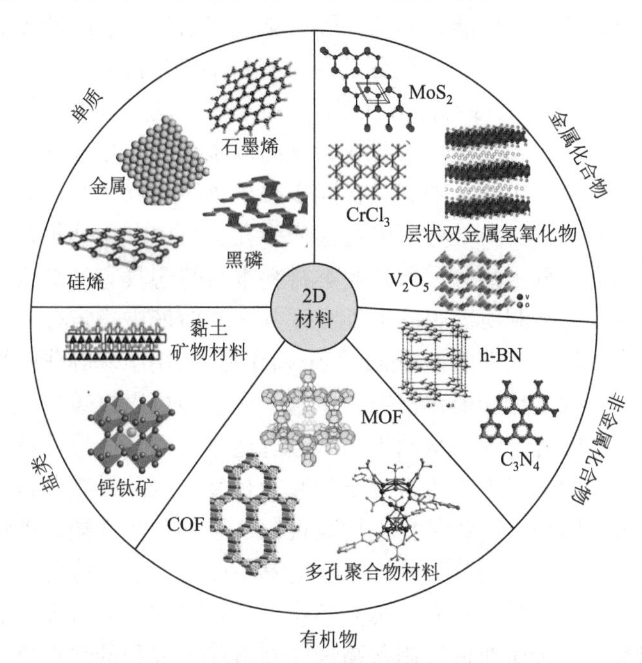

图9-3　常见2D纳米结构材料的晶体结构

石墨烯等单质2D纳米材料对离子和分子具有出色的过滤能力，且单原子的厚度使其具备最小运输阻力和最大渗透率，被认为是理想的超薄水处理膜材料。目前石墨烯基纳滤膜的设计主要有两大策略：①制备具有特定纳米孔的单层石墨烯；②氧化石墨烯堆叠形成具有特定二维纳米通道。尽管无缺陷石墨烯表现出了非凡的机械性能，但与规模化生产仍有矛盾：大面积石墨烯中会不可避免地产生面内晶界，严重削弱其机械强度，而孔隙的引入会进一步损害单层石墨烯的结构完整性。鉴于此，武汉大学袁荃与湖南大学及加州大学洛杉矶分校的段镶锋教授[2]合作，以化学气相沉积制备的石墨烯为起始材料，利用交织的单壁碳纳米管（SWCNTs）作为支撑网络，通过 π-π 键作用与单层石墨烯纳米薄膜（GNM）结合并隔离其成为微尺度岛状区域，强化了原子级厚度 GNM 在宏观尺度上的结构完整性，由此获得了高机械强度的厘米级大面积石墨烯纳米网/单壁碳纳米管（GNM/SWCNT）杂化膜。再以氧等离子体刻蚀制造出相对均匀的纳米孔（直径 0.3～1.2 nm），达到对盐离子或有机分子具有高的水透过率和截留率，目前已实现在卷式组件中应用且分离性能稳定。

二维过渡金属碳/氮化物（MAX）、层状双金属氢氧化物（LDHs）以及二硫化钼等金属化合物二维纳米材料本身不具备纳米水通道及对盐离子的筛分作用，目前在纳滤膜制备中的应用更多是作为添加剂，利用材料本身的荷电性或亲水性等特有性质，对应改善纳滤膜的表面亲疏水性、表面粗糙度及交联度等结构和性质，从而间接地实现对膜分离性能、抑菌、耐污染或耐氯等性能的调控。例如，中国科学院城市环境研究所张凯松团队分别通过有机溶剂辅助超声剥离的方法[3]和类似于 Hummers 剥离氧化石墨烯的方法[4]，制备了得到具较强电负性和亲水性的二硫化钼以及氧化二硫化钼二维片层材料，进而以水相或油相添加的方式通过界面聚合制备得到了二硫化钼复合纳滤膜，同步改善了膜的渗透性能和抗污染性能。理论上，由剥离的二维材料堆叠而成的层积多孔膜可以利用分子在毛细孔中尺寸限制的扩散运动进行分子筛分，但是此类材料本身普遍具有的高度亲水特性，导致难以在埃级精度上控制所成膜的毛细宽度并在水溶液中稳定存在。为了解决这一问题，法国蒙彼利埃大学的 Damien Voiry 团队[5]采用甲基等非极性小尺寸基团对二硫化钼片层进行共价功能化修饰，甲基的非极性可以掩盖二硫化钼表面的易极化基团对水分子的静电吸引从而提高水透过速率，而其小尺寸特点又能够在不增加膜内空间位阻的前提下改善水分子的脱滑长度，因此最终获得的共价功能化二硫化钼纳滤膜对微污染物和氯化钠均表现出优异的分离性能。该策略为基于剥离二维纳米材料制备具可调节筛分行为的纳滤膜提供了重要的研究方向。

有机二维纳米结构材料具有结构多样化、孔径尺寸均匀可控、表面积大等特点，已成为构筑高效传质通道、制备高选择性液体分离膜的热点材料。目前包括金属有机骨架（MOFs）、共价有机骨架（COFs）、自具微孔聚合物（PIMs）等在内的有机二维纳米结构已经被尝试应用于纳滤膜材料的制备，但开发兼具高选择性和高渗透性的纳滤膜材料仍是一大挑战。对于 MOFs 纳滤膜制备来说，主要的瓶颈问题是由于配体-金属键的不稳定性导致其在水溶液中的结构和化学不稳定性，因此 MOFs 颗粒最初通常作为填料（filler）分散在聚合物膜中以提高渗透性。2015 年，Liu 等[6]利用原位溶剂热合成法将 UiO-66 晶体颗粒生长在氧化铝中空纤维上形成中空纤维膜，制备得到的 Zr-MOFs 纯膜，基于尺寸排阻原理，表现出优异的多价离子截留性能（对 Ca^{2+}、Mg^{2+}、Al^{3+}分别为 86.3%、98.0%、99.3%）以及较好的物理化学稳定性，首次论证了 MOFs 纯膜直接用于纳滤的可行性。相较于 MOFs，COFs 在水溶液中具有良好的结构和化学稳定性，因而成为更具应用潜力的水处理膜材料。Banerjee 等[7]利用界面结晶法，以盐介导下的液-液界面为平台同步控制框架结构的结晶度与形貌，获得一系列高化学稳定性与热稳定性的 COFs 超薄膜，同时与传统纳滤膜相比表现出极高的溶剂通量和染料选择性，为制备大面积无缺陷 COFs 薄膜提供了重要参考。此外，共轭多孔聚合物（CMPs）和自具微孔聚合物（PIMs）等自聚微孔材料在有机溶剂纳滤膜（OSN）的开发方面也呈现出不可替代的重要性。唐智勇团队分别采用“表面引发聚合”策略[8]和电化学聚合方法[9]制备了一系列具有超快有机溶剂渗透性和埃量级可调孔径的大面积无缺陷有机溶剂纳滤膜，在同等选择性基础上，过滤速度较目前商用的一维柔性聚合物薄膜高出两个数量级。Livingston 团队[10]创新性地采用刚性且扭曲的有机单体分子，通过界面聚合反应得到了大面积交联的高分子纳滤薄膜，扭曲的骨架结构产生大量的超微孔，而交联的网络结构极大提高了纳滤膜材料的耐溶剂性能。迄今为止，以 CMPs 和 PIMs 为关键材料制备的纳滤膜主要应用在有机溶剂分离和染料分离领域，在水处理领域鲜有报道，但由于其具备对小分子高渗透性的结构基础，因此可以预见将自聚微孔材料的非平面扭曲折叠结构引入到纳滤膜中是提高膜渗透通量的有效手段之一，也是亟待获得更多关注的研究热点之一。

9.1.2　可降解材料纳滤膜

在纳滤膜的长期应用过程中，由于不可避免的膜污染以及化学清洗和含氯杀菌剂使用带来的活性分离层破坏等问题，导致膜分离性能劣化，不得不频繁更换纳滤膜组件。截至 2018 年底，全球每年因性能劣化被废弃的聚酰胺膜元件已达到 84 万支，带来巨大的环境压力和健康隐患。因此，使用环境友好、性能优良、成本低廉的天然可降解材料来制备高性能纳滤膜，是今后纳滤膜材料及膜过程可持续应用和发展的重要方向。

作为自然界储量最大的天然可降解高分子，纤维素具有生物相容性、机械性能、亲水性和成膜性好等特点，是制备可降解纳滤膜的优选材料，已在一定范围内得到了关注。但目前可降解纤维素纳滤膜制备最大的瓶颈是纤维素的溶解问题。天然纤维素具有丰富的分子内和分子间氢键，普通溶剂不能使其溶解，而传统纤维素材料的生产工艺复杂且污染严重，限制了其在纳滤膜材料制备方面的广泛应用。针对这一问题，武汉大学张俐娜团队[11]开发了 NaOH/尿素和 LiOH/尿素水溶剂体系，在世界上首次实现了低温下快速溶解纤维素，这一途径在国际上被认为是“新一类廉价、安全、无毒的纤维素水体系溶剂，是纤维素技术史上的里程碑”。近年来，离子液体由于其高热稳定性以及高溶解能力等特性，逐渐作为纤维素的绿色良溶剂成为研究热点。中国科学院化学研究所张军团队[12, 13]发展了 2 种可高效溶解纤维素的离子液体，1-烯丙基-3-甲基咪唑氯盐（AmimCl）和 1-乙基-3-甲基咪唑醋酸盐（EmimAc），均具有溶解纤维素能力强、溶解快、溶解度高、纤维素降解轻等优点，与 1-丁基-3-甲基咪唑氯盐（BmimCl）离子液体并列为迄今为止使用最为广泛、研究最多的 3 种溶解纤维素的离子液体。

壳聚糖是另一类可降解的天然多糖聚合物，也是分离膜的常用材料之一。针对纤维素含有丰富的供电子基团羟基，现已制备的单纯纤维素纳滤膜在水溶液中通常呈负电性，对二价钠盐和小分子染料的截留率均较高，难以实现染料与盐高效分离的问题，著者课题组[14]选择壳聚糖，利用其上含有大量的氨基基团，通过非溶剂诱导相转化的方式将壳聚糖引入纤维素膜主体中，制备了荷正电型的纤维素/壳聚糖共混纳滤膜，对不同染料体系表现出较高的脱盐性能。

综上所述，可降解材料纳滤膜是未来环境领域内清洁生产与产业升级的必然要求和发展趋势，但如何从原材料获取、再生等源头至终端制备多层级地实现全链条绿色生产，仍然是可降解材料纳滤膜开发制备所面临的重要课题。

9.1.3　纳滤膜制备新方法

随着工业制造技术的革新与新型功能材料的开发，一些新的纳滤膜制备方法也相继应运而生。最近，美国康涅狄格大学 McCutcheon 团队[15]摒弃传统的界面聚合法，提出了一种全新的 3D 打印技术，即采用电喷雾技术将反应单体直接沉积到基底上进行反应，从而制备出更薄更光滑的聚酰胺复合膜。电喷雾形成的液滴较小且单体浓度较低，这使得 3D 打印的聚酰胺膜厚度最低可达 15 nm，并能以 4 nm 的增量控制膜厚度，表面粗糙度更可低至 2 nm。与传统界面聚合法制备的聚酰胺膜膜厚度范围为 100～200 nm、膜表面粗糙度至少 80 nm 相比，3D 打印聚酰胺膜的渗透选择性与商业标准膜相当，渗透性能与耐污染性能明显提升。除了 3D 打印，化学气相沉积法这种传统的半导体工业薄膜技术也被用于纳滤膜的制备。Karan 等[16]采用化学气相沉积法制备了类金刚石碳纳米薄膜，并实现了有机溶剂纳滤应用。该膜的乙醇通量是传统商业化有机溶剂纳滤膜的 3 倍，并且截留分子量很小。此外，针对上述新兴的二维纳米片层也相应开发出了抽滤、旋涂、基底生长和自组装等制膜方法。例如，著者团队[17]通过真空抽滤法，制备了碳交联的氧化石墨烯层状纳滤薄膜，可在错流条件下稳定用于含 Sr^{2+} 放射性废水的处理，水通量提升至 390.6 L/(m^2·h)，是传统商业纳滤膜的 8 倍；在加入 EDTA 络合试剂后，对 Sr^{2+} 的截留能够达到 86.3%。Banerjee 等[18]将有机连接分子与反应分子共混，浇筑成膜后进行加热反应，以这样一种类似“摊煎饼”的方式得到了具有高结晶度、高孔隙率以及优异的长期稳定性的连续无缺陷 COFs 自支撑膜，在染料废水处理以及从有机溶剂中回收活性药用成分等应用中表现出优异的分离性能。天津大学姜忠义团队[19]通过一维碳纳米管和二维 COFs 的混合维度组装策略制备出具有仿生异质结构的 COFs 膜。利用一维纤维素纳米纤维对二维 COFs 孔道的遮蔽效应，实现了 COFs 膜内孔道尺寸在 0.45～1.0 nm 范围内埃级精度的可控调节，同时两者之间的多种相互作用又提高了膜的机械稳定性，最终实现了在醇脱水、染料截留、盐截留过程中的高分离性能。

综上，基于新材料的纳滤膜制备新方法是获得综合性能优异的纳滤膜材料的一种重要策略。但是需要指出的是，由于纳滤膜制备方法的创新对新仪器、新技术的依赖程度很高，因此目前尚处于研究阶段，批量化制备仍有待进相关技术与材料的进一步突破。

9.2　纳滤水处理过程发展趋势

纳滤膜性能的不断提高为纳滤技术更广泛、更高效的应用提供了物质基础，同时也对纳滤水处理技术提出了更高的要求。为了使高性能纳滤膜材料更合理地应用于水处理过程中，纳滤水处理过程必将做出相应的调整与优化，这同时也有利于进一步拓展纳滤膜分离技术的应用市场。通过精准切割分离、资源回收等实现纳滤水处理资源化过程以及与物联技术、大数据分析技术相结合实现智能化纳滤水处理过程将会是未来一段时间内纳滤水处理过程发展的趋势。

9.2.1　资源化纳滤水处理过程

纳滤膜对一价离子和分子质量小于 200 Da 的小分子有机物的截留能力相对较差，而对二价或高价离子以及分子质量大于 200 Da 的小分子有机物的截留能力显著。基于纳滤膜的这一特性，可以通过纳滤分离过程实现对上述两类物质之间一定程度上的分离。而通过对纳滤膜物理结构和表面化学组成的进一步优化，纳滤膜对特定物质的分离程度将显著提升。特别是随着新材料体系在纳滤膜中的应用和新制备方法在纳滤膜制备过程中的实施，通过纳滤分离技术实现精准切割分离和资源回收成为纳滤分离技术潜在的两个新应用领域。

在精准切割分离方面，Livingston 课题组[20]开发了一类具有分子筛分功能的纳滤膜，并将这类具有分子筛分功能的纳滤膜与液相迭代合成法相结合，制备了一类新型的多功能序列可控高分子聚醚。在高分子聚醚聚合过程中，每个合成循环，研究者会加入特定单体，序列结构通过成醚反应增长，再通过膜分离获得产物；如此循环，最终生成特定序列的星状高分子聚醚。由于纳滤分离技术的结合，使得整个合成过程中都采用液相反应，实现了对反应过程的实时监控。这种新的合成策略将液相反应与纳滤分离技术相结合，能够高效生产高纯度、序列精准可控的高分子聚合物。Caro 课题组[21]通过在氧化铝管式膜表面原位合成了一层 400 nm 厚的亚胺连接的二维共价有机骨架材料 LZU1，得到了具有分子筛分功能的纳滤膜。该纳滤膜具有很高的水通量[76 L/(m^2·h·bar)]，并对分子尺寸大于 1.2 nm 的水溶性染料与无机盐离子的高选择分离性，这也使得该纳滤膜获得了在深度水处理中的应用可能性。

在资源回收方面，Blöcher 等[22]开发了一种低压湿法污泥氧化分解与磷溶解和纳滤分离过程相结合的污泥中磷元素回收的方法。通过纳滤技术将污泥中氧化分解后溶于水中的磷元素和重金属离子分离，得到纯净的磷酸稀溶液，并实现了污泥中 54%的磷元素回收率。Ye 等[23]开发了一种疏松纳滤膜技术与双极膜电渗析技术相结合的分离技术，实现了印染废水中染料和盐的回收。该研究首先选择了一种对直接染料和活性染料具有高截留率（≥99.93%），氯化钠却几乎可以完全透过（氯化钠截留率仅为 0.27%）的纳滤膜对染料和盐的混合溶液进行分离，得到脱盐后的高纯度染料溶液和浓缩的盐溶液。而浓缩的盐溶液可以通过进一步的双基膜电渗析技术实现盐和纯水的分离。

无论是通过纳滤分离技术实现精准切割分离，还是实现资源回收，都为纳滤分离技术更广泛的应用提供可能。而拓展纳滤分离技术的应用市场，正是如今纳滤处理过程发展的重大趋势。

9.2.2 智能化纳滤水处理过程

随着以互联网与移动互联网为代表的信息技术的迅速发展，人类正式进入了信息时代。伴随信息时代来临的物联网技术、大数据分析等对人类社会与经济的发展产生前所未有的影响。以互联网与移动互联网为基础设施的“万物互联”时代到来，对纳滤水处理过程也提出了更新的要求，智能化纳滤水处理过程的研究与开发成了大势所趋。

物联网技术是指通过射频识别（RFID）、红外感应器、全球定位系统、激光扫描器等信息传感设备，按约定的协议，将任何物品与互联网相连接，进行信息交换和通信，以实现智能化识别、定位、追踪、监控和管理的一种网络技术。而大数据分析则是指不用随机分析法（抽样调查），而是直接采用对所有数据进行分析处理，在不考虑数据的分布状态（抽样数据是需要考虑样本分布是否有偏，是否与总体一致），也不考虑假设检验的前提下，对所有采集的数据进行详细研究和分析并概括总结形成结论的过程。而对于智能化纳滤水处理过程而言就是通过信息传感设备，将水处理过程与互联网相连接，通过大数据分析，实现对纳滤水处理过程的监控和管理。通过与物联网技术和大数据分析技术相结合，智能化纳滤水处理技术的分离效率势必将会大大提升。

9.3 展 望

根据前述分析，未来纳滤水处理技术的核心仍旧是高品质纳滤膜的研制和高效率纳滤过程的设计。为了达到上述两个目标，必须借助先进的表征技术，构建精确的机理模型。因此，可以预见纳滤技术未来的重点发展方向及趋势如图 9-4 所示。

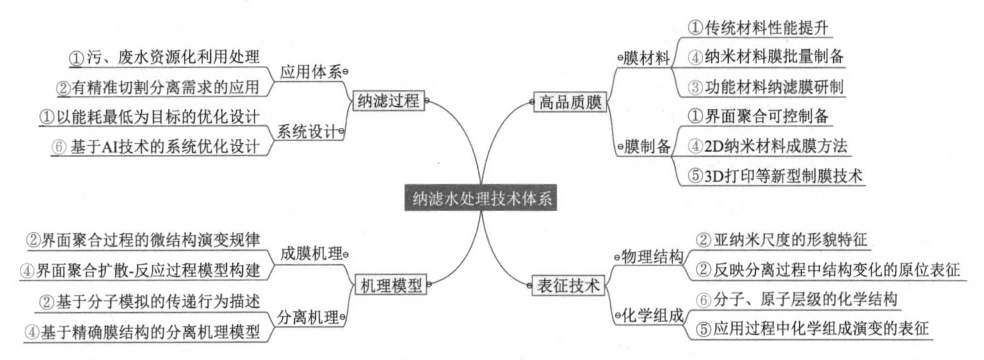

图 9-4 纳滤技术体系发展趋势预测

根据技术内容将纳滤水处理技术体系分为三级，并按技术的成熟度和迫切性对各项具体技术进行了分级。其中一级技术包括如上所述的高品质纳滤膜、高效率纳滤过程、膜结构性能表征技术和精准的机理模型等四大类。

在高品质膜一级技术体系下，涵盖了两个二级技术体系：膜材料和膜制备技术，每个二级技术下各有 3 个三级技术体系。涉及膜材料的三级技术体系中，重点是解决传统膜材料性能的提升，其次是纳米材料膜批量制备和以功能材料为基础的纳滤膜研制；涉及膜制备方法中，首先需要实现界面聚合制膜过程的可控化，其次是面向近年来研究较为热门的 2D 纳米材料如何开发无缺陷的分离膜的规模化制备方法，以及 3D 打印等新技术的进一步发展。

在纳滤过程一级技术体系下，包括了应用体系和系统设计两个二级技术体系，以及其下面的四个三级技术体系。其中，最为迫切的 2 个三级技术体系分别为工业废水、生活污水的纳滤资源化处理技术的应用，以及以能耗最低为目标的系统优化设计；未来的重要方向则分别是将纳滤技术拓展到有精准切割分离需求的应用领域（如有机分子的切割分离）和借助 AI 技术进行系统的优化设计。

目前，我们对纳滤膜材料及其应用过程中发生的变化认识仍旧不足，因此，先进的表征技术也是一个重要的一级技术体系，其中包含了物理结构和化学组成表征两个二级技术体系。对纳滤膜的常规微纳尺度物理形貌已经有了深入的认识，开展亚纳米尺度的形貌表征，以及在分离过程中膜形貌结构的演变与膜性能劣化间的关系是近期应该关注的重点；类似的，膜表面化学组成在服役过程中也会发生变化，进而影响膜的服役性能，因此，表征化学组成在服役过程中的演变情况也是需要尽快解决的问题之一；分子或原子级别的结构表征是研究材料构效关系的重要手段，也是实现材料可设计化的关键技术。

由于对膜材料的表征尚不够深入，因此，在膜制备与膜分离机理方面也存在认识上的分歧，为此，将机理模型列为一级技术体系之一，包括成膜机理和分离机理两个二级技术体系。在成膜机理中，亟需探明界面聚合过程中单体到聚合物的演变规律，帮助建立纳滤膜的可控制备方法；在分离机理中应尽快借助分子模拟等手段描述水、盐和有机分子在膜内的传递行为，以指导更高性能纳滤膜的设计。同时，在成膜机理和分离机理两个二级技术体系下，还应该关注机理模型的建立，实现对过程的数学描述。

总而言之，纳滤作为已经规模化应用的新型膜分离技术，若能进一步突破上述十余项技术，必将能更加充分地发其高选择性、低能耗、低成本的优势，在水资源的可持续开发领域发挥更大的作用。

参 考 文 献

[1] Fane A G, Wang R, Hu M X. Synthetic membranes for water purification: Status and future[J]. Angewandte Chemie International Edition, 2015, 54: 3368-3386.

[2] Yang Y B, Yang X D, Liang L, et al. Large-area graphene-nanomesh/carbon-nanotube hybrid membranes for ionic and molecular nanofiltration[J]. Science, 2019, 364: 1057-1062.

[3] Yang S S, Zhang K S. Few-layers MoS_2 nanosheets modified thin film composite nanofiltration membranes with improved separation performance[J]. Journal of Membrane Science, 2020, 595: 117526.

[4] Yang S S, Jiang Q L, Zhang K S. Few-layers 2D O-MoS_2 TFN nanofiltration membranes for future desalination[J]. Journal of Membrane Science, 2020, 604: 118052.

[5] Ries L, Petit E, Michel T, et al. Enhanced sieving from exfoliated MoS_2 membranes via covalent functionalization[J]. Nature Materials, 2019, 18: 1112-1117.

[6] Liu X L, Demir N K, Wu Z T, et al. Highly water-stable zirconium metal organic framework UiO-66 membranes supported on alumina hollow fibers for desalination[J]. Journal of the American Chemical Society, 2015, 137: 6999-7002.

[7] Dey K, Pal M, Rout K C, et al. Selective molecular separation by interfacially crystallized covalent organic framework thin films[J]. Journal of the American Chemical Society, 2017, 139: 13083-13091.

[8] Liang B, Wang H, Shi X H, et al. Microporous membranes comprising conjugated polymers with rigid backbones enable ultrafast organic-solvent nanofiltration[J]. Nature Chemistry, 2018,

10: 961-967.

[9] He X, Sin H, Liang B, et al. Controlling the selectivity of conjugated microporous polymer membrane for efficient organic solvent nanofiltration[J]. Advanced Function Materials, 2019, 29: 1900134.

[10] Jimenez-Solomon M F, Song Q L, Jelfs K E, et al. Polymer nanofilms with enhanced microporosity by interfacial polymerization[J]. Nature Materials, 2016, 15: 760-767.

[11] Cai J, Zhang L N, Liu S L, et al. Dynamic self-assembly induced rapid dissolution of cellulose at low temperatures[J]. Macromolecules, 2008, 41: 9345-9351.

[12] Ren Q, Wu J, Zhang J, et al. Synthesis of 1-allyl, 3-methyle mazolium-based room temperature ionic liquid and perluviinary study of its dissolving cellulose[J]. Acta Polymerica Sinica, 2003, 3: 448-451.

[13] Zhang H, Wu J, Zhang J, et al. 1-Allyl-3-methylimidazolium chloride room temperature ionic liquid: A new and powerful nonderivatizing solvent for cellulose[J]. Macromolecules, 2005, 38: 8272-8277.

[14] 陈慧娟, 纪晓声, 陈霄翔, 等. 纤维素/壳聚糖共混纳滤膜的制备及其燃料脱盐性能研究[J]. 膜科学与技术, 2018, 38: 27-32.

[15] Chowdhury M R, Steffes J, Huey B D, et al. 3D printed polyamide membranes for desalination[J]. Science, 2018, 361: 682-685.

[16] Karan S, Samitsu S, Peng X S, et al. Ultrafast viscous permeation of organic solvents through diamond-like carbon nanosheets[J]. Science, 2012, 335: 444-447.

[17] Zhang L, Lu Y, Liu Y L, et al. High flux MWCNTs-interlinked GO hybrid membranes survived in cross-flow filtration for the treatment of strontium-containing wastewater[J]. Journal of Hazardous Materials, 2016, 320: 187-193.

[18] Kandambeth S, Biswal B P, Chaudhari H D, et al. Selective molecular sieving in self-standing porous covalent-organic-framework membranes[J]. Advanced Materials, 2017, 29: 1-9.

[19] Yang H, Yang L X, Wang H J, et al. Covalent organic framework membranes through a mixed-dimensional assembly for molecular separations[J]. Nature Communication, 2019, 10: 2101.

[20] Dong R, Liu R, Gaffney P R J, et al. Sequence-defined multifunctional polyethers via liquid-phase synthesis with molecular sieving[J]. Nature Chemistry, 2019, 11: 136-145.

[21] Fan H, Gu J, Meng H, et al. High-flux membranes based on the covalent organic framework COF-LZU1 for selective dye separation by nanofiltration[J]. Angewandte Chemie International Edition, 2018, 57: 4083-4087.

[22] Blöcher C, Niewersch C, Melin T. Phosphorus recovery from sewage sludge with a hybrid process of low pressure wet oxidation and nanofiltration[J]. Water Research, 2012, 46: 2009-2019.

[23] Lin J, Ye W, Huang J, et al. Toward resource recovery from textile wastewater: Dye extraction, water and base/acid regeneration using a hybrid NF-BMED process[J]. ACS Sustainable Chemistry & Engineering, 2015, 3: 1993-2001.

附录 缩略语

缩略语	中文
AA	丙烯酸
AMPS	2-丙烯酰胺基-2-甲基丙磺酸
BOD	生化需氧量
BPA	双酚 A
BSA	牛血白清蛋白
CC	三聚氰氯
CEL	纤维素
CFD	计算流体力学
CLSM	激光扫描共聚焦显微镜
CNF	纳米纤维素
COD	化学需氧量
CP	浓差极化因子
CR	刚果红
CS	壳聚糖
DMC	甲基丙烯酰氧乙基三甲基氯化铵
DMSO	二甲基亚砜
DTAB	十二烷基三甲基溴化铵
EDC	1-乙基-3-(3-二甲氨基丙基)碳二亚胺盐酸盐
EDTA	乙二胺四乙酸
EDX	能量散射 X 射线光谱
EEM	三维荧光光谱
EMIMAc	1-乙基-3-甲基咪唑醋酸盐
FT-IR	傅里叶变换红外光谱
GB	沙林
GC	戊二酰氯
Gly	双甘氨肽
GO	氧化石墨烯
HA	腐殖酸
HD	芥子气
HFM	中空纤维式膜元件
HQ	对苯二酚
ICP	电感耦合等离子色谱
IPC	间苯二甲酰氯
LAS	阴离子洗涤剂
LBL	层层自组装法
Lys	溶菌酶
MBR	膜生物反应器
MCR	膜化学反应器
MF	微滤
MO	甲基橙
MPD	间苯二胺
MWCNTs	多壁碳纳米管
MWCO	截留分子量
NF	纳滤
NHS	*N*-羟基琥珀酰亚胺
NOM	天然有机物
PAA	聚丙烯酸
PAEs	邻苯二甲酸酯
PAN	聚丙烯腈
PDA	多巴胺
PDMS	聚二甲基硅氧烷
PEG	聚乙二醇
PEI	聚乙烯亚胺
PFOS	全氟辛烷磺酸
PIP	哌嗪

PPD	对苯二胺
PSf	聚砜
PTA	对苯二甲酸
PVA	聚乙烯醇
PVS	聚乙烯基磺酸
RB19	活性蓝 19
RB5	活性黑 5
RO	反渗透
SCMC	硫酸化羧甲基纤维素钠
SDC	癸二酰氯
SDI	淤泥密度指数
SDS	十二烷基硫酸钠
SEM	扫描电子显微镜
SERS	表面增强拉曼光谱
SPEEK	磺化聚醚醚酮
SPES	磺化聚醚砜
SS	悬浮物
SWCNTs	单壁碳纳米管
SWM	螺旋卷式膜元件
SY	日落黄
TA	单宁酸
TDS	溶解性总固体
TEM	透射电子显微镜
TMC	均苯三甲酰氯
TMPIP	均苯三甲酰哌嗪
TOC	总有机碳
TPT	1, 3, 5-三哌嗪-三嗪环
TTSBI	5, 5′, 6, 6′-四羟基-3, 3, 3′, 3′-四甲基-1, 1′-螺旋双茚满
UDF	自定义函数
UDS	自定义标量
UF	超滤
VX	维埃克斯
XPS	X 射线光电子能谱